생명은 어떻게 작동하는가

생명은 어떻게 작동하는가

1판 1쇄 발행 2019. 1. 15.
1판 7쇄 발행 2024. 6. 1.

지은이 박문호

발행인 박강휘
편집 강영특 디자인 지은혜
발행처 김영사
등록 1979년 5월 17일 (제406-2003-036호)
주소 경기도 파주시 문발로 197(문발동) 우편번호 10881
전화 마케팅부 031)955-3100, 편집부 031)955-3200 | 팩스 031)955-3111

값은 뒤표지에 있습니다.   ISBN 978-89-349-8468-9 03470

홈페이지 www.gimmyoung.com   블로그 blog.naver.com/gybook
인스타그램 instagram.com/gimmyoung   이메일 bestbook@gimmyoung.com

좋은 독자가 좋은 책을 만듭니다.
김영사는 독자 여러분의 의견에 항상 귀 기울이고 있습니다.

박 문 호 박 사 의

생 명 현 상

특 강

생명은

어떻게

작동하는가

박
문
호

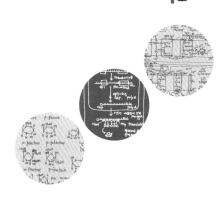

김영사

분자와 생명 현상

지난 10년 동안 '137억 년 우주의 진화'라는 제목으로 강의를 했다. 빅뱅으로 우리 우주가 생성되고, 은하와 항성과 행성이 생기고, 지구라는 행성에서 인간이라는 현상이 출현했다. 이 모든 현상을 이해하고 싶었다. 빅뱅 당시 생성된 에너지와 소립자素粒子가 우주의 팽창과 더불어 태양과 지구와 생명을 낳았다. 2008년 첫 강의부터 우주에 존재하는 모든 현상을 설명할 수 있는 결정적 지식을 찾던 중 리처드 파인먼Richard Feynmann의 "우주의 모든 현상은 전자와 광자의 중첩된 작용"이라는 주장을 발견했다. '우주의 진화' 강의는 우주론, 지구, 생명 현상의 세 영역으로 구성되는데, 생명 현상을 10년째 강의하면서 생명은 전자의 조절된 이동 현상이라는 느낌을 강하게 받았다. 자연 현상은 전자와 양성자와 광자의 상호작용으로, 중력을 제외한 우주의 모든 현상을 이를 통해 설명할 수 있다.

　생명 현상에서는 전자의 이동이 핵심이다. 전자를 방출한 분자는 분해되고 전자를 획득한 분자는 더 커진다. 이러한 전자의 이동이 산화와 환원 반응이다. 전자의 이동으로 분자들이 변환된다. 결국 생명 현상은 원자들이 전자를 공유함으로써 형성된 공유결합으로 생성된 분자들의 상호작용이다. 그리고 생화학은 분자들의 변환 과정이다. 전자의 이동과 양성자의 농도 기울기를 만들어내는 현상이 광합성과 호흡이며, 이들은 각각 10단계 이상의 분자 변환 과정이다. 전자와 양성자와 광자의 상호작용이 광합성과 호흡으로 드러나고, 광합성의 명반응明反應과 탄소고정반응(암반응暗反應)에서 글루코스glucose가 생성된다. 호흡은 글루코스를 분해하는 과정으로, 세포질의 해당 작용解糖作用과 미토콘드리아의 TCA 회로, 그리고 전자 전달 과정으로 구성된다. 생명 현상은 대사 작용이고, 대사는 산화 환원 반응이며, 산화 환원은 전자의 이동에 의한 분자 변환 과정이다. 그래서 이 책의 핵심 내용은 생화학 분자 변환 과정이다.

생화학을 공부하다 보면, 분자식들이 교과서마다 다르게 표현되어 있어 기억하기가 무척 어렵고 핵심적 생화학 작용의 상호 관계를 이해하기가 쉽지 않다. 그래서 관련 정보가 한 장에 모여 있어 상호 관계가 확연히 드러나는 책의 필요성을 오랫동안 느껴왔다. 이 책을 쓰게 된 직접적인 동기다. 그래서 분자식들을 기억하기 쉬운 구조로 일관되게 표시했고, 상호 관련된 정보는 최대한 한 장에 모았다. 책에 등장하는 그림 중 '결정적 지식'과 '한 장에 모음'으로 표시된 것이 바로 그 결과물이다.

이 책의 특징은 다음과 같다.

첫째, 결정적 지식을 강조했다. 이 책에서는 생물학 여러 분야에서 10개의 결정적 지식을 선정했으며, 생물학 최고의 결정적 지식이 글루코스 분자식임을 강조한다. 핵산, 지질, 아미노산이 모두 글루코스 분자에서 시작하기 때문이다. 그림에 '결정적 지식'으로 표시했다.

둘째, 내용이 많이 반복된다. 광합성과 호흡은 여러 번 반복해서 설명했다. 핵심 내용은 반복해야 한다. 반복하면 애매함이 사라진다. 광합성의 캘빈 회로Calvin cycle, 호흡의 해당 작용과 TCA 회로tricarboxylic acid cycle는 생화학 공부 내용의 대부분이다. 특히 TCA 회로가 중요해서 여기에 관련된 생화학 정보를 갈무리해 '한 장에 모음'으로 종합했다.

셋째, 분자식 기억을 강조한다. 생화학은 분자들의 상호작용에 관한 학문이다. 그래서 분자식을 기억하지 않으면 구체적 지식이 생기지 않는다. 기억되지 않으면 막연한 느낌뿐이다. 분자식에 익숙해지면 생화학 공부가 편해지고 계속 공부하고 싶어진다. 특히 물과 아데노신3인산adenosine triphosphate(ATP), NADH 분자의 분자 변환식을 기억해야 한다.

$2H_2O \rightarrow 4H^+ + 4e + O_2$ $H_2O \rightarrow H^+ + OH^-$ $H-O-H \rightarrow H^+, H^+, -O-$

$NADP^+ + H^+ + 2e \rightarrow NADPH$

$ATP^{4-} + H_2O \rightarrow ADP^{3-} + HO-PO_3^{2-} + H^+ \rightarrow P_i^{2-} + ADP^{3-} + H^+$

$ATP + H_2O \rightarrow ADP + H_3PO_4$

넷째, 정보를 한 장에 모았다. 정보를 한 장에 모아야만 상호 관계가 잘 드러난다. 호흡의 전자전달 시스템과 광합성의 전자전달 과정을 함께 비교하면 생물학 작용에서 전자가 단백질 사이로 이동하는 과정이 드러난다. 생물학 작용의 대부분은 분자들의 변환 과정인데, 그 변화 과정을 한 장에 모아 보면 각각의 생화학 과정을 비교할 수 있다. 해당 작용의 10단계와 TCA 회로, 광합성 명반응, 탄소고정반응, 미토콘드리아의 지방산의 베타산화, 핵산의 퓨린purine과 피리미딘pyrimidine 생합성 과정을 한 장에 그려보자. 50개의 분자식을 한 페이지에 순서대로 적어보면 생화학 작용의 상호 관계가 명확해진다. 생체 분자들이 글루코스에서 생성되는 과정은 해당 작용과 TCA 회로에서 생성되는 생화학 대사 작용 모두를 연결함으로써 한 장의 그림으로 표현할 수 있다. 생화학 대사 작용인 탄수화물 대사, 아미노산 대사, 핵산 대사, 지질 대사, 에너지 대사, 비타민 대사 분자들이 모두 해당 작용과 TCA 회로에서 나온다. 그래서 이 책에서는 두 가지 형태의 '한 장에 모음'을 시도하였다. 즉, 생화학 회로와 관련된 모든 정보를 한 장에 모으는 것, 해당 작용과 TCA 회로 관련 대사 작용을 한 장에 모으는 것이 이 책의 핵심 내용이다.

다섯째, 생물 현상은 제어된 전자의 이동이다. 이 사실을 강조하고, 나아가 자연 현상은 대부분 전자, 양성자, 광자의 무수한 상호작용의 중첩된 현상임을 반복해서 설명한다.

요약하자면, 공부할 내용을 결정적 지식을 중심으로 한 장에 모아서 반복해서 제시하는 것이 이 책의 특징이다. 생물학의 결정적 지식은 대부분 분자식으로 표현되고, 생화학은 생체 분자들의 변환 과정에 대한 학문이다. 그래서 생물학을 대충 1년 공부하기보다 생화학 관련 분자식 30개를 기억하여 익숙해지는 방식이 더 효과적이다. 무작정 영어 단어를 많이 외우는 것보다 100개 정도의 핵심 단어를 능숙하게 구사할 수 있다면 영어 회화를 더 잘할 수 있는 이치와 같다. 30개의 분자식을 즉시 기억해낼 수 있을 정도가 된다면 생화학 과정이 몸에 익숙해진다.

중력을 제외한 자연 현상은 모두 전자, 양성자, 광자의 중첩된 상호작용이다. 이 상호작용이 생화학 과정의 첫 단계다. 생화학 과정의 둘째 단계는, 공유결합으로 구성된 분자들이 전자를 잃는 산화와 전자를 획득하는 환원 반응을 통해 분자와 분자가 변환되는 것이다. 전자에 동반되는 양성자의 이동으로 암석학, 토양학, 생화학이 대부분 설명된다. 셋째 단계는 C(탄소), H(수소), N(질소), O(산소), P(인), S(황)의 6개 원소가 공유결합으로 분자를 형성하고, 이들 분자들이 변환되는 것이다. 이 분자 변환 과정이 탄소 중심으로 이루어지면 바로 생명 현상이 된다. 생명은 C, H, N, O, P, S 원자들이 만든 분자에서 조절된 전자의 이동 현상이다.

이 책에서 주요 내용을 매우 여러 번 반복해서 설명한 이유는 반복해서 강조한 내용만이 기억에 남기 때문이다. 오랫동안 공부해도 기억하지 않으면 공부의 효과는 미약하다. 결정적 지식을 기억해두면 결정적 지식이 새로운 질문을 불러오고, 그러한 새로운 질문들이 공부를 하고 싶은 욕망을 일으킨다. 우리는 사건이나 사물의 변하지 않는 상호 관계를 기억할 것이다.

포도당, 아미노산, 핵산의 상호 관계는 한 장에 모아야만 전체적 관계가 드러난다. 그래서 이 책에서는 가능한 한 많은 정보를 한 장에 모으려고 했다. '결정적 지식'과 '한 장에 모으기'를 통해서 생물학이 단지 전자, 양성자, 광자의 상호작용일 뿐임을 드러내고자 한 것이다. 생물학은 전자, 양성자, 광자를 통해 암석학과 지구과학을 만나고, 결국 우주론을 만난다. 생명 현상은 C, H, N, O, P, S 원소가 공유결합으로 만드는 분자들의 이야기이다. 이 원소들은 어디에서 왔는가? 빅뱅에서 수소가 생성되었고, 수소는 별이 되었으며, 별 속 핵융합으로 이 원소들이 생겨났다. 우리는 모두 별과 우주의 자손이다.

'박문호의 자연과학 세상'에서 강의하면서 2018년 초부터 10개월간 세포 속 생화학 분자식만 생각했다. 글루코스에서 생성되는 DNA 분자, 지방산 분자, 아미노산 분자식 50개를 머릿속으로 떠올리며 분자 변환 과정을 훈련했다. 분자 변환 과정의 전자 이동을 생각으로 그려보고, DNA에서 단백질이 생성되는 과정을 반복해서 재구성해보았다. 점차 분자로 구성된 생명이 보이기 시작했다. 그리고 확실해졌다. 우주는 전자, 양성자, 광자의 상호작용이고, 생명은 양성자와 전자의 이동에 의한 산화와 환원 반응이다. 생명은 조절된 전자의 이동이다.

이 책에 나오는 그림들은 모두 강의 시간에 직접 그려서 설명한 것들이다. '한 장에 모음' 그림은 강의에 설명한 그림들을 종합하면서 여러 번 수정하여 만들었다. 내가 노트에 손으로 그린 그림을, 생화학 강의를 수강한 방혜욱 씨가 일러스트레이트로 옮겨 그렸다. 방혜욱 씨의 세밀한 일러스트 작업에 감사드린다. 그리고 안목 있는 편집으로 책을 출판해준 김영사의 강영특 편집장은 책 속의 그림 배치에 정성을 다해주셨다. 지난 10년간 '137억 년 우주의 진화' 강의를 수강한 모든 분들과 아내인 황해숙에게 고마움을 전한다.

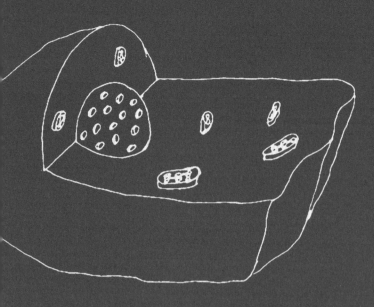

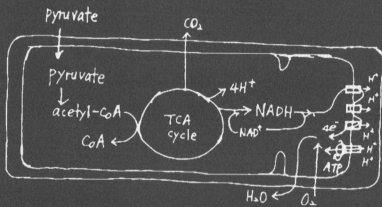

pyruvate

CO_2

pyruvate

$\downarrow$

acetyl-CoA

CoA

TCA
cycle

$4H^+$

NADH

NAD^+

$4e^-$

H^+
H^+
H^+
H^+
H^+

ATP

$H_2O \leftarrow O_2$

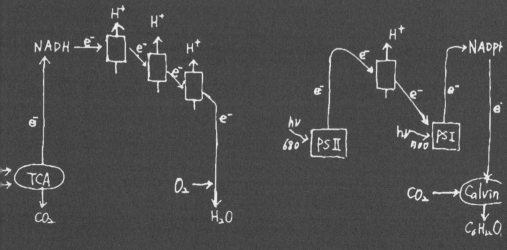

NADH $\xrightarrow{e^-}$

H^+

H^+

e^-

H^+

e^-

e^-

e^-

$\bar{e}$

$O_2 \rightarrow$

TCA

H_2O

CO_2

e^-

H^+

e^-

NADP+

e^-

$h\nu$
680

PS II

$h\nu$
700

PS I

e^-

$CO_2 \rightarrow$ Calvin

$C_6H_{12}O_6$

1 생물학을 공부하는 방법

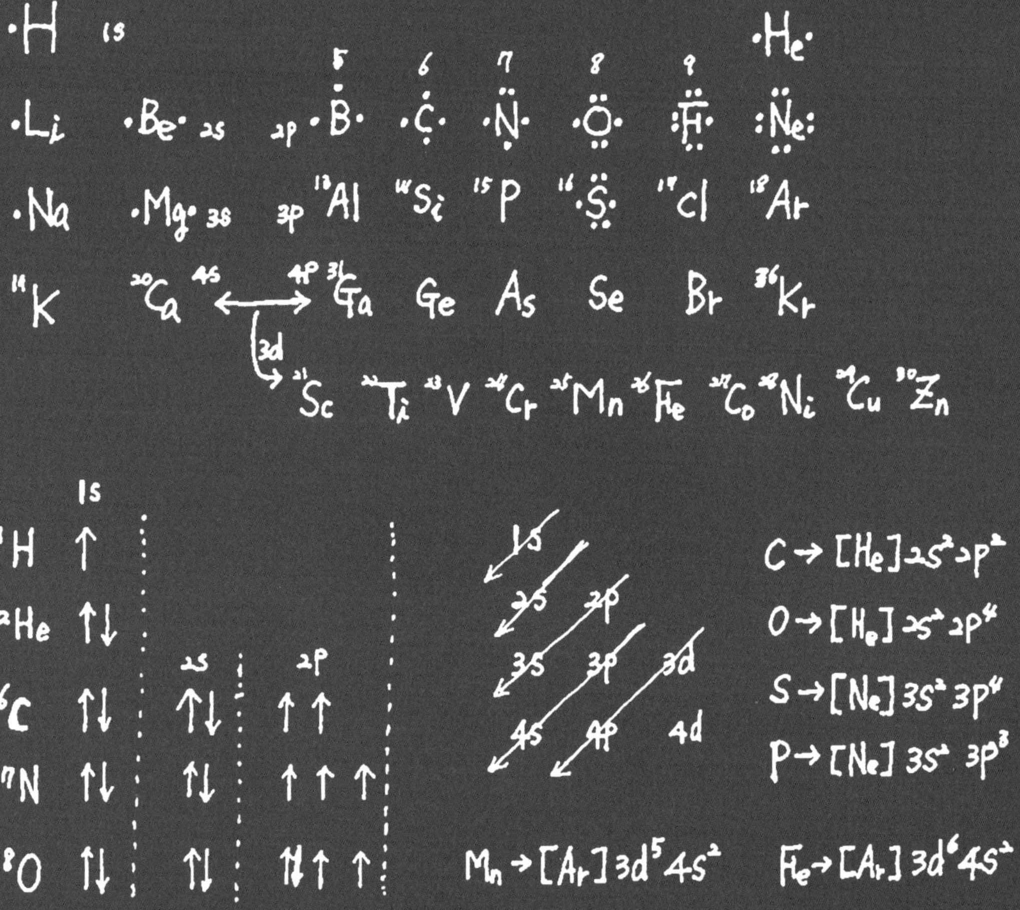

$C \to [He]\,2s^2\,2p^2$

$O \to [He]\,2s^2\,2p^4$

$S \to [Ne]\,3s^2\,3p^4$

$P \to [Ne]\,3s^2\,3p^3$

$Mn \to [Ar]\,3d^5\,4s^2$

$Fe \to [Ar]\,3d^6\,4s^2$

자연 세계를 일상 용어로 묘사하기는 어렵다

생명은 분자들의 상호작용이다. 생명 현상을 분자 수준에서 설명하는 학문이 생화학과 분자세포생물학이다. 생명을 구성하는 분자로는 포도당, 아미노산, 핵산, 단백질이 있다. 생체 분자의 기원은 광합성과 관련되며, 광합성은 물 분해와 이산화탄소 고정의 두 단계로 구분된다. '물'과 '이산화탄소'는 일상 용어다. 일상 용어는 분자적 실체에 대한 세부 내용을 거의 알려주지 않는다. 하지만 이를 분자식으로 표현하면 생화학의 세부 과정이 정확하고 간결하게 표시된다. 포도당은 물과 이산화탄소의 결합이다. '물+이산화탄소→포도당'으로 표현하면 일반 상식으로 여겨질 뿐 구체적 정보는 거의 담고 있지 않다. 반면에 '$6H_2O+6CO_2→C_6H_{12}O_6+6O_2$'처럼 분자식으로 표현하면 관련되는 원자가 C, H, O임을 알 수 있고, 원자와 분자의 개수를 헤아릴 수 있다. 광합성 분자식에서 원자와 분자의 종류와 개수를 알면 포도당이 분해되어 다른 분자로 바뀔 때 구성 원자가 참여하는 분자 변환 과정을 알 수 있다. 일상 용어는 세상을 이해하는 상징적 분류이자 사물과 사건에 대한 언어적 묘사이지, 자연 현상 그 자체는 아니다. 그래서 자연 현상의 실체를 이해하는 과학 공부의 최대 방해 요소가 일상 용어다. '나무', '꽃', '돌', '구름', '별' 모두 아름다운 명사로, 시를 쓰기는 적당하지만 과학적 세계와는 관련이 거의 없다.

과학은 과학 용어로 표현된다. 과학 용어는 엄밀하게 정의되며 교과서와 과학 논문에만 주로 등장한다. 교과서를 읽는 사람은 드물다. 그래서 과학 용어는 전문가들만 주로 사용한다. 연구자들도 논문이나 보고서를 작성할 때만 과학 용어를 사용하며, 대부분 일상 용어만 사용한다. 그래서 과학 용어는 익숙하지 않고 생소하다. 과학 용어가 생소하기 때문에 사람들은 과학 내용도 일상 용어로 표현하길 원한다. 하지만 일상 용어로 '나무'라고 아무리 말해봐도 나무를 구성하는 세포가 보이지 않는다. 그래서 관다발 형성층, 물관, 체관, 셀룰로오스cellulose, 리그닌lignin이 느껴지지 않는다. 마찬가지로 별을 아무리 '별'이라 불러도 핵융합, 별의 중력 수축, 초신성 폭발, 성간분자가 전혀 보이지 않는다. 그래서 과학 공부는 과학 용어에 익숙해지는 언어 훈련이다. 자연 현상을 원자와 분자가 아닌 일상 용어로 아무리 설명해도 그것은 하나의 비유일 뿐이다. 일상 용어는 익숙해서 잘 기억된다. 과학적 내용을 일상 용어의 비유로 설명하면 비유만 기억된다. 비유는 사실 자체가 아니라 사실을 지시하는 수단이다. 비유로 설명 가능한 세계가 일상 용어의 세계이다. 비유는 실체에 대한 지시 작용을 할 뿐 세계 자체는 아니다.

과학 공부의 지름길은 과학 용어에 익숙해져서 과학 용어로 생각하고 표현하면서 살아가는 과정을 겪어보는 것이다. 과학 용어만 사용하여 스스로 전자와 양성자, 광자가 되면, 분자의 세계와 생명의 세계가 설명할 필요없이 익숙하고 당연한 세계가 된다. 과학 용어에 익숙해지면 그 익숙함을 바탕으로 새로운 과학 세계를 탐색할 수 있다. 숫자, 도형, 원자, 분자, 화학 반응식에 익숙해지면 자연의 새로운 현상도 이러한 과학 언어를 사용하여 정확하게 기술할 수 있게 된다. 그러한 생명 현상을 과학 용어인 분자식으로 표현하면 생명을 바라보는 관점이 달라지고 새로운 의미가 드러나서 놀라게 된다. 우리는 짐작했던 의미가 아닌 더 포괄적이고 숨겨진 의미가 확연히 드러날 때 자연의 심층 구조에 경탄하게 된다. 새로운 측면을 보지 못하는 것은 늘 보던 방식대로 사물과 사건을 바라보기 때문이다. 그래서 우연히 시선이 다른 방향으로 향하게 되면 이전에 보이지 않은 자연 현상의 전체 모습이 드러난다. 자연이 숨겨진 것이 아니라 우리가 그쪽으로 보지 않은 것이다. 과학의 언어로 새로운 곳을 바라보면 사물의 새로운 측면이 드러난다.

결정적 지식이 새로운 세계를 열어준다

지식은 평등하지 않다. 하나만 알면 그 분야가 분명해지는 지식이 있다. 이것이 결정적 지식이다. 과학의 각 분야마다 결정적 지식이 있다. 해당 분야의 결정적 지식은 많은 세부 지식과 연결되어 그 분야의 구성 원리가 된다. 화학

그림 1-1 일상 용어로는 결정적 지식에 접근할 수 없다.

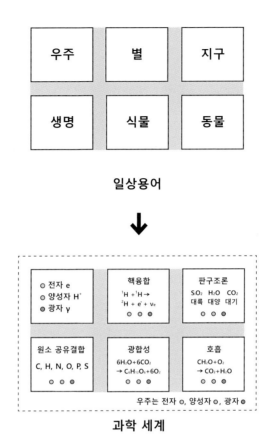

에서 원자 그 자체는 결정적 지식이 될 수 없다. 왜냐하면 모든 화학 작용에 원자가 등장하지만 원자에 대한 지식만으로 화학 작용의 대부분을 설명할 수 없기 때문이다. 원자보다는 원자와 원자 사이의 전기적 상호작용이 화학 반응을 더 자세히 설명해준다. 그래서 생물학에서는 원자보다 이온이 더 활용성이 높은 지식의 대상이 된다. 결정적 지식을 찾기는 쉽지 않다. 전문가가 자신의 분야를 관통하는 기본 원리를 고민하는 과정에서 결정적 지식을 발견하게 된다.

결정적 지식은 세 가지 속성이 있다. 첫째, 결정적 지식을 이해하면 많은 세부 내용이 저절로 이해된다. 둘째, 결정적 지식은 새로운 과학적 질문을 촉발한다. 셋째, 결정적 지식은 알 수 있게 드러나 있지 않다. 생물학에서 결정적 지식은 알파글루코스인 포도당의 분자 구조이다. 포도당의 분자식 $C_6H_{12}O_6$보다 더 활용도가 높은 지식은 광합성 공식인 $6CO_2+6H_2O→C_6H_{12}O_6+6O_2$이다. 광합성 공식보다 더 중요한 지식은 분자의 고리구조이다. 포도당의 6각형 고리구조에 익숙해져야 알파글루코스와 베타글루코스를 구별할 수 있고 다당류 녹말과 셀룰로오스의 차이를 알게 된다. 녹말은 알파글루코스가 연결된 다당류이고, 셀룰로오스는 베타글루코스가 연결된 다당류이다. 구성 단위체인 글루코스는 1번 탄소에 결합하는 수산기(OH)가 1번 탄소 아래쪽에 위치하면 알파글루코스가 되고, 위쪽에 위치하면 베타글루코스가 되어 완전히 다른 성질의 분자가 된다. 알파글루코스가 바로 포도당이다.

생물학에서 글루코스 혹은 포도당 6각형 고리구조는 최고의 결정적 지식이다. 포도당이 세포질에서 해당 작용으로 분해되는 과정, 미토콘드리아에서 진행되는 TCA 회로의 생화학 과정 모두가 포도당 6각형 구조에서 시작한다. 생물학에서 결정적 지식은 포도당, 즉 글루코스 분자 구조 하나면 충분하다. 그래서 결정적 지식이 중요한 만큼 반복해서 강조해야 한다. 학습한 내용이 기억에 남지 않는 것은 반복하지 않기 때문이다. 반복하면 애매함이 사라진다. 물리학에서 결정적 지식은 뉴턴의 힘의 공식 F=ma이고, 지질학에서 결정적 지식은 판구조론이다. 분자세포생물학에서는 포도당의 분자 구조식이 결정적 지식이다. 핵산인 DNA와 RNA도 포도당이 분해되어 생성되는 피루브산pyruvic acid과 관련된다. 피루브산이 미토콘드리아에 들어가면 TCA 회로에서 생성되는 분자들에서 핵산의 구성 요소인 퓨린과 피리미딘 염기가 생성된다. 그래서 생화학과 유전학에서도 글루코스 분자의 구조식은 결정적 지식이 된다.

과학의 각 분야마다 결정적 지식은 3가지를 넘지 않는다. 결국 하나의 결정적 지식이 그 분야의 대부분을 설명할 수 있다. 생물학에서 결정적 지식은 대부분 분자식으로 표현된다. 분자식으로 생물학을 공부하면 생화학, 분자세포생물학, 암석학, 토양학이 생물학과 직접 관련됨을 알게 된다. 생물학과 암석학의 결정적 지식은 분자식이다. 세포 속의 중요한 양이온인 Ca(칼슘), Na(나트륨), K(칼륨)

그림 1-2 글루코스와 관련되는 생화학 과정 **결정적 지식**

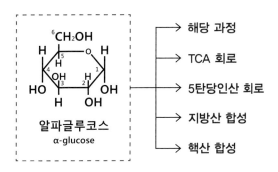

은 모두 화강암의 구성 광물인 장석에서 나오며, 마그네슘과 철은 현무암의 주요 구성 성분이다. 천문학의 결정적 지식은 베타붕괴이다. 핵융합 과정의 핵심은 중성자와 양성자의 상호 변환 과정인 베타붕괴이다. 자연과학 전체의 결정적 지식은 전자와 양성자 그리고 광자에 대한 지식이다. 중력을 제외한 우주의 모든 현상은 전자, 광자, 양성자의 상호작용일 뿐이다. 모든 중입자重粒子 중에서 양성자의 질량이 가장 가볍다. 때문에 양성자는 매우 안정된 입자이며 수명이 거의 무한대로 여겨진다.

자연 현상은 전자와 광자의 이동 현상, 그리고 전자가 광자를 흡수하거나 방출하는 현상의 무수한 집합일 뿐이다. 광합성은 태양에서 출발해 식물 잎의 엽록체에 도달하는 광자의 이동과 물 분자 속의 전자가 광자를 흡수하는 사건에서 시작되고 광합성 단백질 사이로 전자가 이동하는 과정이다. 중력을 제외한 우주의 모든 현상은 오래 지속되는 물질 입자인 전자, 양성자, 광자로 설명된다. 당연히 생물학도 전자의 이동에 관한 학문이다. 생물학에서는 전자의 이동을 산화와 환원 반응으로 설명한다. 결정적 지식은 통합적 관점으로 자연을 관찰하게 해준다. 결정적 지식은 단계적으로 과학적 세부 질문들을 촉발하며, 스스로 제기한 질문에 스스로 답을 찾아내게 된다.

공부의 지름길은 결정적 지식을 발견하고, 그 지식으로 세상을 설명하는 것이다. 자신의 의문으로 세상을 보지 말고 결정적 지식이 질문을 생성하고 스스로 답하게 하면 된다. 공부하는 사람은 결정적 지식으로 집을 짓고 그 집 속에서 생활하는 사람이다. 결정적 지식을 발견하면, 그 지식의 내용을 의식적으로 기억하고 오직 결정적 지식으로 세계를 바라보아야 한다. 그때 시선이 바뀐다. 결정적 지식은 자연과학의 문을 여는 열쇠이다.

사실을 모르기 때문에 의견을 말한다

사실은 스스로 많은 말을 한다. 사건과 사실을 시간 순서로 나열하면 인과관계가 드러난다. 그래서 사실은 그 자체로 설명이다. 자연 현상이든 역사적 사건이든 사실fact을 잘 모르기 때문에 의견과 느낌으로 사실을 대신하게 된다. 자연 현상에 대해 아는 사실이 많으면 사실만 나열해도 실체가 드러난다. 사실을 조금 알면 약간의 추측을 동원하여 이야기를 지어낸다. 전혀 사실을 모르면 그 현상에 대한 애매한 느낌을 말하는 법이다. 하지만 자연과학은 실험으로 검증된 사실들의 집합이다. 유전 현상에 대한 많은 관찰적 사실이 DNA 발견으로 이어진다. 천체의 움직임에 대한 오랜 관측 결과 행성의 운동법칙이 만들어졌다. 자연 현상에 관한 법칙은 많은 관찰된 사실들의 공통점을 하나의 문장이나 수식으로 표현한다. 자연과학은 많은 관찰된 사실을 모으고 그 사실에서 공통 패턴을 발견하여 유사한 현상을 이해하는 학문이다. 그래서 공학과 자연과학을 직업으로 하는 사람들은 증명된 사실을 바탕으로 생각한다. 물리, 화학, 생물학에서 밝혀진 많은 사실을 모르면 자연 현상에 대한 과학적 접근은 어렵고, 돌, 나무, 동물에 대한 일상적 경험만으로 현상을 추측하는 데 그친다. 인간의 경험과 관찰은 자신의 기억을 반영하며, 기억하고 있는 과학적 사실이 충분하지 않으면 느낌과 감정으로 사실을 대신한다. 자연 현상은 인간의 감정이나 느낌으로는 설명할 수 없다. 충분한 사실들이 모이고 그 현상의 원인이 밝혀진다면 그와 유사한 많은 현상에 대하여 과학에 근거한 설명을 할 수 있다.

생물학에서 사실들은 주로 분자식으로 표현된다. 아미노산, 핵산, 포도당의 많은 작용은 모두 분자의 상호작용이다. 분자식은 많은 사실을 포함한다. 아미노산의 분자식을 모르면 아미노산의 실체를 알 수 없으며, 아미노산이 모여서 된 단백질을 결코 이해할 수 없다. 아미노산의 분자식을 모르면 아미노산이 서로 연결되는 방식과 아미노산이 다른 생체 분자들과 결합하는 과정을 알 수 없다. DNA의 아데닌Adenine, 구아닌guanine, 시토신cytosine, 티민Thymine의 분자식을 모르면 DNA 이중나선이 결합하는 방식을 결코 알 수 없다. 그런데도 사람들은 분자식을 잘 기억하지 않고 강조하지도 않는다. 아미노산의 분자식을 알면 아미노산의 특성을 알게 되고 단백질 작용도 더 공부하고 싶어진다. 생물학은 포도당, 아미노산, 핵산, 지질 분자들의 상호작용에 관한 학문이다. 포도당, 아미노산, 핵산, 지질 분자들에 대한 중요한 사실은 그 분자식에 모두 담겨 있다. 분자식만 알면 생물학의 대사 작용과 유전 현상을 분자 수준에서 알게 된다. 생명 현상은 모두 분자 수준에서 일어나는 상호작용의 복합적 집합이다. 생물학은 생체 분자의 분자 변환에 관한 학문이다. 광합성과 호흡은 물 분자, 이산화탄소 분자, 포도당 분자, 지방산 분자의 무수한 상호작용이다. 그래서 생물학에서는 분자식을 알면 많은 생명 현상의 상호 관계가 이해된다. 생물학의 구체적 사실은 분자식이다. 분자식은 생물학 공부의 출발점인 동시에 최종 목적지이다. 그래서 분자식은 생물학의 결정적 지식이다.

생각은 꺼내 보아야 한다

집중하지 않으면 머릿속 생각들은 생겼다가 사라진다. 무언가 해야 한다는 목표의식이 생각을 불러 줄세워보지만 곧 다른 자극이 생각의 연결을 흩어버린다. 생각의 흐름은 하루살이 떼처럼 몰려왔다 사라진다. 수많은 생각이 다발을 이루어 목적을 향해 강하게 진행될 때 하나의 행동으로 표출된다. 생각이 몸을 움직이게 하고, 반복된 몸의 움직임이 습관을 만들며, 습관이 결과를 낳는다. 생산적인 습관을 형성하기 위한 출발점은 하루살이 떼 같은 생각들을 모아서 한 방향으로 일정한 시간 유지하는 일이다. 생각은 행동으로 출력되기 전에는 구체적으로 보이지 않는다. 생각은 신체적 감각, 정서적 느낌, 짧은 추론의 혼합물이다. 감각과 느낌은 생각의 배경 정서가 되며, 논리적 생각과 추론은 행동 선택의 근거가 된다. 논리적 사고는 연결사슬이 강하고 일정한 길이가 되어야 힘을 발휘한다. 우리의 뇌는 몇 가지 생각의 일차 선형연결만 가능하다. 사물을 보는 눈의 감각은 세밀할 수 있어도 보이는 이미지를 창의적으로 연결하는 능력은 미약하다. 그래서 창의적 사고 훈련은 보이는 이미지를 그림으로 그려서 항상 볼 수 있게 하는 것이다. 인간 대뇌의 감각피질은 60퍼센트 이상이 시각에 할당되어 있다. 여러 시각피질 구역에서 형태와 색깔 그리고 움직임을 연속적으로 처리하는 과정이 세분화되어 있어 사람의 시각적 이미지 구성 능력은 잘 발달되어 있다. 그러나 이미지와 이미지를 논리적으로 연결하는 힘은 아직 충분히 진화하지 않았다.

창의성의 핵심 요소는 이미지를 새롭게 연결하는 능력이다. 이미지들을 새롭고 독특하게 연결하는 일은 습관적인 생각 속에서는 이루어지기 힘들다. 그래서 새로운 생각은 눈에 보이게 그림으로 표현해야 한다. 생각을 그리는 것은 대상 이미지의 시각기억을 손 운동의 절차기억으로 전환하는 과정이다. 절차기억은 소뇌와 대뇌 기저핵이 연계해서 운동순서를 기억으로 만듦으로써 생성된다. 반면에 대뇌 시각연합피질에서 형성하는 시각 이미지 기억은 감각기억으로, 일시적이며 특징만 저장해둔다. 인간 뇌의 형상화 능력은 아직 진화 초기 단계에 있다. 그래서 방금 본 대상도 눈을 감고 기억으로 그려보려면 막막해지고 단지 일부 특징적 형태만이 뇌리에 남는다. 시각기억의 일시적이고 단편적인 특징을 보완하는 유일한 방법은 생각을 그림으로 그려서 종이에 옮겨놓는 것이다. 일단 종이에 옮겨진 생각은 고정되어 있어서 수정 가능하다. 생각이 계속 바뀌면 고정된 실체가 없어서 생각을 논리적으로 결합하기 어렵다. 그러나 생각이 그림으로 표현된다면 그림과 그림을 특정한 목적을 위해 논리적으로 연결할 수 있게 된다. 뇌 기억 속에는 무언가 유용한 정보가 많지만 각각의 정보가 맥락없이 산발적으로 일어났다 사라질 뿐이다. 의미 있는 뇌 작용의 결과는 정보들의 목적지향적 연결에서 얻어진다. 뇌 속에서 아직 어설픈 이런 연결이 그림으로 표현된다면 쉽게 연결될 수 있게 된다. 그래서 창의성 훈련의 첫 단계는 뇌가 기억하고 있는 시각 이미지를 그림으로 표현하여 고정하는 작업이다. 생각을 반복해서 그리면 그 그림을 기억할 수 있다.

과학 교과서에는 매 단원마다 많은 그림이 있다. 전자 회로, 생화학 회로, 세포, 아미노산 분자, 단백질 입체 구조, 광합성, 미토콘드리아의 호흡 과정, 태아의 발생 과정, 암석의 결정구조, 지층, 판구조론, 별 속의 핵융합 과정, 세계 지도, 역사 지도가 기억해야 할 주 대상이다. 기억된 그림들이 생각의 재료가 되어야 하고, 모듈화된 그림들을 논리적 순서에 따라 연결해야 한다. 시간순, 장소순으로 연결된 이미지의 결합이 바로 인간 사고의 핵심 과정인 연상 작용이다. 불변 표상으로 범주화된 이미지들의 연결이 사건기억이 된다. 사건기억에서 시간과 공간으로 변화하지 않은 관계의 집합이 바로 의미기억인데, 의미기억은 대뇌피질에서 서서히 형성된다.

창의성 훈련의 둘째 단계는 이미지 연결 순서를 목적지향적으로 바꾸는 것이다. 이미지의 새로운 연결이 바로 새로운 의미를 생성한다. 기억의 새롭고 독특한 연결이 바로 창의성이다. 창의성 훈련의 마지막 단계는 이미지들을 비선형으로 연결하는 훈련이다. 막연하고 우발적인 비선형 연결이 아니라 정서적 느낌을 바탕으로 끌리는 연결을 유도하는 훈련이다. 다양하게 조합 가능한 생각의 연결에서 리듬과 운율을 동반한 이미지 연결 조합을 직감적으로 선택하는 과정이다.

창의성 훈련의 다양한 과정이 어디로 흘러가든 출발점은 생각을 그림으로 표현하는 훈련이다. 청각의 뇌 처리 과정은 시각에 비해 단선적이고 신속하다. 그래서 창의성 훈련에서 리듬과 반복의 중요성은 청각적 이미지 처리 과정의 도움을 받게 된다. 청각은 시각에 비해 기억의 속성이 더 절차적이어서 기억하기가 쉽고 자동 반복적이다. 절차기억은 무의식적으로 인출할 수 있어서 즉시 행동으로 표출된다. 그래서 절차기억의 운동출력이 습관이 되고, 습관이 우리의 행동을 지배한다. 창의성의 핵심은 뇌 속의 애매한 시각기억을 그림으로 표현해서 손 운동의 절차기억으로 전환하는 훈련에 있다. 그래서 형상화된 시각기억을 인출하여 그림으로 표현하는 반복 과정이 창의성 훈련의 핵심이다. 생화학 분자식을 기억하고 다양한 분자 변환 과정을 상상으로 훈련하면 공간지각과 기억력 훈련에 크게 도움이 된다.

분자식, 화학반응식, 생화학 회로를 기억하는 형상화 훈련을 하자

학습은 새로운 분야에 익숙해지는 과정이며, 훈련은 새로운 습관을 만드는 반복 운동이다. 생물학을 이해하는 수준과 생물학에 익숙해진 단계는 다르다. 어려운 내용을 확실히 이해하는 과정이 필요하긴 하지만, 이해는 공부의 초기 단계일 뿐 학습의 최종 단계는 능숙한 활용이다. 배운 내용을 기억하여 생각의 재료로 반복해서 사용해야 한다. 이해는 알았다는 즐거움을 주지만 이해 단계가 활용을 만들거나 창의적 결과물을 내기는 어렵다. 이해하면 더 이상 궁금하지 않아, 이해한 내용은 기억에서 더 쉽게 사라질 수 있다. 그래서 학습한 내용이 쉽게 기억에서 사라진다. 몇 년 전에 읽은 책을 다시 보면 그 당시에는 대부분 이해했지만 지금은 생소하게 느껴지는 경우가 많다. 이해는 갈증 해소와 비슷하다. 갈증이 해소되면 물에 대한 욕구가 사라진다. 욕구가 사라지면 더는 학습하지 않는다. 이해가 아니고 능숙해짐이 공부의 목표가 되어야 한다. 생물학이 익숙하고 편해지면 공부에 대한 심적 부담이 줄고 새로운 영역을 더 탐구할 여지가 생긴다. 공부는 새로 집을 짓고, 새로 만든 집에서 익숙하게 생활하는 과정과 비슷하다. 이해를 목표로 하는 공부는 집을 짓고 나서 다른 집에서 생활하는 경우와 같다. 이해한 내용이 기억되기도 전에 관심이 다른 곳으로 바뀐다. 그래서 공부의 핵심은 이해가 아니고 익숙해지는 훈련이다. 교과서를 읽고 이해하는 단계는 필요하지만, 이는 공부의 첫 단계일 뿐이다. 공부한 내용을 반복 학습하여 익숙해져야 학습한 내용의 깊은 의미가 발현되고, 이것이 다른 분야와 연결되어 새로운 의미가 생겨난다.

훈련이라는 관점에서 생물학을 공부한다면 세포와 세포 내 소기관의 구조를 그리고 싶어진다. DNA에서 단백질이 만들어지는 전체 과정을 도표로 그리는 것을 시도해본다. 단순히 이해하기보다는 분자 수준에서 세포 내 생화학의 전 과정에 익숙해지고 싶은 공부 욕심이 생긴다. 구조를 그리고 핵심 내용을 모듈화하여 상호 관계를 그림으로 표현하는 학습은 창의적 편집 과정이다. 새로운 학습 방법을 꾸준히 시도하고, 자신에게 맞는 방식을 찾아내 습관으로 만드는 과정이 필요하다. 생물학에서는 세포 내 분자들의 호흡작용과 광합성 다이어그램, DNA에서 단백질 합성까지 이어지는 전 과정을 기억하고 익숙하게 표현할 수 있어야 한다. 이해보다 기억이 더 중요하다. 이해는 사라지기 쉽지만 기억은 새로운 이해의 문을 열 수 있다.

그래서 학습보다 훈련이 더 강하고 효과적이다. 새로운 분야를 학습이 아닌 훈련이란 개념으로 접근하면, 습관을 만드는 과정을 기꺼이 반복할 수 있다. 훈련이란 개념은 불편함을 견디고 반복의 지루함을 참을 수 있게 해준다. 훈련은 불편하지만 생산적인 학습 방법이다. 음악과 미술 분야는 전적으로 훈련으로 접근해야 숙달될 수 있다. 운동이든 감각이든 훈련한다는 자세로 접근하면 습관화 단계까지 반복할 수 있다. 예를 들어 세계사 책을 소설처럼 읽게 되면, 읽으면서 기록하지 않는다. 핵심 내용을 노트에 문장으로 옮기는 과정은 글 읽기를 느리게 하여 신속한 이해에 방해가 되기도 한다. 그러나 읽은 책의 내용을 기록으로 남기지 않으면 얼마 지나지 않아 대부분 기억에서 사라진다. 많은 책을 읽더라도 훈련한다는 자세로 읽으면서 기록하지 않으면 실력이 늘기 어렵다. 많은 내용을 읽기보다는 읽은 내용을 기록하여 기억하는 방식이 3배 이상이나 효과적이다. 기록한 내용을 기억한다는 자세로 반복해서 읽으면 그 내용에 익숙해지고 편안해진다.

세포생물학을 1년간 공부하여 이해하는 방식보다 세포의 구체적 그림과 10개 정도의 중요한 생화학 분자식, 그리고 DNA에서 단백질 합성까지의 전 단계를 그림으로 그려 반복해서 기억하는 것이 훨씬 더 효과적이다. 우리는 중고등학교 또는 대학에서 배운 자연과학 내용을 얼마나 기억하고 있는가? 아마도 대부분,

90퍼센트 이상이 기억에 없을 것이다. 그러나 훈련하는 자세로 한 달만 집중해서 생물학 책 내용을 기억하겠다고 훈련하면 평생 자신의 지적 재산이 된다. 기억으로 남지 않은 학습 내용은 짧은 시간 이해했다는 만족으로 끝나고, 삶에 거의 도움을 주지 않는다. 그러나 훈련으로 습득한 지식은 습관적 반응처럼 언제든 회상되어 자연에 대한 이해를 넓혀준다.

자연과학 지식은 수식과 도표로 언제든지 표현할 수 있어야 한다. 숫자와 그래프에 민감해지자. 숫자와 그림으로 표현되지 않는 지식은 구체성이 떨어진다. 애매한 지식은 '아는 것'과 '모르는 것'의 경계를 흐릿하게 하여 '알고 있다는 착각'을 만든다. 자연과학은 아는 체할 수 없다. 아는 것과 모르는 것이 명확하게 구별되기 때문이다. 별 속 핵융합 과정은 문학적 감수성으로 이해할 수 있는 세계가 아니다. 대부분의 자연과학은 훈련의 대상이지 이해의 대상이 아니다. 진정한 이해는 훈련으로 기억된 후 자연스럽게 드러난다. 그래서 기억되기 전에 이해가 깊어지기는 힘들다. 진정한 이해는 기억된 양질의 정보를 뇌가 계속해서 다른 기억과 연결하는 과정에서 발현되는 새로운 차원의 현상이다. 새로운 분야일수록 그 분야의 기본 용어와 핵심 개념을 통째로 기억하는 방식이 효과적이다. 인간의 뇌 속 이미지는 흐릿하고 가변적이다. 그래서 인간은 눈을 감은 채 사물의 형태를 기억으로 회상하는 형상화 능력이 약하다. 자연과학 공부의 핵심은 화가나 조각가처럼 형상화 과정을 훈련하는 것이다. 명확히 범주화된 이미지는 정신 작용의 핵심 요소이며, 훈련만이 정신적 이미지들을 구체화할 수 있다. 구체적으로 형상화된 이미지를 출력하는 능력이 진화하면서 자연과학과 예술이 가능해졌다.

학습은 용어 단계, 구조 단계, 작용 단계로 구분된다

새로운 분야의 학습은 3단계로 구분된다. 용어에 익숙해지는 단계와 핵심 구조를 익히는 단계, 그리고 구조와 구조를 연결하여 작용을 이해하는 단계이다. 세포생물학을 공부하다 보면 우선 세포 구조에 관한 용어를 많이 만난다. 과학이 어려운 원인은 대부분 용어가 생소하기 때문이다. 어떤 학문이든 용어에 익숙해져야 공부가 편해진다. 어렵다는 말은 생소하다는 것, 즉 익숙하지 않다는 것이다. 영어의 알파벳을 기억하지 못하면 영어 공부는 처음부터 불가능하다. 생물학 용어를 모르면 생물학 공부는 처음부터 불가능하다. 그런데 사람들은 영어 단어는 반복해서 외우지만 생물학 용어는 영어 단어 암기하듯이 공부하지 않는다. 그래서 과학 공부는 처음부터 힘들다고 느끼고 포기한다. 용어를 기억하지 않아서 익숙하지 못한 현상을 어렵다고 표현한다. 용어를 모르면 그 분야는 의식에 거의 존재하지 않는다. 과학은 어려운 것이 아니라 익숙하지 않은 것이다. 용어를 기억하기만 하면 익숙해지고, 익숙해지면 공부가 편해지고, 편해지면 반복해서 오랫동안 공부할 수 있다. 용어는 영어 단어의 정확한 철자를 손으로 쓰면서 익히는 과정이다. 글로 쓰는 공부는 그냥 읽기만 하는 공부보다 3배 이상 효과적이다. 과학 용어를 반복해서 암송하고 손으로 쓰면서 기억하자.

용어가 익숙해지면 다음 단계는 구조를 공부하는 단계이다. 구조 공부의 핵심은 그림으로 그리는 것이다. 생물학 학습의 대부분은 세포 구조를 그리거나 생화학 작용의 순환 회로를 그림으로 그리는 과정이다. 읽기는 쉽고 쓰기는 조금 힘들다. 그리기는 거의 시도하지 않는다. 세계사를 공부하면서 세계 지도를 몇 번 그려보았는가? 만약 세계 지도를 5분 내로 어느 정도 정확히 그릴 수 있다면 다른 많은 분야를 공부하는 데 큰 도움이 된다. 세계 지도 그리기에 익숙해지면 이것이 국가별 면적, 국가 간 정치 관계, 기후, 인문지리 공부의 바탕이 될 수 있다. 세포의 구조를 세부적으로 자세히 그릴 수 있다면 세포생물학, 분자생물학, 생화학, 생리학, 미생물학 공부를 구체적으로 할 수 있다. 세포 구조와 세계 지도를 그리는 데 익숙해지면 학습에 큰 도움이 되지만, 그리면서 익숙해지는 학습은 의외로 거의 아무도 시도하지 않는다. 리처드 파인먼은 소립자의 상호작용을 '파인먼 다이어그램'이라는 그림으로 표현하여 노벨 물리학상을 받았다. 제임스 왓슨 James Watson 과 프랜시스 크릭 Francis Crick 은 DNA 이중나선 구조의 실제 모

그림 1-3 생화학 정보를 한 장에 모으면 상호 관계가 드러난다. 한 장에 모음

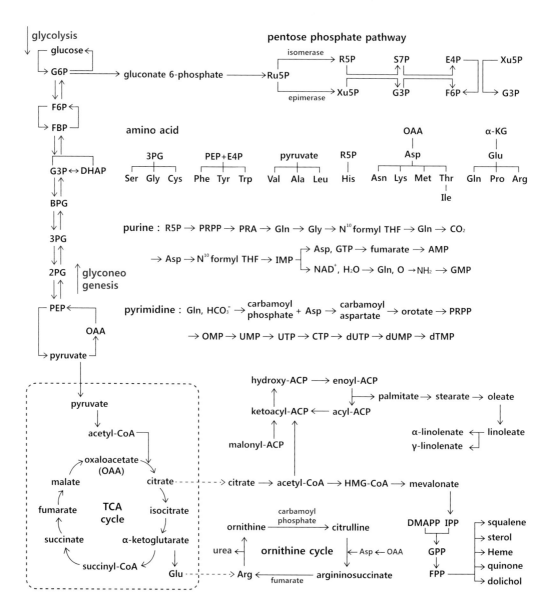

형을 제작하여 분자세포생물학의 돌파구를 열었다. 세포와 단백질 촉매 작용을 그림으로 그려서 익숙해지면 생화학 작용이 무의식적으로 학습된다. 용어 단계와 구조 단계의 공부 과정은 손 운동을 통한 무의식적 절차기억 학습이다. 그래서 이 두 단계에서는 익숙해질 뿐 학습 내용을 장악했다는 의식적 느낌은 생기지 않는다. 그러나 무의식적 절차기억은 일단 습관화되면 언제든 자동으로 인출되어 항상 공부 단계에 진입할 수 있게 한다.

용어 단계와 구조 단계의 훈련은 장악했다는 느낌을 동반하지 않기 때문에 '알았다'라는 쾌감이 생기지 않아서 대부분의 학습자들이 공부에 흥미를 느끼기 어렵다. 그러나 지루한 반복 훈련 단계를 견디면 구조 그리기가 능숙해져 구조와 구조를 연결하는 시도를 할 수 있다. 세포 내 구조에 익숙해지면 여러 단백질의 구조가 연결된 광합성과 호흡 작용이 이해된다. 왜냐하면 생명 현상은 구조가 곧 작용이기 때문이다. 생물이 환경에 적응하는 과정에서 신체 구조가 변화하여 환경에 적합한 구조가 된다. 구조의 변화는 분자 수준에서도 일어난다. 그래서 단백질 입체 구조의 변화로 생명체의 에너지원인 아데노신3인산(ATP) 분자가 만들어진다. 생명 현상은 단백질 입체 구조의 변화 현상이다. 세포 내 미토콘드리아와 엽록체의 구조에 익숙해지는 순간 생명 작용이 이해되기 시작된다. 그러나 대부분의 학습 방법은 공부 시작부터 이해를 우선한다. 그러나 아쉽게도 이해는 나중에 온다. 우리가 의도적으로 집중한다고 세포의 생화학 작용이 곧 이해되지는 않는다. 용어와 구조에 익숙해진 후에야 이해는 서서히 자라면서 점차 생화학 과정의 전모가 확실해진다.

그래서 공부의 지름길은 일단 용어에 익숙해지고 구조를 많이 그려서 절차기억이 생기도록 하여 습관화하는 것이다. 조건반사처럼 습관이 될 때까지 공부하면 학습에 힘이 들지 않고 즐길 수 있다. 습관화 반응이 유용한 이유는 에너지가 들지 않고 자동으로 처리할 수 있기 때문이다. 공부도 습관화되어 익숙해져야 창의적 학습이 가능해진다. 이해와 창의성은 서서히 성숙되는 학습 과정이며, 용어와 구조에 익숙해지는 전 단계들이 필요하다. 새로운 과학 분야 공부에는 용어와 구조 단계를 습관적으로 자동 학습하는 과정이 필요하다. 생명의 구조가 곧 기능을 낳는다. 세포 구조와 생화학 회로는 노트에 그림을 그리면서 익숙해져야 한다.

요약하면, 다음과 같다.

학습은 용어→구조→작용 단계의 순서로 공부해야 하고
용어와 구조 단계에서는 절차기억으로 이해보다 익숙해짐이 목표이며,
구조와 관련된 작용 단계에서 이해와 창의성이 가능해진다.

정보는 한 페이지에 통합되어야 한다

정보가 통합적 지식이 되려면 한 페이지에 모여 있어야 한다. 유용한 정보는 어딘가 있다. 다만 흩어져 있을 뿐이다. 내가 모르는 책이나 논문 속에 있다. 그 자료를 어느 책에서 본 듯하지만 확인해보려면 서가에서 그 책을 찾아야 하고, 책에서 해당 페이지를 다시 뒤져봐야 한다. 이러한 과정이 쉽지 않아 포기하게 된다. 그래서 정보가 자신의 지식으로 바뀌려면 즉시성과 연결성이 있어야 한다. 정보를 처리해서 의미를 생성시키려면 정확한 정보가 순서에 맞게 연결되어야 한다.

식물의 광합성 과정을 공부하는 경우를 생각해보자. 광합성 공부에 필요한 정보는 엽록체의 구조, 물 분자를 분해하는 과정, 태양 에너지를 흡수하는 광흡수 시스템, 전자전달 단백질, 그리고 ATP와 NADPH 분자를 만드는 상세한 생화학 과정이다. 그리고 양성자의 확산을 이용하여 에너지를 만드는 ATP 합성효소의 작용이 전자전달 과정과 연결되는 과정에 익숙해져야 한다. 광합성의 전체 과정은 구성 요소들이 함께 동작하는 과정으로, 단계별 과정이 한 페이지에 모여 있어야 상호작용 전체가 드러난다. 식물 세포에는 엽록체와 미토콘드리아가 함께 있어서 엽록체의 광합성과 미토콘드리아의 호흡 작용을 비교하면서 공부할 수 있다. 동물 세포만 공부한다면 호흡과 광합성에 사용되는 단백질 시스템의 유사

그림 1-4 탄수화물, 단백질, 핵산의 모듈화된 구조와 글루코스의 탈수중합반응
생명의 분자들이 모듈화된 단위 구성 요소가 순서에 따라 결합된다. 대칭화, 모듈화, 순서화는 자연의 패턴이다.

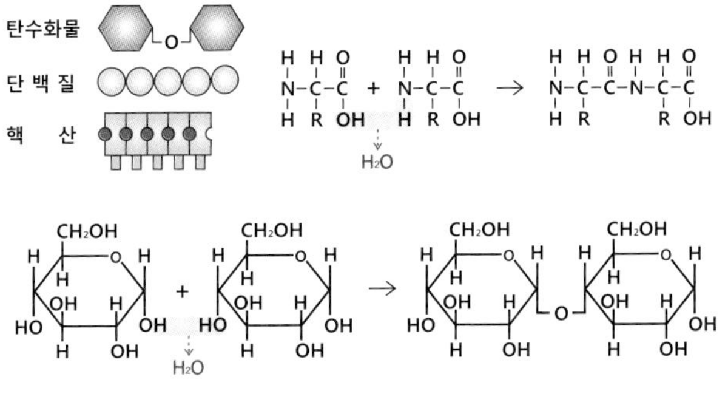

성을 비교할 수 없다. 광합성과 호흡 과정의 정보가 한 페이지에 함께 있으면 자연히 서로를 비교하고 연관성을 살펴볼 수 있다. 인간은 맥락적 연관성, 즉 사물과 사건들의 관계를 기억한다. 그러나 교과서는 미토콘드리아의 호흡을 배우고 난 뒤 수십 페이지 뒤의 다른 장에서 식물의 광합성을 배우도록 되어 있다. 책의 분리된 페이지에서 배운 지식은 뇌의 인지 공간에서도 분리된다. 호흡과 광합성의 핵심 단백질 구조의 유사성, 작용의 대응 관계는 쉽게 그려지지 않는다.

우리의 뇌가 기억하는 실체는 개별 구성 요소가 아니라 구성 요소 사이의 관계이다. 환경의 감각입력이 기억과 연계되어 대상으로 인식된다. 그리고 우리의 기억 체계는 대상과 대상 사이의 시간과 공간에서 변하지 않은 관계를 범주화하여 기억한다. 그 대상 사이의 관계를 대상들이 작용하는 순서로 나열하면 그들 사이의 관계는 자연히 드러난다. 그래서 공부의 지름길은 대상들을 한눈에 보이도록 배열하여 그 상호 관계를 그림으로 표현하는 데 있다. 구성 요소들이 한 페이지에 등장하면 그들 간의 관계를 살펴볼 수 있다. 페이지가 다르면 이전 페이지의 그림을 작업기억으로 유지해야만 다음 페이지의 그림과 비교할 수 있는데, 인간의 작업기억은 용량이 제한되어 오래 유지할 수 없다. 시간과 공간에서 정보의 분리가 뇌에서 인지적 통합 과정을 어렵게 한다. 그래서 정보가 통합적 지식이 되기 위한 첫째 조건은, 정보가 한 페이지에 모여 있어야 한다는 것이다.

정보가 통합적 지식이 되기 위한 둘째 조건은, 한 페이지에 모인 정보가 순서대로 배열되어야 한다는 것이다. 미토콘드리아의 호흡 과정을 생각해보자. 동식물 세포 내에서 해당 작용으로 포도당이 피루브산으로 분해된다. 피루브산이 미토콘드리아에서 10단계의 생화학 작용을 거쳐 이산화탄소와 ATP, NADH 분자를 생성한다. 이러한 10단계 생화학 과정은 작용 순서로 연결되어 TCA 회로라고 한다. 작용 단계마다 변화되는 분자 구조를 그림으로 반복해서 그려보면 생물학을 배우는 모든 사람들이 호흡 작용을 분자 수준에서 이해할 수 있다. 이 모든 이해가 여러 단계의 생화학 작용을 한 페이지에 작용 순서대로 그림으로 배열한 덕분에 가능해졌다. 생화학 작용이든 역사적 사건의 전개 과정이든, 순서대로 나열하면 작용과 사건의 선후 관계가 보인다. 그리고 배열된 대상의 선후 관계가 인과관계를 드러내어 의미가 분명해진다. 사건의 시간적 전개 과정의 배열이 인과관계를 드러내준다. 생화학의 중요한 내용들은 분자 변환 과정으로, 관련된 분자식을 순서대로 나열하면 분자의 변환 과정이 드러난다. 그래서 생물학이든 역사학이든 공부의 핵심은 정보를 인과적 순서로 한 페이지로 표현해보는 그림 그리기이다.

인간 뇌는 순서에 민감하다. 발음 즉시 사라지는 음파를 인간 뇌가 포착하여 기억할 수 있는 것은 뇌 신경회로 덕분이다. 음소를 단어와 연결하는 측두엽의 베르니케영역은 음소의 발음 근육운동 순서를 처리하는 운동피질의 브로카영역과 대규모 신경섬유 다발인 궁상다발로 연결되어 있다. 뇌에는 궁상다발이라는 음성 정보 처리의 고속도로가 있다. 인간의 생각은 대부분 '속으로 혼자 말하기' 과정이며, 생각은 음향적 현상에 가깝다. 음성은 모두가 순서화되어 있다. 그래서 우리는 말을 한 번에 다 할 수 없다. 언어는 순차적이어서 인간 뇌는 순서 기억에 능숙하다. 시각은 한 번에 전모를 확연히 드러내준다. 반면에 말소리는 순차적 음운의 나열이다. 배경 잡음은 한 소리와 다음에 연결되는 소리의 세기 비율이 일정하지 않다. 그러나 한 단어 속의 인간 말소리에서는 두 음소 사이 세기의 비가 일정하다. 그래서 뇌는 시간적으로 바뀌지 않는 음소 세기의 관계를 기억한다. 시각적 정보와 청각적 정보를 한 페이지에 순서상으로 배열하면 시간과 공간에서 변하지 않는 관계가 드러나고, 우리의 뇌는 바로 이 '변하지 않는 관계'를 기억한다.

정보를 통합적 지식으로 전환하는 세 번째 요소는 정보를 하나의 모듈로 단위화하는 것이다. 신발끈에 매듭이 없으면 쉽게 풀린다. 정보나 지식도 하나의 덩어리로 모듈화되지 않으면 분해되기 쉽다. 모듈은 컨테이너처럼 많은 물건을 하나의 단위로 전달하게 해준다. 컨테이너를 높이 쌓아서 좁은 공간에 장시간 보관할 수 있는 것처럼, 정보의 내용이 모듈로 정형화되면 단위성이 획득된다. 화폐가 일정한 단위성이 확립되면 거대한 금융 시장이 되듯이 모듈화한 지식도 교환과 축적이 가능해진다. 초등학교에서 대학까지 학습한 많은 정보는 모듈성이 약해서 잊혔다. 쏟아진 물과 같은 부정형의 지식은 곧 사라진다. 모듈성이 없는 무정형의 정보는 쏟아진 물처럼 곧 사라진다. 그러나 물병의 물처럼 모듈성을 확립한 정보는 저장하거나 다른 유용한 처리를 할 수 있다. 병 속의 물이 사라지지 않듯이 모듈화한 지식은 쉽게 잊히지 않는다. 모듈화한 정보는 손실 없이 전달할 수 있게 되고, 전달 과정에서 확산되고 재생산된다. 호흡과 광합성 과정은 각각의 지식이 하나씩 모듈이 될 수 있다. 한 장의 그림으로 표시된 모듈화한 지식들은 서로 비교 가능하고, 전체 맥락 속에서 어떤 생물학 지식 속으로 배열될 수 있다. 그래서 모듈화한 지식은 배치를 바꿔 재배열될 수 있다. 모듈화된 지식의 새로운 조합이 바로 창의성의 핵심이다. 이 책에서는 한 장에 모인 그림이 많이 등장한다. 광합성, 호흡, 유전 현상을 각각 한 장에 모았다. 한 장에 모인 정보는 스스로 각 부분이 연결된다. 개별 정보가 한 장에 모여서 맥락 있게 연결되어야 정보가 모듈화한 유용한 지식으로 바뀐다.

요약하면 다음과 같다.

정보는 세 가지 특징으로 표현된다.

정보의 그림화

정보의 모듈화

정보의 순서화

생물학은 분자학이다

생물학은 세포를 연구하는 학문이다. 생명은 세포 단위의 생화학 작용이며 세포는 생체 분자의 집합체이다. 그러므로 생물학은 분자의 상호작용에 관한 학문이다. 세포 질량의 70퍼센트가 물이니, 물의 극성 작용과 이온화된 생체 분자의 전기적 상호작용이 생명 현상의 실체라고 할 수 있다. 세포생물학의 주요 분자는 DNA, mRNA, rRNA, tRNA, ATP, GTP, cAMP, cGMP, 이노시톨인산inositol phosphate, 디아실글리세롤diacylglycerol, 포스파티딘산phosphatidic acid, 메발론산mevalonic acid, 아이소펜테닐파이로인산isopentenyl pyrophosphate(IPP), 포도당, 포르피린porphyrin, NADH, NADPH, 철황Fe-S 복합체, 시토크롬cytochrome C, 퀴논, 피루브산, 아세틸조효소-Aacetyl coenzyme A(아세틸-CoA), 아미노산 20개 분자, 인산, 인지질 분자, 스핑고지질, 콜레스테롤, 그리고 수만 개의 단백질 거대분자들이다. 생명은 이러한 분자들의 상호작용이다. 이온화된 분자들의 전기적 상호작용이 생명 현상을 만든다.

대부분 생물학 공부를 하면서도 분자식 그 자체에 충분한 주의를 집중하지 않는다. 분자구조식을 단순한 암기 공부로 생각해서, 그냥 그런 분자가 있거니 하면서 강조하지도 않고 기억하지도 않는다. 그러나 생체 분자와 이온화된 분자들의 상호작용은 생물학 내용의 대부분이다. 세포의 작용을 집요하게 오직 분자적 관점으로 이해하려 노력하면 생물학은 결코 복잡한 학문이 아니라 입자물리학처럼 전자와 양성자의 상호작용일 뿐임을 알게 된다. 생명 현상의 주인공은 광합성과 호흡 작용이다. 그리고 광합성과 호흡은 광자와 전자와 양성자의 상호작용으로 대부분 설명된다. 태양빛 에너지인 광자를 흡수한 전자가 엽록체 틸라코이드막에 삽입된 전자전달 단백질 시스템을 통과하면 양성자가 동반하여 이동한다. 한쪽으로 몰린 고농도의 양성자는 다시 생체막에 삽입된 ATP 합성효소를 통해 확산하는 과정에서 생명체 에너지 분자 ATP를 만든다. 결국 분자 수준에서 광합성은 광자와 전자와 양성자의 상호작용이다. 광합성과 호흡 작용의 ATP 합성 과정은 틸라코이드막과 미토콘드리아 내막에 삽입된 ATP 합성효소를 공부하면 된다. ATP 합성효소 단백질 복합체는 F_0와 F_1 두 부분으로 구성되는데, 이 두 모듈의 구조와 작용을 이해하면 ATP 분자를 생성하는 과정을 이해할 수 있다.

F_0 단백질 복합체의 구조는 다음과 같다. 먼저, 고정된 a서브유닛에 존재하는 아미노산 아르기닌의 곁사슬에는 NH_2의 아민기가 존재하고, 움직이는 서브유닛인 c에는 아미노산 아스파르트산aspartate이 있다. c유닛이 친수성親水性 영역으로 회전하여 진입하면 아스파르트산은 양성자를 방출하고 음이온이 되어 아르기닌의 양이온과 작용해 c서브유닛을 계속해서 회전하게 만든다. 이 회전으로 ATP 합성효소의 F_1 단백질 복합체의 입체 구조가 변하여 F_0 단백질 복합체가 회전하면서 ATP 분자가 생성된다. 그리고 ATP 분자는 모든 동식물, 그리고 박테리아의 생명 활동 에너지를 공급해준다. 결국 전기를 띤 두 분자인 아르기닌과 아스파르트산의 전기적 인력이 ATP 분자 생성의 핵심 작용이다. 생명 현상은 항상 분자 수준에서 그 본질이 드러난다. 생화학의 여러 단계들은 거시적으로 모델화된 그림으로 표현되지만 세부적으로는 분자들이 결합하고 분해되는 분자 변환 과정을 겪는 화학 작용이다. 수용액 상태에서 이온화되는 양성자 방출 과정과 전자의 이동이 생물학의 가장 빈번한 분자 변환 현상이다. 생명이란 결국 조절된 전자의 움직임이다.

사물은 분류되고 생물은 분화된다

세계는 시간과 공간의 구분이다. 사건을 시간 순서로 연결하고 사물을 공간에 배열하면서 세계상世界像이 출현한다. 시간 순서와 공간 위치로 사건과 사물의 좌표를 정하면서 인간은 자연을 수와 논리로 기술할 수 있게 되었다. 자연 현상을 구분하여 분류하는 능력이 학문의 출발점이다. 식물학, 광물학, 천문학은 모두 대상을 분류하면서 시작된 학문이다. 입자물리학에서도 수백 개가 넘는 소립자를 체계적으로 분류하면서 머리 겔만Murray Gell-Mann의 쿼크 모델이 생겨났다. 티코 브라헤Tycho Brahe의 정밀한 행성 궤도 운동 관측 결과를 설명하는 수학적 경험법칙을 요하네스 케플러Johannes Kepler가 찾아내면서 천문학이 시작되었다. 행성 궤도 운동에 관한 케플러의 공식이 뉴턴 역학으로 유도되면서 근대 과학이 출현했다. 자연 현상의 관찰 결과로 드러나는 패턴을 분류하면서 시작된 자연과학은 그래프와 숫자로 자연 현상을 기술한다. 그래서 대부분의 자연과학적 관찰 결과를 설명하는 경험 수식은 더하고 곱하고 빼고 나누는 사칙연산으로, 자연 패턴의 시간적 변화는 미분으로 표현된다. 힘을 다루는 뉴턴 역학은 미분 형태로 표시되며, 에너지를 다루는 열역학에는 적분 형태로 표현되는 것이 많다. 입자물리학은 에너지보다 포괄적인 작용량을 주로 다룬다. 사칙연산, 미분, 적분, 작용량은 자연 현상의 분류, 패턴의 생성, 패턴의 변화 그리고 패턴의 대칭 구조를 다룬다. 결국 자연 현상의 분류에서 자연과학이 생겨났다.

생명은 동적 상태의 연쇄 작용이며, 변화하는 생존 환경에 적응하는 과정이 바로 진화이다. 생명체는 세포로 구성되는데, 단 하나의 세포로 구성된 생명체도 있다. 단세포 생물도 생존 환경이 매 순간 바뀔 수 있다. 생물은 단백질로 구성된 효소의 발현을 조절하여 변화하는 환경에 적응한다. 세포 속의 광합성과 호흡 과정이 회로를 구성하여 생화학적 단계가 반복적으로 순환한다. 생명 현상은 포도당, 아미노산, 핵산의 합성과 분해 과정이다. 핵산은 DNA와 RNA로 구성되며, DNA는 아데닌, 구아닌, 시토신, 티민Thymine으로, RNA는 아데닌, 구아닌, 시토신, 우라실uracil로 구성된다. 아데닌과 구아닌을 퓨린이라 하고, 시토신, 우라실, 티민을 피리미딘이라 하는데, 퓨린과 피리미딘의 세포 내 합성에는 각각 10개 정도의 분자 변환 단계가 있다. 생화학 분자 변환 과정의 공통 특징은 3가지로 요약할 수 있다. 첫째, 시작 물질이 있다. 둘째, 중간 공통 단계 분자가 있다. 셋째, 분자 변환에는 단계별 조절 작용이 존재한다.

창의성은 머릿속 이미지를 문자와 수식과 도형으로 표현하는 과정이다

창의성의 핵심은 머릿속으로 생각하는 과정이 아니라 운동으로 출력하는 과정이다. 머릿속으로 하는 생각은 두 가지 이상의 내용을 논리로 연결하기 힘들다. 우리의 생각은 원래 분산적이고 순간적이다. 생각과 생각을 의미있게 연결하려면 일정 기간 한 가지 생각을 유지해야 한다. 그래야 적절한 다음 생각이 논리적으로 결합할 수 있다. 생각은 쉽게 사라지기 때문에 뇌 속에서는 세 단계의 연결조차 무척 힘들다. 인류가 문자로 자신의 생각을 꺼내 기록하기 전까지는 방금 경험한 감각인상을 몸짓과 짧은 말로 표현했을 뿐이다. 말은 곧 사라진다. 발성된 소리는 수정할 수 없지만 문자로 기록된 생각은 수정할 수 있다. 논리가 약하고 연결이 어설픈 문장이라도 몇 번의 수정을 거치면 의미있는 문장으로 다시 태어난다. 생각을 문자로 표현할 수 있어서 인간의 기억이 후손에게 영향을 주게 되고 문화가 시작되었다. 그러므로 뇌 속의 이미지를 손동작으로 종이에 글로 표현해야 한다. 미술의 스케치, 음악의 악보, 기하학의 도형 모두 뇌 속의 시각적·청각적 이미지를 꺼내 종이에 기호로 표현한 결과물이다. 일단 그림으로 표현된 이미지들은 변형하고 조작할 수 있다. 처음으로 표현된 생각은 거칠고 애매하지만 몇 번의 수정을 거치면 그 모습이 점차 구체적이고 의미있게 된다. 이처럼 일단 표현하고 수정하여 원하는 대상과 비교함으로써 완성된 최종 상태로 발전시켜가는 훈련이 바로 창의적 과정이다. 창의성은 고정된 결과가 아니고 변해가는 과정이다. 변화 과정의 출발이 바로 뇌 속의 생각을 꺼내 종이에 표현하는 행위이다. 생각을 왜곡 없이 고스란히 인출하는 능력은 오직 훈련의 결과로 얻어진다.

인간의 뇌는 생생한 이미지를 형성하는 일에 아직 능숙하지 않다. 우리가 본 아름다운 풍경의 느낌을 기억하고 뇌 속에서 오래 유지할 수 있었다면 인상주의 화가들은 출현하지 않았을 것이다. 인간이 그림과 문자를 만들어낸 이유는 인간의 이미지 형성 능력이 충분히 진화하지 않아서다. 그래서 일단 엉성하게 형성된 이미지를 뇌에서 손 운동으로 표현하여 눈에 보이게 드러낸 후 다시 수정하는 방식을 이용한다. 그래서 창의성 훈련의 첫 단계는 생각의 이미지를 꺼내는 훈련이다.

시각과 청각 이미지를 인출하는 과정은 근육운동 훈련이다. 피아노를 연주하든 수식을 전개하든 모두 뇌 속 인지 작용에 대응하는 손가락 운동 학습의 훈련 과정이다. 감각정보를 입력하는 과정은 어느 정도 수동적 과정이지만, 운동명령을 출력하는 과정은 의도적으로 반복해야 한다. 자신의 느낌과 생각을 고스란히 문장으로 표현하는 훈련이 글쓰기의 핵심이듯이 생물학의 광합성과 호흡 과정, 입자물리학의 파인먼 다이어그램처럼 자연 현상을 추상적 그림과 도표로 표시하는 훈련이 과학 공부의 핵심 과정이다. 자연 현상의 다양한 과정을 수와 그림으로 표현하면 개별 과정의 상호 관계가 저절로 드러나게 된다. 뇌 속에서는 여러 단계들을 연결하기가 무척 힘들지만 그림으로 표현하면 연결이 쉽다. 한 개의 생화학 과정이 분자들의 상호작용으로 표현되면 그 결과로 빚어지는 단계는 생화학 원리에 의해 분자식의 변화로 연결된다. 세포의 작용을 그림과 분자식으로 표현하기만 하면 세포내 소기관들의 상호 관계는 생화학 과정으로 정해져 있기 때문에 연속적인 긴 과정의 연쇄가 이어지게 되고, 생명 현상의 작용들을 이해할 수 있다. 그래서 창의성은 생각을 인출하여 수식, 그림, 도표로 표현하는 훈련 과정이다.

창의적 생각은 존재하지 않는다. 다만 지속적 표현과 수정이 있을 뿐이다. 축구 선수와 소설가는 다리 근육 운동과 글쓰기 손 운동으로 최소한 10년 이상 생각을 꺼내는 훈련을 한 사람들이다. 생각을 물건처럼 꺼내는 훈련이 필요하다. 생각이란 물건은 담배 연기처럼 부정형이고 변화무쌍하고 곧 사라지기에, 변화 없이 원래 모습을 유지한 채 꺼내기가 쉽지 않다. 그래서 생각을 꺼내어 표현하고 다시 수정하는 과정은 오랜 훈련이 필요하다. 인간은 뇌 속 이미지가 자발적으로 연결되는 단계까지 진화하지 않았다. 그래서 뇌 속의 이미지를 눈에 보이게 그림으로 표현한 후에야 그림을 수정하고 서로 연결하여 자연의 과정들을 기술하는 과학이 출현하게 된다. 결국 창의성 훈련은 지속적으로 생각의 이미지를 문자와 수식과 도형으로 표현하는 근육 운동 훈련이다.

개념의 힘

인간 행동은 대부분 습관에서 나온다. 습관은 운동절차의 기억된 순서이다. 순서화된 운동순서 패턴은 자극입력에 즉각적 운동출력으로 반응한다. 생각의 처리 과정을 거치지 않고 자동으로 출력되므로 습관은 뇌에 부담을 주지 않고 많은 일을 처리한다. 뇌 작용의 95%가 의식되지 않고 무의식적으로 처리된다는 주장은 습관 반응이 우리 행동의 대부분이란 의미이다. 직장에서 필요한 업무가 학습으로 익숙해지면 모두 습관적으로 자동 처리된다. 업무에 익숙해진 상태로 별다른 노력 없이 직장 생활을 수십 년간 하게 되면 경력자가 된다. 경력자가 되면 습관에 안주하고 습관적 자동 반응을 한다. 주어진 업무를 새로운 관점에서 시도하지 않거나 새로운 학습에 대한 관심이 줄어든다. 새로운 분야의 학습은 습관의 자동 반응을 중단해야 가능하다. 경력자는 습관적 자동 반응만으로 업무를 처리하는 '경력자의 함정'에서 빠져나오지 못한다. 습관화 반응을 중단해야만 새로운 학습이 가능해진다. 새로운 분야로 진입하여 익숙하지 않은 불편한 경험들을 의도적으로 마주해야 한다. 새로운 분야를 학습하는 힘은 확고한 의식화된 개념에서 나온다.

무의식적으로 자동 출력되는 운동이 '습관의 힘'이라면 의식적으로 자신이 원하는 방향으로 세상을 바라보게 하는 힘은 '개념의 힘'이다. 습관의 관성력에 대응하려면 의식의 원심력이 필요하다. 개념은 의식을 집중하여 지속하게 하는 힘이 있다. 항상 주의를 집중하여 의식적으로 사건과 사물을 관찰하려는 힘이 곧 개념의 힘이다. 건강을 유지하는 직접적 요인은 운동과 식사량 조절이지만, 장기간의 건강 관리는 '건강에 대한 개념'이 더 깊이 관여할 수 있다. 운동과 식이요법은 의도적으로 지속하려고 해야만 유지된다. 그러나 개념은 습관처럼 항상 작용할 수 있다. 대부분 일시적인 의식적 정신 작용에서 개념은 지속적으로 의식을 일깨우는 역할을 한다. 건강에 대한 개념이 분명하면 다양한 건강 관련 정보를 비교하고 합리적인 건강 관리 방법을 실행할 가능성이 높아진다. 개념은 자신의 목적에 맞춰 정보를 분류하고 정보에 가중치를 줄 수 있다. 그래서 개념을 가진 사람은 수동적 반응에서 능동적 행동으로 자신을 일깨운다.

개념의 힘을 어떻게 생물학 공부에 적용할 수 있을까? 개념이 습관처럼 지속되어 생물학 공부에 도움이 되려면 다음 3단계의 훈련이 핵심이다. 첫째, 생화학에 관한 양질의 정보를 한 장에 모은다. 광합성, 해당 과정, TCA 회로 작용을 개별적으로 공부한 다음 한 페이지에 종합해본다. 둘째, 생명은 분자들의 합성과 분해 과정이라고 개념화한다. 30개 정도의 분자식에 숙달하는 노력을 반복한다. 분자식을 기억하여 머릿속으로 생화학 과정을 구체적으로 그리는 자신의 모습을 상상해본다. 셋째, 행동으로 출력해본다. 상상은 출력하기 전에는 몽상일 뿐이다. 상상은 그림이나 글로 표현했을 때만 평가될 수 있다. 개념도 항상 출력되어야 한다. 건강한 삶의 의미와 중요성은 계속해서 평가되어야 하며 개념에 대한 평가는 개념의 유용성과 중요성을 높여준다. 사고와 행동에 대한 스스로의 느낌은 의미를 부여한다. 사물과 사건의 의미가 중요해질 때 우리는 능동적으로 행동한다. 정보를 모으고 핵심 개념을 키워드로 바꾸어 항상 의식화하면 개념이 능동적 행동으로 표출된다. 그래서 개념도 습관처럼 항상 우리를 자동적으로 행동하게 한다.

모든 변화는 행동에서 나온다. 습관은 반복되는 행동이며, 개념은 반복되는 의식이다. 생물학 공부도 개념의 힘으로 즐길 수 있다. 세포에 관한 정보를 모으고, 핵심 분자식을 키워드처럼 항상 기억하고, 생물학 중심원리와 분자식을 그림으로 표현한다. 공부의 핵심은 기억하고 표현하는 데 있다. 표현된 정보는 다른 정보와 연합하여 새로운 의미를 드러낸다. 그래서 개념의 힘은 공부든 건강이든 항상 의식적으로 집중할 수 있게 해준다. 의식 수준에서 정보를 해석하고 비교하는 과정이 바로 창의적 과정이다. 의식 수준에서만 정보가 대규모로 연결되어 새로운 범주화가 진행된다. 정신 작용을 의식 수준에 머물게 하는 힘이 바로 개념의 힘이다.

학습 욕망은 훈련으로 자란다

욕망은 인간을 행동하게 한다. 걷고 말하고 생각하는 모든 행동은 욕망의 표현에서 생겨나며, 욕망이 사라지면 우울증이 생긴다. 우리의 일생은 어두운 터널 같아서 욕망의 불빛이 없으면 곧장 나아가지 못한다. 인간의 학습에는 운동 기술을 익히는 감독학습과 보상에 의한 강화학습 그리고 비감독학습이 있다. 대뇌피질이 담당하는 비감독학습은 스스로 욕망을 일으켜야만 하는 고급과정의 자발적 학습이다. 비감독학습은 행동에 대한 원인과 결과의 통계적 분석에서 생겨나며, 양질의 기억이 먼저 존재해야 하는 창의적 과정이다. 좋은 결과를 낳는 행동을 지속하려면 욕망의 지속적인 추진력이 필요하다. 욕망은 기억에서 생겨나며 망각에서 사라진다. 공부의 결과는 공부에 대한 욕망의 강도와 지속력에 전적으로 비례한다. 그래서 학습의 비결은 공부에 대한 욕망을 증대시키려는 노력에 달려 있다.

미각은 가변적이다. 단맛은 본능적이며 중독성이 있다. 단맛에 익숙해진 미각은 쓴맛에 강한 거부감을 느낀다. 그래서 미각의 균형이 깨지고 단 음식만 찾게된다. 다행히 미각이 변화하는 데는 한 달이면 충분하다. 쓴맛도 점차 견딜 만해진다. 의도적으로 쓴 음식을 계속 먹으면 열흘 안에 미각이 변화하는 과정을 체험할 수 있다. 한 달만 지나면 쓴 음식을 즐길 수 있다. 쓴 음식을 적절히 즐기는 능력은 건강에 도움이 된다. 미각은 우리의 감각 작용에 따라 신속하게 변하며, 나아가 뇌의 다른 기능들도 훈련으로 변화 가능하다. 후각의 습관화는 미각보다 더 신속하다. 역겨운 냄새도 곧 견딜 만해진다. 후각과 미각은 화학 분자와 감각세포의 직접 접촉에 의해 생기는 접촉감각이다. 청각의 변화는 후각과 미각보다는 훨씬 느리다. 그래서 클래식 음악은 청각을 훈련해야만 즐길 수 있다. 청각은 음파 밀도의 시간적 변화를 신경전압펄스로 바꾸는 과정이며, 밀리초 단위로 전개되는 전압펄스의 서열이 소리의 본질이다. 청각은 대뇌 신피질의 일차청각영역과 측두엽의 넓은 영역에서 처리된다.

감각자극은 내 몸에서 즉시 입력되는 자극과 멀리서 천천히 다가오는 자극으로 구분할 수 있다. 후각, 촉각, 미각처럼 자극 원인이 물질에 직접 접촉되어 생기는 내 근처의 자극은 즉시 생기고 즉시 사라진다. 반면에 먼 거리를 이동하여 신체에 도달하는 자극은 신호 처리에 시간적 여유가 있다. 내 주변의 감각입력 처리 과정은 즉시적이고 질적이며 주관적이다. 저 멀리서 오는 감각입력의 처리 과정은 양적이며 논리적이고 객관적이다.

기억 생성, 기억 활용, 기억 편집

기억은 창의성의 재료이며, 기억의 새로운 조합이 창의성 그 자체가 된다. 생각은 기억을 인출하여 결합하는 과정이다. 많은 생각 중에서 창의성으로 이르는 생각은 극히 드물다. 창의성과 기억의 관계는 과일과 씨앗의 관계와 유사하다. 사과 씨앗이 사과가 되려면 나무가 자라고 꽃이 피고 열매를 맺는 긴 과정이 필요하다. 마찬가지로 기억이 창의적 결과물로 이어지려면 기억의 생성, 기억의 활용 그리고 기억의 편집 과정을 거쳐야 한다. 창의성의 출발은 기억의 생성인데, 창의성 관련 기억은 일상 생활 기억이 아닌 전문 과학 지식으로, 대부분 어렵고 생소한 내용이므로 철저한 반복 훈련으로 생성된다. 새로운 약품을 개발하려면 생리학과 약리학에 대한 전문 지식과 임상 과정을 거쳐야 한다. 신약을 개발할 때는 단계마다 그 분야에 대한 과학적 지식이 가장 중요하다. 핵심 과학 지식이 생성되는 과정에는 며칠 혹은 수년이 걸릴 수 있다. 기억이 언제든 회상할 수 있는 단계를 지나면, 기억을 언제든 활용할 수 있는 수준에 도달하게 되고, 기억 활용 단계를 수년 동안 지속하면 기억 자체가 공고해져서 습관처럼 자동 회상된다. 관찰하는 대상에 관련된 기억이 분수처럼 쏟아져 나오면 관찰 대상과 무관한 많은 사물이 서로 연결될 수 있으며, 이러한 다양한 기억의 연결에서 창의적 사고가 생겨난다.

생화학 공부의 핵심은 분자식 기억이다. 생화학 분자는 대부분 수소, 탄소, 산소 원자로 구성되며, 단백질과 핵산에는 질소, 황, 인 원자가 추가된다. 빛나는 별들은 전자, 광자, 양성자의 세계이다. 지구의 맨틀은 무한히 반복되는 결정 구조의 세계이다. 그러면 생명은 무엇으로 이루어지는 세계인가? 생명은 분자다. 생명은 수소, 탄소, 질소, 산소, 인, 황의 원자들로 구성되는 분자의 세계이다. H_2O와 CO_2 두 분자만 존재하면 생명 현상은 가능하다. 물 분자가 태양 에너지로 분해되어 이산화탄소와 결합하면 포도당 분자가 생겨나는데, 이 과정이 바로 광합성이다. 포도당에서 생성된 피루브산이 미토콘드리아에서 에너지를 만드는 과정이 바로 호흡이다. 생명은 태양 에너지를 이용하여 포도당 분자를 만드는데, 포도당 분자가 이산화탄소 분자로 분해되는 과정이 광합성과 호흡이다. 결국 생명은 원자들 사이의 공유결합을 절단하여 한 분자를 다른 분자로 전환하는 분자 변환 과정이다.

멘탈 이미징 훈련

생각은 뇌 속 이미지의 연결이다. 언어가 촉발하여 인출되는 기억의 연결이 곧 생각이다. 유아기는 강하게 감정을 표출해 몸의 상태를 알려준다. 1년 이상 무수한 발음을 반복하여 말하기 능력에 익숙해지면, 간단한 문장으로 느낌과 의도를 말한다. 감정과 느낌은 소리나 제스처로 주로 표현하지만 욕구를 충족하려는 의도는 분명한 문장으로 발음해야 한다. 논리적 구조를 갖춘 문장이 생각이 된다. 생각은 다섯 살 이상부터 점차 분명해지며 사춘기에는 감정의 힘이 강해져서 감정이 주도하고 생각은 감정에 따라간다. 걷기와 말하기처럼 생각도 집중적 훈련을 통해 서서히 생겨나는 능력이므로, 어른이 된 후에도 생각의 폭과 강도가 사람마다 매우 다르다. 생각은 그냥 생겨나는 현상이 아니다. 훈련을 해야만 논리적으로 전개된다. 짧은 시간 집중적으로 생각하기는 가능하지만 오랜 시간 한 가지 대상에 생각을 집중하기는 매우 어렵다. 그래서 생각 훈련의 핵심은 한 가지 주제에 대해 오래 생각하는 것이다. 광합성, 해당 과정, 호흡 작용에 관여하는 30개 정도의 분자식에 익숙해지려면 3개월 이상의 집중적인 멘

탈 이미징 훈련이 필요하다.

생각은 기억의 연결이다. 기억들은 바람처럼 흩어지므로 붙잡아서 연결하기가 무척 어렵다. 생각의 가닥을 두 개 연결하면 단순 논리가 생겨나고, 세 개 연결하면 사건의 맥락이 보인다. 일상적 상태에서 뇌는 생각의 가닥을 연결하지 않고 희미한 생각 단편들을 간헐적으로 쏟아낸다. 단편적 생각들을 전달하기 위해 의미에 맞게 단어를 출력하는 과정이 말하기이다. 말과 글에 능숙해지기 위해서는 단편적 생각을 두 개 이상 논리적으로 연결하는 훈련이 필요하다. 일상 생활에서 두 개의 생각을 연결하는 경우는 드물기 때문에 논리적인 대화는 쉽지 않다. 그래서 한 생각과 또 다른 한 생각을 논리적으로 빨리 연결하는 훈련이 공부의 지름길이다.

DNA에서 단백질이 합성되는 과정은 3단계 이상의 생각이 논리적으로 연결돼야 이해된다. 하나의 수정란에서 태아가 형성되는 과정은 수많은 단계의 유전자와 단백질의 상호작용 단계가 있다. 결국 자연 현상을 이해하려면 수많은 생각의 가닥을 인과적으로 연결하는 능력이 필요하다. 두 가닥의 생각을 연결하는 데 익숙해지면 세 가닥의 생각을 논리적으로 연결하는 훈련을 해보자. 두 개의 공을 양손으로 번갈아 던져서 받기에 익숙해지면 세 개의 공을 양손으로 순차적으로 던지고 받는 훈련에도 도전해볼 수 있다. 세 개의 생각을 빠른 속도로 맥락에 맞게 연결할 수 있는 사람은 매우 드물다. 기억의 새롭고 독특한 연결에서 창의적 사고가 생긴다.

모든 문제에는 정답 혹은 정답에 가까운 방법이 있다. 과학과 기술이 놀라울 정도로 발달하고 있다. 어떤 분야에서 어느 정도까지 과학기술이 발전하고 있는지 모를 뿐이다. 물리학, 생물학, 천문학이 밝혀내는 세계상을 짧은 시간에 이해하기란 힘들며, 과학기술 발전의 전모를 알기는 더 어렵다. 다만 공학적 문제 해결에 필요한 많은 기술이 이미 개발되어 있다고 생각하면 된다. 즉 대부분의 문제에 해답이 이미 존재하고 있지만 단지 우리는 어떤 분야가 어느 정도까지 해답을 갖고 있는지 모를 뿐이다. 미래는 이미 와 있지만 다만 고르게 분포하지 않을 뿐이다. 어려워 보이는 문제도 정답이 있다고 개념화하면 여러 방법을 반복적으로 시도해 결국 자신에 맞는 방법을 찾게 된다. 공부도 마찬가지다. 상대성 이론과 입자물리학도 접근하는 방법이 있다고 생각하면 언젠가는 이해할 수 있다. 생화학 공부 방법의 정답은 분자 변환 과정의 숙달을 학습 목표로 삼는 공부법이다.

패턴 인식과 패턴 생성

과학은 자연 현상을 관찰하는 데서 시작된다. 사물과 사건을 관찰하는 행위는 관심에서 출발하지만 항상 무관심으로 초점이 풀어진다. 관심의 대상이 매 순간 바뀌면서 시선은 주변을 두리번거린다. 시선이 관심의 대상에 도달하기도 전에 다른 대상으로 관심을 바꾼다. 탐구하는 시선이 사물과 사건의 핵심부에 도달하기 전에 판단과 느낌이 개입하여 주의 집중이 중단된다. 그래서 환경에 분명히 드러나는 패턴도 인식하기 어렵다. 사물의 패턴 인식은 관찰 대상들에서 공통점과 차이점을 발견하는 과정으로, 차이점이 공유하는 특징을 구별하는 경계면을 형성하여 사물 사이의 구별되는 영역인 패턴이 생성된다. 패턴을 인식하는 데 능숙해지면 숨겨진 패턴이 드러나고 애매한 패턴들이 분명해져

그림 1-5 포도당 분자는 생명에서 가장 중요한 분자이다. **결정적 지식**

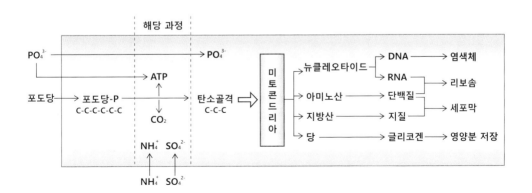

사물과 현상들을 명확히 구분할 수 있다. 다양한 자연 현상을 규명하는 분과된 학문이 바로 과학이다. 과학은 사물과 사건의 구성 요소들을 시간과 공간 속에 순서대로 배열한다. 반면에 예술과 문학은 관찰된 패턴들의 관계를 재배열한다. 공간적으로 재구성되어 생성되는 패턴이 쾌감을 일으키면 시각 예술이 되고, 문자의 의미 패턴이 재배열되면 문학이 된다. 과학은 인과관계로 패턴을 연결하는 과정이며, 예술은 의미있는 패턴을 만드는 과정이다.

생명의 분자는 대부분 포도당 분자와 관련된다

공부는 레고 블록 쌓기와 비슷하다. 레고 블록은 구성 단위의 반복과 조합으로 다양한 형태의 사물을 생성할 수 있다. 마찬가지로 다양한 학문은 정보의 구성 요소들이 논리적으로 결합하여 생겨난다. 레고 블록에 해당하는 지식의 핵심 요소를 장악하면 그 분야 학문을 재구성할 수 있다. 생물학의 경우 아미노산 분자, 핵산 분자, 지질 분자가 핵심 요소이다. 아미노산은 선형결합으로 단백질이 생성된다. 핵산 분자의 세포내 합성으로 DNA가 만들어지며, 지질 분자의 합성으로 생체막이 지속적으로 생겨난다. 용어의 정의는 의미를 분명하게 해준다. 의미는 구분과 분류에서 생겨난다. 배와 사과의 차이를 안다면 사과와 배를 구별할 수 있다. 차이가 의미를 생성하고 가치의 차이가 선택의 기준이 된다. 사물을 비교한 결과 더 선호하는 감정이 생겨서 인간은 자신의 행동을 선택할 수 있다.

차이가 없는 세계에서 목적 있는 행동은 불가능하다. 배열은 차이로 순서화된다. 이와 갈비뼈의 배열은 완전히 동일하지 않고 서서히 형태가 달라진다. 동물의 몸 기관은 원래 배열이 연속되고 서로 비슷한 연속상동기관이었으나 기능이 환경에 적응하는 과정에서 조금씩 형태가 분화되었다. 공룡의 이빨은 갈고리 모양으로 형태가 모두 비슷하지만, 포유동물의 이빨은 어금니부터 송곳니까지 형태가 다양하다. 갈비뼈도 초기 포유동물은 형태가 거의 비슷하지만, 인간의 갈비뼈는 가슴과 배 영역에서 길이가 매우 달라진다. 원래 동일한 형태의 구성 단위가 배열된 연속상동기관의 변화 양상은 진화 과정을 잘 드러내준다. 해양 생물에서 나타나는 연속상동기관의 진화가 윌리스턴 법칙이다.

진화 과정은 분자 수준에서도 분명하다. 20개의 아미노산 분자식은 반복되는 기본 구조는 같으며 작용기만 아미노산마다 조금씩 달라진다. 작용기에 공통점이 많은 아미노산끼리 그룹화하고 그룹 내에서도 변화의 순서대로 나열해서 기억하면, 20개 아미노산 구조식을 기억하고 회상하기 쉽다. 생명의 정의가 계속해서 바뀌는데 최근 생물학에서는 생명의 정의를 '다윈 진화하는 분자 시스템'으로 보려고 한다. 생물에서 반복되는 구조의 형태 변화가 바로 적응형질이 되며, 분자 수준에서도 차이와 반복이 드러난다. 환경에 적응하는 분자, 즉 분자들의 다윈 진화가 생명 현상 그 자체이다. 생명의 역사는 분자 진화의 역사이다. 생명을 분자의 진화로 보면 가장 중요한 분자는 광합성으로 생성되는 포도당 분자이다. 6탄당인 포도당 분자가 세포질에서 해당 작용으로 탄소 원자 3개인 피루브산이 되고, 피루브산이 미토콘드리아 TCA 회로에서 뉴클레오타이드, 아미노산, 지방산, 당 분자를 만든다. TCA 회로에서 생성되는 분자들이 핵산, 리보솜, 세포막, 저장 영양분을 만들므로 포도당 분자에서 대부분의 생화학 분자들이 만들어진다. 그래서 포도당 분자가 생명에서 가장 중요한 분자이다.

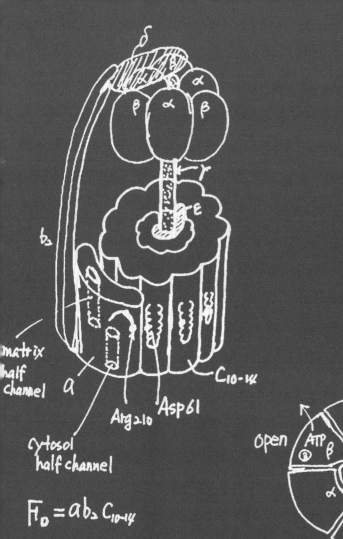

matrix
half
channel

a

Arg₂₁₀ Asp61

C₁₀₋₁₄

cytosol
half channel

$F_0 = ab_2 C_{10-14}$

$F_1 = \alpha_3 \beta_3 \gamma \delta \varepsilon$

open

ATP β

α

② β ADP + P_i

Loose

α

α

β ①
ADP + P_i → ATP

Tight

① T → O_{ATP} → L ⟶ T

② L → T → O_{ATP} ⟶ L

③ O_{ATP} → L → T ⟶ O

⟵ γ 360°
turn ⟶ 3ATP

2 생명 진화의 단계

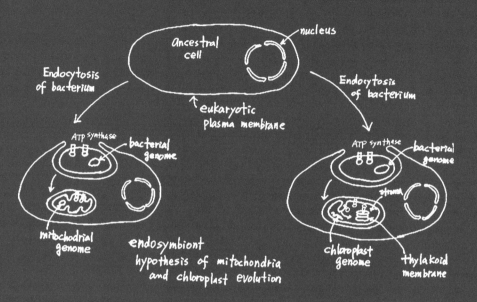

endosymbiont
hypothesis of mitochondria
and chloroplast evolution

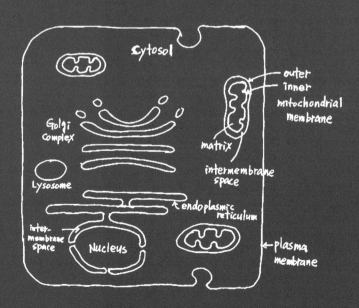

생명은 전자, 양성자, 광자 상호작용의 중첩된 현상이다

관련 없는 분야끼리 연결을 시도하라. 전공과 직업이 관심 분야의 확장을 제한한다. 한 분야에서만 10년 이상 직업으로 활동하면 그 분야에서 벗어나기 힘들다. 생각과 행동에 고정된 패턴이 생기고, 정해진 패턴 이외에는 보아도 보이지 않게 되고, 직업과 관련 없는 다른 세계는 존재하지 않게 된다. 기억으로 회상되지 않는 사건은 우리에게 지속적인 영향을 미칠 수 없다. 한 분야에만 익숙해지면 정해진 사고와 습관화된 행동 패턴으로만 반복되는 세계 속에 갇히게 된다. 그래서 의도적으로 다른 분야에 관심을 일으키고, 새로운 습관 만들기를 지속적으로 시도해야 한다.

생물학을 공부한다면 다음과 같은 시도를 해볼 수 있다. 첫째, 교과서의 내용을 읽기 전에 세포를 먼저 그려본다. 세포를 자세히 그릴 수 있다면 핵, 미토콘드리아, 골지체, 소포체, 리보솜ribosome, 퍼옥시솜peroxisome, 엽록체, 액포, 미세소관의 구조와 상대적 크기를 한꺼번에 알 수 있다. 근육세포, 간세포, 신경세포의 다양한 세포를 그려보면 세포의 구성 요소와 그 기능을 자연스럽게 학습할 수 있다. 생물학 수업에서 식물과 동물 세포의 자세한 그림을 훈련해야 한다.

둘째, 생물학에 등장하는 생체 분자식을 기억하자. 생화학 분자식은 생화학, 생리학, 세포생물학에도 계속해서 등장한다. 분자 수준에서 세포의 작용을 다루는 분자세포생물학의 주요 내용은 생체 분자들의 작용이다. 그래서 생물학을 공부할 때 대부분 생화학 분자식을 능숙하게 다룰 수 있다면 세포 작용을 분자 수준에서 이해할 수 있다.

셋째, DNA에서 단백질이 합성되는 생물학의 중심원리에 익숙해지자. 대부분의 중요한 학문 분야에는 중심원리가 있다. 입자물리학의 표준 모델, 천문학의 빅뱅 이론, 화학의 주기율표, 지구과학의 판구조론처럼 핵심 이론들은 개별 분야 학문의 기초가 되며, 학문의 세부사항은 이러한 핵심 이론의 바탕 위에 건설되어나간다. 세포생물학의 핵심 이론인 '중심원리'는 DNA→mRNA→단백질로 유전 정보가 발현되는 과정이며, 단백질의 입체 작용이 바로 생물이 살아 있다

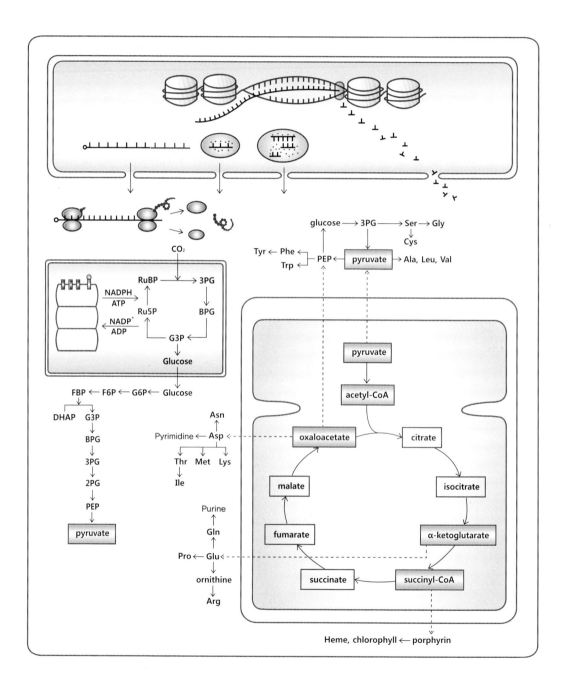

는 현상 그 자체이다. 생명 현상은 중심원리의 주제 아래 단백질과 탄수화물 그리고 지질이 만들어가는 다양한 생화학적 분자 현상이다.

생물학에서 세포의 자세한 그림과 분자식에 익숙해지고 이러한 과정을 생물학의 핵심 원리와 연결하여 그에 익숙해지면, 생물학은 여러 가지로 분산된 지식이 아니라 지구 표층 환경에서 생체 분자들이 하나의 통일된 원리 아래 40억 년간 진화해온 장엄한 대하 드라마가 된다. 생명 현상이 지구 표층 생태계의 분자진화라고 보면 자연스럽게 지질학과 만나게 되고, 초기 지구의 대기와 해양의 변화에 관심이 생긴다.

생물학에서 체계화된 지식 습득 방식은 지질학과 천문학에 적용된다. 지식을 범주화해서 모듈화하면 그 분야의 프레임이 생기고, 다른 분야의 범주화와 비교와 통합이 가능해진다. 화폐 통화가 백 원, 천 원, 만 원으로 모듈화되듯이 학문의 내용도 모듈화되어야 서로 교환 가능하고 축적 가능해진다. 지식의 모듈화는 지식 확장의 선결조건이다. 모듈화된 지식을 레고 블록처럼 다양한 구조로 만들고 대규모로 확장할 수 있다. 지식의 확장과 연결성은 지식의 모듈성에서 나온다. 자유로운 곡선으로는 지름길이 아닌 우회로를 만든다. 자유로운 곡선은 겉보기에는 창의적으로 보이지만 집중을 분산시키고 목적지도 없다. 반면에 융통성이 없어 보이는 모듈화가 자유와 창의성을 가져온다. 모듈화되어 단위성을 확보한 화폐처럼, 일단 단위가 정해지면 서로 교환 가능해진다. 아미노산 분자식에 익숙해지면 아미노산 수백 개 분자들로 구성된 단백질의 생화학 작용이 눈에 들어온다. 아미노산 20개의 분자식에 익숙해지면 생물학 분자들의 전기적 상호작용에 익숙하게 되고, 생화학과 유기화학으로 연결되어 공부가 계속 확장된다.

학문의 연결과 확장은 개별 학문의 핵심 원리들을 서로 연결해보면 된다. 생리학, 생화학, 뇌과학, 생물학, 지질학, 천문학, 입자물리학, 열역학, 상대성이론, 진화학, 발생진화학의 모든 자연과학 분야는 결국 3가지 핵심 주제를 다룬다. 즉 자연이 자신을 드러내는 표현은 '시공과 원자와 세포'이다. 시공의 곡률과 에너지 사이의 관계가 바로 일반상대성 이론이다. 원자 세계는 양자역학, 천문학, 분자세포생물학에 등장한다. 세포는 생화학, 생리학, 뇌과학의 핵심 대상으로, 분

그림 2-2 초기 우주의 시간에 대한 우주배경복사의 온도와 우주의 4가지 힘의 분화 과정 **결정적 지식**

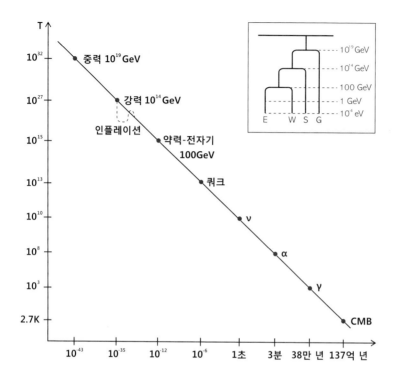

자의 세계이다. 시공과 원자와 세포라는 모듈화된 자연과학의 핵심 주제들의 상호 관계는 전자와 양성자와 광자의 상호작용으로 구체화된다. 결국 자연 현상은 전자와 양성자와 광자의 중첩된 상호작용이다.

수소 원자핵은 빅뱅에서 생성된다

별과 생명은 수소 원자에서 시작한다. 주기율표에 실린 92개 원소의 기원은 빅뱅과 항성의 핵융합 두 가지이다. 수소 원자핵인 양성자와 헬륨 원자핵인 알파입자는 빅뱅에서 생성되고, 나머지 90개 원소는 별 속 핵융합에서 생성된다. 수소 원자와 수소 원자핵은 완전히 다른 개념이고, 기원도 다르다. 수소 원자핵은 양성자proton(p) 혹은 수소 양이온(H⁺)이며, 수소 원자(H)는 수소 원자핵이 전자electron(e) 한 개를 포획하여 양성자와 전자 한 개로 구성되어 H→p+e이 되는데, H→H⁺+e도 같은 표현이다. 수소 원자핵은 업쿼크up quark 두 개와 다운쿼크down quark 한 개로 구성되어 양성자는 p→uud로 표시할 수 있다. 수소 원자핵은 빅뱅 10^{-6}초 이후 우주복사 온도가 10^{13}K 정도가 되었을 때 생성된다. 그림 2-2는 우주가 빅뱅 이후 팽창하면서 복사 파장이 늘어나서 복사파의 온도가 낮아지는 관계식이다. $T=1.5\times10^{10}/(t)^{1/2}$에서 t는 초 단위의 시간으로, 빅뱅 이후 시간 경과이며, T는 복사파의 절대온도이다. 복사 파장과 온도의 관계는 $\lambda T=0.289$cm·K이며, λ는 복사파 파장, K는 절대온도이다. 우주에 존재하는 4가지 힘이 분화되어 독립된 힘으로 작용하는 시점을 기가전자볼트(GeV) 단위로 표시하면 중력은 10^{19}GeV, 강력은 10^{14}GeV, 약력과 전자기 상호작용은 100GeV에서 분화되어 개별화된 힘이 된다. 1GeV는 10^9eV이며, 1eV를 온도로 환산하면 섭씨 11,600도 정도로 높은 온도이다. 피부를 검게 만드는 태양 광선의 에너지는 대략 섭씨 10,000도 정도의 매우 높은 온도이다.

우주 나이와 온도의 관계식은 열역학 제2법칙 공식에서 유도된다. 이 공식에 의하면 플랑크 시간인 10^{-43}초에 우주의 4가지 힘에서 중력이 분리되어 독립된 힘이 된다. 플랑크 시간은 공식 $t_p=(hG/2\pi C^5)^{1/2}$에서 그 값이 계산되는데, h는 플랑크 상수이고, G는 만유인력상수, C는 광속도이다. 그리고 10^{-12}초쯤에 약한상호작용과 전자기 상호작용이 서로 분리되어 두 개의 독립된 힘으로 나타난다. 빅뱅 후 1초가 지나면 뉴트리노neutrino가 우주의 물질입자와 상호작용을 하지 않고 자유롭게 된다. 빅뱅 후 180초 정도가 지나면 헬륨 원자핵인 알파입자가 생성되며, 빅뱅 이후 38만 년이 경과하면 우주가 현재 크기의 약 1,000분의 1 정도가 되고, 우주의 온도도 섭씨 수천 도 정도로 낮아진다. 알파입자가 생성되는 180초, 즉 빅뱅 3분 후면 별의 구성 원소인 양성자와 헬륨 원자핵이 생성되므로 항성과 은하를 만드는 물질이 만들어진다. 그래서 물리학자 스티븐 와인버그Steven Weinberg는 《최초의 3분》이라는 책을 쓰기도 했다.

빠른 운동을 하던 전자의 속도가 떨어져 양성자의 전기량에 의한 인력으로 양성자에 포획되어 수소 원자가 된다. 전자가 양성자와 결합하여 수소 원자가 생성되면 전자와 충돌하던 빛 입자인 광자는 전자와 충돌하지 않고 자유롭게 시공의 곡률을 따라 팽창하는 우주를 광속으로 달리게 된다. 빅뱅 이후 38만 년에 자유롭게 된 광자의 다발을 우주배경복사라 하며, 2002년 WMAP 인공위성이 빅뱅 후 38만 년 된 초기 우주의 광자들을 측정했다. 빅뱅 후 38만 년에 생성된 수소 원자와 헬륨 원자는 중력 수축으로 대략 5억 년 이후 초기 항성을 형성하고, 질량이 큰 초기 항성들은 핵융합으로 탄소, 질소, 산소의 원소들을 합성해 별이 폭발하는 과정에 우주 공간에 흩뿌린다. 빅뱅 이후 10^{-6}초에 생성된 양성자와 38만 년 후에 형성된 수소 원자는 별을 만들고, 수소 핵융합으로 생성되는 탄소, 산소, 질소는 태양계 지구형 행성 대기의 구성 성분인 이산화탄소, 산소, 수증기 분자가 된다.

수소(H)가 별 속에서 핵융합으로 생성하는 탄소(C), 질소(N), 산소(O), 인(P), 황(S) 원자들의 상호작용으로 생명 현상이 출현하게 된다. 빅뱅 이후 137억 년이 지난 현재에는 우주에 4가지 힘이 분화되어 존재한다. 지구에서 생명 진화는 C, H, N, O, P, S 원자 사이의 전자기 상호작용에서 생성된 분자들의 변환 과정이다. 생명의 기원을 빅뱅으로 소급해서 찾아보면 수소 원자핵 생성→최초의 별 생성→별의 핵융합으로 C, H, N, O, P, S 원소 생성→지구 대륙, 대양, 대기 형성 →최초의 단세포 생명 출현으로 이어진다. 우주에서 수소 원자핵인 양성자의 생성은 별과 생명 탄생에 결정적인 단계이며, 수소 원자핵의 핵융합으로 별이 빛나고 생명의 꽃이 피어난다. 생명은 별이 연소되고 남은 재에서 생겨난 불사조이다. 별 속 핵융합에서 생성된 탄소와 산소는 서로 결합하여 이산화탄소 분자를 만든다. 지구의 역사는 이산화탄소가 대기와 대양과 대륙 사이로 순환하는 역사이다. 태양 에너지로 물과 이산화탄소의 상호작용이 빚어낸 율동하는 분자들의 춤이 바로 생명 현상이다. 생명 현상은 지난 40억 년 동안 지구 표층 환경에서, 대기, 대양, 대륙의 순환 과정에서 일어난 물과 이산화탄소의 상호작용 역사이다.

그림 2-3 항성 중심부의 핵융합 과정과 질량에 따른 항성 진화 과정

출처 : 디나 프리말닉, 《항성내부구조 및 진화》, 청범출판사

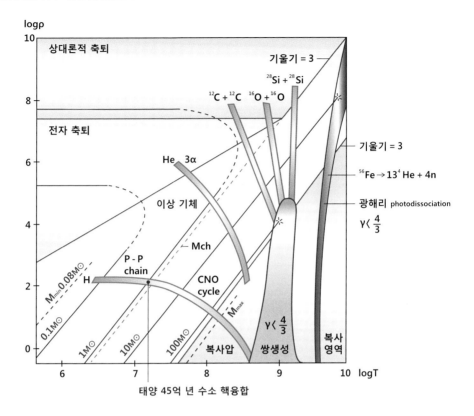

태양 45억 년 수소 핵융합

그림 2-4 태양의 양성자–양성자 핵융합, CNO 사이클, 헬륨 핵융합 과정 결정적 지식

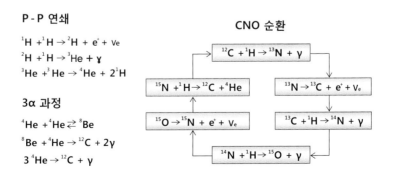

P - P 연쇄

$$^1H + {}^1H \rightarrow {}^2H + e^+ + \nu_e$$
$$^2H + {}^1H \rightarrow {}^3He + \gamma$$
$$^3He + {}^3He \rightarrow {}^4He + 2{}^1H$$

3α 과정

$$^4He + {}^4He \rightleftarrows {}^8Be$$
$$^8Be + {}^4He \rightarrow {}^{12}C + 2\gamma$$
$$3\,{}^4He \rightarrow {}^{12}C + \gamma$$

CNO 순환

$$^{12}C + {}^1H \rightarrow {}^{13}N + \gamma$$
$$^{13}N \rightarrow {}^{13}C + e^+ + \nu_e$$
$$^{13}C + {}^1H \rightarrow {}^{14}N + \gamma$$
$$^{14}N + {}^1H \rightarrow {}^{15}O + \gamma$$
$$^{15}O \rightarrow {}^{15}N + e^+ + \nu_e$$
$$^{15}N + {}^1H \rightarrow {}^{12}C + {}^4He$$

생명의 원자들은 별의 핵융합에서 만들어진다

기원을 추적하면 현재의 모습과 연결된다. 모든 자연 현상에는 기원이 존재한다. 생명 현상은 수소, 탄소, 산소, 질소, 인, 황 원자들로 구성된 분자의 결합과 분해 과정이다. 수소 원자를 제외한 C, N, O, P, S 원자들의 기원은 항성의 중심에서 일어나는 핵융합 과정이다. 원소들이 별 속에서 합성되는 과정은 항성 핵합성stellar nucleosynthesis이라는 천체물리학의 한 분야이다. 수소, 탄소, 산소는 생명의 핵심 원자이며, 이 원소들의 기원은 다르다. 수소 원자핵은 빅뱅 이후 100만분의 1초가 지났을 무렵의 초기 우주에서 생겨났다. 수소 원자핵인 양성자는 업쿼크 두 개와 다운쿼크 한 개로 구성되며, 양성자는 $H^1 \rightarrow H^+$이다. 업쿼크의 전하량은 +2/3, 다운쿼크의 전하량은 -1/3이며 양성자의 전하량은 2/3+2/3-1/3=1이다. 전하량의 기준은 전자의 전하량 $1.6 \times 10^{-19}C$를 -1로 정하는데, C는 전하량 단위인 쿨롱coulomb이고, 전자의 전하량은 e^{-1}로 표시하는데, 전자를 e로 표현하면 항상 -1이 있다고 생각하면 된다.

생물학에서 양성자는 수소 원자핵으로 +1의 전하량이며 H^+로 표현한다. 빅뱅 이후 10^{-6}초가 경과하면 우주의 복사 온도가 약 1GeV 정도가 되어 양성자 질량인 938MeV와 비슷해진다. 그래서 1GeV의 우주복사 에너지에서 양성자가 생성될 수 있다. 빅뱅에서 순간적으로 생성된 수소 원자핵은 빅뱅 이후 수억 년이 지나 별을 구성하는 원소가 되고, 별의 중심부에서 수소 원자핵 4개가 핵융합하여 헬륨 원자핵 1개를 생성하고, 이 과정에서 생기는 질량 결손량 m이 $E=mC^2$만큼의 에너지로 전환된다. 수소 원자핵에서 헬륨 원자핵인 알파 입자가 생성되는 과정은 p-p 연쇄와 CNO 사이클로 두 가지 핵융합 과정이 존재한다. P-P 연쇄는 양성자-양성자의 핵융합이며, CNO 사이클은 탄소, 질소, 산소의 촉매작용으로 양성자 4개가 1개의 알파입자로 전환되는 핵융합반응이다. 항성의 초기 질량이 태양 정도면 p-p 연쇄가 작동하고 태양보다 무거운 천체들에서는 CNO 사이클의 핵융합이 일어난다. p-p 연쇄 핵융합은 3단계로 나뉜다. 첫 단계에서는 별의 핵심부의 온도가 1,000만 도 이상이 되면 양성자와 양성자가 열운동으로 접근하여 융합하는 $^1H+^1H\rightarrow{}^2H+e^++\nu_e$ 과정이 일어난다. 여기서 ^2H는 양성자 1개와 중성자 1개로 구성된 중수소이며 e^+는 전자의 반물질인 양전자이고, ν_e는 전자 중성미자이다. 양성자와 양성자 융합에서 역베타붕괴로 양성자가 중성자로 변환되는 $^1H\rightarrow{}n+e^++\nu_e$과정이 일어난다. p-p 연쇄의 두 번째 단계는 중수소가 다시 1개의 양성자와 융합하며 헬륨 동위원소와 감마선에 해당하는 전자기파를 방출하는 $^2H+^1H\rightarrow{}^3He+\gamma$ 과정이다. 여기서 ^3He는 양성자 2개, 중성자 1개로 구성된 헬륨동위원소이며, γ는 고에너지의 감마파 복사전자기파이다. p-p 연쇄의 세 번째 단계는 $^3He+^3He\rightarrow{}^4He+2^1H$이며, 헬륨 원자핵 ^4He 1개와 2개의 양성자 ^1H가 생성된다. p-p 연쇄의 첫 단계는 확률이 매우 낮은 충돌 과정이어서 태양의 수명이 100억 년 정도가 된다. 항성 초기 질량이 태양보다 더 큰 천체는 헬륨 원자핵을 주로 C, N, O 원소의 촉매 작용으로 생성한다. 태양 질량의 항성에서 생성된 헬륨 원자핵은 별 중심부의 온도가 높아지면 헬륨이 핵융합하여 탄소 원자핵을 생성한다. 태양은 헬륨 원자핵의 핵융합으로 탄소를 생성하지만 탄소 원자핵끼리 핵융합을 할 수 있는 온도에 도달하지 못하여 대략 50억 년이 지나면 태양 중심은 탄소 원자핵으로 된 다이아몬드 별이 된다. 태양보다 초기 질량이 큰 별들은 탄소끼리 핵융합하여 산소 원자핵을 합성한다. 태양의 10배 정도 되는 질량의 천체는 탄소, 산소, 실리콘을 핵융합으로 생성하고, 최종적으로 가운데 핵은 철(Fe)로 바뀐다. 이런 천체들은 마지막 단계에서 초신성 supernova으로 폭발하는데, 여기서 분출된 탄소, 질소, 산소, 황, 인, 마그네슘, 실리콘 원소들은 성간물질이 된다. C, H, N, O, P, S가 풍부한 성간물질에서 45억 년 전 태양이 생겨났고 지구도 만들어졌다. 지구에서 생명을 만든 원소 C, H, N, O, P, S는 초신성이라는 별의 마지막 폭발 현상과 관계된다. 달의 표면 먼지를 분석한 결과 달 표면에는 C, H, N, S 원자가 존재하지 않았다. 생명은 별의 자손이다. 생명을 바라보는 시선은 별의 폭발에 닿는다. 초신성과 거대항성에서 생성된 C, H, N, O, P, S 원자가 행성지구 표층에서 생명의 분자를 만든다. 별이 낳은 원자들이 결합하여 생명의 분자가 된다. 결국 우리 모두는 별의 자손이다.

그림 2-5 45억 년간 지구 대기 산소 농도 변화와 생물 진화 과정 〔결정적 지식〕

출처: B. Alberts, 《필수세포생물학》(2판), 교보문고, 487.

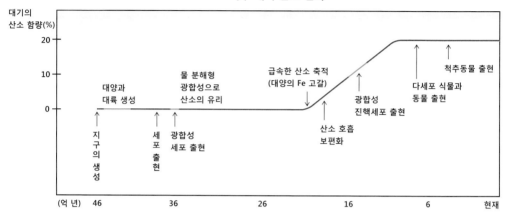

그림 2-6 지구의 지질학 시대 구분과 연도 〔결정적 지식〕

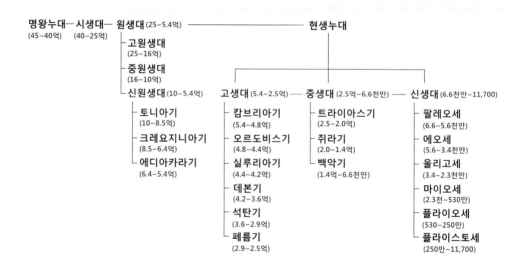

생명 진화의 10단계

생물은 환경 변화에 적응하는 유기체다. 생물이 환경에 적응하는 과정이 진화다. 지구 역사 45억 년에서 생명의 역사는 대략 40억 년 정도다. 지구 표층 환경 변화에 적응해온 생명의 역사를 10단계로 나누어보자. 식물학자 윌리엄 C. 버거William C. Burger는《꽃은 어떻게 세상을 바꾸었을까?》라는 책에서 인간 진화에 도달하기까지의 생명 진화를 10단계로 구분하여 설명하였다. 윌리엄 C. 버거가 설정한 생명 진화의 10단계는 '원핵세포→광합성→진핵세포→다세포생물→캄브리아 생명 폭발→녹색식물→육상척추동물→현화식물→농경 기반 인간 사회→화석 연료 기반 산업혁명'이다. 생명은 세포의 출현으로 시작하며, 최초의 세포는 대략 40억 년 전 등장한 핵이 없는 원핵세포이다. 생명은 고세균, 진정세균, 진핵생물로 구분되는데, 고세균과 진정세균이 원핵세포이다. 생명 현상의 핵심인 대사와 유전은 원핵세포가 만들었다. 생명 진화 10단계에서 가장 중요한 단계는 원핵세포와 광합성의 출현이다. 생명 진화의 나머지 8단계는 모두 원핵세포와 광합성의 결과들이다.

원핵세포인 박테리아들은 질산염, 황산염, 철이온을 이용한 산화와 환원 반응으로 에너지를 획득했지만, 시아노박테리아cyanobacteria는 물 분해형 광합성에 성공한다. 대략 35억 년 전에 출현한 물 분해형 광합성은 산소 기체의 발생으로 지구 생명의 역사를 완전히 변화시켰다. 물 분해형 광합성의 부산물로 생성된 기체 산소는 바닷속 철이온을 산화시켜 호상철광층banded iron formation(BIF)을 생성하고, 20억 년 이후부터는 대기 중으로 산소 분자가 확산되어 지구 대기에 산소가 출현하게 된다. 대기 중 산소의 농도가 증가하면서 지구 생명의 진화는 가속된다. 대기 중 산소 농도가 1% 정도 축적된 20억 년 전에 출현한 진핵세포도 광합성에 의한 산소의 출현과 관계된다. 산소 호흡 능력을 획득한 박테리아가 숙주세포 속으로 삼켜졌지만 소화되지 않고 숙주세포와 공생하게 된다.

산소 호흡 능력을 가진 세포내 공생 박테리아가 바로 미토콘드리아이다. 미토콘드리아가 산소 호흡을 통해 대량으로 에너지 분자인 ATP를 합성하고, 숙주세포에게 ATP 분자를 제공하여 생명 진화가 가속된 현상이 진핵세포의 출현과 연결된다. 진핵세포는 원핵세포 크기의 1만 배나 되기 때문에 큰 에너지가 필요하며, 핵막이 생성되어 핵과 세포질이 구분된다. 진핵세포에서 핵막이 출현하면서 핵 속에서 일어나는 DNA 전사 과정과 세포질에서 이루어지는 단백질 합성 과정이 분리되어 정확하고 다양한 단백질 합성이 가속되었다. 이에 진핵세포는 환경 변화에 대한 적응도가 크게 향상된다. 진핵세포에서 생성되는 다양한 단백질이 원형질막에 삽입됨으로써 다른 진핵세포와 결합을 촉진하게 되고, 그 결과로 다세포 생명체가 대략 10억 년 전에 생겨났다.

10억 년 전부터 지구 대기의 산소 농도는 급격히 증가하여 10%가 넘게 되고, 산소 호흡을 하는 다세포 생물들이 확산되었다. 5억 4,000만 년 전 산소 농도가 20%에 도달하면서 다세포 동물이 폭발적으로 출현하게 되어 이른바 캄브리아기 생명 대폭발 현상이 일어났다. 캄브리아기에도 생명은 광합성이 가능한 해양 표층에서 번성했고, 대륙에는 생명체가 살아가기 어려웠다. 캄브리아기의 바다는 해양 무척추동물이 대부분이었고, 척추동물의 선조도 있었다. 그리고 바닷속 해조류에서 녹조류의 일부가 실루리아기에 육상으로 진출하여 육상 녹색식물의 조상이 된다. 육지로 진출한 녹색식물에서는 광합성 과정에 물을 수송하고 양분을 전달하는 관다발이 진화한다. 초기 이끼류의 무관속식물과 관속식물인 양치류가 출현하고, 양치류에서 종자식물이 진화한다. 종자식물은 나자식물과 피자식물로 분화되고, 나자식물인 침엽수림이 중생대에 대륙 내부로 진출하면서 대륙에 생명의 숲이 확산된다.

녹색식물의 육상 진출은 대륙의 생태 환경을 변화시켜 양서류, 파충류, 조류, 포유류가 확산하는 생존 환경을 만들어준다. 중생대 백악기 초에 등장한 현화식물, 즉 꽃식물은 곤충과 포유동물의 상호 편리 공생을 일으켜 신생대에 포유류의 방산확산이 일어났다. 한해살이 식물인 보리, 밀, 벼, 옥수수를 재배하고 염소와 양을 가축화하는 농업혁명의 바탕에는 현화식물의 번성이 있다. 농경에 기반을 둔 사회의 출현은 호모사피엔스가 전 지구로 확산하도록 만들었고, 농경을 통한 잉여 농산물의 출현으로 사회 계층이 분화되고 고대 국가가 탄생했다. 300년 전

시작된 산업혁명은 대규모의 에너지원이 필요했고, 화석화된 식물 에너지인 석탄을 이용하게 된다. 현화식물이 농업혁명과 산업혁명을 촉발했고 확산시킨 것이다.

인류의 식량은 네 종류의 한해살이 현화식물인 보리, 밀, 벼, 옥수수의 씨이다. 산업혁명은 암석화된 식물의 몸체인 석탄을 태워서 이산화탄소를 다시 대기 중으로 방출하였고, 이에 온난화 현상이 전 지구적 생태 환경을 변화시키고 있다. 생명 진화의 역사를 순서대로 나열하면 지구 생태 환경의 변화와 생명 진화가 상호 공진화하는 현상을 볼 수 있다. 광합성을 통한 산소의 출현으로 다세포 생명이 진화하였고, 인간의 의식과 사고 작용이 출현하게 되었다. 그래서 모든 생명은 태양의 자손이며 광합성의 결과물이다.

생화학의 결정적 지식은 주기율표와 최외각 전자수이다

결정적 지식은 모든 학문의 열쇠이다. 물질을 다루는 자연과학에서 결정적 지식은 주기율표와 최외각 전자 배치이다. 결정적 지식은 광범위한 적용 영역, 문제 해결 능력, 질문을 촉발하는 능력이 있다. 주기율표의 92가지 원소에 대한 모든 내용이 아니라, 언제든지 사용할 수 있는 30여 개 주요 원소의 전자 배치 정보가 결정적 지식이다. 왜냐하면 결정적 지식은 즉시 사용할 수 있어야 하기 때문이다. 어떤 정보를 기억해내는 데 3초 이상 걸리면 활용할 수 있는 지식이 아니다. 그래서 결정적 지식은 언제 어디서나 사용 가능한 형태로 재구성돼야 한다. 주기율표는 원자가 등장하는 양자역학, 화학, 재료공학, 생물학, 생화학, 유전학 모두에서 결정적 역할을 한다. 36개 원소가 등장하는 주기율표를 그리고 각 원소의 최외각 전자 배치를 기억하면 생화학에 자주 등장하는 금속 양이온인 나트륨, 칼륨, 칼슘, 마그네슘의 속성을 즉각 알 수 있다.

탄소에는 4개의 최외각 전자가 존재하므로 공유결합손이 4개가 된다. 탄소 원자는 양성자 6개, 중성자 6개, 전자 6개로 구성된다. 탄소의 전자 6개는 1s 궤도에 2개, 2s 궤도에 2개, 2p 궤도에 2개로 배열되어 최외각 전자가 4개이다. 탄소 원자의 최외각 궤도 2p는 전자를 수용하는 방의 개수가 6개여서 다른 원소의 전자 4개를 더 받을 수 있다. 탄소 원자는 전자 4개를 제공하고 인접 원자에서 제공받은 전자 4개로 4개의 공유결합을 형성한다. 그래서 탄소가 결합할 수 있는 결합손의 개수는 4개가 된다. 이 과정에서 탄소에서 전자 4개가 빠져나갔다고 생각하면 공유결합에서 탄소는 +4의 전하로 작용한다.

생화학은 탄소의 공유결합손 4개에 결합된 산소, 탄소, 수소, 질소의 이야기이다. 산소 원자는 최외각 전자가 6개이고, 2개의 전자를 획득하면 2p 궤도에 전자가 6개가 되어 불활성기체 네온의 전자 배치가 되어 안정화된다. 산소 원자는 공유결합에서 전자 2개를 획득하여 −2의 전하량이 된다. 모든 원소는 다른 원소에서 전자를 획득하거나 제공하여 최외각이 전자로 가득 찬 불활성 기체인 헬

그림 2-7 간략한 주기율표와 원자의 최외각 전자 배치 **결정적 지식**

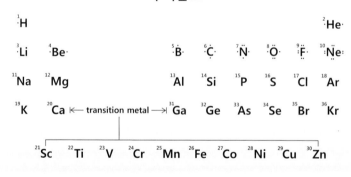

류, 네온, 아르곤, 크립톤이 되는 속성이 있다. 원자가 최외각에 허용된 전자를 공유하는 과정이 바로 공유결합을 만든다. 생화학에서 가장 중요한 지식은 원소의 공유결합손의 개수다. 수소는 1개, 탄소는 4개, 질소는 3개, 산소는 2개, 인은 5개의 공유결합손이 존재한다. 수소 분자 H_2는 2개의 수소 원자가 서로 가까이 접근하여 두 원자에 속한 전자를 두 원자가 함께 공유하는 공유결합으로 형성된다. 수소가 분자 상태로 존재하는 이유는 원자가 각각 분리된 상태보다 공유결합 상태일 때 에너지가 더 낮아져서 안정되기 때문이다. 메탄(CH_4)은 탄소 원자 1개와 수소 원자 4개가 서로 접근하여 수소와 탄소의 최외각 전자를 서로 공유하면서 생성된다. 최외각 전자에 의한 공유결합으로 원자와 원자가 결합한 존재가 바로 분자이다. 그래서 분자에 대한 결정적 지식은 공유결합이다. 세포 생물학에 등장하는 50개 정도의 분자는 대부분 탄소, 수소, 산소, 질소 원자들의 공유결합으로 생성된 분자이다.

　원자와 원자의 결합은 공유결합과 비공유결합으로 구분되며, 비공유결합에는 금속결합, 이온결합, 수소결합, 반데르발스결합이 있다. 생명 현상은 주로 공유결합과 수소결합으로 형성되는 분자들의 이야기이다. 예를 들어 글루코스의 해당 작용에서 생성되는 피루브산의 분자식은 $H_3C-(C=O)-COO^-$이며, 이 분자식에서 '−'으로 표현된 연결선은 모두 공유결합손이다. 피루브산의 공유결합을 모두 표시하면 $H-(H-C-H)-(C=O)-(C-O^-)=O$이며 H_3C에도 3개의 공유결합손이 존재한다. O^-의 '−' 기호는 산소 원자가 전기중성에서 전자 1개를 더 획득하여 전기가 −1이라는 의미이다. H_3C는 $H-(H-C-H)$의 간단한 표기법이며, 수소 원자 3개는 모두 탄소 원자와 공유결합한다. 불활성기체의 전자궤도에서 추가되는 전자가 최외각 전자이므로 원자의 최외각 전자를 표시하는 방식은 다음과 같다. 산소 원자는 $[He]2S^22P^4$가 되는데, 최외각 전자가 6개이며 2개의 전자만 획득하면 최외각이 모두 8개 전자로 가득 찬 네온이 되어 안정해진다. 산소 원자가 전자 10개인 화학적으로 안정된 불활성기체 네온이 되려면 다른 원소에서 전자 2개를 획득해야 하는데, 수소 원자 2개가 산소에 각각 전자 1개를 공유하면 산소 원자는 전자 2개를 획득하여 네온이 되고, 수소 원자는 산소에서 전자 1

개를 얻어서 전자 2개인 불활성기체 헬륨이 된다. 이처럼 수소와 산소가 전자를 공유하여 생성된 분자가 바로 H-O-H이며 바로 H_2O, 물이다.

생화학은 C, H, N, O, P, S, 6개의 원자가 공유결합으로 만든 분자들의 이야기이고, 주인공은 탄소와 수소와 산소이다. 탄소가 수소와 CH, CH_2, CH_3, CH_4 형태로 공유결합하고, 탄소와 산소가 CO, CO_2로 공유결합하고, 산소와 수소가 HO, H_2O, H_2O_2로 공유결합한다. 탄소, 수소, 산소의 3개 원자는 CHO, HCOH, CH_2OH, $C_6H_{12}O_6$ 형태로 공유결합을 만든다. 탄소, 수소, 산소 원자의 공유결합

그림 2-8 동물 세포 구조에는 엽록체가 없다.

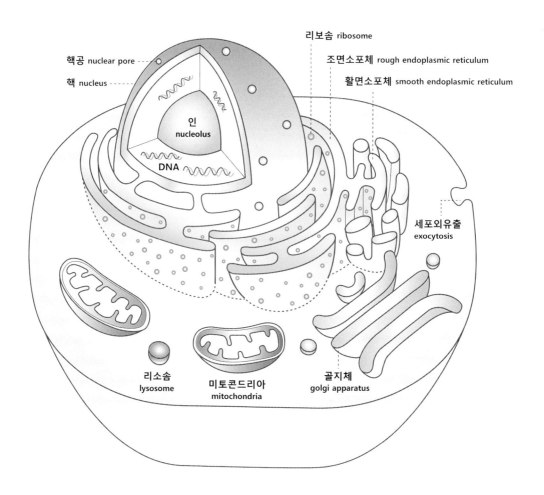

그림 2-9 식물 세포 구조에는 엽록체와 액포가 있다.

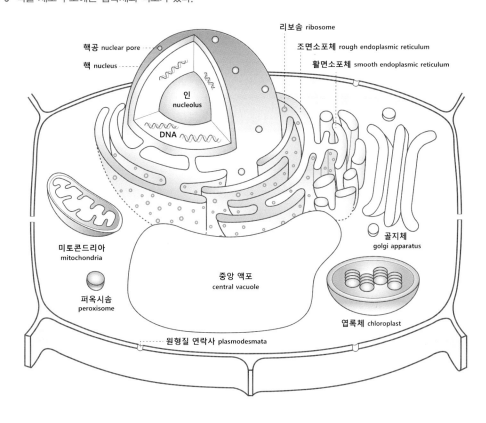

핵공 nuclear pore
핵 nucleus
인 nucleolus
DNA
리보솜 ribosome
조면소포체 rough endoplasmic reticulum
활면소포체 smooth endoplasmic reticulum
미토콘드리아 mitochondria
퍼옥시솜 peroxisome
중앙 액포 central vacuole
골지체 golgi apparatus
엽록체 chloroplast
원형질 연락사 plasmodesmata

그림 2-10 탄수화물 대사 작용인 해당 작용과 TCA 회로는 대부분의 생화학 대사 작용과 관련된다.

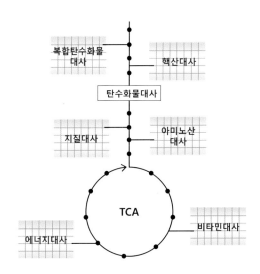

복합탄수화물 대사
핵산대사
탄수화물대사
지질대사
아미노산 대사
TCA
에너지대사
비타민대사

그림 2-11 미토콘드리아 기질에서 일어나는 TCA 회로 분자 변환 과정 결정적 지식

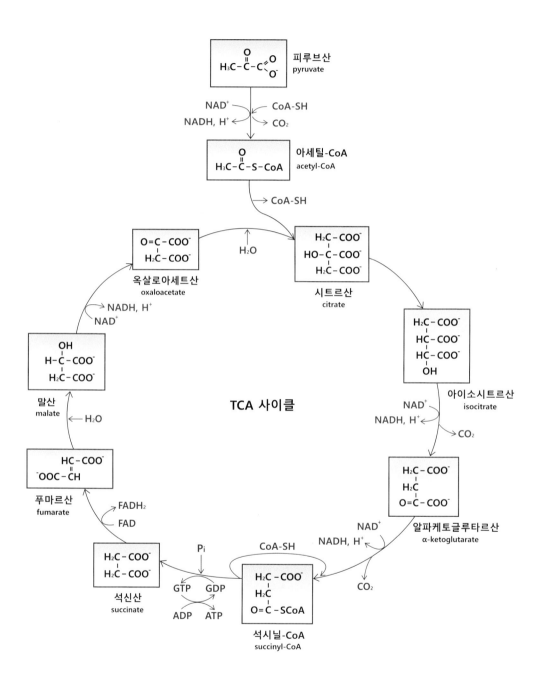

그림 2-12 단백질, 탄수화물, 지질이 세포질과 미토콘드리아에서 분해되는 과정

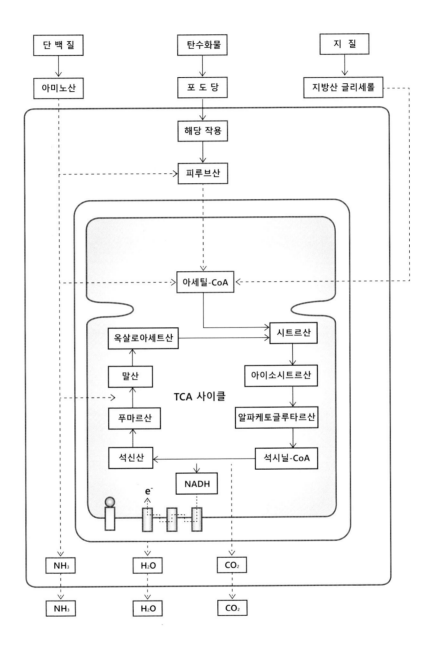

에서 만들어진 H_2O 분자, CO_2 분자, $C_6H_{12}O_6$ 분자가 이 책의 주인공들이다. 글루코스 혹은 포도당 분자인 $C_6H_{12}O_6$는 물 분자와 이산화탄소 분자의 결합으로 생성되는데, 대부분의 생화학 분자들은 글루코스 분자에서 만들어진다. 생화학이 어렵게 느껴지는 것은 공유결합으로 형성된 분자식들을 기억하지 않았기 때문이다. 공유결합으로 형성된 분자식에 생화학의 모든 정보가 들어 있다. 공유결합, 공유결합, 공유결합이 바로 분자를 만든다.

탄수화물, 지질, 단백질

먹은 음식은 자신이 된다. 동물은 탄수화물, 지질, 단백질을 섭취하여 몸이 성장하고 활동하는 에너지를 얻는다. 생명 현상은 물질과 에너지의 상호작용이며, 입력되는 탄수화물, 지질, 단백질에서 물질과 에너지가 모두 공급된다. 탄수화물, 지질, 단백질이 분해되어 포도당, 지방산, 아미노산 분자가 생성되며, 이 세 분자의 변환 과정이 세포의 생화학 작용이다. 포도당 분자는 세포질에

그림 2-13 탄수화물, 지질, 단백질은 단량체가 탈수중합반응으로 다량체가 된 거대한 분자들이다.

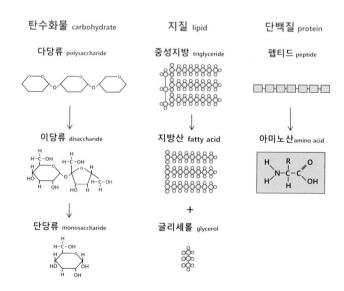

서 분해되어 피루브산이 되는 과정에서 에너지 분자인 ATP를 2개 생성한다. 피루브산과 지방산은 미토콘드리아로 들어가서 TCA 회로를 거치면서 30개 ATP 분자와 이산화탄소, NADH 분자를 생성한다. 아미노산은 mRNA에서 단백질을 합성하는 과정에 단백질의 구성 요소로 공급된다.

그림 2-14 아미노산 분자식의 2가지 표현 방식으로, 괄호 속 C는 아미노산의 $N^+H_3-(H-C-R)-COO^-$이며 결합사슬 R만 표현한 식이다.

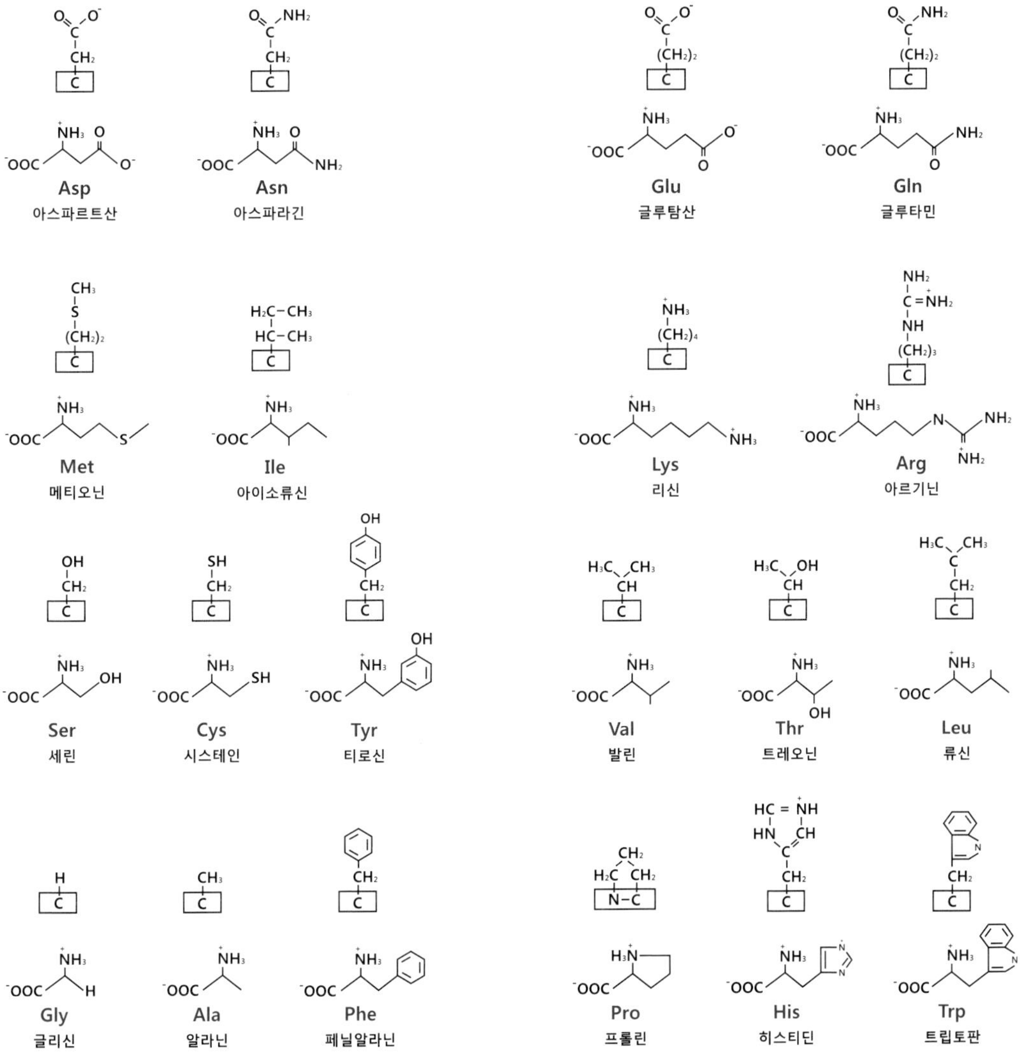

Asp 아스파르트산

Asn 아스파라긴

Glu 글루탐산

Gln 글루타민

Met 메티오닌

Ile 아이소류신

Lys 리신

Arg 아르기닌

Ser 세린

Cys 시스테인

Tyr 티로신

Val 발린

Thr 트레오닌

Leu 류신

Gly 글리신

Ala 알라닌

Phe 페닐알라닌

Pro 프롤린

His 히스티딘

Trp 트립토판

그림 2-15 빅뱅, 수소 원자의 생성, 지구 대기·대양·대륙의 분화, 광합성과 아미노산 출현을 보여주는 단계별 개념도

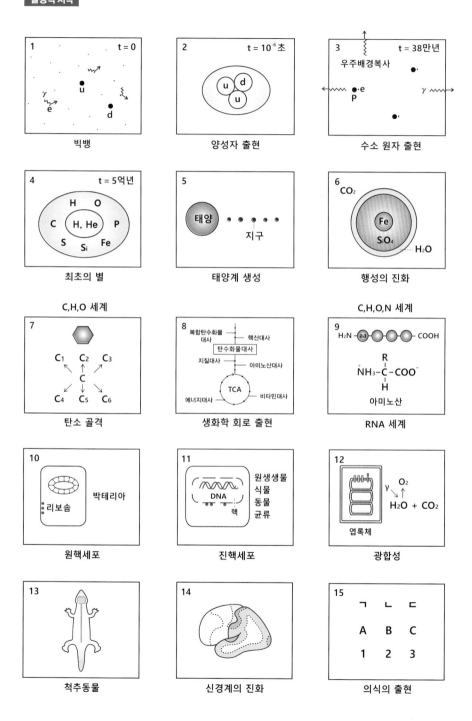

생명의 출현을 보는 8개의 프레임

프레임 1: 빅뱅에서 수소 원자 생성까지

우주의 나이는 137억 년이다. 빅뱅은 137억 년 전에 발생한 우주 탄생의 순간이며, 시공 자체가 빅뱅과 더불어 생겨났다. 빅뱅에서 38만 년이 경과한 후 우주가 3,000K 이하로 냉각되면서 전자가 양성자에 전기 인력으로 구속되어 자유전자가 양성자의 궤도 전자가 되면서 수소 원자가 출현한다. 수소 원자가 생성되기 전까지 전자는 모두 자유전자 상태로 빠른 속도로 운동했고, 우주에 가득한 광자와 충돌했다. 수소 원자가 생성되면 전자는 자유운동을 할 수 없게 되어 양성자에 구속된다. 그래서 광자는 전자와 충돌하지 않고 팽창하는 우주와 더불어 파장이 늘어나면서 우주 속을 광속으로 달려갔다. 이 현상을 광자에 대해서 우주가 투명했다고 하고, 이때 자유롭게 된 광자의 다발은 우주배경복사가 되어 빅뱅을 증명하는 전자기파로 지상과 인공위성에서 측정되었다.

수소 원자핵인 양성자는 빅뱅 후 100만분의 1초가 지나서 우주의 온도가 대략 1GeV 이하로 내려가면서 업쿼크 2개와 다운쿼크 1개가 핵력으로 결합하여 생성된다. 그리고 빅뱅 후 대략 1초가 지나면서 중성미자가 자유롭게 된다. 빅뱅 후 3분이 지나면 헬륨 원자핵인 알파입자가 생겨난다. 알파입자는 2개의 양성자와 2개의 중성자로 구성되며, 중성자는 양성자보다 조금 질량이 크지만 두 입자는 베타붕괴와 역베타붕괴로 상호 변환된다. 우주가 팽창하면서 온도가 계속 내려가다가 빅뱅 후 38만 년쯤에 전자가 양성자에 구속되면서 수소 원자가 출현하게 되어 우주에는 물질을 구성하는 양성자, 전자, 광자, 그리고 수소 원자가 존재하게 된다.

빅뱅 후 38만 년까지 우주의 구성 입자는 전자와 양성자 그리고 광자였다. 우주가 탄생한 뒤 38만 년 이전에는 물질 입자인 전자와 양성자가 광자와 함께 진동하여 생성하는 태초의 멜로디가 존재했다. 우주 초기의 천상의 멜로디는 소리로 전달되는 음악이 아니라 빛을 통해 눈으로 보는 소리였다. 빅뱅 후 38만 년이 지나 전자와 충돌을 멈추고 자유로워진 빛 입자가 마지막 산란면last scattering surface(LSS)을 빠져나가서 우주에 가득 차게 된 현상이 바로 우주배경복사cosmic microwave background(CMB)이다. 현대 천문학의 핵심은 우주배경복사의 정밀한 측정이다. 우주배경복사는 초기 우주의 거의 모든 정보를 담고 있는 우주의 지문이다. 우주배경복사를 해독하면서, 우주의 나이가 137억 년이며, 우주를 구성하는 물질 성분은 4%뿐이고 나머지 96%는 암흑에너지dark energy와 암흑물질dark matter임을 알게 되었다. 암흑물질은 원자로 구성되지 않았지만 중력을 생성한다.

프레임 2: 항성의 탄생

빅뱅 후 대략 5억 년이 지나서 수소와 헬륨 원자가 중력으로 모여들면서 수소 원자핵끼리 핵융합하여 별이 탄생한다. 우주 초기의 별들은 질량이 태양 질량의 100배나 되어 별의 수명이 수백만 년 정도로 짧았다. 별의 일생은 초기 질량에 의해 결정되며, 질량이 클수록 별의 수명은 짧아져 마지막에는 초신성으로 폭발하거나 블랙홀이 된다. 초기 우주의 질량이 큰 별들은 중심핵의 온도가 높아서 핵융합의 결과로 다양한 원소를 생성한다. 항성의 수소와 헬륨의 핵융합으로 탄소, 산소, 마그네슘, 실리콘, 철 원자핵이 생성된다. 별 속에서 핵융합으로 생성되는 원소들은 별의 외곽 물질이 되고, 별이 초신성으로 폭발하면 이들 원소들은 별 사이 공간으로 확산되어 성간물질이 된다. 타입II초신성 폭발은 철로 구성된 중심핵을 형성하며, 초기 질량에 따라 중심핵은 중성자별 혹은 블랙홀이 된다. 천문학 관점에서 주기율표는 빅뱅 직후 생성된 수소와 헬륨 그리고 수억 년 뒤 항성 속 핵융합으로 생성된, 수소와 헬륨을 제외한 원소로 구분된다. 137억 년이 경과한 지금의 우주에서도 별을 구성하는 물질은 70%의 수소와 25%의 헬륨이다. 결국 우주의 별을 구성하는 물질 입자는 대부분 수소와 헬륨 원자핵이다.

밤하늘의 별은 단독 항성, 쌍성, 그리고 행성을 거느리는 항성의 3가지 형태로 구별할 수 있다. 밤하늘 별의 반 정도는 두 개의 별이 서로 공전하는 쌍성계이다. 태양처럼 행성이 있는 별은 흔하지 않다. 태양계의 행성은 태양이 형성될 때 수소보다 질량이 큰 탄소, 산소, 실리콘 원자들이 외곽으로 분리되면서 태양과 함께 만들어졌다. 45억 년 전 태양 생성 직후 미행성들이 충돌하여 지구를 만들었고, 미행성들의 물 분자들이 지구의 바다를 만들었다. 물 분자는 자외선에 의해 수소와 산소 분자로 분해될 수 있으며, 수소 분자는 질량이 가벼워서 지구형 행성은 중력으로 수소 분자를 붙잡아두기 어렵다. 그래서 지구 대기에는 수소 분자가 거의 없다. 태양계의 행성은 지구형 행성과 목성형 행성으로 구분되는데, 지구형 행성인 금성과 화성의 대기는 90%가 이산화탄소로 구성되어 있다. 지구도 20억 년 이전의 대기에는 이산화탄소가 20% 정도였을 것으로 추정되며, H_2O 분자로 구성된 초기 대양은 섭씨 150도 고온의 산성 바다였다.

프레임 3: 행성의 탄생

생명은 행성에서 출현 가능하다. 우리 은하에서 수천 개의 행성이 발견되었지만 지구와 비슷한 조건을 갖춘 행성은 많지 않다. 지구에 바다가 존재하는 이유는 태양과의 거리가 적당하여 액체 상태의 물이 존재할 수 있기 때문이다. 수성처럼 태양에 너무 가까운 행성은 물이 대부분 증발했고, 목성의 위성 유로파처럼 태양에서 너무 멀리 떨어져 있으면 물은 고체 상태의 얼음이 된다. 유로파에서는 얼어붙은 얼음 표면층 아래 바다가 있을 것으로 추정된다. 행성에서 생명이 진화하려면 우선 액체 상태의 물이 존재해야 한다. 액체 상태의 물이 생명의 출현에 필수 조건인 이유는 물이 다양한 유기 분자들을 녹이는 용매 역할을 하고, 이온화된 물이 양성자와 전자를 방출할 수 있기 때문이다. 세포는 70%가 물로 되어 있고, 물은 분해되어 양성자와 수산이온이 된다. 생명 현상은 전자와 양성자의 제어된 이동에 의한 산화 환원 과정이다. 물이 광자에 의해 분해되어 전자와 양성자 그리고 산소 분자를 생성하는 현상이 바로 광합성이며, 반대로 태양 에너지로 흥분된 전자를 산소 분자가 회수하여 물 분자로 바뀌는 과정이 호흡이다.

프레임 4: 행성의 진화

미행성들이 서로 충돌하여 지구가 생성되었다. 미행성들이 충돌하는 과정에서 생성된 고온의 열로 갓 태어난 지구는 용융 상태였다. 미행성은 태양계가 생성될 때 존재한 직경 1,000km 정도의 천체들로, 태양계의 행성들은 미행성들이 서로 충돌하면서 합체되어 형성되었다고 추정된다. 이 이론을 미행성 합체설이라 한다. 거대한 마그마 상태에서 지구를 구성하는 원소 중 무거운 철은 내핵을 형성하고, 가벼운 규소 성분들은 맨틀층으로 분화되고, 수증기, 질소 분자, 이산화탄소는 대기층을 형성하였다. 지구가 생성되고 대략 1억 년 정도가 지나 온도가 내려가면서 대기의 수증기층이 폭우로 변하여 바다를 형성하였다. 대양, 맨틀, 핵으로 분화된 지구에서 현무암의 지각판이 형성되고, 지각판들의 이동이 시작된다. 고압의 수증기와 20%의 이산화탄소로 구성된 지구 초기 대기에서 이산화탄소가 대규모로 바닷물에 녹아 들어간다. 강한 산성의 초기 바다는 대륙의 암석에서 유입되는 칼슘, 나트륨, 마그네슘 양이온으로 중화되어 산성도가 낮아진다. 바닷물에 녹은 이산화탄소는 탄산이 되고, 탄산은 양성자 2개를 내보내고 대신에 칼슘양이온과 결합하여 탄산칼슘($CaCO_3$)으로 전환되며, 탄산칼슘은 해양 바닥에 퇴적되어 석회암이 된다. 탄산칼슘 생성의 바닷속 화학반응은 $H_2O + CO_2 \rightarrow H_2CO_3$, $H_2CO_3 \rightarrow H^+ + HCO_3^-$, $HCO_3^- \rightarrow H^+ + CO_3^{2-}$ 과정으로, $CO_3^{2-} + Ca^{2+} \rightarrow CaCO_3$가 된다.

행성 지구의 지각을 구성하는 대륙판과 해양판이 충돌함에 따라 무거운 해양판이 대륙판에 섭입되면서 고온과 고압의 해양판 일부가 녹아 마그마를 형성한다. 마그마가 분출하면서 해양 바닥에 현무암이 형성되고, 대륙에는 화강암이 생성된다. 판구조 운동으로 해양판이 대륙판 밑으로 들어가서 대륙이 융기되어 산맥이 생성된다. 산맥이 높아지면서 폭우에 의한 광물의 풍화가 가속되어 금속양이온이 대규모로 바다로 흘러들어가, 태초의 생명체가 바다에서 출현할 때 세포 속으로 칼슘, 나트륨, 칼륨, 마그네슘, 철, 황, 망간 금속 이온들이 모여들었다.

프레임 5: 생명의 출현

생명은 바다에서 시작했다. 초기 지구의 대기는 질소, 이산화탄소, 수증기로 가득 찼고, 산소 분자는 존재하지 않았다. 기체 산소가 없어서 오존층이 형성되지 않아 태양의 자외선이 내리쬐는 대륙에는 생명체가 출현할 수 없었다. 산소 분자가 자외선 에너지에 의해 분해되어 2개의 산소 원자가 되고, 산소 원자와 산소 분자가 결합하여 산소 원자 3개인 오존 분자(O_3)가 된다. 초기 생명체는 자외선이 바닷물에 감쇄되는 바다 표층에서 진화했다. 자외선은 줄어들고 가시광선은 완전히 소멸되지 않는 바다 표층수 영역에서 단세포 생명체들이 광합성을 시작한 것이다. 시아노박테리아는 약 35억 년 이전부터 물 분해형 광합성을 시작했다. 파장 680nm의 태양 빛으로 물을 분해하면 전자, 양성자, 산소 분자가 발생한다. 시아노박테리아는 물 분해로 생성된 고에너지 전자를 단백질 사이로 전달하면서 양성자 농도를 변화시켜 ATP 형태의 에너지 분자를 만든다.

물 분해로 생성된 산소 분자는 바닷속으로 방출됐으며, 산소 분자가 출현하기 이전의 초기 대양에 대규모로 녹아 있던 2가철이온(Fe^{2+})과 산소 분자가 결합하여 산화철(Fe_2O_3)이 생성되었다. 무거운 산화철은 대양 바닥에 층층이 쌓여 전 세계의 철광지층인 호상철광층 banded iron formation(BIF)이 되었다. 광합성은 유기 분자를 만들고, 유기 분자에서 에너지를 얻는 과정이 호흡이다. 메탄 생성 고세균은 메탄에서 전자를 획득하고 황산염환원세균은 황산염에서 전자를 얻어서 에너지를 획득한다. 물 분해 광합성의 부산물로 생성된 산소 분자가 바닷속 철이온을 모두 산화철로 만들었고, 그 뒤로 생성되는 산소 기체는 대기로 방출되기 시작했다. 대략 20억 년 전 지구 대기의 산소 농도는 1% 정도였고, 대기에 산소가 생겨나면서 지구 대륙 표면을 구성하는 광물은 산화되기 시작한다. 지구 표면의 광물이 산화되면 산소와 규소가 결합한 광물이 급격히 증가하여 20억 년 이전에는 1,500종이던 광물이 3,500종으로 급격히 늘어난다. 대기에 산소가 출현함으로써 대륙 표면을 구성하는 다양한 산화광물이 생성되어 대륙의 화학적 표층 환경이 변하기 시작한다.

프레임 6: 광합성

광합성은 포도당 분자를 만든다. 광합성에서 생성된 포도당 분자는 생체 분자의 출발 물질이다. 태양 빛에 의한 물 분해 과정에서 방출된 전자는 단백질을 통하여 이동한다. 광합성에는 명반응과 탄소고정반응 두 단계가 있다. 명반응으로 NADPH와 ATP 분자가 생성되고, 탄소고정반응으로 포도당이 만들어진다. NAD^+ 분자는 니코틴아미드아데닌디뉴클레오타이드nicotinamide adenine dinucleotide의 약자이며 NADPH에서 P는 인산phosphate, H는 수소를 나타낸다. NADH에 인산기가 결합한 분자가 NADPH 분자이다. NADH 분자는 미토콘드리아의 TCA 회로에서 생성되고, NADPH 분자는 광합성 명반응에서 생성된다. $NADP^+$ 분자는 양성자 1개를 공유결합하여 NADPH 분자를 생성한다. 물 분해로 생성되는 양성자와 전자 이동에 동반하여 틸라코이드thylakoid 막을 통해 입력된 양성자가 ATP 합성효소를 통과하면서 ATP 분자가 만들어진다.

광합성 탄소고정반응은 명반응에서 생성된 NADPH와 ATP를 사용하여 물과 이산화탄소로 포도당을 만든다. 대기 중의 이산화탄소는 리불로스2인산 ribulose bisphosphate(RuBP) 분자와 결합하여 처음으로 생명체를 구성하는 분자가 된다. 이 과정을 탄소고정이라 하며 5탄당인 RuBP가 이산화탄소와 결합하여 6탄당이 되고, 이어서 물 분자와 결합하여 6탄당 분자가 3탄당인 3인산글리세르산3phosphoglycerate(3PG) 분자 2개가 된다. 3PG 분자는 2인산글리세르산bisphosphate glycerate(BPG) 분자를 거쳐 글리세르알데하이드3인산glyceraldehyde 3phosphate(G3P) 분자가 된다. 광합성 탄소고정반응은 이산화탄소와 물 분자를 결합하여 6분자의 G3P를 생성하고, 6개 분자의 G3P에서 5개 분자는 탄소고정반응 자일롤로스 회로를 통해 5개 분자의 리불로스5인산ribulose 5-phosphate(Ru5P)이 된다. Ru5P 분자는 $ATP \rightarrow ADP + HO-PO_3^{2-}$ 과정에서 생성된 인산기(PO_3^{2-}) 분자 1개를 얻어서 RuBP가 되어 탄소고정반응 회로인 캘빈 회로가 계속 순환하게 된다. 캘빈 회로에서 빠져나온 한 분자의 G3P는 디하이드록시아세톤인산 dihydroxyacetone phosphate(DHAP)과 결합하여 프럭토스2인산fructose bisphosphate(FBP)이 되며, FBP에서 인산기 1개가 빠져나와 프럭토스6인산fructose 6-phosphate(F6P)이 되고, F6P에 아이소머라아제isomerase(이성질화효소)가 작용하여 글루코스6인산glucose 6-phosphate(G6P)이 되며, G6P에서 인산기가 빠져나오면 글루코스 분자가 된다. 글루코스 분자에서 대부분의 생체 분자가 만들어진다.

글루코스의 분해산물인 아세틸-CoA에서 지방산이 만들어지고, 아미노산과 핵산인 DNA, RNA도 글루코스와 관련되어 생겨난다. 결국 광합성에서 생성된 글루코스 분자가 생명 현상에 필요한 대부분의 분자를 만든다. 초기 행성 지구에서는 광합성의 결과로 생성된 6탄당, 5탄당, 3탄당이 생명 현상에 필요한 거의 모든 분자들을 만들어냈다. 5탄당인산 회로에서 생성되는 Ru5P 분자에서 핵산의 구성당인 리보스가 나오고, 광합성 탄소고정반응도 Ru5P에서 시작한다. 6탄당 글루코스가 세포질에서 분해되어 생성되는 3탄당 피루브산이 미토콘드리아에서 아세틸-CoA로 전환되면서 TCA 회로가 작동한다. TCA 회로에서 생성되는 알파케토글루타르산alpha-ketoglutarate(AKG)에서 아미노산 글루탐산, 글루타민, 프로린, 아르기닌이 생성되며 퓨린염기의 아데닌과 구아닌이 생겨난다. TCA 회로의 옥살로아세트산에서 아미노산 아스파르트산, 아스파라긴이 생성되고 피리미딘 염기인 우라실, 시토신, 티민 분자가 만들어진다.

생명 진화에서 광합성은 생명 작용을 담당하는 유전과 대사에 관여하는 대부분의 생체 분자를 만들어낸다. 광합성 캘빈 회로에서 3탄당 G3P뿐 아니라 5탄당 Ru5P, 3탄당 3PG, BPG, DHAP 모두 생성되는데, 3탄당 G3P와 DHAP 분자가 결합하여 마침내 6탄당 글루코스가 생성된다. 글루코스에 인산이 결합한 G6P 분자가 5탄당 인산 회로에서 Ru5P를 만들고 Ru5P에서 R5P, 자일룰로스5인산xylulose 5-phosphate(Xu5P)이 생성되고 R5P에서 RNA와 DNA당인 5탄당 리보스와 디옥시리보스가 만들어진다. 결국 생물학에서 결정적 지식은 광합성에서 생성되는 글루코스의 6각형 구조식이다. 시아노박테리아에 의한 물 분해형 광합성 출현으로 생성된 대기 중 산소 분자가 작용함으로써 지구 표층에서 1,000만 종에 이르는 다양한 생명의 대하 드라마가 펼쳐진 것이다.

프레임 7: 뇌의 진화

척추동물 중추신경계는 후각망울, 대뇌, 시개, 소뇌, 척수로 구성된다. 대뇌 신피질이 발달하지 않은 어류와 양서류에서 시개는 시각, 청각, 체감각을 처리하는 피질이며, 파충류에서부터 신피질이 출현하여 포유류에서 대뇌신피질이 크게 확장된다.

후각을 처리하는 후각로와 후각망울이 맨 앞쪽에 위치한다. 칠성장어, 상어, 어류에서는 대뇌가 상대적으로 작으며 시상하부와 뇌하수체가 크다. 조류와 포유류에 이르러 대뇌가 크게 확장되면 시각과 청각을 처리하는 것이 가능해지고, 그 세밀한 감각을 바탕으로 정확한 운동이 진화한다. 어류, 양서류, 파충류, 조류 그리고 포유류의 전형적인 뇌구조를 비교하면서 각 종에 속한 동물의 행동을 관찰하면 뇌 발달 단계와 동물의 움직임 사이의 상관관계를 알 수 있다. 동물의 움직임은 감각반응에서 나오며, 인간의 행동은 기억을 반영하여 선택된다.

시각, 청각, 촉각의 감각 자극은 해마에서 맥락기억을 형성하고, 생존에 중요한 맥락기억은 대뇌피질로 이동하여 장기기억으로 저장된다. 전두엽의 앞쪽 피질인 전전두엽이, 현재 입력되는 감각정보에 연관된 연합감각피질 속 장기기억을 회상함으로써 운동출력이 생성된다. 감각입력을 범주화된 사물로 전환하는 뇌의 정보처리가 바로 지각 과정이며, 범주화 과정이다. 인간은 범주화된 지각만 인식할 수 있다. 대뇌피질 감각연합피질에서 지각 범주화가 이루어지면, 개별 범주화된 지각 장면들 사이의 관계인 개념이 출현하여 개념의 범주화가 대뇌 신피질에서 진행된다. 개념과 범주화는 행동의 목적을 바탕으로 매 순간 형성될 수 있다.

인간에게서 크게 늘어난 대뇌 신피질 부위는 연합피질이며, 연합피질의 작용으로 기억을 참고로 하는 인간의 목적지향적 행동이 출현한다. 경험기억이 시간적으로 쌓이면 자전적 회상을 통해 자아의식이 출현하고, 수동적 지각에서 능동적 행위가 가능해진다.

인간 뇌의 특징적 기능인 의식, 목적지향성, 예측은 대뇌 신피질 영역들 간의 상호작용으로 생성되며, 여기서 목표지향적이고 사회적으로 책임이 있고 상황에 적절한 행동이 나온다. 인간의 기억능력은 언어를 통해 대규모로 증가한다. 문자는 인간의 기억을 외부로 인출하여 타인과 공유하게 하였고 시간의 망각에서 벗어나게 했다. 단어의 발성으로 정보와 감정을 전달하면서 인간 집단생활의 사회화가 급속히 진행되었다.

감각자극이 촉발한 지각 과정의 한 형태가 기억이며, 행동은 기억을 참조하여 출력된다. 우리는 맥락으로 연결된 일련의 뇌 정보처리 과정을 단계별로 구분하여 지각, 감정, 기억으로 인식한다. 그리고 운동출력을 하기 전에 기억을 바탕으로 운동을 계획하는 과정이 바로 우리의 생각이다. 결국 감각에서 운동으로 연결되는 과정이 뇌 정보처리의 전체 내용이며, 인간 대뇌 세포의 90퍼센트는 감각뉴런과 운동뉴런을 연결하는 중개뉴런이다. 지각, 감정, 생각은 기억을 인출하여 연결하는 구성적 과정이므로 사람마다 다를 수 있다.

생각은 범주화된 지각의 언어적 지시 과정이다. 그리고 생각은 지각의 상위 과정이 아니고 기억처럼 지각처리 과정의 한 단계이다. 단편적 감각입력이 '무엇'이라면, '무엇의 의미'를 밝혀내는 창조적 구성 과정이 지각이다. 지각된 사물의 의미를 밝히는 과정은 사물의 용도와 목적을 찾아내는 과정이다. 기억과 생각은 지각의 한 형태이다. 지각은 그 자체가 만들어가는 창의적 과정이기에 사람마다 다를 수 있다. 생각은 기억의 이미지를 연결하는 연상 과정이며, 생각에서 기억은 주로 언어로 표상된다. 언어의 핵심은 사물과 사물을 지시하는 소리의 대응관계이다. 이 지시관계를 나타내는 단어 그 자체는 관습적으로 생성되며, 실체가 아닌 상징이다. 하지만 상징은 그 자체로는 존재하지 않는 환각과 같다. 생각은 현실을 반영하는 환각이란 관점에서 꿈과 같고, 생각은 언어에 의한 상징적 표상이므로 실제가 없는 환각과 같다. 결국 내면에만 몰입된 생각과 꿈은 감각세계가 배제된 환각의 세계이다. 신체감각이 없는 편안한 상태에서 논리적 사고 없이 흥미로운 영화에 몰입하여 끝없이 영화를 본다면 현실과 영화는 구분하기 어렵다.

프레임 8: 의식의 출현

의식이 있으려면 우선 몸, 즉 신체적 자아가 존재해야 한다. 이 자아는 생존에 중요한 신호를 보내는 교감신경과 부교감신경의 자율신경계, 뇌간, 시상하부의 활동으로 유지되며, 식욕과 성적 욕구에서 항상성을 유지하려는 본능적 자아가 생성된다. 인간은 사춘기를 지나면서 타인을 가족과 사회구성원으로 의식하며 점차 사회적 자아가 형성된다.

언어에 의해 가능해진 대규모의 기억능력으로 경험기억과 현재 입력의 비교가 가능해진다. 과거의 경험기억을 회상하여 기억을 바탕으로 비슷한 현재 상황에 대해서 미래를 예측할 수 있고, 그래서 현재 감각입력에 종속되지 않고 미래를 예측하는 관점에서 환경입력에 대한 운동출력을 선택할 수 있게 된다.

인간 정신작용의 핵심적 기능은 상징의 사용이며, 상징의 기원은 사물과 사건을 지시하는 신체작용에 있다. 유인원과 인간을 구분하는 능력은 개별 단어의 발음이 아니라 단어와 단어를 연결하여 문장을 생성하는 능력이다. 그리고 문장을 구성하는 구문화 능력의 본질은 단어의 연결 순서와 그에 상응하는 뇌 신경회로의 진화이다.

단어 의미의 다양성은 단어 발음의 선별적 명료화와 결합하여 인간 언어에 무한대에 가까운 의미 확장을 가져왔다. 인간의 발성은 단순한 '사실 전달'을 수행하는 데에서 미묘한 어감과 함축된 의미를 감정에 실어서 '정서를 교환'하는 데까지 발전했고, 감정에 의한 기억의 공고화로 인간의 기억능력이 크게 증가하게 되었다. 인간 발성이 의사소통을 위한 상징적 발성이 되어 말소리가 되었고, 말소리에 대응하는 사물의 시각정보 처리와 연결되면서 단어와 단어가 지시하는 사물이 대응관계로 연결되었다. 단어의 발음은 인간 발성기관의 진화와 관련되며, 발화의 상징적 사용에 의한 문장생성 과정은 인간의 인지작용에 관여하여, 드디어 인간이란 현상이 지상에 출현하게 된다.

객관세계는 감각입력을 통해 뇌가 지각으로 재구성한 세계이다. 그래서 세계는 뇌의 창조물이다. 우리가 무언가에 몰입하여 생각하면 눈앞에 바로 존재하는 사물도 보이지 않으며, 의식은 외부자극과 내부자극 사이로 분배될 수 있다. 몰입된 생각과 꿈에서는 의식이 내부자극에만 전념한다. 그래서 생각에 몰두할수록 감각은 차단되고 완전한 내면의 상태만 존재하게 되어 꿈과 같은 상태가 된다. 꿈과 몰입된 생각은 내면상태만 존재하는 뇌가 상연하는 연극이다. 대상에 대한 감각입력이 없는 상태에서 지각만이 작용하는 생각 상태가 바로 환각이다. 그래서 생각이 환각일 수 있다. 현실은 생각이 끊어지는 틈새로 감각입력으로 순간순간 존재한다.

가상세계는 인공지능에서 시작한 것이 아니며, 인간이 감각에서 지각을 생성하면서부터 지구라는 행성에서 출현했다. 지각은 그 자체가 세계를 흉내 낸 환각이며, 대상에 대한 지각을 상징인 언어로 표상하는 과정이 바로 생각이다. 그리고 상징은 뇌가 스스로 내부적으로 생성한 자극이다. 그렇다면 생각도 그 자체로 환각이다. 우리는 감각의 자극으로 환각에서 벗어날 때 물리적 세계와 심리적 세계가 공존하는 현실세계에 참여하게 된다. 반면, 감각입력이 폭주하는 물리적 자연에서 동물은 감각에 구속된다. 동물은 이전 사건에 대한 기억이 약하다. 그래서 동물은 구체적 사건에 즉시 반응해야 한다는 긴박감을 갖고 있다. 그러나 인간은 꿈과 생각이라는 특별한 지각과정이 진화하면서 물리적 인과관계의 족쇄에서 벗어나서 제한 없는 가상세계를 출현시켰다. 물리적 공간의 인과율에서 자유로워진 인간은 자연 속에 가상세계라는 또 하나의 자연을 탄생시켰다. 전두엽이 처리해야 할 현실 문제에 몰입할수록 감각이 사라지고 기억에만 의존한 강한 생각의 흐름이 만들어진다. 생각만이 존재할 때 생각은 환각이 되고 완벽한 가상세계가 출현한다. 결국 우리의 현실도 환각이다. 현실과 가상세계는 모두 인간에서 의식이 만들어낸 또 하나의 자연이다.

프레임 7, 8의 내용은《박문호 박사의 뇌과학 공부》에 더 상세히 소개되어 있다.

생화학 분자식 50개를 기억하면 생명이 보인다

생물학 공부의 핵심은 분자식과 생화학 회로 기억이다. 분자식 기억은 생물학을 공부하는 가장 효율적인 방식이다. 아미노산, 핵산, 포도당의 분자식을 기억하는 사람은 생화학 작용을 스스로 구성할 수 있다. 아미노산 티로신 tyrosine을 이름만 알고 분자식을 모르면 티로신에서 도파민과 노르에피네프린이 생성되는 과정을 알 수 없다. 티로신의 분자식을 알면 신경전달물질의 생성 과정을 알게 된다. 생물학에서 분자식은 거의 모든 정보를 담고 있다. 생물학에 등장하는 분자식은 약 50개 정도이다. 해당 과정의 10개, TCA 회로 10개, 아미노산 20개, 핵산 5개, 지방산 관련 5개 정도이다. 1년 동안 생물학 공부를 한다고 해도 구체적 지식은 크게 늘지 않지만 생물학 분자식 50개를 기억해서 익숙해지면, 생물학에 대한 근본적 지식 습득과 전체적인 이해가 가능해진다. 하루에 분자식을 2개씩 기억하면 30일이면 50개 분자식을 모두 기억할 수 있다. 그런데 아무도 이런 식으로 공부하지 않고 책 내용을 이해하려고 한다. 분자식을 모르면 생물학은 결코 이해되지 않는다. 왜냐하면 생명의 모든 작용은 분자들의 작용이기 때문이다. 분자식에 익숙해지면 생화학 작용이 체계적으로 이해된다. 생물학에 등장하는 분자 50개를 그룹으로 분류하여 나열하면 다음과 같다.

해당 작용 분자: G6P, F6P, FBP, G3P, DHAP, BPG, 3PG, 2PG, PEP, pyruvate

5탄당 인산 회로 분자: Ru5P, R5P, Xu5P, S7P, E4P

미토콘드리아 TCA 회로 구성 분자: acetyl-CoA, citrate, isocitrate, oxaloacetate, α-ketoglutarate, succinyl-CoA, succinate, fumarate, malate

아미노산 분자: 3PG→ser, gly, cys

PEP+E4P→phe, tyr, trp

pyruvate→val, ala, leu

oxalaoacetate→asp, asn, lys, met, thr

α-ketoglutarate→glu, gln, pro, arg

R5P→his

핵산 분자: ATP, GTP, CTP, UTP, dTTP

지방산 관련 분자: palmitate, malonylnate, mevalonate, IPP, GPP, FPP, cholesterol

조효소 분자: NADH, NADPH, FAD, THF, SMA

생물학에 등장하는 분자들을 나오는 빈도에 따라 나열하면, 아세틸-CoA, ATP, NADH, NADPH, G6P, G3P, 피루브산, 글루탐산, 아스파르트산, GTP, ADP이다. 해당 작용과 TCA 회로에 나오는 분자 20개 정도를 철저히 기억하면 생명 현상이 구체적으로 느껴진다. 분자식을 단순히 기억하는 정도로는 약하다.

그림 2-16 해당 작용, TCA 회로와 아미노산 합성, 요소 회로의 상호 관계 　한 장에 모음

글루코스의 해당 작용은 NADH→NAD$^+$+H$^+$+2e 반응으로 산화되는 과정이므로 NAD$^+$분자가 약 1,000배가 많다. 반대로 TCA 회로에서는 NAD$^+$+H$^+$+2e→NADH로 환원되므로 NADH 분자가 NAD$^+$ 분자보다 75배 많다.

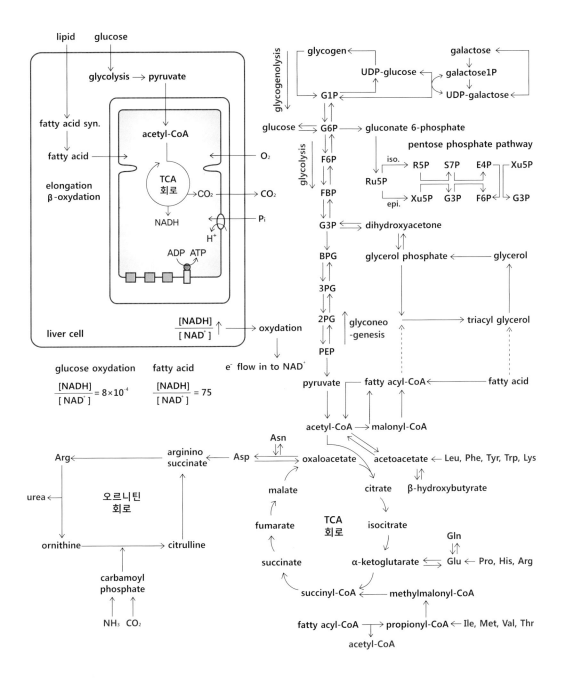

중요한 10개 정도의 분자식은 다양한 형태로 표현되어도 즉시 알아차려야 한다. 아미노산인 글루탐산, 아스파르트산, 아르기닌 등은 분자식 구조를 수평과 수직 형태로 그릴 수 있어야 한다. 퓨린과 피리미딘 생합성 과정은 10단계 정도이고, 단계별로 변화하는 과정에 글루타민과 아스파르트산 분자가 관련되는데, 분자식이 수평과 수직으로 다른 분자와 결합한다. 분자식 30개를 언제든 기억할 수 있다면 세포의 작용을 구체적으로 파악할 수 있고, 유전과 대사로 이루어지는 생명 현상의 핵심 과정을 이해할 수 있다. 분자식을 기억하지 않으면 생물학 공부는 구체적 생화학 과정이 사라진 개략적 이해에 머물 뿐이다. 생물학의 확실한 지식은 분자식이고, 분자식을 알면 생물학 공부가 통합적으로 확실해진다. 생화학 작용에 관련된 분자들의 상호작용을 분자식의 순서대로 기억하여, 해당 작용, TCA 회로, 5탄당인산 회로, 광합성 명반응, 캘빈 회로가 머릿속에서 정확하게 그려져야 한다.

한 장에 정보를 모으면 상호 관계가 드러난다

정보를 모으면 상호 관계가 드러난다. 생물학 교과서에서 광합성과 호흡은 다른 목차로 구분하여 설명한다. 광합성과 호흡 작용을 설명하는 그림이 한 장에 모이지 않아서 즉시에 두 과정을 비교할 수 없으니 상호 관계가 잘 드러나지 않는다. 형태를 비교하고 개수를 헤아리는 것은 모든 분석의 기본이다. 세포 속의 핵과 엽록체와 미토콘드리아의 작용을 함께 그려보면 상호 관계가 명확해진다. 광합성 명반응과 미토콘드리아의 호흡 과정을 함께 그려보면 두 과정이 서로 대칭적이어서 아름다움을 알게 된다. 광합성의 첫 단계는 물이 분해되어 전자, 양성자, 산소 분자가 생기는 $2H_2O \rightarrow 4H^+ + 4e + O_2$이며, 호흡의 마지막 단계는 반대로 산소가 물로 환원되는 $4H^+ + 4e + O_2 \rightarrow 2H_2O$이다. 즉 광합성의 첫 단계는 물이 산소로 산화되고, 호흡의 마지막 단계는 산소가 물로 환원되는 반응이다. 광합성과 호흡을 함께 공부하면 상호 관계가 드러나서 보기만 해도 알게 된다.

생물학 작용은 대부분 분자들의 변환 과정이고, 그 과정을 한 페이지에 모아보면 각각의 생화학 과정을 비교할 수 있다. 해당 작용의 10단계와 TCA 회로, 광합성 명반응, 탄소고정반응, 미토콘드리아의 지방산의 베타산화, 핵산의 퓨린과 피리미딘 생합성 과정을 한 장에 그려보자. 50개의 분자식을 한 페이지에 순서대로 적어보면 생화학 작용의 상호 관계가 명확해진다. 생체 분자들이 대부분 글루코스에서 생성되는 과정은 해당 작용과 TCA 회로에서 생성되는 생화학 대사 작용 모두를 연결하여 한 장의 그림으로 표현할 수 있다. 생화학 대사 작용인 탄수화물 대사, 아미노산 대사, 핵산 대사, 지질 대사, 에너지 대사, 비타민 대사 분자들이 모두 해당 작용과 TCA 회로에서 나온다. 그래서 이 책에서는 두 가지 형태의 '한 장에 모으기'를 시도하였다. 즉 생화학 회로와 관련된 모든 정보를 한 장에 모으고, 해당 작용과 TCA 회로 관련 대사 작용을 한 장에 모으는 것이 이 책의 핵심 내용이다.

그림 2-17 원형질막 함입에 의한 진핵세포 핵막 생성 과정

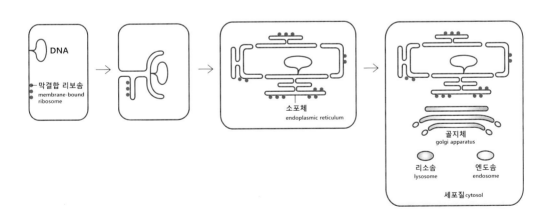

그림 2-18 mRNA는 전사후 편집 과정을 거치면서 성숙한 mRNA가 된다. 세포질에서 mRNA의 수명은 다양하며, 핵산 분해효소에 의해 분해되지 않는 mRNA는 오랫동안 단백질을 만들 수 있다. 생성된 단백질은 모듈식으로 구성되어 단백질 효소의 서브모듈이 되며, 당사슬과 인산기가 결합하기도 한다.

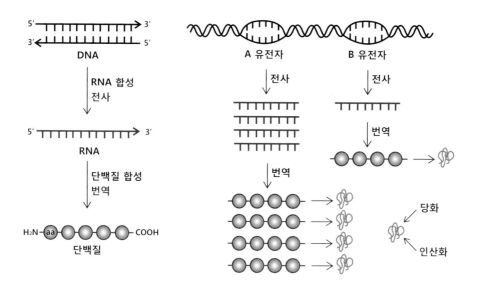

원핵세포에서 진핵세포가 출현한다

지구에는 두 종류의 생명 현상이 있다. 생물은 원핵생물과 진핵생물 두 종류뿐이다. 원핵생물prokaryote은 모두 단세포 생명체로 세포 내에 핵이 없다. 진핵생물eukaryote은 단세포와 다세포 생물 모두 존재하고 DNA가 핵 속에 있다. 핵이 존재하지 않는 원핵세포는 원형의 DNA가 세포막에 부착된 상태로 세포질에 있으며, mRNA가 생성되면 리보솜이 신속히 결합하여 염기서열을 아미노산 서열로 전환하여 단백질을 합성한다. 핵은 원핵생물인 박테리아에서 원형질막이 안으로 함입하여 막의 일부가 분리되어 생성된다. 그리고 분리되어 세포질에 유리된 원형질막이 세포질 내에서 축구공 껍질처럼 배열되어 핵막이 되었다는 가설이 있다. 이 가설에 따르면, 진핵세포의 핵막은 원형질막에서 생겨나는 과정에서 원형질막에 부착된 리보솜이 핵막과 연결된 소포체endoplasmic reticulum(ER)

막에 존재하게 된다. 원핵세포에서 핵막의 생성으로 출현한 세포가 바로 진핵세포이다.

진핵세포는 세포 내부에 핵막으로 분리된 핵이라는 또 하나의 세포 속 내부 공간을 갖게 된다. 핵막에 형성된 구멍으로 핵 내부와 세포질 사이에 물질 교환이 이루어진다. 핵 속에서 합성된 mRNA와 리보솜의 소단위체small subunit(SSU)와 대단위체large subunit(LSU)가 핵막의 구멍을 통해 세포질로 빠져나간다. 세포질에서 합성된 단백질과 뉴클레오타이드 분자들이 핵구멍을 통해 세포질에서 핵 속으로 입력된다. 세포질에서 리보솜은 분리된 각각의 서브모듈 형태로 존재하다가 mRNA를 만나면 두 모듈이 결합하여 완전한 리보솜을 형성한다. 두 모듈이 결합된 리보솜은 핵 구멍을 통과하지 못한다. 핵막으로 분리된 핵 내부 공간에서 DNA의 복제로 또 하나의 DNA 이중나선이 생성되고, DNA의 전사로 mRNA, rRNA, tRNA가 만들어진다. DNA의 전사 과정에서 생성된 mRNA는 스플라이싱, 7-메틸 캡 형성, AMP 꼬리 형성의 전사후 편집 과정을 거쳐서 성숙한 mRNA가 된다. 핵막이 없는 원핵세포는 DNA의 복제와 전사가 세포질에서 동시에 일어난다. 원핵세포에서는 전사후 편집 과정 없이 생성되는 mRNA에 곧장 리보솜이 결합되어 단백질이 합성된다. 그래서 원핵세포는 진핵세포와 달리 전사와 번역이 동시에 일어난다.

원핵세포는 DNA에서 mRNA를 만드는 전사transcription 과정과 mRNA에 결합된 리보솜에 의한 폴리펩타이드polypeptide 생성 과정인 번역translation을 동시에 진행한다. 핵막의 출현으로 인해 진핵세포는 전사후 편집 과정이 가능해져 단백질 생성 과정이 정교하게 진화하게 된다. 그래서 전사후 편집 과정을 통해 만들어진 성숙한 mRNA는 세포질에서 분해될 확률이 줄어들어 단백질 합성의 효율이 높아진다. 원핵세포인 박테리아 mRNA의 평균 수명은 3분 정도이지만, 진핵세포 mRNA의 평균 수명은 30분에서 수개월까지 늘어난다. mRNA의 수명이 길어져야 분해되기 전에 리보솜과 만나서 단백질 합성의 확률이 높아진다. 핵이 존재하지 않는 원핵세포는 고세균과 진정세균으로 구분되는데, 모두 단세포 생명체이다. 핵이 존재하는 진핵세포는 원핵세포보다 1만 배가 크고, 미토콘드리

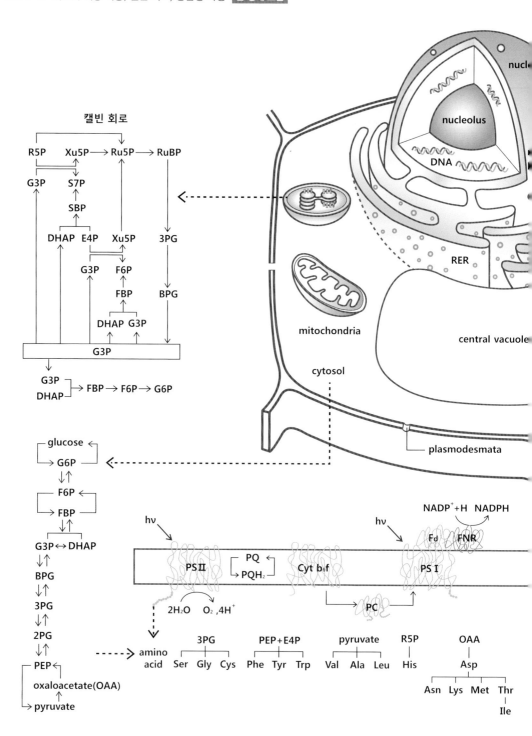

그림 2-19 세포의 해당 작용, 캘빈 회로, 광합성 과정 한 장에 모음

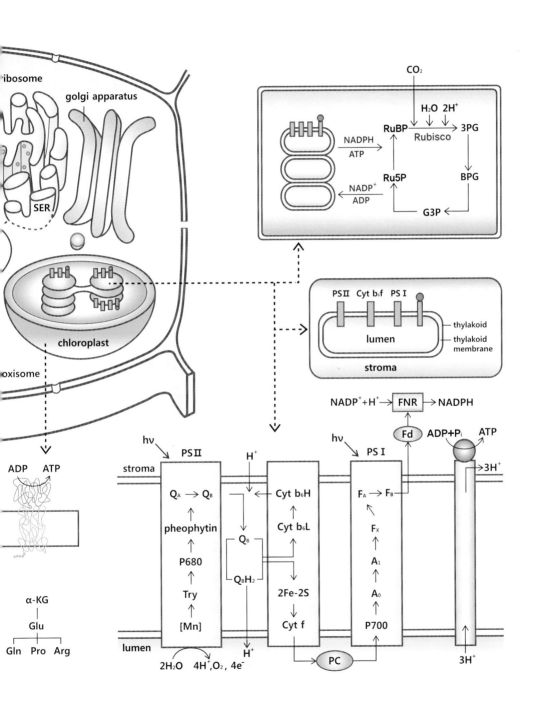

아와 엽록소의 세포내 공생으로 ATP 분자에 의한 에너지 생산이 크게 증가하여 다세포 생명체로 진화한다. 진핵세포는 세포내 공생으로 획득한 미토콘드리아의 산소 호흡 능력 덕에 ATP 분자를 대규모로 생산하여 진화를 가속한다. 곰팡이, 버섯, 조류, 식물, 동물 모두는 진핵세포로 구성되는 다세포 생물이며, 지구상에 눈에 보이는 모든 생명체는 진핵세포의 결합체이다. 결국 핵이 출현하고 전사와 번역 과정을 거쳐 핵막으로 분리되어, DNA에서 전사된 mRNA를 편집할 수 있게 되었다.

진핵세포는 세포질에서 mRNA의 수명이 늘어남에 따라 같은 종류의 단백질을 많이 생산하게 된다. 생산된 단백질은 인산과 당을 첨가하는 번역후 편집 과정을 거치는데, 이 과정에서는 새로운 단백질이 생성되기보다는 생성된 단백질을 서로 결합하여 단백질 복합체를 형성함으로써 생명 진화의 복합도를 크게 증가시킨다. 단백질 복합체인 RNA 중합효소와 전사조절인자는 원핵세포와 진핵세포가 다르며, 특히 전사조절인자가 유전자 발현을 조절하여 단백질 생성 효율을 조절한다. 단백질의 생성 효율을 조절하여 환경 변화에 능동적으로 적응하는 생명체가 바로 진핵생물이다.

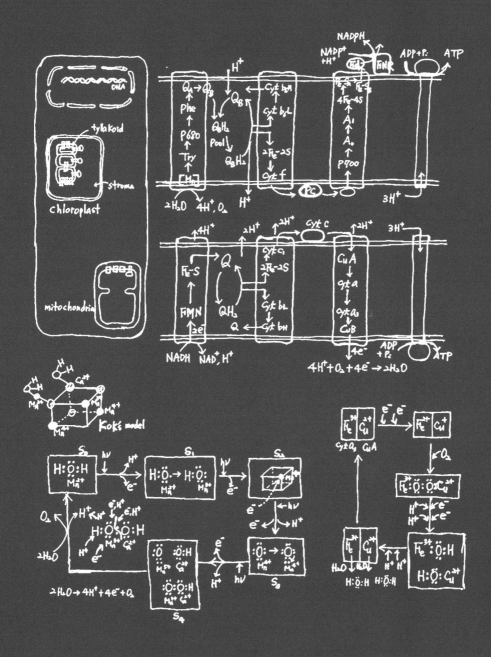

숨을 들이마시면 공기의 일부가 우리가 되고, 숨을 내쉬면 우리의 일부가 공기가 된다. 들숨에서 공기의 일부분인 기체 산소가 세포 속 미토콘드리아에서 물로 환원되고, 날숨에서 이산화탄소가 몸에서 공기 중으로 배출된다. 광합성은 태양의 빛에너지로 물을 분해하여 고에너지의 자유전자를 생성하는데, 그 자유전자는 글루코스 분자 생성에 참여한다. 태양 에너지를 흡수한 고에너지 전자는 글루코스로 이동하여 TCA 회로에서 NADH 분자의 공유결합 전자가 된다. NADH 분자가 산화되는 NADH→NAD$^+$+H$^+$+2e 반응으로 자유전자가 된 2개의 전자가 미토콘드리아 내막의 호흡 단백질을 통과하여 양성자, 산소 분자와 결합하여 물 분자가 되는 환원 반응 4H$^+$+O$_2$+4e→2H$_2$O의 전자로 사용된다. 호흡에서 산소 분자는 물 분자로 환원되고, 광합성에서 물 분자는 전자를 잃고 양성자와 산소 분자로 분해된다.

그림 3-1　산소 호흡 박테리아에서 미토콘드리아로, 시아노박테리아에서 엽록체로 이동하는 세포내 공생 과정

결정적 지식

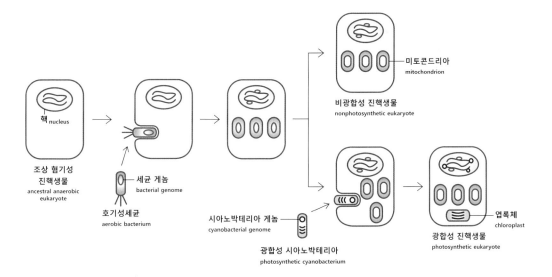

미토콘드리아의 산소 호흡이 다세포 생물을 만들었다

약 35억 년 전의 원시 원핵세포는 원형의 DNA와 리보솜이 부착된 조그마한 풍선 모양이었을 것으로 추측할 수 있다. 풍선의 막은 인지질 이중막으로 유동성이 크며, 막이 안으로 함입되어 세포 표면적이 늘어나 더 많은 단백질 효소가 세포막에 삽입될 수 있다. 내부로 함입된 막의 일부는 원래 막에서 분리되어 DNA를 감싸는 구조가 생겨난다. 이 과정이 바로 핵막의 생성이며, 진핵세포의 출현이다. 다세포 생물인 동물, 식물, 균류는 모두 진핵세포로 이루어진다. 바이러스를 제외한 생명체는 세포로 구성되며, 세포에는 원핵세포와 진핵세포 2가지가 있다. 지구상의 생명체는 크게 3가지로 분류되는데 고세균, 진정세균, 진핵세포이다. 고세균과 진정세균은 원핵세포로 된 단세포 생명체이다. 그리고 진핵세포는 약 10억 년 전에 다세포 생명체로 진화해서 눈으로 볼 수 있는 대부분의 생물이 되었다.

핵막의 생성 과정처럼 세포막의 함입은 다른 세균의 세포내 유입 과정에서 반복된다. 알파프로테오박테리아와 관련된 원시 박테리아인 미토콘드리아도 세포막에 둘러싸여 세포 내로 유입되면서 박테리아 원래의 막을 숙주세포의 막이 완전히 둘러싸서 세포 내로 분리되어 공생하게 된다. 미토콘드리아의 외막은 숙주세포의 원형질막에서 기원한다. 이러한 세포내 공생설의 근거는 미토콘드리아가 독립된 DNA를 가지고 있으며, 13개의 독자적인 유전자로 미토콘드리아 내막에 삽입된 4개의 호흡 관련 효소의 핵심 부위를 만든다는 사실에 있다. 미토콘드리아 호흡효소는 핵심 부위와 주변 영역 단백질 모듈로 구성되는데, 핵심부의 단백질은 미토콘드리아 DNA가 담당하며 핵심의 주변 부위 단백질 서브모듈은 숙주 세포핵의 DNA에서 담당한다. 이러한 과정이 미토콘드리아 세포내 공생설의 핵심 내용이다. 미토콘드리아는 원래 갖고 있던 DNA의 대부분을 숙주세포의 DNA에 건네주어 자신은 핵심적인 호흡 작용 단백질을 만드는 DNA만 갖고 있다. 따라서 미토콘드리아의 TCA 회로에 관여하는 다양한 단백질과 DNA의 복사 및 전사에 관련된 단백질들은 숙주세포핵의 DNA에 의해 생성된다.

그림 3-2 식물 세포 엽록체의 구조와 물 분해형 광합성의 NADPH 분자 합성 과정

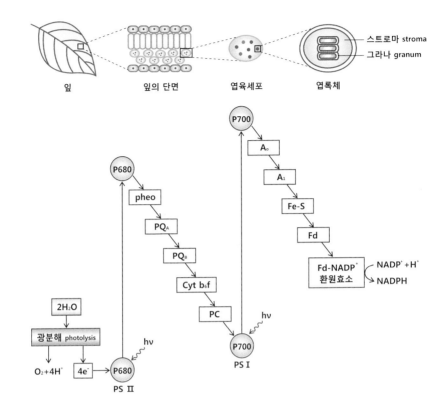

숙주세포와 미토콘드리아의 공생 관계에서 숙주세포는 미토콘드리아에게 생존 공간과 단백질을 제공하고 미토콘드리아는 숙주세포의 생명 활동 에너지인 ATP 분자를 대규모로 제공한다. 즉 미토콘드리아는 숙주세포의 에너지 생산 공장이 되었다. 세포가 에너지를 만드는 호흡 작용은 광합성 생성 분자인 글루코스에 갇힌 태양 에너지를 방출하는 과정이다. 태양 에너지가 광합성 세균에 의해 포도당으로 전환되고, 이 포도당과 지질이 다시 이산화탄소와 물로 분해되는 과정에서 유리된 전자의 에너지를 이용하여 미토콘드리아는 ATP 분자를 만든다. ATP를 합성하는 역할과 더불어 미토콘드리아는 세포 자살을 촉발한다. 숙주세포의 돌연변이로 숙주세포가 만드는 단백질의 불량이 많아지면 세포의 분열 증식 속도가 떨어진다. 따라서 숙주세포에 갇힌 '미토콘드리아'라는 박테리

그림 3-3 물 분해형 광합성을 할 때 광시스템 II에서 빛에너지를 흡수한 전자는 전자전달 과정에서 에너지가 낮아지며, 광시스템 I에서 다시 빛에너지를 흡수하여 에너지가 높아진다. 에너지가 높아진 전자가 NADP⁺+H⁺+2e→NADPH 작용으로 NADP⁺를 NADPH로 환원시킨다.

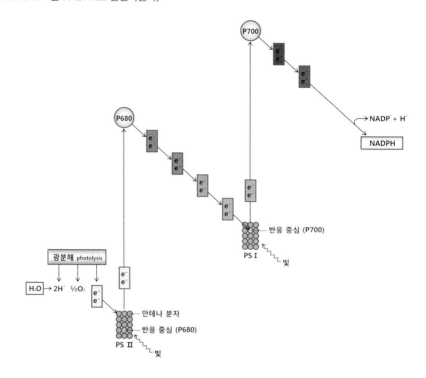

아도 분열이 제한된다. 미토콘드리아는 박테리아처럼 이분법으로 분열 증식한다. 어떤 측면으로 보아도 미토콘드리아는 큰 숙주세포에 잡아먹힌 원핵세포 박테리아로 보인다. 이렇게 무한 증식의 본능을 가진 미토콘드리아가 숙주세포의 돌연변이로 증식이 제한되면 다른 해결책을 찾는다. 그 해결 방식은 돌연변이가 생긴 자신의 숙주세포의 DNA와 손상이 없는 활발한 다른 세포를 만나서 서로의 DNA를 섞게 하는 방식이다. 이 과정이 바로 단세포 수준의 유성생식의 출현이다.

다세포 동물에서는 세포의 역할 분화로 단 1개의 생식세포만 유성생식을 통해 다음 세대로 유전 정보를 전달하고, 나머지 모든 세포는 몸을 구성하는 체세포가 된다. 다세포 생물의 몸은 유성생식의 감수분열이 아닌 체세포분열로 엄청나게 많은 세포가 생겨남으로써 만들어진다. 몸을 구성하는 체세포의 경우 수억

그림 3-4 자색세균과 녹색황세균은 단일광 흡수 시스템이며, 녹색황세균은 전자전달 회로에 NADPH 분자를 생성하는 회로가 추가되었다. 식물 엽록소의 기원이 되는 시아노박테리아는 700nm를 흡수하는 광시스템 I과 680nm를 흡수하는 광시스템 II를 연결하여 물 분해형 광합성을 진화시켰다.

출처: D. L. Nelson, M. M. Cox, 《레닌저 생화학(하)》(6판), 월드사이언스, 731.

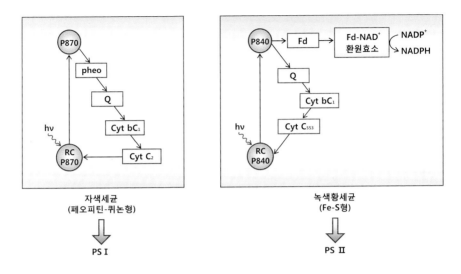

개가 넘는 세포들이 결합하여 생화학 기능을 만들어낸다. 이 경우 세포 집단 속의 단일 체세포 핵의 DNA에 돌연변이가 쌓이면 세포 집단이 함께 만들어내는 생명 활동이 위태로워진다. 따라서 돌연변이가 생긴 그 체세포를 제거해야만 다른 세포 집단의 기능이 약해지지 않는다. 돌연변이 체세포는 그 세포 내의 미토콘드리아에 포도당과 지질을 제공하는 속도를 떨어뜨리고, 그 결과 미토콘드리아 내막의 전자전달 단백질 시스템이 원활히 작동하기 어렵게 된다.

전자를 전달하는 효소가 전달해야 하는 전자의 공급이 줄어들면 미토콘드리아 내막에서 시토크롬 c라는 전자전달효소가 분리되어 외막에 난 구멍을 통해 세포질로 확산된다. 세포질로 확산되는 시토크롬 c의 작용으로 세포질 내의 카스파아제caspase라는 단백질이 활성화된다. 카스파아제는 바로 세포자살 특공대와 같다. 카스파아제의 연쇄 작용으로 핵 안의 DNA가 분해되어 숙주세포는 죽게 된다. 이렇게 전체를 위해 죽어나가는 체세포는 어른인 경우 하루에 100그램 정도가 된다. 돌연변이로 손상된 개별 체세포가 스스로 소멸하는 세포자살apoptosis은 다세포 생물체의 놀라운 능력이다. 세포자살을 통해 손상된 세포가 매일 죽어나가고 새로운 세포로 대체되어 다세포 생물은 살아 있는 동안 활발히 생존할 수 있다. 미토콘드리아의 세포내 공생으로 출현한 진핵세포는 다세포 생물이 되어 균류, 식물, 동물로 진화한다. 미토콘드리아의 산소 호흡이 다세포 생물과 마침내 인간을 만들었다.

요약하면, 다음과 같다.

단세포 박테리아: 미토콘드리아 세포내 공생→박테리아의 증식 본능→단세포 유성생식 출현

다세포 동식물: 미토콘드리아 세포내 공생→박테리아의 증식 본능→돌연변이 체세포의 세포자살

유성생식과 다세포 생명체의 출현 그리고 세포 죽음은 모두가 미토콘드리아의 세포 공생의 결과

시아노박테리아의 물 분해형 광합성이 대기 중 산소의 기원이다

식물의 광합성은 시아노박테리아의 광합성 시스템에서 기원한다. 시아노박테리아의 광합성은 680nm의 빛을 흡수하는 광시스템 II와 700nm 파장의 빛을 흡수하는 광시스템 I이 결합된 형태이다. 그런데 일부 박테리아에서 단일 파장의 빛을 흡수하는 시스템이 발견되었다. 자색세균의 광합성 시스템은 870nm 파장의 빛을 흡수한다. 자색세균 광반응 중심에 존재하는 빛 흡수 색소는 870nm 파장의 빛을 흡수하며, 그로써 생성된 전자는 페오피틴pheophytin이라는 전자전달 분자로 전달된다. 전자는 페오피틴에서 또 다른 전자전달 분자 퀴논quinone으로 전달되고, 퀴논에서 다시 시토크롬 bc₁ 단백질 복합체로 이동한다. 시토크롬 bc₁에 도착한 전자는 시토크롬 C₂로 전달되고 다시 출발해 색소 물질의 반응 중심으로 전달되어 전자전달 회로가 완성된다. 이러한 전자전달 회로의 동작으로 자색세균의 세포막 안팎에 양성자 농도에서 차이가 생성된다. 고농도 양성자 영역에서 저농도 영역으로 세포막을 통해 확산되는 양성자의 확산 흐름을 이용하여 세균은 아데노신이인산adenosine diphosphate(ADP)으로부터 에너지 분자 ATP를 합성한다. 870nm 파장의 빛을 흡수하는 자색세균의 광합성 시스템과 유사하게 녹색황세균은 840nm 파장의 빛을 흡수한다. 녹색황세균의 광합성에서 전자전달 물질은 퀴논과 시토크롬 C_{553}이다. 자색세균의 시토크롬 C_1처럼 녹색황세균의 시토크롬 C_{553}이 시토크롬 bc_1 단백질 복합체에서 전자를 광반응 중심 색소로 전달하여 전자전달 회로를 완성한다. 이러한 전자전달 과정에서 양성자 농도의 기울기가 생성되며, ATP 합성효소에 의해 ATP 분자가 생성된다. 녹색황세균은 전자전달 회로에 NADPH 분자를 생성하는 회로를 추가한다. 840nm의 빛을 흡수하여 방출된 고에너지의 전자 중 1개는 퀴논으로 전달되지만, 다른 하나는 페레독신ferredoxin(Fd)이라는 물질로 전달된다. 페레독신에 이른 전자는 Fd-NAD$^+$ 환원 단백질로 전달되며, 이 과정에서 NADP$^+$가 NADPH로 환원된다.

자색세균과 녹색황세균은 단일 광흡수 시스템이다. 그러나 식물 엽록소의 기원이 되는 시아노박테리아는 700nm를 흡수하는 광시스템 I과 680nm를 흡수하는 광시스템 II를 연결하는 진화적 도약을 이루었다. 더욱 놀라운 점은 광시스템 II 단백질과 결합된 망간복합체를 이용하여 물 분자를 분해하여 생성된 전자를 엽록체로 전달하는 기능이 출현한 것이다. 태양 빛에너지로 물 분자 2개를 분해하면 4개의 양성자와 1개의 산소 분자, 그리고 4개의 전자가 생겨나는 $2H_2O \rightarrow 4H^+ + 4e + O_2$ 반응이 일어난다. 엽록체는 빛에 의해 흥분된 자유전자를 생성하며, 그 결과 전자가 결여된 자리가 생겨난다. 이처럼 엽록체에서 빠져나가는 전자를 태양광에 의한 물 분해 과정에서 생성된 전자가 보충해준다.

시아노박테리아에서 전자전달은 페오피틴과 플라스토퀴논plastoquinone(PQ)을 거쳐서 시토크롬 b_6f 단백질 복합체로 전달된다. 시토크롬 b_6f 단백질 복합체에서 플라스토시아닌plastocyanine(PC) 전자전달 물질을 통해 광반응 중심 P700으로 전달되며, 동시에 700nm 광자에 의해 다시 한 번 태양 에너지를 공급받아서 흥분된 P700시스템이 된다. 흥분된 P700에서 방출된 고에너지 전자는 전자전달 물질인 A_0, A_1, Fe-S, Fd를 거쳐서 Fd-NADP$^+$ 환원 단백질 복합체로 전달되어 $NADP^+ + H^+ + 2e \rightarrow NADPH$ 작용으로 NADP$^+$가 NADPH로 환원된다. 물 분해 과정에서 생성된 양성자는 엽록체 틸라코이드막에 삽입된 ATP 합성효소를 통과하여 엽록체 스트로마 영역으로 이동하는데, 이 과정에서 ATP 합성효소가 작동하여 ATP 분자를 만든다. 시아노박테리아는 광시스템 I과 광시스템 II를 결합하여 물 분해형 광합성을 진화시켰고, 물 분해 과정에서 생성된 기체 상태의 산소 분자는 지구 대기 산소 분자의 기원이 된다. 대기 중에 산소가 축적되면서 생명 진화가 가속되었다.

요약하면, 다음과 같다.

자색세균 광합성: RC P870→P870*→pheophytin→cyt bc1→cyt c2→RC P870

녹색황세균 광합성: RC P840→P840*→quinone→cyt bc1→cyt c553→RC P840

P840*→Ferredoxin→Fd-NAD$^+$ reductase→NADH

시아노박테리아 광합성: RC P680→P680*→pheophytin→plastoquinonePQ$_A$→P

Q$_B$→cyt b$_6$f→plastocyanine PC→P700→P700*→A$_0$→phylloquinone A$_1$→Fe-

S→Ferredoxin Fd→Fd-NADP$^+$ oxyreductase→NADP$^+$→NADPH, 물 분자 분해 Mn 복

합체 OEC, oxygen evolving complex가 RC P680 복합체와 연결되어 물 분해

그림 3-5 생명 진화 초기 세포의 에너지 생성 과정에서, 원시단백질 효소 작용으로 수소 분자가 2개의 양성자와 2개의 전자로 분해된다. 전자는 물을 황화수소로 환원시키며, 양성자는 원시 ATP 합성효소를 작동시킨다.
출처: 프레스콧 지음, 김영민 옮김, 《미생물학》, 라이프사이언스

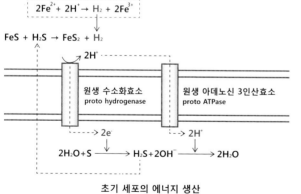

초기 세포의 에너지 생산

$2Fe^{2+} + 2H^+ \rightarrow H_2 + 2Fe^{3+}$

$FeS + H_2S \rightarrow FeS_2 + H_2$

$2H^+$

원생 수소화효소
proto hydrogenase

원생 아데노신 3인산효소
proto ATPase

$2e^-$

$2H^+$

$2H_2O+S \rightarrow H_2S+2OH^-$

$2H_2O$

$2CH_2O \rightarrow CH_4 + CO_2$ -58 KJ/CH$_2$O mol

$2CH_2O + SO_4^{2-} \rightarrow H_2S + 2HCO_3^-$ -77 KJ

$2CH_2O + NO_3^{2-} + 2H^+ \rightarrow 2CO_2 + NH_4^+ + H_2O$ -82 KJ

$2Fe(OH)_3 + 3H_2S \rightarrow 2FeS + S + 6H_2O$

$2FeS_2 + 7O_2 + 2H_2O \rightarrow 2Fe^+ + 4SO_4^{2-} + 4H^+$
$\rightarrow 2FeSO_4 + 2H_2SO_4$

$CH_2O + O_2 \rightarrow CO_2 + H_2O$ -475 KJ/CH$_2$O mol

$6CO_2 + 12H_2S \xrightarrow{hv} 6CH_2O + 6H_2O + 12S$
녹색황세균 sulfur bacteria

$6CO_2 + 6H_2O \xrightarrow{hv} 6CH_2O + 6O_2$
남세균 cyanobacteria

혐기성 박테리아는 무산소 호흡으로 에너지를 얻는다

지구 45억 년의 역사는 대기 중 산소 분자의 출현 이전과 이후로 구분된다. 대기 중 분자 상태의 산소가 축적되면서 행성 지구의 표면은 급격히 산화된다. 광물에 산소가 결합되면서 20억 년 후에는 광물의 종류가 3,000가지 이상으로 급증한다. 새로운 광물이 대규모로 출현하면서 광물에 의해 토양의 생태 환경이 다양해졌다. 지구 대기의 조성이 이산화탄소에서 산소로 전환되면서 생물은 호흡을 통해 흡입된 산소를 이용하여 세포 속 미토콘드리아에서 ATP 분자를 많이 생산했다. 다세포 동물은 산소 호흡을 하지만, 박테리아는 무산소 호흡을 한다. 생명의 40억 년 역사에서 대기 중에 산소가 출현한 시기는 지금으로부터 대략 20억 년 전이다. 산소가 없는 환경에서는 지금도 혐기성 박테리아가 무산소 호흡으로 에너지를 얻고 있다. 메탄 생성 고세균은 유기물 CH_2O를 메탄과 이산화탄소로 분해하면서 에너지를 획득한다. 탄소화합물을 유기물이라 하며, 간단한 화학식은 CH_2O이다. 이 분자를 6배 하면 $C_6H_{12}O_6$로 포도당 분자가 된다. 유기물의 분해 과정을 호흡이라 하는데, 모든 생명체는 유기물 분해 과정에서 에너지를 획득한다. 황산염환원세균은 유기물 분해 과정에서 나오는 전자를 황산염에 전달하여 황산염을 황화수소로 환원하는 과정에서 생기는 에너지를 이용한다. 질산염과 황화수소도 전자 수용체로 이용된다. 미토콘드리아의 기원이 된 호기성 박테리아는 산소를 이용하여 호흡한다. 유기물인 탄수화물을 분해하는 과정에서 생기는 전자를 전달받은 물질은 환원된다. 산소 한 분자가 전자 4개와 양성자 4개를 받아서 물 분자 2개로 환원하는 과정이 동물의 호흡이다. 동물의 호흡은 미토콘드리아 내막에 삽입된 호흡효소 단백질 시스템을 통하여 전자가 이동하는 과정이다. 시토크롬 산화효소에서 철과 구리이온과 결합한 산소 분자에 전자가 전달되어 산소가 물로 환원된다.

시아노박테리아가 물을 분해하는 광합성을 하기 이전, 지구에 기체 상태의 산소는 거의 없었다. 30억 년 이전에도 박테리아들이 황화수소를 이용한 광합성으로 포도당을 만들었다. 생물이 에너지를 얻는 방식은 물질에서 전자를 획득하는 환원 과정이 일반적이다. 전자를 제공할 수 있는 물질이면 에너지원으로 사용할 수 있다. 메탄을 생성하는 고세균은 포도당을 메탄가스와 이산화탄소로 분해하면서 에너지를 얻는다. 황산염환원세균은 포도당에서 전자를 탈취해서 황산염에 전달하여 황산염을 황화수소로 환원하면서 에너지를 획득한다. 질산균은 포도당에서 전자를 탈취해서 질산염에 전달하여 질산염을 암모니아로 환원하면서 에너지를 획득한다. 전자를 잃어버린 포도당은 산화되어 분해된다. 수산화철과 황화수소가 반응하면 자황철(FeS)과 황 원자가 생성된다. 황화철(FeS_2)이 물과 산소를 만나면 2가철 이온(Fe^{2+})과 황산염, 수소 양이온(H^+)이 생성된다. 시아노박테리아는 포도당을 산화하고 산소를 물로 환원하여 에너지를 얻는다.

호흡은 생물이 에너지를 얻는 과정이다. 유기물인 포도당이 분해되어 전자와 수소가 다른 물질로 이동하여 포도당이 산화된다. 산화와 환원은 연결되어 일어나는 짝 반응으로 한 물질이 산화되면 함께 작용하는 다른 물질은 환원된다. 산화는 분자에서 전자와 수소 원자핵인 양성자가 빠져나가는 과정이고, 환원은 양성자와 전자가 다른 분자에 결합하는 과정이다. 생명 현상은 산화와 환원 반응에서 에너지를 획득하는 유기 분자들의 상호작용이다. 황산염 분자가 포도당에서 전자와 양성자를 획득하여 황화수소로 환원되고 질산염 분자는 포도당에서 전자와 양성자를 획득하여 암모니아 분자가 된다. 황산염환원세균은 호흡 작용으로 황산염 분자를 환원하여 황화수소를 생성한다. 황 원자와 철 이온이 결합하여 황화철 광물이 된다.

박테리아의 작용으로 질산염 분자에서 암모니아가 생성되는데, 암모니아의 질소 원자는 DNA와 아미노산의 분자에 질소를 공급한다. 결국 생명 현상은 산화와 환원의 짝반응이다. 그리고 물 분해형 광합성도 산화와 환원 반응의 한 가지 사례이다. 산화와 환원 반응은 전자의 전달 과정이며, 전자를 내보내면 산화되고 전자를 얻으면 환원된다. 획득한 전자를 공유결합전자로 사용하여 수소 원자를 결합시키면 그 분자는 환원된다. 생명 현상은 C, H, N, O, P, S 원자들이 분자를 형성하는 과정에서 전자를 방출하고 획득하는 산화와 환원 작용이다. 산화와 환원 과정에서 생성된 자유전자를 이동하는 물질이 단백질 혹은 전자전달분자이다. 결국 생명은 산화-환원 반응을 통한 조절된 전자 이동 현상이다. 박테리아는 아래와 같은 산화 반응을 통해 에너지를 획득한다.

$$2CH_2O \rightarrow CH_4 + CO_2$$

$$2CH_2O + SO_4^{2-} \rightarrow H_2S + 2HCO_3^-$$

$$5CH_2O + 4NO_3^- \rightarrow 2N_2 + 4HCO_3^- + CO_2 + 3H_2O$$

$$2Fe(OH)_3 + 3H_2S \rightarrow 2FeS + S + 6H_2O$$

$$2FeS_2 + 7O_2 + H_2O \rightarrow 2Fe^{2+} + 4SO_4^{2-} + 4H^+ \rightarrow 2Fe_2SO_4 + 2H_2SO_4$$

$$CH_2O + O_2 \rightarrow CO_2 + H_2O$$

그림 3-6 광합성 과정의 전자전달 단백질 시스템과 양성자 농도차에 의한 다양한 생화학 작용을 요약한 그림. 전자의 제어된 이동 과정에서 생성된 양성자 농도 차이가 다양한 생체 에너지원이 된다. ATP 분자의 합성 과정도 결국 전자의 이동에 동반한 양성자의 이동 결과이다.

아래 그림 출처: J. M. Berg, J. L. Tymoczko, L. Stryer, 《Stryer 생화학》, E-PUBLIC, 535.

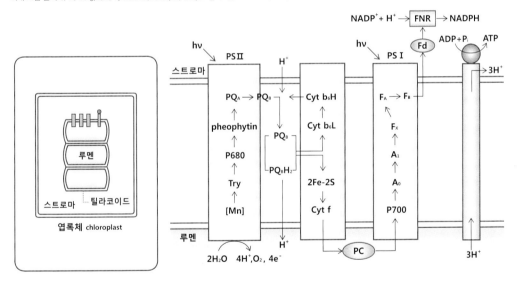

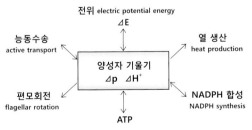

물과 이산화탄소 그리고 수소만으로 생명은 가능하다

박테리아의 노래는 "물과 이산화탄소 그리고 수소만 있다면 나는 살아가리"라는 후렴구로 반복된다. 시아노박테리아는 약 35억 년 전 최초로 태양의 빛에너지를 이용하여 물 분자를 분해하는 능력을 획득했고, 지구 대기에는 산소가 축적되기 시작했다. 지구 초기부터 20억 년까지 대기는 이산화탄소로 가득했으나 20억 년 이후 산소 분자가 출현함으로써 지구의 대기와 대양과 대륙이 달라지기 시작했다. 물 분해형 광합성 과정에서 물에서 분리된 산소 분자는 원시 대양에 녹아 있던 철 이온(Fe^{2+})과 결합하여 산화철(Fe_2O_3)이 되어 바다 밑에 녹슨 철광층을 형성하였다. 바다의 철 원자는 모두 산화철로 산화하여 호상철광층을 형성하였다.

광합성으로 계속 생겨나는 산소 분자는 약 20억 년 이후부터는 대기 중에 축적되기 시작했다. 원자들의 공유결합으로 생성되는 분자는 전기가 중성이다. 산소 원자는 전기량이 −2가이고 산화철을 만드는 철은 +3가로 작용하므로, 산소 원자 3개의 −6가와 철 원자 2개의 +6가가 서로 중화되어 산화철(Fe_2O_3) 분자가 생성된다. 철이 산소와 결합하는 산화 과정은 지구 표층의 암석이 산화되어 토양이 생성되는 핵심 작용이다. 철이 산화되는 과정은 다음과 같다. 2가의 철이 산화되어 FeO, $Fe(OH)_2$ 분자를 만들고, 3가의 철은 산화되어 FeO(OH), $Fe(OH)_3$, Fe_2O_3 분자를 생성한다. 자철석은 2가철과 3가철의 혼합으로 $FeO(OH)+Fe_2O_3 \rightarrow Fe_3O_4$ 과정을 통해 생성된다. 토양의 가장 흔한 구성 요소는 짙은 갈색의 산화철로 괴테의 이름을 붙여 괴사이트Goethite라 한다. 대기에 노출된 대륙의 광물도 20억 년 이후부터는 대기 중 1% 정도의 산소에 산화되기 시작하여 현재 4,500종으로 늘어났다.

지구 초기 대기의 20%였던 이산화탄소가 대규모로 바다에 녹아들어 해양 무척추생물의 탄산칼슘($CaCO_3$) 외피층이 되었다가 최종적으로 해양 퇴적암인 석회암으로 바뀌었다. 순환하는 이산화탄소는 생물권의 작용으로 석회암이 되어 대륙의 일부가 된다. 물 분해형 광합성이 계속되면서 대기의 산소 농도가 상승하여 대략 10억 년 전부터 다세포 진핵생물이 출현하였다. 5억 4,000만 년 전 캄브리아기 생명의 대폭발 현상은 탄산칼슘의 외피를 두른 다세포 동물들이 다양한 해양 절지동물로 진화한 현상이다. 약 4억 7,000만 년 전 해양 녹조류의 일부가 대륙으로 진출하여 녹색식물의 기원이 되었다. 식물은 건조한 대륙에서 중력에 저항하면서 관다발이라는 수직의 물기둥을 만들었다. 4억 년 이전의 이끼 식물들은 물관과 체관을 체계적으로 형성하지 못했다. 초기 양치식물에서부터 체계화된 관다발이 출현함으로써 식물은 잎까지 물을 이동시킬 수 있게 되었다.

뿌리에서 잎까지 물의 수송이 가능해지면서 나자식물과 피자식물의 거대한 숲이 대륙 내부까지 확산되었다. 식물의 잎을 구성하는 각 세포에는 1~100개 정도의 엽록체가 존재한다. 그리고 엽록체는 지구에서 물 분해형 광합성을 출현시킨 시아노박테리아에서 진화한 세포내소기관이다. 엽록체의 선조가 바로 시아노박테리아다. 시아노박테리아가 물 분해형 광합성을 하게 되면서 대기 중에 산소가 출현했으며, 농축된 대기 중의 산소 분자와 물 분자 사이의 생화학적 산화-환원 반응으로 지구 표층은 1,000만 종의 생명으로 가득 차게 되었다. 다시 한 번 박테리아의 노래를 들어보자. "물과 이산화탄소 그리고 수소만 있다면 나는 살아가리"라는 노랫말처럼 독립된 단세포가 이룩한 놀라운 생화학 능력을 바탕으로 지구 표층의 생명권이 형성되었다. 대기와 대양과 대륙의 순환 과정과 생물 현상이 만나는 출발점은 시아노박테리아라는 단세포 원핵생명체가 이룩한, 물 분자를 분해하는 능력에서 시작된다.

물 분해형 광합성은 파장 680nm의 태양 빛이 엽록체의 틸라코이드막에 삽입된 광시스템 II라는 단백질 복합체에 흡수되면서 시작된다. 광시스템 II의 말단에는 핵심부에 망간 원자 4개로 구성된 산소형성복합체oxygen evolving complex(OEC)의 분자 구조가 있다. 직육면체의 8개 꼭짓점에 산소 원자(O) 4개, 망간 원자(Mn^{3+}, Mn^{4+}) 3개, 칼슘 원자(Ca^{2+}) 1개가 존재한다. Mn^{2+}, Mn^+는 곁가지로 존재한다. 콕Kok 모델에 의하면 4개의 빛 알갱이에 의해 2개의 물 분자가 분해되는 과정에서, 4개의 양성자와 4개의 전자가 분리된다. 이 과정에서 빛에너지를 흡수하여 고에너지의 자유전자가 된 4개의 전자는 엽록체의 색소 분자 P680으로 이동한다. 빛에 의한 물 분해 과정과 별도로 빛에너지가 엽록체 색소에 흡수되어 P680 분자에서 자유전자를 생성한다. 따라서 엽록체에는 전자가 빠져나간 자리가 생기는데, 이 구멍에 물 분자 분해에서 생성된 자유전자가 들어가게 된다.

엽록체에서 빛에 의해 전자가 계속해서 빠져나간 자리에는 물 분해 과정에서 생긴 고에너지 자유전자가 유입되어 물 분해 과정과 엽록체에서 빛이 흡수되는 과정이 상호 연동되어 작동한다. P680에서 빠져나온 전자는 Pheo→PQ_A→PQ_B→PQH_2 분자로 이동하며, PQH_2→PQ로 산화되는 과정에 2개의 전자와 2개의 양성자로 분리된다. 양성자는 틸라코이드 내강lumen으로 이동하고, 전자는 단백질 복합체 cyt b_6f로 들어가서 2Fe-2S→cyt f→PC로 순차적으로 이동한다. 퀴논 분자와 플라스토시아닌은 cyt b_6f에서 광시스템 I로 전자를 전달한다. 광시스템 II에서 플라스토시아닌까지 이동하면서 680nm 파장이 빛을 흡수하여 고에너지가 된 전자는 전달 과정을 거치며 에너지가 낮아진다. 이 에너지가 고갈된 전자는 광시스템 I의 엽록체 색소 분자 P700에서 또 한 번 빛에너지를 흡수하여 흥분된 고에너지 전자가 된다. 700nm의 빛에너지를 흡수한 전자는 A_0→A_1→Fx→Fd 분자로 계속 전달된다. 페레독신 분자는 고에너지 전자를 페레독신-NADP 환원효소로 전달하여 $NADP^+$ 분자를 NADPH 분자로 환원시킨다. 즉 태양 에너지를 흡수한 고에너지 전자의 마지막 종착지는 $NADP^+ + H^+ + 2e$→NADPH의 환원 과정으로 생성된 NADPH 분자 속 공유결합이다. 그리고 틸라코이드막 내강으로 모여든 양성자가 ATP 합성효소를 통해 스트로마 영역으로 이동하면서 ATP 합성효소에 의해 ATP 분자가 만들어진다. ATP 분자의 합성 과정도 결국 전자의 이동에 동반한 양성자의 이동 결과이다. 전자의 제어된 이동 과정에서 생성된 양성자 농도의 차이가 다양한 생명 현상의 에너지원이 된다.

그림 3-7 광합성의 물 분해 과정에서 전자가 생성된다. 엽록체 틸라코이드막에 삽입된 전자전달 단백질 시스템에 의한 광합성 명반응 과정으로 ATP와 NADPH 분자가 합성된다.

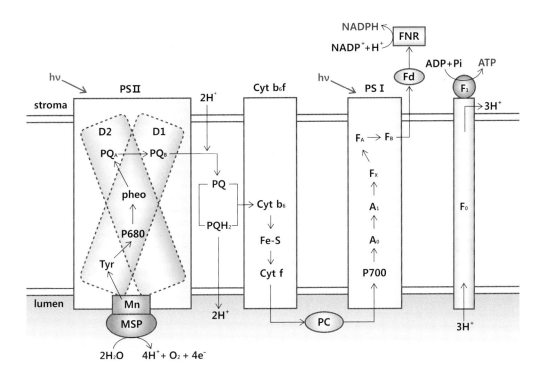

그림 3-8 엽록체 틸라코이드막에 삽입된 전자전달 단백질에 의한 물 분해형 광합성 명반응과 스트로마에서 일어나는 광합성 탄소고정반응 과정인 캘빈 회로의 분자 변환 과정이다. 캘빈 회로의 최종 산물은 글루코스6인산 분자이다.

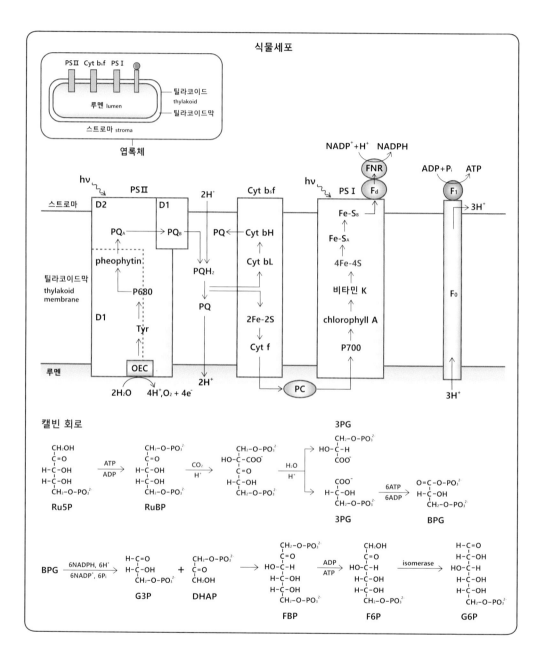

그림 3-9 NADH와 NADPH 분자 구조와 퀴논의 분자 변환 과정으로, NAD$^+$+H$^+$+2e→NADH+H$^+$와 Q+2e+2H$^+$→QH$_2$로 표현된다. 이 과정은 양방향으로 진행되는 전자와 양성자의 이동에 의한 산화 환원 반응이다.

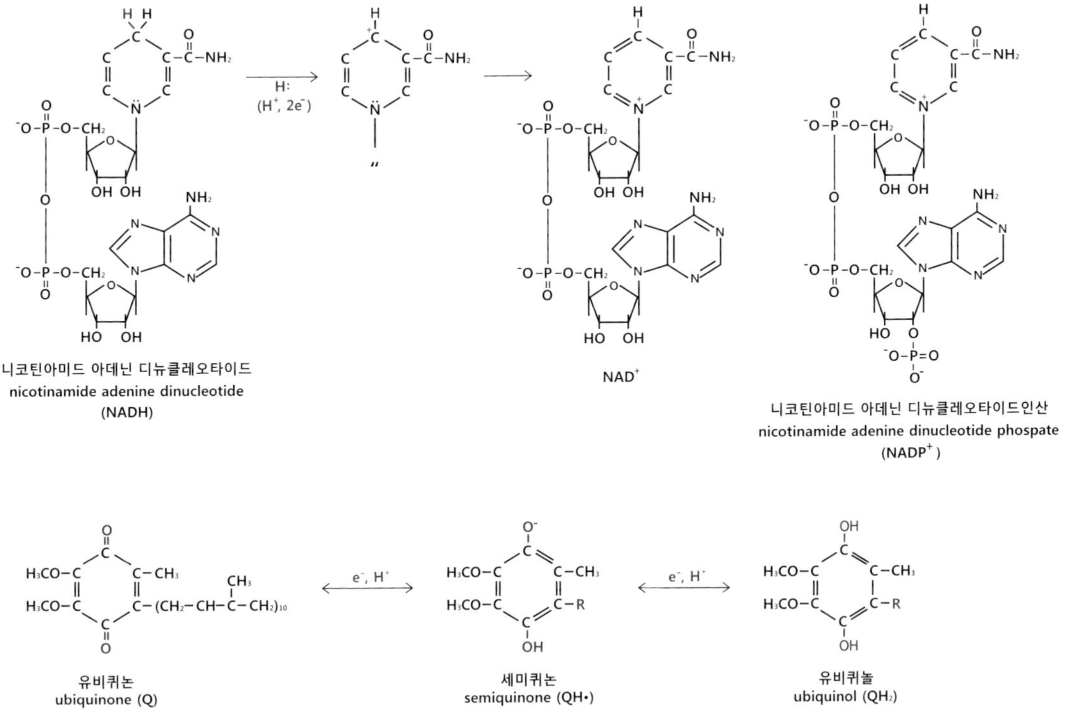

니코틴아미드 아데닌 디뉴클레오타이드
nicotinamide adenine dinucleotide
(NADH)

NAD$^+$

니코틴아미드 아데닌 디뉴클레오타이드인산
nicotinamide adenine dinucleotide phospate
(NADP$^+$)

유비퀴논
ubiquinone (Q)

세미퀴논
semiquinone (QH•)

유비퀴놀
ubiquinol (QH$_2$)

광합성과 TCA 회로에 익숙해지면 글루코스가 보이기 시작한다

식물 광합성은 시아노박테리아에서 시작된 물 분해형 광합성이다. 식물 광합성은 명반응과 이산화탄소 고정 반응이 상호 연계되어 작동한다. 명반응은 빛으로 물 분자를 분해할 때 생기는 자유전자를 식물 엽록체의 틸라코이드막에 삽입된 전자전달 시스템으로 전달한다. 틸라코이드막에 삽입된 전자전달 시스템은 광시스템 II→시토크롬 b$_6$f 단백질 복합체→광시스템 I→Fd:NADP$^+$환원효소→NADPH의 전달 과정으로 구성된다. 이러한 전자전달 과정에서 엽록체 틸라코이드막의 내강에 양성자 농도가 기질인 스트로마 영역에 비해 1,000배나 높아질 수 있다. 틸라코이드막의 두께는 5nm이며, 막 양 측면에 최대 150mV의 전압이 가해진 상태여서 틸라코이드막은 대략 150mV/5nm로 계산하면 3만 볼트의 전압이 1mm의 두께에 가해지는 엄청난 전압차를 가진다. 틸라코이드 내강의 양성자들이 엽록체 스트로마로 확산하는 과정에서 틸라코이드막에 삽입된 ATP 합성효소는 양성자의 확산 흐름을 이용하여 분당 50~100회로 회전한다. ATP 합성효소의 회전 과정에서 ADP 분자와 인산이 결합하여 ATP 분자를 만든다. 광합성 명반응에서 전자전달 시스템을 이동하던 전자들은 Fd-NADP$^+$ 환원 효소에 의해 NAD$^+$ 분자에 전달된다. NADP$^+$ 분자로 전달된 전자 2개는 NADP$^+$+H$^+$+2e→NADPH 반응으로 양성자와 공유결합하는 결합전자로 사용되어 NADPH 분자 속으로 들어간다.

광합성 명반응의 최종 생성물은 ATP 분자와 NADPH 분자이다. NAD$^+$ 분자는 니코틴아미드 아데닌 디뉴클레오타이드nicotinamide adenine dinucleotide의 약자이며, NAD$^+$+H$^+$+2e→NADH로 환원된다. NADP$^+$는 니코틴아미드 아데닌 디뉴클레오타이드인산nicotinamide adenine dinucleotide phosphate의 약자인데, P는 인산기를 나타내며 NADP$^+$+H$^+$+2e→NADPH로 환원된다. 태양의 빛에너지를 흡수하여 흥분된 전자는 NADPH 분자의 6각형 고리에 존재하는 수소와 탄소 사이의 공유결합 전자가 된다. 물에서 분해된 양성자와 명반응 과정에서 전자의 이동에 동반하는 양성자의 이동으로, 틸라코이드막의 내강은 고농도의 양성자가 축적되어 스트로마 영역과 양성자 농도차가 증가한다. 틸라코이드막 내부에 증가된 양성자는 스트로마로 ATP 합성효소를 통해 이동하며, 이 과정에서 ATP 합성효소가 회전하면서 ATP 분자가 생겨난다.

엽록체의 이산화탄소 동화 과정에서는 광합성 명반응 결과로 생성된 ATP와 NADPH 분자를 사용하여 이산화탄소를 포도당으로 전환한다. 엽록체가 없는 동물은 식물의 광합성 결과물인 포도당을 먹이로 섭취한다. 동물 세포의 세포질에서는 해당 과정에서 6탄당인 포도당이 분해되어 3탄당인 피루브산 2분자가 된다. 피루브산 분자는 미토콘드리아 내막 안의 기질에서 탄소 2개인 아세틸-CoA 분자로 전환되어 4탄당인 옥살로아세트산oxaloacetic acid과 결합하여 6탄당인 시트르산 분자가 되어 TCA 회로로 들어간다. 시트르산은 아이소머라아제

그림 3-10 핵과 미토콘드리아의 유전자 발현 덕에 DNA 전사로 생성된 mRNA, rRNA, tRNA 분자들이 세포질에서 리보솜 작용으로 아미노산을 연결하여 단백질을 합성한다. 세포질에서 생성된 단백질은 미토콘드리아의 DNA에 의해 생성된 단백질과 결합하여 미토콘드리아 내막에 삽입된 전자전달 단백질인 호흡효소를 합성한다.

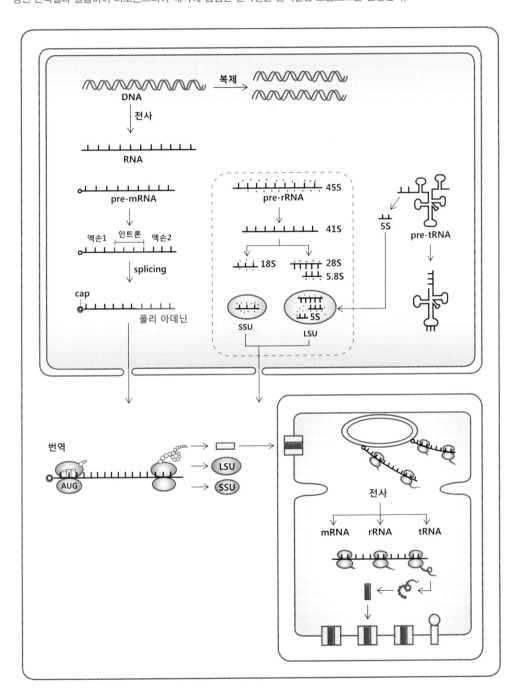

그림 3-11 미토콘드리아의 내막에 삽입된 전자전달 단백질은 NADH 탈수소효소(ı), 시토크롬 Bc1(ııı), 시토크롬 산화효소(ıv)이며, 전자전달 효소(ıı)는 석신산을 푸마르산으로 환원하는 효소이며, 효소(v)는 ATP 합성효소이다.

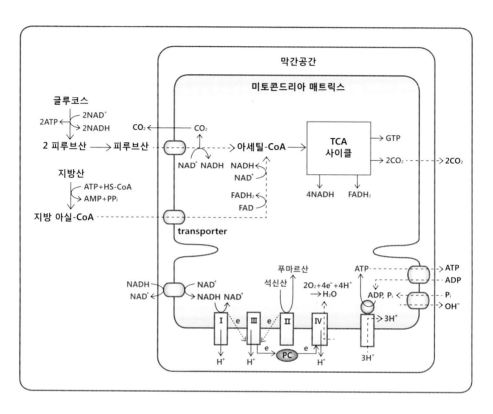

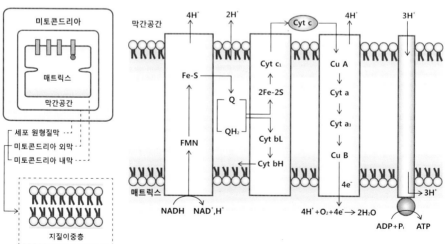

그림 3-12 미토콘드리아 내막에 삽입된 전자전달 호흡효소 속에 존재하는 철–황 복합체 단백질의 구조. 철–황 복합체는 엽록체 틸라코이드막에 삽입된 전자전달 단백질에서도 존재하며, 생명 진화 초기부터 광합성과 호흡의 전자전달에 핵심적인 역할을 했다.

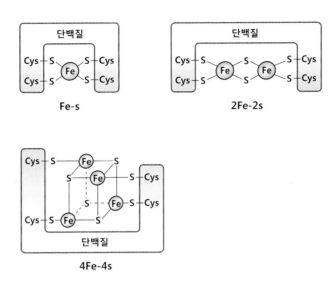

그림 3-13 활성산소 생성 과정의 분자 변환. 미토콘드리아 호흡 작용에서 일부 활성산소가 생성되며, 방사선이 물 분자를 분해하는 과정에서 발생하는 하이드록실라디칼은 방사선 피해의 주요 원인이다. 세균을 죽이는 펜톤 반응에서도 하이드록실라디칼이 생성된다.

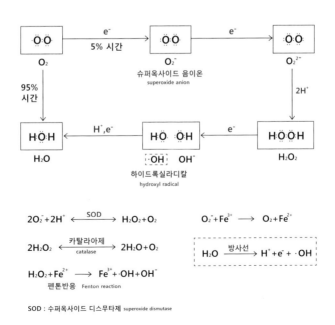

isomerase(이성질화효소)의 작용으로 아이소시트르산isocitrate으로 전환된다. 아이소시트르산에서 이산화탄소 분자 1개가 빠져나오며 이 과정에 2개의 전자와 2개의 양성자가 분리되어 전자 2개와 양성자 1개가 NAD^+ 분자로 전달되어 NADH 분자를 생성한다. 나머지 1개의 양성자는 자유 양성자로서, 미토콘드리아 기질로 확산된다. 이 과정에서 6탄당 아이소시트르산에서 5탄당 알파케토글루타르산이 되는데, 이때 이산화탄소 분자 1개가 빠져나가고 NADH 분자 1개가 생성된다. 알파케토글루타르산에서 석시닐조효소Asuccinyl-coenzyme A(석시닐-CoA)로 전환되는 과정에서도 이산화탄소 분자 1개가 빠져나가고, NAD^+가 NADH로 환원되고 1개의 양성자가 자유롭게 된다.

알파케토글루타르산이 석시닐-CoA로 변하는 과정에서 이산화탄소가 탈락한 자리에 HS-CoA 분자가 삽입된다. 석시닐-CoA 분자에서 HS-CoA 분자가 빠져나가고, 인산(P_i)과 구아노신2인산guanosine diphosphate(GDP) 분자 1개가 입력되어 석신산succinic acid이 된다. 석신산은 FAD→$FADH_2$ 작용으로 푸마르산fumaric acid이 된다. 푸마르산은 물 분자 1개와 결합하여 말산malic acid이 되며, 말산은 $NAD^+ + H^+ + 2e$→NADH 작용으로 옥살로아세트산이 되어 TCA 회로가 완성된다. 식물 광합성의 상세 과정은 반복해서 기억해야 한다. 광합성 명반응에서 생성되는 ATP, NADPH 분자는 광합성 탄소고정반응인 캘빈 회로로 공급되어 글루코스 분자를 만든다. 글루코스는 핵산, 아미노산, 지질 생성과 관련된다. 광합성과 호흡은 함께 공부해야 효과적이며, 광합성의 캘빈 회로와 해당 작용, 5탄당인산 회로, TCA 회로는 상호 연관된다. 광합성과 호흡 과정의 분자 변환에 익숙해지면 생명 현상이 보이기 시작한다.

미토콘드리아의 활성산소가 DNA를 손상시킨다

세포질의 해당 작용으로 6탄당인 포도당이 3탄당인 피루브산으로 분해되어 미토콘드리아 안으로 유입된다. 미토콘드리아 내막 안의 영역을 기질matrix이라 하며, 기질에서 피루브산과 지방산이 효소의 작용으로 피루브산→아세틸-CoA→시트르산→아이소시트르산→알파케토글루타르산→석시닐-CoA→석신산→푸마르산→말산→옥살로아세트산→시트르산으로 트리카르복실산tricarboxylic acid 순환회로(TCA 회로)를 돌게 된다. 생화학적 변환 과정을 이 책에서는 '→'로 표현하는데, '→' 표시마다 효소가 작용한다. 그래서 생명 현상은 생체 촉매인 효소의 작용이다. 미토콘드리아 기질에서 포도당과 지방산을 다양한 분자로 변화시키는 이러한 과정은 TCA 회로, 구연산 회로, 크렙스 회로Krebs cycle라는 3가지 다른 이름으로 불린다. 해당 과정에 있는 포도당 분자 1개에서 NADH 분자 2개가 생성되고, TCA 회로에서 NADH 분자 8개가 생성된다. 전자를 획득하여 환원되는 NAD^+ 분자가 전자 2개와 양성자 1개를 획득하여 NADH 분자로 환원된다. $NAD^+ + H^+ + 2e \rightarrow NADH$ 환원 과정에 참여한 2개의 전자는 식물 광합성 과정에서 물 분자가 분해되면서 생성된 고에너지의 자유전자이다.

NADPH와 ATP 분자는 광합성 명반응 과정의 결과물이며, NADH 분자는 TCA 회로에서 생성되는 분자이다. NADH 분자에서 분리된 2개의 전자를 미토콘드리아 내막에 삽입된 호흡효소가 전달하는 작용을 하므로 호흡효소를 전자전달 시스템eletron transfer system이라 한다. 미토콘드리아의 전자전달 시스템은 4개의 단백질 복합체인 NADH 탈수소효소, 석신산 환원효소, 시토크롬 b_cf, 시토크롬 c 산화효소로 구성된다. 이 4개의 호흡효소를 단백질 복합체 I, II, III, IV로 표기한다. TCA 회로의 생성 분자 NADH는 NADH 탈수소효소의 작용 $NADH \rightarrow NAD^+ + H^+ + 2e$으로 산화되어 공유결합 전자 2개가 분리되고, 그 결과 수소 원자핵인 양성자(H^+)가 분리된다. 자유전자가 된 2개의 전자는 탈수소효소 복합체 내부의 플라빈1인산뉴클레오타이드flavin mono nucleotide(FMN) 분자로 전달되며, FMN 분자에서 철-황 단백질인 Fe-S로 전달된다. Fe-S로 전달된 전자는 단백질 복합체인 Cyt b_6f C로 전달되는데, 이 과정에서 전자 2개를 실어나르는 역할은 전자전달 분자인 퀴논(Q)이 담당한다. 퀴논 분자에 전자 2개와 양성자 2개가 결합하면 QH_2 분자가 되며, QH_2는 Cyt b_6f C에 도달하여 전자 2개를 1개씩 분리하여 다시 퀴논 분자 Q가 된다. 분리된 2개의 전자는 각각 Cyt b_6f C 단백질로 이동하는데, 하나의 전자는 흡수 파장이 566nm인 시토크롬 B_{6L}으로 전달되었다가 다시 흡수 파장이 562nm인 시토크롬 B_{6H}으로 전달된다. 시토크롬 B_{6H}에서 전자는 다시 퀴논 분자로 전달된다. 퀴논 분자는 미토콘드리아 내막의 인지질 이중막 내부에 많이 존재하여 퀴논 집합소라 한다. Cyt b_6f C에 도달한 다른 하나의 전자는 리에스케Rieske라는 2Fe-2S 단백질 복합체로 전달되며, 이 철황 복합체에서 시토크롬 c1으로 전달된다. 시토크롬 c1에서 전자전달 단백질은 시토크롬 c로 전달된다. 시토크롬 c로 전달된 전자는 시토크롬 c 산화효소 복합체로 전달되어 CuA→시토크롬 a→시토크롬 a3→CuB로 전달된다.

시토크롬은 미토콘드리아 내막에 삽입된 전자전달 단백질로, 세포cyto 속의 염색chrome되는 단백질이라는 의미를 가지고 있다. 시토크롬은 전자를 한 번에 1개씩 전달하는 전자전달 단백질이며, 빛 흡수 파장에 따라 시토크롬 a, b, c로 구분된다. 전자가 전달되기 전 상태에서 시토크롬 a3의 철은 Fe^{3+}이며 구리는 Cu^{2+}로 산화된 상태이다. 시토크롬 c로부터 2개의 전자가 차례로 전달되면, 시토크롬 a3의 철은 Fe^{2+}이며 CuB 구리는 Cu^{1+}로 환원된다. 이 상태에서 세포의 호흡 작용으로 미토콘드리아 기질로 산소 분자가 입력되면, O_2, Fe^{2+}, Cu^{1+} 가 서로 공유결합을 형성한다. 공유결합을 위해 각각의 원자에서 1개씩 전자를 내놓기 때문에 철과 구리는 다시 Fe^{3+}와 Cu^{2+}로 산화된다. 그 결과 Fe^{3+}-O-O-Cu^{2+} 형태의 공유결합이 형성된다. 이 상태에서 다시 시토크롬 c가 전자 2개를 전달하고 동시에 수소 양이온 2개가 유입되면 산소와 산소 사이의 공유결합이 산소와 수소의 공유결합으로 치환되어 Fe^{3+}-O-H 와 H-O-Cu^{2+}로 분리된다. 이 단계에서 미토콘드리아 기질에서 2개의 수소 양이온이 Fe^{3+}-O-H와 H-O-Cu^{2+}로 유입되면 Fe^{3+}-O-H→Fe^{3+}와 H-O-H로 되고, Cu^{2+}-O-H→Cu^{2+}와 H-O-H

로 된다. 즉 물(H-O-H) 분자 2개가 생성되고 금속이온은 원래의 Fe^{3+}와 Cu^{2+} 상태로 돌아간다.

미토콘드리아 내막에 삽입된 호흡단백질 복합체 IV는 전자전달 단백질인 시토크롬 c에서 전자 1개를 전달받는다. 그 결과 시토크롬 c는 전자를 잃어서 산화되고, 단백질 복합체 IV는 전자를 받아서 환원되지만 시토크롬 c를 산화시켰기 때문에 시토크롬 c 산화효소라 한다. 시토크롬 c 산화효소 작용의 핵심은 시토크롬 c가 전달해준 4개의 전자를 공유결합 전자로 사용하여 수소 양이온 4개와 산소 분자 1개를 물 분자 1개로 전환하는 $4H^+ + 2e + O_2 \rightarrow 2H_2O$ 과정이다. 즉 미토콘드리아 내막의 호흡 작용은 NADH가 분해될 때 빠져나오는 전자를 차례로 산소 분자 1개에 전달하여 산소 분자를 물 분자로 환원시킨다. 호흡에서 유입된 산소 분자는 전자와 결합하는 힘이 강하다. 호흡 과정의 95%는 $4H^+ + 2e + O_2 \rightarrow 2H_2O$ 반응이지만 호흡 과정의 5% 정도는 산소 분자가 물로 곧장 바뀌지 않는 생명에 해로운 활성산소 문제를 일으킨다.

호흡을 통해 미토콘드리아 기질로 유입된 산소 분자와 전자 1개가 결합하면, 활성산소종인 슈퍼옥사이드라디칼superoxide radical(O_2^-)이 된다. 라디칼은 공유결합에 참여하지 않은 홀로된 전자가 있는 분자이다. 슈퍼옥사이드라디칼은 단백질, 지질, DNA를 손상시키는 활성산소 분자이다. 슈퍼옥사이드라디칼은 전자 1개를 3가철(Fe^{3+})에 전달하여 $Fe^{3+} \rightarrow Fe^{2+}$로 철을 환원시킨다. 그런데 2가철($Fe^{2+}$)은 물에 녹는다. 2가철이 물에 용해되는 현상이 중요하다. 왜냐하면 세포의 70%는 물이며, 환원된 2가철은 물을 통해 확산되어 음의 전기를 갖는 DNA에 작용할 수 있기 때문이다. 환원된 2가철은 DNA에서 전자를 탈취하고, 그 결과 DNA는 손상된다. 그리고 $O_2^- + Fe^{3+} \rightarrow O_2 + Fe^{2+}$ 반응의 결과 생성된 2가철이 과산화수소(H_2O_2)를 만나서 생성되는 활성산소종이 세포를 파괴한다. 이 과정이 $Fe^{2+} + H_2O_2 \rightarrow \cdot OH + OH^- + Fe^{3+}$로, 폐수 속 세균을 살균하는 펜톤반응Fenton reaction이다.

펜톤반응으로 생성된 $\cdot OH$를 하이드록실라디칼hydroxyl radical이라 하는데, 가장 유독한 물질이다. 방사선이 생물에게 치명적인 이유는 방사선 조사로 물 분자가

그림 3-14 활성산소의 종류별로 최외각전자를 점으로 표시했다. 하이드록실라디칼은 수산화라디칼이라고도 하는데, 다른 분자에서 전자와 양성자를 획득하여 물로 환원되는 과정에서 전자를 빼앗긴 분자는 분해된다. 하이드록실라디칼이 DNA에서 전자를 획득하면 DNA가 손상된다.

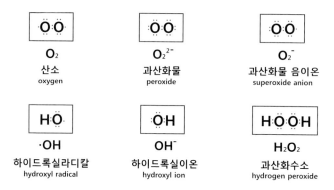

분해되는 $H_2O \rightarrow H^+ + e^- + \cdot OH$ 반응에서 생성되는 하이드록실라디칼 때문이다. 이러한 일련의 활성산소 작용을 출발점에서 다시 보면 먼저 슈퍼옥사이드라디칼이 생기고, 이 활성산소는 전자를 3가철로 전달해서 2가철이 생성되어 물에 녹아 확산된다. 물에 녹은 2가철이 과산화수소를 만나서 전자를 전달하면, 맹독성 하이드록실라디칼이 펜톤반응으로 생성되어 세포의 DNA와 지질을 손상시킨다. 물에 녹지 않은 3가철은 포르피린 헴porphyrin heme을 포함하는 단백질에 존재한다. 전자전달 단백질인 시토크롬, 엽록소, 헤모글로빈에 포르피린 헴 구조가 있다. 헴 구조에 존재하는 철이온이 물에 녹아 빠져나오면 생명 활동은 유지되기 어렵다. 활성산소, 방사선 피해, 노화 현상도 모두 미토콘드리아와 관련된다. TCA 회로에서 생성된 NADH 분자가 분해되는 과정에서 자유전자가 생겨난다. 자유전자가 전자전달 단백질을 통해 전달되는 과정에 문제가 생기면 호흡작용의 효율이 떨어지고 활성산소가 발생하여 노화가 진행된다. 살아가는 과정은 서서히 분해되는 과정이다. 미토콘드리아 내막의 전자전달 효소를 통한 자유전자의 이동이 생명 현상의 핵심이다. 모든 길은 로마로 통하고, 생물학은 미토콘드리아 TCA 회로로 통한다.

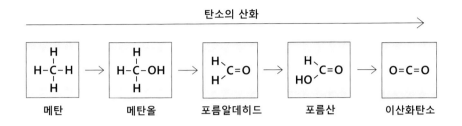

활성산소

활성산소는 산소 분자가 전자를 획득하여 시작된다. 산소 분자가 물 분자로 환원되는 과정의 중간물질이 활성산소종이다. 산소 분자에 1개의 전자가 추가되어 슈퍼옥사이드라디칼이 생성되어 활성산소 문제가 시작된다. 슈퍼옥사이드라디칼의 수명은 10^{-6}초이며 작용 영역의 범위는 10^{-8}미터다. 1마이크로초의 짧은 시간에 인접한 원자 크기 영역에서 전자를 탈취할 수 있다. 슈퍼옥사이드라디칼이 활성질소종인 일산화질소(·NO) 가스를 만나 전자를 탈취하면 일산화질소가 ONOO⁻ 분자를 생성한다. 일산화질소 가스는 1초 동안 10^{-5}미터 영역에 확산될 수 있어 슈퍼옥사이드라디칼과 만날 확률이 높다. 수명이 10^{-2}초 정도인 ONOO⁻ 분자는 10^{-5}미터 영역을 확산하여 이산화질소 가스와 탄산염 분자로 분해된다. ONOO⁻ 분자가 양성자를 획득하면 HOONO 분자가 되며 HOONO 분자에서 이산화질소라디칼이 빠져나가면 하이드록실라디칼이 된다. 하이드록실라디칼을 다른 이름으로 수산화라디칼(·OH)이라고도 한다. 슈퍼옥사이드라디칼이 전자 1개와 양성자 2개를 획득하면 과산화수소(H_2O_2) 분자가 되며 과산화수소가 전자 1개를 더 획득하면 하이드록시이온(OH⁻)과 하이드록실라디칼로 분해된다. HOONO와 과산화수소에서 생성된 하이드록실라디칼이 활성산소와 활성질소종이 일으키는 산화 현상의 주범이다. 하이드록실라디칼은 10^{-9}초의 극히 짧은 순간에 10^{-9}미터 영역에서 전자를 탈취하고 양성자를 추가하여 물로 환원된다. 인접한 거의 모든 물질에서 전자를 즉각 탈취하므로 하이드록실라디칼을 만나는 분자는 전자를 빼앗겨 그 구조가 분해된다. 하이드록실라디칼이 전자를 훔치는 현상이 세포 노화의 주범이다.

요약하면, 다음과 같다.

하이드록실라디칼이 가장 위험하다.

방사선: $H_2O \rightarrow H^+ + e^- + \cdot OH$ **방사선의 위험은 ·OH 때문이다.**

$\cdot O_2^- + Fe^{3+} \rightarrow O_2 + Fe^{2+}$

$Fe^{2+} + H_2O_2 \rightarrow \cdot OH + OH^- + Fe^{3+}$

생명 현상은 산화와 환원 과정이며 전자와 양성자의 이동이다

생물의 에너지는 산화와 환원 반응에서 생긴다. 생물학 공부에서는 산화와 환원 반응 개념을 확실히 해야 한다. 반도체공학에서 산화는 산소와 다른 원소의 결합이다. 예를 들면 실리콘의 산화는 $Si + O_2 \rightarrow SiO_2$ 과정이다. 분자에서 전자와 양성자가 빠져나가면 그 분자는 산화되고, 전자와 양성자를 획득하면 그 분자는 환원된다. 생물학에서 산화와 환원 반응은 산소보다는 수소와 전자의 관점이 더 중요하다. 유기화학에서 메탄 가스가 이산화탄소로 단계별로 바뀌는 과정은 산화와 환원 반응이다. 메탄(CH_4)에서 수소 양이온(H^+)인 양성자가 하나 빠져나오고 그 자리에 수산기 음이온(OH^-)이 결합하면 $CH_3-H \rightarrow CH_3-OH$ 메탄올이 된다. 수산기 음이온의 산소에 전자 1개가 첨가되어 탄소의 최외각 전자 1개와 함께 C-OH 공유결합을 형성하여 메탄올이 된다. 메탄에서 메탄올이 되는 과정에서 전자 1개와 수소 양이온 1개가 방출되었기 때문에 메탄은 산화되어 메탄올이 되었다. 이 과정은 반대로 메탄올이 환원되어 메탄이 되었다고 할 수 있다. 이처럼 산화와 환원은 반드시 함께 일어나는 반응이다.

메탄올의 O-H 결합에서 양성자가 빠져나가고 남은 2개의 전자가 C와 O 사이에 공유결합을 형성하여 C=O로 이중결합이 되면, 탄소 원자의 결합손이 4개이므로 1개의 결합손이 제거되어 전자 2개와 양성자 1개가 분리되어 메탄올(CH_3-OH)이 포름알데하이드(H_2C=O)가 된다. 즉 메탄올 H_3C-OH→H_2C=O+H^++$2e$ 반응이다. 메탄올은 수소 양이온과 전자 2개를 잃어서 포름알데하이드로 산화되었다. 포름알데하이드는 수소 양이온 하나를 방출하여 탄소에 남겨진 전자 1개와 새로 입력되는 수산기 음이온의 전자 1개로 공유결합손을 형성하여 포름산이 된다. 즉 H_2C=O→(H-C=O)-OH이다. 이 과정의 공유전자를 점으로 표시하면 H:(H:C::O)→(H:C::O):OH이다. 포름알데하이드가 포름산(H-(C=O)-OH)으로 산화되었다. 포름산formic acid에서 양성자 1개와 전자 2개인 수소 음이온(H-)이 제거되고 OH에서 양성자 1개가 제거되어 C-OH가 C=O의 이중결합으로 바뀌어 포름산이 이산화탄소(O=C=O)가 된다. 포름산이 전자 2개와 양성자 2개를 방출하여 이산화탄소로 산화한 것이다. 이산화탄소는 방출할 수소 양이온이 없다. 탄소 원자 1개가 산소 원자 2개와 이중결합으로 생성된 단단한 분자가 바로 이산화탄소이다. 그래서 이산화탄소는 완전히 산화된 분자이고 더 이상 산화되기 어렵다.

이산화탄소 이중결합은 쉽게 분해되지 않는다. 생화학 과정에서 전자 2개와 양성자 1개가 빠져나가면 수소 양이온과 결합손 하나가 사라진다. 이 과정은 '-H'로 표시하는데, 이때 '-'는 공유결합에 참여한 전자 2개를 나타내며, 전자 1개는 탄소 원자에서, 다른 1개는 수소 원자의 전자가 공유결합에 참여했다가 수소가 분리되면서 탄소의 전자도 함께 가지고 탈출한 현상이다. 이 경우 수소는 수소음이온(H-) 형태로 전자 2개에 양성자 1개인 수소이다. 미토콘드리아 기질의 TCA 회로에서 피루브산과 지방산을 분해하는 과정의 최종 산물은 잘 분해되지 못한 이산화탄소이다. 세포생물학에서 산화는 유기체 분자에서 수소 양이온과 전자가 빠져나가 유기물이 분해되는 과정이다. 이때 수소 이온과 전자가 함께 이동할 수도 있지만 전자만 이동하는 경우도 있다.

철 이온이 산화되는 반응은 $Fe^{2+} \rightarrow Fe^{3+}$으로 2가철은 전자 하나를 방출하여 3가철로 산화된다. 이 경우 산화는 수소 양이온과 관련없는 전자방출에 의한 산화 반응이다. 세포질 내에서 수소 원자는 일부가 수소 양이온인 H^+ 형태로 존재한다. 수소 원자(H)는 전자 1개와 양성자 1개로 형성되는데, 이때 수소 원자의 전자가 13.6eV의 에너지를 얻으면 양성자의 전기적 구속력에서 자유롭게 되어 자유전자가 된다. 전자를 잃어버린 수소 원자는 핵인 양성자만 남게 된다. 그래서 수소 원자의 핵인 양성자가 바로 수소 양이온이 된다. 세포내 생화학의 두 주인공은 양성자와 자유전자이다. 자유전자는 원자핵에 구속되지 않아서 자유롭게 이동할 수 있다. 전자의 이동 수단과 전자가 출발하고 도착하는 장소도 대부분 단백질이다. 세포는 70%가 물이며, 세포 내에서 물은 일부가 분해되어 식물세포의 광합성에서는 $2H_2O \rightarrow 4H^+ + 4e^- + O_2$ 과정으로 물이 분해되어 전자와 양성자가 생기고, 산소 분자가 방출되어 지구 대기를 구성한다. 초기 지구 대기에 존재하지 않았던 산소 분자가 시아노박테리아의 물 분해 광합성으로 20억 년 전부터 서서히 기체 산소를 대기 중에 축적하면서 지구의 대기에 기체 상태의 산소가 존재하게 된다.

20억 년 전 지구 대기의 산소 농도는 1% 정도로 추정된다. 금성과 화성 대기의 90% 이상은 이산화탄소이며, 산소는 없다. 지구도 초기 20억 년 동안은 대기 중에 산소가 없고 질소 분자가 70%, 이산화탄소가 20%였을 것이다. 물 분해형 광합성이 출현하면서 현재 대기는 이산화탄소 대신 산소가 21%로 바뀌었다. 이처럼 식물이 태양 에너지를 흡수하여 포도당을 만드는 광합성만큼 중요한 또 다른 결과는 대기 중에 산소가 축적되어 오존층이 형성되고 다세포 생명체가 출현한 것이다. 광합성과 호흡의 분자 현상은 광합성 과정에서 물 분자가 산소 분자로 산화되었다가 다시 호흡으로 유입된 산소 분자가 전자와 양성자를 받아들여 다시 물 분자로 환원되는 과정이다. 엽록체의 광합성은 물 분자가 산소 분자로 산화되는 과정이며, 미토콘드리아의 호흡은 산소 분자가 물 분자로 환원되는 과정이다. 산화와 환원 반응은 세포생물학의 핵심 과정이다. 전자나 양성자가 함께 혹은 독립적으로 방출하는 과정이 산화이며, 그 결과로 방출된 양성자와 전자를 회수하여 탄소와 수소 사이의 공유결합의 수를 늘려가는 과정이 바로 환원이다.

리처드 파인먼이 《일반인을 위한 파인만의 QED 강의》라는 책에서 강조했듯이, 자연 현상은 중력을 제외하고는 다음 3가지 현상의 중첩일 뿐이다. 첫째, 광자가 여기에서 저기로 이동한다. 둘째, 전자가 여기에서 저기로 이동한다. 셋째, 전자가 광자를 흡수하거나 방출할 수 있다. 이 3가지 근본 현상에서 전자의 이동에 양성자의 이동 현상이 동반되면 바로 생명 현상이 된다. 전자가 광자를

그림 3-16 엽록체의 물 분해형 광합성에서는 망간이온이 빛을 흡수하여 전자와 양성자를 방출하여 물 분자가 산소 분자로 분해된다. 물 분해형 광합성에서 생성된 산소 분자가 지구 대기 산소의 기원이다. 미토콘드리아의 호흡시에는 시토크롬 산화효소에서 전자와 양성자가 산소 분자와 결합하여 산소가 물로 환원된다.
출처: J. M. Berg, J. L. Tymoczko, L. Stryer, 《Stryer 생화학》, E-PUBLIC, 550.

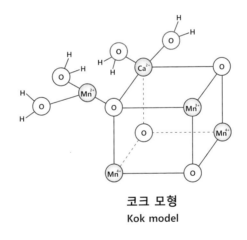

코크 모형
Kok model

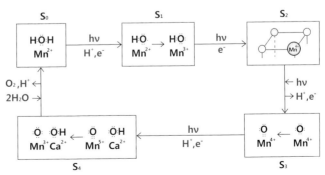

방출하는 과정이 반도체 레이저이다. 광자를 흡수한 전자가 이동하는 과정이
바로 식물의 광합성이다. 결국 생명은 단백질 작용을 통해 제어된 전자전달 현
상이다.

요약하면, 다음과 같다.

산화: 유기분자에서 전자와 양성자를 방출하는 과정

환원: 유기분자가 전자나 양성자를 획득하는 과정

그림 3-17 미토콘드리아 내막에 전자전달 단백질 호흡효소인 NADH 탈수소효소, Cyt bc1, 시토크롬 산화효소가 차례로 삽입되어 있다. 시토크롬 산화효소의 작용($4H^+ + 4e^- + O_2 \rightarrow 2H_2O$)으로 산소가 물로 환원된다. 철-황 복합체와 활성산소 분자 변환. 한 장에 모음

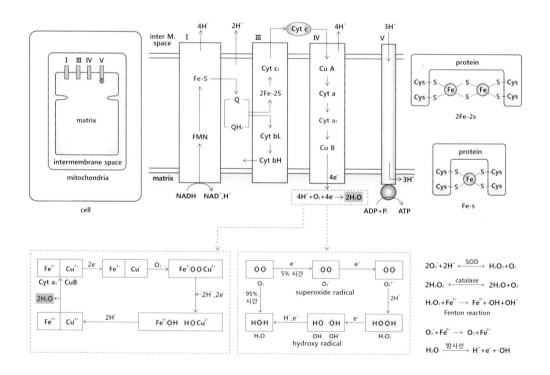

호흡효소의 작용으로 산소 분자에서
물 분자가 생성된다

호흡은 산소가 물로 환원되는 현상이다. 산소 분자 1개가 포도당에서 양성자 2개와 전자 2개를 획득하여 물이 되는 과정이 호흡이며, 모든 생명체는 호흡을 통해 에너지를 얻는다. 산소 분자는 물 분자가 되어 몸집이 커지는 반면 포도당 분자는 분해되는 과정에서 이산화탄소를 방출한다. 산소 분자에 전자 1개가 추가되면 과산화산소가 된다. 이 과산화산소에 다시 전자 1개와 양성자 2개가 차례로 더해지면 과산화수소 분자가 되고, 이 과산화수소가 다시 전자 1개를 획득하면 쪼개져 수산기 음이온과 하이드록실라디칼이 된다. 수산기 음이온은 양성자와 만나서 물 분자 1개로 전환되지만 하이드록실라디칼은 양성자와 전자를 획득해야 물이 된다. 양성자는 주변에 많지만 자유전자는 드물다.

세포 속에서 전자는 대부분 원자와 원자 사이의 공유결합을 형성하는 데 사용되기에 혼자서 방황하는 전자는 드물다. 하이드록실라디칼이 결국 공유결합에 가담한 전자를 훔쳐와서 물이 되면 전자를 빼앗긴 분자는 분해된다. 하이드록실라디칼은 지질 분자와 DNA 분자에서 전자를 탈취하고, 그 결과 DNA에 돌연변이가 생긴다. 하이드록실라디칼이 물로 바뀌며 주위 분자를 산화하는 과정에서 노화의 주요한 원인 물질인 활성산소가 생성된다.

호흡효소의 작용으로 전자가 산소 분자로 이동하여, 산소 분자에서 물 분자가 만들어진다. 미토콘드리아 호흡 과정에서 산소 분자는 전자를 만나서 물 분자로 환원될 때까지 시토크롬 c 산화효소에서 갇혀 있어야 한다. 전자 4개가 도달하기 전에 빠져나온 산소가 바로 활성산소가 된다. 활성산소는 주위 생체 분자에서 전자를 획득하고, 전자를 잃은 생체 분자들은 산화 과정에서 분해된다. 산소 분자(O_2)가 전자 1개를 받아들이면 슈퍼옥사이드라디칼(O_2^-)이 된다. 슈퍼옥사이드라디칼이 다시 전자 1개를 더 받아들이면 O_2^{2-}가 된다. O_2^{2-} 이온은 산소 분자에 전자 2개가 결합된 상태여서 수소 양이온인 양성자 2개가 결합할 수 있다. 양성자 2개가 O_2^{2-} 이온과 결합한 상태가 과산화수소(H_2O_2)이다. 과산화수소가 전자 1개를 받아들여 하이드록실라디칼과 하이드록시이온(OH^-)으로 분리된다. 하이드록실라디칼이 전자와 양성자를 받아들이면 $\cdot OH + H^+ + e \rightarrow H_2O$ 과정으로 물 분자가 생성된다.

활성산소는 산소 분자가 전자 4개를 받아들여 물 분자로 환원되기 전 단계의 산소이다. 활성산소의 출발 물질은 슈퍼옥사이드라디칼이며 생체 조직에 손상을 많이 주는 물질은 하이드록실라디칼이다. 과산화수소가 전자를 받아들여 분해되어 하이드록실라디칼이 생기는 과정인 펜톤반응 $Fe^{2+} + H_2O_2 \rightarrow \cdot OH + OH^- + Fe^{3+}$의 결과로 철은 $Fe^{2+} \rightarrow Fe^{3+}$으로 산화된다. 2가 철($Fe^{2+}$)은 물에 녹지만 3가 철($Fe^{3+}$)은 물에 녹지 않는다. 생명의 출현은 철 이온이 물에 녹거나 산화철이 되어 물에 녹지 않는 특성과 깊게 관련되어 있다.

현재 지구 표면의 철은 대부분 물에 녹지 않는 산화철 형태이다. 산화철(Fe_2O_3)에서 철은 3가 철이다. 대부분의 철이 물에 녹지 않는 산화철 형태여서 지금의 대양에는 철 이온이 거의 없다. 산소 분자가 존재하면 철은 산화철이 되기 때문이다. 그러나 산소가 거의 존재하지 않는 흑해의 심층수에는 2가철이 많이 녹아 있다. 산소가 부족하여 분해되지 않은 유기물이 많아서 검은색 바다가 된 것이다. 산소가 없는 흑해 심층수에서는 황산염환원세균이 2가철에서 전자를 획득하는 호흡으로 에너지를 만든다. 그리고 초기 지구에는 대기 중에 산소가 없었고, 생명이 출현하는 원시 대양에는 2가철이 많이 녹아 있었다. 대기 중에 산소가 없어 오존층이 생성될 수 없었고, 따라서 자외선이 현재의 30배 정도로 강하게 쏟아졌다. 태양 자외선이 원시 대양의 물 분자를 분해해서 자유전자와 과산화수소가 생겨났다. 그리고 자유전자는 다시 과산화수소를 분해하고 그 결과 하이드록실라디칼이 대규모로 생성되었다. 초기 대양에 생존하던 원시 원핵세포들은 하이드록실라디칼의 공격에 노출된다. 결국 생명 작용이 지속되려면, 자외선에 의해 바닷물이 분해되는 과정에서 생성된 활성산소의 작용을 막아야 했다. 그래서 초기 세포들은 항산화효소인 슈퍼옥사이드디스뮤타아제superoxide dismutase(SOD)와 카탈라아제를 만들어낸다.

SOD는 슈퍼옥사이드라디칼과 양성자를 결합하여 과산화수소와 산소 분자로 바꾼다. 과산화수소의 농도가 높아지면 카탈라아제가 매우 효율적으로 작용하여 $2H_2O_2 \rightarrow 2H_2O + O_2$ 과정을 거쳐 과산화수소 분자 2개를 물 분자 2개와 산소 분자 1개로 분해한다. 이러한 효과적인 항산화효소의 작용으로 초기 생명체는 활성산소에 대응했다. 태양 자외선에 의해 생성된 활성산소의 유해한 작용을 방어하는 과정에서 만들어진 카탈라아제가 놀랍게도 태양 에너지를 이용해서 에너지를 얻는 물 분해형 광합성을 촉발시킨 것이다. 카탈라아제 2개가 결합한 망간 복합체가 680nm 파장의 태양 광선으로 물 분자를 분해하여 자유전자를 생성한다. 이러한 자유전자가 엽록체 광합성 단백질 시스템을 통해 $NADP^+$ 분자를 환원해서 NADPH 분자를 만든다. 물 분해형 광합성 과정에서 부산물로 산소 분자가 생긴다. 초기 세포들이 산소 분자에 의한 활성산소 문제를 해결하지 못했다면, 물 분해형 광합성의 출현은 쉽지 않았을 것이다. 태양 자외선에 의한 활성산소 문제를 해결하는 과정이 물 분해형 광합성을 촉발했고, 광합성 과정에서 생성되는 활성산소 문제도 해결해주었다고 추정한다. 물이 분해되어 산소 분자가 생기는 과정에서 항산화제인 SOD와 카탈라아제가 출현하였고, 카탈라아제에 분자가 2개 결합한 산소형성복합체 oxygen evolving complex(OEC)가 생겨나서 물 분해 광합성이 가능해졌다. 생명은 물과 산소 분자의 상호 전환 과정과 깊게 관련된다. 생명 진화는 물에서 시작하고 산소 분자에 의해 가속된다.

요약하면, 다음과 같다.

초기 지구 대기에 오존층이 없음→자외선이 바닷물을 분해→초기 대양에 녹아 있던 Fe^{2+} 전자 제공으로 $H_2O_2 \rightarrow \cdot OH + OH^-$→활성산소 해결책으로 SOD와 카탈라아제 출현→카탈라아제에서 OEC 출현→물 분해형 광합성 시작→산소 분자가 대기 중으로 농축→진핵생물 출현

슈퍼옥사이드가 Fe^{3+}을 Fe^{2+}로 환원시켜 물에 녹음: $O_2^- + Fe^{3+} \rightarrow O_2 + Fe^{2+}$

SOD : $2O_2^- + 2H^+ \rightarrow H_2O_2 + O_2$

카탈라아제 : $2H_2O_2 \rightarrow 2H_2O + O_2$

펜톤 반응 : $Fe^{2+} + H_2O_2 \rightarrow \cdot OH + OH^- + Fe^{3+}$

그림 3-18 헴 구조는 포르피린의 질소 원자에 철 원자가 결합하여 형성된다. 적혈구 헤모글로빈에서는 철 원자가 존재하지만, 엽록소 분자에서는 마그네슘 원자가 질소와 결합한다.

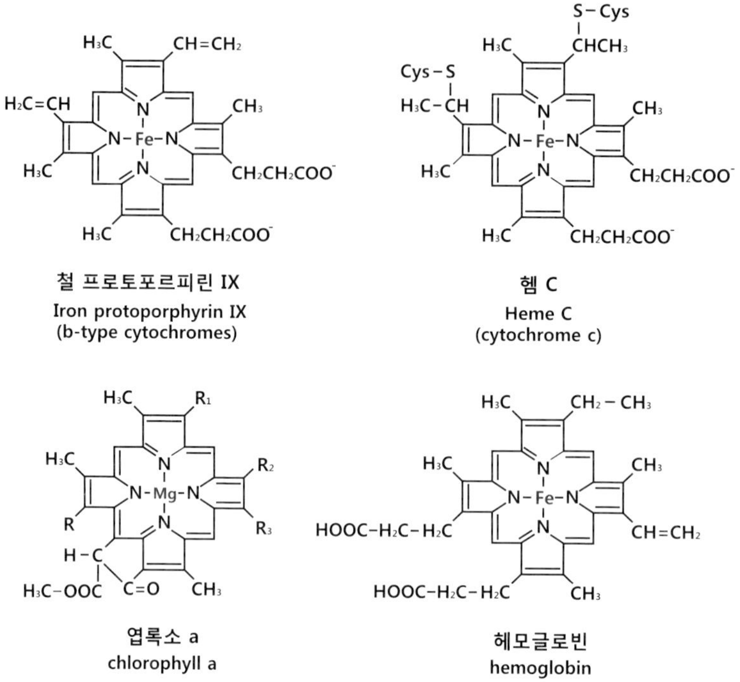

철 프로토포르피린 IX
Iron protoporphyrin IX
(b-type cytochromes)

헴 C
Heme C
(cytochrome c)

엽록소 a
chlorophyll a

헤모글로빈
hemoglobin

그림 3-19 포르피린 구조는 생명 진화 초기의 카타라아제, 퍼옥시다아제, 하이드로게나아제에 공통으로 존재하는 중요한 분자 구조이다.

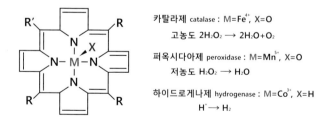

카탈라제 catalase : M=Fe^{4+}, X=O
　　　고농도 2H$_2$O$_2$ ⟶ 2H$_2$O+O$_2$

퍼옥시다아제 peroxidase : M=Mn^{5+}, X=O
　　　저농도 H$_2$O$_2$ ⟶ H$_2$O

하이드로게나제 hydrogenase : M=Co^{3+}, X=H
　　　H$^+$ ⟶ H$_2$

포르피린 구조는 동물 헤모글로빈과 식물 엽록소의
핵심 분자 구조이다

엽록체의 광합성 관련 단백질과 미토콘드리아 내막의 호흡 단백질 작용에서 공통으로 등장하는 이름이 '시토크롬'이다. Cytochrome은 세포를 뜻하는 cyto와 색깔을 의미하는 chrome의 합성어이다. 시토크롬은 전자를 전달하는 단백질이며, 헴heme 분자가 보결 원자단으로 작용한다. 시토크롬 단백질은 빛 흡수 파장으로 구분하는데, 시토크롬 a는 600nm, 시토크롬 b는 560nm, 시토크롬 c는 550nm 대역의 빛을 강하게 흡수한다. 엽록체 틸라코이드막에는 cyt f, cyt b_6, cyt c_1, cyt c 단백질이 전자를 전달하며, 미토콘드리아 내막에는 cyt a, cyt a_3, cyt b, cyt c_1 단백질이 전자를 전달한다. 이처럼 광합성과 호흡의 생화학 작용에서는 시토크롬이 전자전달 단백질이다.

물 분해형 광합성 과정에서 태양의 빛에너지를 흡수하여 물에서 분리된 고에너지 전자는 NADPH 분자의 공유결합 전자로 전환된다. NADPH 분자는 엽록체 스트로마에서 이산화탄소를 결합하는 캘빈 회로에서 포도당을 생성하는 데 사용된다. 포도당 분자는 탈수중합반응을 거쳐 다당류로 중합되며, 동물의 먹이가 되어 세포질에서 분해되어 피루브산이 되고, 피루브산이 미토콘드리아 기질로 입력되어 TCA 회로 작용을 거쳐 NADH 분자가 생성된다. NADH에서 수소를 분리하는 과정에서 자유로워진 2개의 전자가 다시 미토콘드리아 내막의 전자전달 단백질 시스템을 단계적으로 이동하다가 마지막 단계에서 산소 분자와 양성자를 만나서 물 분자로 전환된다. 결국 엽록체와 미토콘드리아의 생화학 작용은 태양 에너지를 머금은 고에너지 전자의 전달 과정이다.

엽록체에서 물에서 분리된 전자는 미토콘드리아에서 다시 물 분자로 돌아간다. 결국 생명은 물 분자 분해와 물 분자의 생성 과정을 연결하는 전자의 조절된 이동 현상이다. 생체막에서 전자를 이동하는 시토크롬은 전자를 1개씩 순차적으로 이동한다. 단백질에 의한 전자전달 과정은 양성자의 이동을 동반한다. 전자 1개와 양성자 1개는 주로 함께 이동한다. 단백질이 아닌 전자전달 분자도 있다. 미토콘드리아 내막의 퀴논 분자와 엽록체 틸라코이드막의 플라스토 퀴논 분자는 전자와 양성자를 동시에 전달하는 분자이다. 시토크롬 보결 원자단의 헴 분자에는 포르피린 구조가 있다. 포르피린 구조는 시토크롬의 헴뿐 아니라 적혈구의 헤모글로빈과 엽록체에도 등장하는 공통 분자 구조이다. 그리고 놀랍게도 항산화효소인 카탈라아제, 퍼옥시다아제, 그리고 하이드로게나아제에도 동일한 포르피린 구조가 나타난다.

헴은 포르피린 구조의 질소 원자 4개가 철 원자에 배위결합하여 중심 구조를 형성하고, 바깥으로 탄소 원자들이 고리를 만든 구조이다. 배위결합은 공유결합에 제공되는 전자 2개를 원자 1개가 모두 제공하여 형성되는 결합이다. 헴 고리의 결합에는 전자의 공명이동이 가능한 파이 결합이 교번으로 존재하며, 헴의 기본 형태는 철-원포르피린 IX Fe-protoporpyrin IX로, 시토크롬 b의 구조와 동일하다. 시토크롬 c의 헴 c는 포르피린 구조 곁사슬의 일부가 시토크롬 b의 헴 b와 다를 뿐이다. 헤모글로빈의 헴 구조도 철-원포르피닌 IX에서 곁사슬만 다르다. 곁사슬이 다르면 시토크롬 단백질의 최대 빛 흡수 파장이 달라진다. 엽록체인 경우 4개의 질소 원자와 배위 결합한 원소는 철이 아니라 마그네슘(Mg)이다. 항산화효소인 카탈라아제에서는 4개의 질소 원자와 철이 배위결합하며, 이 철이온은 산소 원자와 결합하고 있다. 퍼옥시다아제는 망간 원자, 하이드로게나아제는 코발트 원자가 4개의 질소 원자와 배위 결합한 것이다. 카탈라아제는 고농도 과산화수소를 신속하게 물과 산소로 전환하며, 퍼옥시다아제는 낮은 농도의 과산화수소를 물 분자로 전환하여 활성산소로부터 생체 조직을 보호한다. 생명 현상은 결국 원자와 분자의 작용이다.

공유결합으로 단단히 결합된 핵심 구조는 다른 형태로 전환되기 어렵지만 양성자와 전자는 수용액 상태에서 쉽게 이동한다. 원포르피린의 고리 구조를 만드는 8개 탄소 원자에 결합된 2개의 곁사슬에 아미노산 시스테인이 결합한 곁사슬로 바뀌어 시토크롬 C의 헴 구조가 된다. 그리고 기다란 곁사슬로 바뀌면 헤모글로빈의 헴 구조가 된다. 식물의 엽록소 a에도 포르피린 구조가 존재하는데, 곁사슬 일부가 원포르피린 곁사슬과 다를 뿐이다. 엽록소는 헴 구조와 같으며

그림 3-20 글루코스 분자의 해당 과정. 해당 과정의 각 단계별 분자식에서 화살표 위에 표시된 분자는 입력되는 분자이고, 화살표 아래의 분자는 반응 후 생성되는 분자이다.

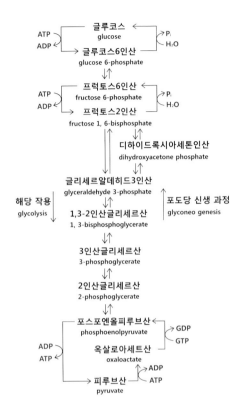

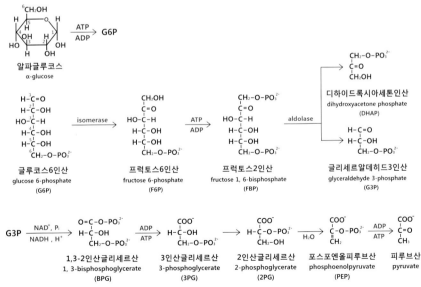

그림 3-21 광합성 탄소고정반응의 캘빈 회로 분자 변환과 글루코스 합성으로, 루비스코 단백질 효소의 이산화탄소가 RuBP 분자에 결합한다.

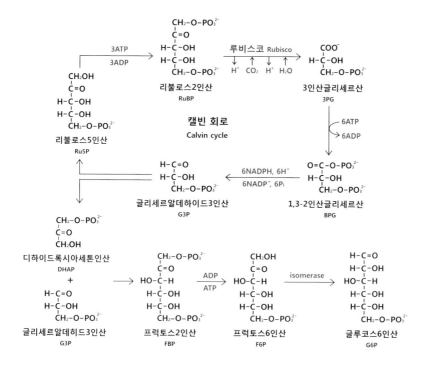

철 대신 마그네슘이 존재하며, 헤모글로빈은 헴 구조에 철이 존재한다. 포르피린의 헴 구조는 동물의 헤모글로빈과 식물의 엽록소에 등장하는 핵심 분자구조이다.

생체 분자에서 공통 구조에서 파생하는 다양한 변이 구조가 생기는 현상으로 분자의 진화 과정을 유추해볼 수 있다. 원포르피린 분자 구조에서 여러 가지 헴과 엽록체가 생겨났고, 자외선에 의한 활성산소에 대응하는 분자의 진화로 광합성의 물 분해 과정이 출현했다고 추정된다.

요약하면, 다음과 같다.

포르피린 구조는 생명 현상의 핵심 구조이다.

동물의 헤모글로빈,

식물의 엽록소,

미토콘드리아의 시토크롬 a, b, c1, c, a3,

엽록체 틸라코이드막 광합성 시스템의 시토크롬 b$_6$f,

항산화효소 카탈라아제, 퍼옥시다아제

광합성 캘빈 회로는 해당 과정의 역순이다

진핵세포의 세포질에서 6탄당 포도당을 3탄당 피루브산으로 분해하는 과정이 해당 작용$_{glycolysis}$이다. 해당 작용은 세포질에서 산소 분자와 상관없이 전자와 양성자의 이동으로 포도당을 분해해서 포도당 분자 1개당 분자 2개의 ATP를 만드는 과정이다. 캘빈 회로는 식물 세포 엽록체 명반응에서 생성된 ATP 분자와 NADPH 분자를 사용하여 엽록체 스트로마에서 작동한다. 캘빈 회로의 과정은 Ru5P→RuBP→3PG→BPG→G3P이며, G3P에서 다시 Ru5P로 순환된다. 순환에 참여하지 않는 분자 1개의 G3P에서 글루코스$_{glucose}$가 합성된다. 이 순환 과정에서 분리되어 나온 G3P 분자에서 G3P+DHAP→F6P→G6P의 분자 변환 과정을 통해 글루코스가 생성된다. 글루코스에는 알파글루코스와 베타글루코스가 존재하는데, 알파글루코스가 포도당이다. 캘빈 회로에 입·출력되는 탄소 분자의 수는 6(1)+6(5)→12(3)으로 간략히 표현된다. 즉 탄소 1개인 CO_2 분자 6개와 탄소 5개인 RuBP 분자 6개가 결합하여 탄소 3개인 3PG 분자 12개가 된다. 다른 표현으로 12(3)→1(6)+6(5)으로 나타낼 수 있는데, 이 경우는 탄소 3개인 3PG 분자 12개가 탄소 6개인 포도당 분자 1개와 탄소 5개인 RuBP 분자 6개로 다시 순환된다. 결국 광합성 캘빈 회로는 $6CO_2+6H_2O→C_6H_{12}O_6$ 반응으로, 이산화탄소 6개 분자가 포도당 분자 1개를 합성한다.

RuBP가 3PG로 바뀌는 과정에 작용하는 효소를 리불로스카르복실라아제옥시게나아제$_{ribulose\ carboxylase\ oxygenase}$(루비스코$_{Rubisco}$)라 하는데, 지구상에서 가장 많은 단백질이다. 루비스코는 RuBP에 이산화탄소와 물을 결합하여 5탄당인

RuBP 분자 1개에서 3탄당인 3PG 분자 2개를 만든다. 회로를 빠져나온 분자 1개의 G3P는 아이소머라아제의 작용으로 디하이드록시아세톤인산(DHAP)이 된다. G3P에서 글루코스가 생성되는 과정은 G3P+DHAP→FBP→F6P→G6P→글루코스인데, 글리세르알데하이드3인산glyceraldehyde 3 phosphate(G3P)과 디하이드록시아세톤인산(DHAP)이 결합하여 프럭토스2인산fructose bis phosphate(FBP)이 되는 과정에, 작용하는 효소가 알돌라아제aldolase이다. 프럭토스2인산(FBP)에서 비스bis 인산이란 인산기 2개를 의미한다.

FBP에서 인산이 하나 빠져나가면 프럭토스6인산(F6P)이 된다. F6P에서 6P는 인산기(PO_4^{3-})가 6개라는 뜻이 아니고 6번째 탄소에 결합한 하나의 인산기를 의미한다. F6P에 아이소머라아제가 작용하여 생성된 F6P의 이성질체가 글루코스6인산(G6P)이다. 그래서 캘빈 회로는 3개 이산화탄소 분자를 고정하여 6개 G3P 분자를 형성하고, 5개 G3P 분자는 회로로 순환하고 1개의 G3P 분자를 분자 1개의 G6P로 전환한다. 마지막으로 G6P에서 인산 분자 1개가 탈락하면 바로 포도당glucose이 된다.

식물은 캘빈 회로에서 생성되는 포도당 분자가 탈수중합반응으로 결합하여 생성된 다당류인 녹말을 엽록체 스트로마에 저장한다. 그리고 포도당 분자를 이당류인 수크로스sucrose 형태로 전환하여 잎의 엽록체에서 줄기와 뿌리로 체관을 통해 전달한다. 수크로스는 설탕이며, 과당과 포도당이 결합한 이당류이다. 동물은 식물의 잎과 열매 그리고 덩이뿌리에 저장된 녹말을 섭취하고, 소장에서 포도당을 흡수한다. 세포질에서 포도당은 전하를 지니지 않아서 원형질막을 통과하여 세포 밖으로 빠져나갈 수 있다. 그래서 포도당에 인산기를 붙여 세포에서 빠져나가지 못하게 한다. 인산기(PO_4^{3-})는 음의 전하를 갖기 때문에 원형질막을 통과할 수 없다. 포도당이 분해되어 3탄당인 피루브산이 되는 과정은 캘빈 회로 3PG→BPG→G3P→FBP→F6P→G6P→글루코스 순서의 역순인 글루코스→G6P→F6P→FBP→G3P→BPG→3PG→2PG→PEP→피루브산이다. 즉 글루코스 분해와 합성은 역순이다.

세포질의 해당 작용은 글루코스에 인산기(PO_4^{3-})가 첨가되면서 시작한다. 인산

136

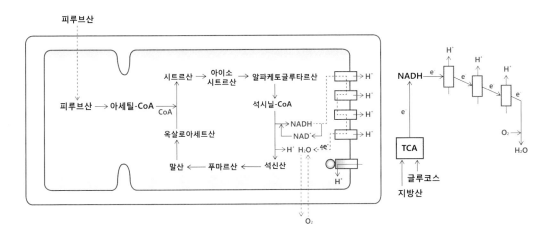

그림 3-22 미토콘드리아 기질에서 일어나는 TCA 회로 작용으로 NADH 분자가 생성되고, NADH가 분해되어 생긴 자유전자가 전자전달 단백질 시스템을 통과하면서 전자의 에너지를 방출하고, 전자 이동에 동반하여 양성자가 막간공간으로 이동한다. 호흡 과정의 마지막 단계에서 $4H^+ + 4e^- + O_2 \rightarrow 2H_2O$ 작용으로 산소가 물로 환원된다.

기는 ATP 분자에서 인산기 1개가 분리되면서 ATP가 ADP로 변화하는 가수분해 $ATP^{4-} + H_2O \rightarrow ADP^{3-} + HOPO_3^{2-} + H^+$ 과정에서 생기며 $HOPO_3^{2-}$는 무기인산inorganic phosphate(P_i)으로 표기한다. 글루코스에 인산기를 첨가하고 고리 구조를 선형사슬 구조의 G6P로 전환하면 해당 과정을 이해하기가 쉽다. 글루코스6인산 (G6P)에 아이소머라아제가 작용하면 G6P가 프럭토스6인산(F6P)으로 전환된다. 프럭토스는 과일에 함유된 과당이다. 프럭토스6인산의 1번 탄소에 인산이 하나 더 첨가되어 프럭토스2인산(FBP)으로 전환된다. 프럭토스2인산은 알돌라아제 효소의 작용으로 2개의 3탄당인 DHAP와 글리세르알데하이드3인산(G3P)으로 분해된다. DHAP는 다시 G3P로 전환되므로 포도당 분자 1개에서 해당 작용으로 2개 분자의 G3P가 생성된다. 3탄당 G3P 분자에 무기인산(P_i)이 첨가되어 1, 3-2인산글리세르산(BPG)으로 바뀌는데, 이 과정에서 NAD^+가 NADH로 환원된다. $NAD^+ + H^+ + 2e \rightarrow NADH$ 변환 과정에 1개의 수소 양이온과 2개의 전자가 NAD^+ 분자를 NADH로 환원시킨다. 그리고 이 과정 중 기질에서 1개의 수소 양이온이 생긴다. BPG 분자에서 Mg^{2+} 이온의 작용으로 인산기의 위치가 3번 탄소에서 2번 탄소로 이동하여 2인산글리세르산2-phosphoglycerate(2PG) 분자가 된다. 2PG에서 물 분자가 빠져나가서 포스포엔올피루브산phosphoenol pyruvate(PEP)이 되며 PEP 분자의 2번과 3번 탄소는 이중결합으로 연결되어 강한 결합에너지를 가진다. PEP 분자에서 인산기가 탈락하여 피루브산이 되는데, 이 과정에 ADP 분자가 무기인산을 획득하여 ATP로 전환된다. 6탄당인 포도당에서 3탄당인 피루브산으로 분해되는 과정을 해당 작용이라 한다.

요약하면, 다음과 같다.

광합성의 캘빈 회로=탄소동화작용

캘빈 회로 순환 과정: 3PG→BPG→G3P→Ru5P→RuBP, RuBP+CO_2+H_2O+루비스코 →3PG

포도당 생성 과정: G3P→FBP→F6P→G6P→글루코스

세포질의 해당 작용: 글루코스→G6P→F6P→FBP→G3P→BPG→3PG→2PG→PEP→피루브산

호흡은 산소가 물로 바뀌는 작용이다

미토콘드리아 호흡의 마지막 단계는 산소 분자가 물 분자로 환원되는 과정이다. 호흡은 포도당 분자가 산화되어 ATP 분자를 만드는 과정이며, 호흡의 마지막 단계는 전자전달 시스템을 통해 전달된 전자와 미토콘드리아 기질의 양성자, 적혈구가 운반하는 산소 분자가 결합하여 물 분자가 만들어지는 것이다. 미토콘드리아의 전자전달 시스템은 단백질 호흡효소인 NADH 탈수소효소 복합체, 시토크롬 bc_1, 시토크롬 c 산화효소 복합체로 구성된다. 단백질 복합체는 전자를 받아들이고 내보내는 역할을 하며, 호흡 단백질 사이에 퀴논 분자와 시토크롬 c 단백질이 전자를 전달한다. 시토크롬 c 산화효소 복합체는 구리이온(Cu_A)과 시토크롬 a, 시토크롬 a_3-Cu_B로 구성되는데, 전자를 실어 나르는 단백질 시토크롬 c가 전달하는 전자는 1개씩 차례로 시토크롬 a_3-Cu_B에 도달하여 시토

크롬 a_3의 3가철 이온과 2가구리 이온을 2가철과 1가구리 이온으로 환원한다.

환원된 철 이온과 구리 이온은 산소 분자 1개와 결합하여 결합손을 형성하는 데 전자 하나를 사용한다. 전체적으로 미토콘드리아 시토크롬 c 산화효소 복합체의 핵심 작용은 기질의 양성자 4개와 전자전달 시스템에서 전달된 전자 4개, 호흡으로 세포질을 통해 미토콘드리아 기질로 유입된 산소 분자 1개가 결합하

그림 3-23 세균의 원형질막, 미토콘드리아의 내막, 엽록체의 틸라코이드막에 삽입된 전자전달 단백질 효소와 ATP 합성효소의 배열은 세균, 동물, 식물에서 매우 비슷하다.

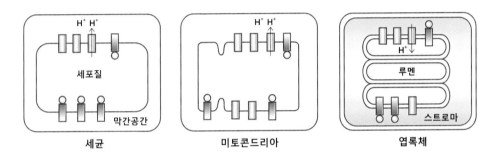

그림 3-24 미토콘드리아 내막과 외막의 이중막 구조와 엽록체 내막, 외막, 틸라코이드막의 삼중막 구조를 비교한 것이다.

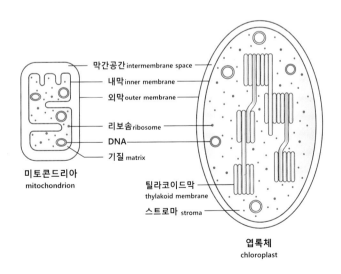

그림 3-25 미토콘드리아 TCA 회로에서 생성된 NADH 분자의 NADH→NAD⁺+H⁺+2e 작용에서 생성된 전자가 전자
전달 단백질 시스템을 이동하는 과정에 동반하여 양성자가 미토콘드리아 기질에서 막간공간으로 확산되고, 농도가 높
아진 양성자가 막간공간에서 ATP 합성효소의 작용으로 기질로 확산되어 입력되면서 ATP 분자가 생성된다.

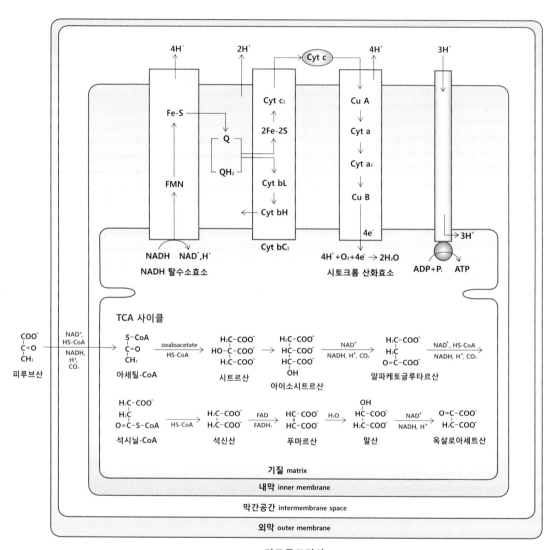

미토콘드리아

그림 3-26 ATP 합성효소의 구조와 ATP 분자 생성 과정에서 $F_0 = ab_2c_{10-14}$와 $F_1 = \alpha_3\beta_3\gamma\delta\varepsilon$ 복합체의 구조에서 회전하는 γ축의 작용으로 $\alpha_3\beta_3$의 입체 구조가 변형되어 ATP 분자가 생성된다.

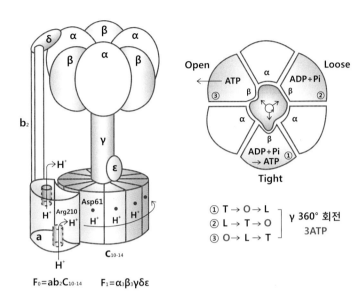

여 물 분자 2개로 되는 $4H^+ + 4e^- + O_2 \rightarrow 2H_2O$ 과정이다. 결국 호흡의 마지막 과정에서 산소 분자가 물 분자로 환원되고, 이 과정에 동반하여 양성자의 확산 이동을 이용한 ATP 합성효소에 의한 $ADP + P_i \rightarrow ATP$ 작용으로 에너지 분자 ATP가 생성된다. 여기서 P_i는 무기인산이며, 분자식은 HPO_4^{2-} 또는 $HOPO_3^{2-}$이다. 전자가 전자전달 시스템을 통해 전달되는 과정에 미토콘드리아 기질에서 외막과 내막 사이의 막간공간으로 기질의 양성자가 퍼내지고, 그 결과 미토콘드리아 막간공간에는 양성자의 농도가 기질보다 1,000배 정도 높아진다. 막간공간의 고농도 양성자가 내막에 삽입된 ATP 합성효소를 통하여 확산되어 다시 미토콘드리아 기질로 몰려 들어온다. 이 과정에서 ATP 합성효소는 증기기관처럼 돌아가면서 ADP 분자와 무기인산을 결합하여 ATP 분자를 만든다.

생명의 에너지는 ATP 합성효소가 만든다

ATP 합성효소ATP synthase는 단백질 서브모듈 F_0과 F_1이 결합하여 작동한다. 박테리아 세포막, 엽록체 틸라코이드막, 미토콘드리아 내막에 삽입된 ATP 효소는 생명의 에너지인 ATP 분자를 합성하는 생체 나노기계nano-machine다. 어른의 경우 하루에 50kg이나 되는 ATP 분자가 ATP 합성효소에 의해 만들어져서 즉시 생명 활동에 사용된다. 인체에 유지되고 있는 실제 ATP 분자는 100g 정도이다. ATP 분자는 거의 대부분의 생명체가 즉시 사용하는 에너지 통화의 현금 같은 존재이다. 아미노산은 단백질의 구성 요소이다. 단백질은 아미노산이 수백 개 연결되어 입체 구조를 형성한다. 생체 촉매인 효소는 대부분 단백질 서브모듈이 대략 4~50개 모여서 형성되는 단백질 복합체로 되어 있다.

아미노산은 단백질의 구성 요소이기도 하지만 개별 아미노산으로도 작용한다. tRNA에는 각각의 해당 아미노산이 부착된다. 단백질의 작용도 핵심 역할을 하는 개별 아미노산의 구조를 알아야 이해할 수 있다. 아미노산은 $H_2N-(H-C-R)-COOH$ 구조에서 가운데 탄소에 위와 아래로 수소와 작용기 R이 결합한 구조이다. 수용액 상태에서는 $H_3N^+-(H-C-R)-COO^-$ 형태로 이온화된다. 곁사슬 R에 따라 달라지는 아미노산의 특성을 살펴보면 물과 친화성이 있는 아르기닌(Arg)은 곁사슬$R→(CH_2)_4-N^+H_3$ 끝에 +전기를 띤 암모니아(H_3N^+)가 있는데, 탄소와 이중결합한 질소가 결합손이 4개가 되어 +전하를 갖게 된다. ATP 합성효소 F_0 단백질 복합체 a 유닛에서 아르기닌의 친수성 특성으로 친수성 구멍 형태의 반채널에 노출될 수 있다. 그리고 아르기닌의 +전기가 F_0 단백질 복합체 c 유닛의 아스파르트 곁사슬의 마이너스 전기와 상호작용하여 c 유닛이 회전하게 된다.

F_0 단백질 복합체는 1개의 a단위체, 2개의 b단위체, 그리고 10~14개의 c단위체로 구성되어 $F_0=ab_2c_{10-14}$로 표현된다. c단위체는 생물종마다 그 수가 조금씩 다르며, 단백질 알파사슬 2개가 연결된 형태로 막에 삽입되어 원형으로 돌아가는 구조이다. F_1 단백질 복합체의 '1'은 최초로 막에서 분리된 상태로 연구된 막 삽입 단백질이란 의미에서 붙인 숫자이다. F_1 단백질 복합체는 3개의 α유닛, 3개

의 β유닛 그리고 γ, ε, δ 유닛으로 구성되어 $F_1 = \alpha_3\beta_3\gamma\delta\varepsilon$로 표현된다. 3개의 α유닛, 3개의 β유닛은 α와 β유닛이 쌍으로 3번 반복되어 오렌지를 자른 모양으로 배열되어 있다. α와 β유닛은 F_0의 b단위체와 δ유닛에 의해 고정되어 있고 γ유닛이 차축처럼 회전한다. γ유닛이 회전하면서 접촉하는 β유닛의 입체 구조가 3가지 형태로 변화한다.

회전하는 γ유닛의 돌출된 부분에 의해 β유닛의 구조가 강한 결합[Tight], 느슨한 결합[Loose], 그리고 열린 구조[Open]의 3가지 상태가 된다. 느슨한 결합 상태는 ADP와 무기인산이 느슨하게 결합한 상태이며, 강합 결합 상태에서는 ADP+P_i→ATP로 전환된다. 그리고 열린 구조에서는 생성된 ATP 분자가 방출된다. γ유닛의 회전으로 고정된 각각의 β유닛은 T, O, L 상태로 순차적으로 구조가 변한다. 예를 들어 γ유닛의 한 번의 회전으로 첫 번째 β유닛은 T→O→L, 두 번째 β유닛은 L→T→O, 세 번째 β유닛은 O→L→T 상태로 전환된다. 그래서 γ유닛이 120° 회전하면 3개의 β유닛에서 1개의 유닛은 ATP 분자 1개를 방출하여 360° 회전으로 3개의 ATP 분자가 생성된다. F_0의 a단위체 내에는 위와 아래로 2개의 친수성 구멍이 있는데, 각각의 구멍은 어긋나게 a단위체 가운데까지 연장되어 있다. 이 구멍을 통하여 수소 양이온인 양성자가 미토콘드리아 막간공간에서 미토콘드리아 기질로 이동한다.

미토콘드리아 내막의 전자전달 시스템에 의해 막간공간으로 전달된 고농도의 양성자들은 a단위체의 반쪽 구멍으로 확산된다. a단위체는 2개의 c단위체에 거의 접촉하는 위치에 있는데, 회전하는 c단위체 내에는 2개의 알파사슬로 구성된 10~14개의 단백질이 삽입되어 있으며, 이 단백질의 개수는 생물 종마다 조금씩 다르다. 그리고 1개의 알파사슬 가운데 부분에 아미노산인 아스파르트산이 존재하며 c단위체가 회전하여 a단위체의 반쪽 구멍에 진입하여 친수성 영역을 만나면 아스파르트산의 카르복실기(COOH)에서 양성자가 분리되어 COO^-가 된다.

C유닛에는 10~14개 정도의 아미노산 사슬이 원형으로 배열되어 있는데, 각각의 아미노산 사슬에는 2개의 알파나선이 연결되어 있으며, 그중 1개 사슬의 가운데 부분에 아스파르트산(Asp61)이 존재한다. Asp61의 61은 알파사슬을 구

성하는 아미노산에서 61번째라는 의미다. a유닛의 미토콘드리아 막간 공간 쪽 반채널에 진입하면 아스파르트산의 양성자가 해리되어 c-OH가 c-O$^-$로 되어 막간 공간에 확산되어 들어온 양성자와 결합하게 된다. 미토콘드리아 내막에 삽입된 F_0 단백질 복합체가 회전하는 메커니즘은 c와 a유닛의 전기적 상호작용이다. c유닛이 회전하면 c유닛의 아스파르트산(c-Asp61)과 a유닛의 아르기닌(a-Arg210)이 상호작용할 수 있는 위치가 된다. c-Asp61에서 양성자가 방출되어 미토콘드리아 기질 방향의 반쪽 채널로 이동한다. 양성자가 분리된 c-Asp61과 a-Arg210이 나트륨 다리를 형성하고, 양성자가 막간공간 반쪽 채널을 통해 유입된다. c유닛의 알파나선과 a유닛의 알파나선의 재정렬 과정으로 c유닛이 회전을 하게 된다.

2개의 c-Asp61 양성자를 획득하고 분리하는 것은 매 순간 c유닛 전체의 회전과 개별 c서브 유닛의 회전과 관련된다. a-Arg210은 c-Asp61 쪽으로 향하게 되어 양성자 반채널을 통한 양성자의 이동이 가능해지고 2개의 반쪽 채널을 통한 양성자의 직접 전달을 방지한다.

분리된 양성자는 미토콘드리아 기질로 전달된다. 그리고 음이온이 된 아스파르트산은 다른 반쪽 구멍으로 확산된 양성자와 다시 결합하여 전기적 중성이 된다. 중성분자는 인지질 이중막 속에서 이동할 수 있으며, c단위체는 계속해서 회전하게 된다. 이 과정에 a단위체에 존재하는 아미노산 아르기닌의 양으로 대전된 곁사슬인 N$^+$H$_3$ 부분이 양성자와 전기적 반발을 한다. c단위체의 회전력이 c단위체와 결합된 ε와 γ에 전달되어 γ유닛이 회전하게 된다. ATP 합성효소는 작용하는 방향을 반대로 바꿀 수 있다. 양성자 흐름은 고농도에서 저농도로 확산되는데, 그 방향으로 ATP 효소가 작동하면 ADP+P$_i$→ATP으로 ATP가 합성되며, 반대로 양성자의 농도를 거슬러 저농도에서 고농도 쪽으로 양성자를 퍼내려면 ATP 에너지가 소모된다. 이 경우 ATP 합성효소의 회전 방향이 반대로 바뀌어 ATP→ADP+P$_i$로 ATP가 분해된다. 이때는 ATP 합성효소 대신 ATPase라 한다. 그래서 합성효소라는 이름은 적합하지 않다. ATPase의 작용은 완전히 밝혀지지 않았으며, a단위체의 구조와 작용은 계속해서 밝혀지고 있다. 양성자 농

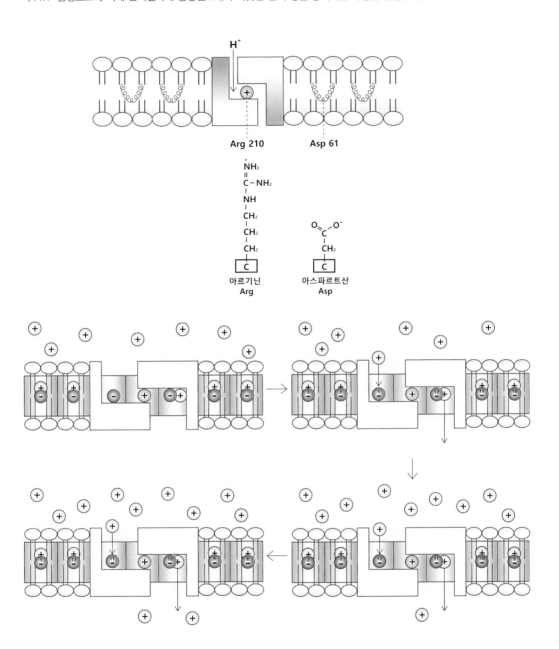

그림 3-27 아르기닌과 아스파르트산 분자의 전하 인력으로 ATP 합성효소가 회전하는 구조를 나타낸 그림이다. 양성자가 ATP 합성효소에 의해 인지질막에 형성된 2개의 어긋난 반 구멍을 통과하는 과정을 설명한다.

도 기울기 에너지로 ATP 분자를 만드는 과정은 생명체가 사용하는 에너지의 기원으로 생화학의 핵심 분야이다.

세포내 공생이 미토콘드리아와 엽록체의 기원이다

미토콘드리아와 엽록체의 작용은 생명 현상 그 자체이다. 미토콘드리아의 호흡과 엽록체의 광합성으로 다세포 생명체가 지구 표층에 번성하게 되었다. 미토콘드리아의 생화학 작용은 피루브산에서 시작하는 TCA 회로, 지방산의 베타 산화, 미토콘드리아 내막에 삽입된 단백질 시스템에서 TCA 회로의 생성 분자인 NADH에서 나오는 전자를 전달하는 과정, 전자전달 과정에 생성된 고농도의 양성자가 확산되면서 ATP 분자를 생성하는 과정이다. 이 모든 과정은 포도당 분자에서 시작한다. 포도당은 세포 속에 탄소를 함유하는 분자를 생성하는 근본이 되는 분자이다. 세포질의 해당 작용과 미토콘드리아의 TCA 회로는 포도당을 산화하는 과정으로, 대부분의 생체 분자는 포도당이 산화되면서 생성되는 중간물질에서 만들어진다. 해당 작용에서는 두 분자의 ATP가 생성되며, 미토콘드리아의 TCA 회로와 연결된 전자전달 과정에서 38개 분자의 ATP가 만들어진다.

미토콘드리아가 없는 원핵세포는 대규모의 에너지를 생성하지 못해 세포의 크기가 증가할 수 없으며, 미토콘드리아를 세포 내에 공생시킨 진핵세포는 큰 에너지를 생성해 크기가 원핵세포보다 1만 배나 커졌다. 동물, 식물, 균류는 모두 진핵세포가 모여서 된 다세포 생명체이며, 원핵세포는 고세균과 진정세균으로 여전히 단세포 생명체이다. 세포내 공생이론은 숙주세포 원형질막의 유동성에서 세포내 함입 과정이 핵심이다. 동물 세포의 원형질막은 세균이나 먹이 입자를 세포내 함입으로 세포 속으로 흡수하여 분해하며, 분해된 물질을 세포 외부로 방출한다. 세포내 리소솜lysosome은 분해 작용을 한다. 세포 외부에서 큰 분자들은 원형질막으로 둘러싸여 세포 내부로 함입되어 엔도솜endosome이 된다. 엔도솜에 초기 리소솜이 융합하여 2차리소솜이 되어 유기물 분자를 분해한다. 세포 내부의 노화된 미토콘드리아도 소포체에 에워싸인 후 1차리소솜과 결합하여 분해된다. 외부에서 유입되는 박테리아는 세포의 식작용으로 원형질막에 둘러싸여 파고솜(식포)phagosome을 형성한다. 파고솜에 1차리소솜이 결합하여 2차리소솜이 되어 박테리아를 분해한다. 숙주세포의 원형질막의 세포내 함입 능력으로 미토콘드리아가 세포 내부로 흡수될 수 있다.

미토콘드리아와 엽록체의 세포내 공생이론은 생체막에서 ATP 합성효소의 방향을 이해하는 데 도움이 된다. 미토콘드리아의 기원은 알파프로테오박테리아가 숙주세포에 잡아먹혀 소화되지 않고 숙주세포 내에 공생하면서 시작된다. 프로테오박테리아는 다양한 종의 원핵세포 박테리아이며, 숙주세포 내에서 공생하여 미토콘드리아의 기원이 된 종은 알파프로테오박테리아의 일종인 리케차 또는 간균rod-shaped bacteria로 추정하고 있다. ATP 합성효소에 의한 산화적 인산화oxidative phosphorylation 능력이 있는 원핵세포 박테리아는 당연히 ATP 합성효소의 구형 부분인 A_1 서브모듈이 세포질 내부로 향한다. ATP 합성효소는 모듈 A_0

그림 3-28 세포내 공생이론에 따라 미토콘드리아와 엽록체의 ATP 합성효소의 방향을 결정할 수 있다. 미토콘드리아에서는 ATP 합성효소 방향으로 생성된 ATP 분자가 미토콘드리아 기질로 방출되고, 엽록체에서는 ATP 분자가 스트로마로 방출된다.

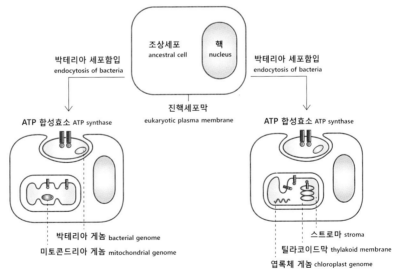

와 A_1이 합쳐진 단백질 복합체이다. A_0는 원형질막의 인지질막에 박힌 원기둥 형태이며, A_1은 구형으로 세포질 내부를 향한다. 그래서 생성된 ATP 분자가 세포질에 존재하게 된다. 박테리아가 숙주세포에 포획되는 과정에서 숙주세포의 원형질막에 둘러싸여 숙주세포의 세포질 내부로 유입될 때 박테리아의 ATP 합성효소도 함께 들어왔다. 그 결과 미토콘드리아는 2개의 원형질막을 갖게 되며, 자신의 원형질막이 미토콘드리아의 내막이 되고 숙주세포의 원형질막은 외막이 된다. 그래서 미토콘드리아의 막간공간은 숙주세포와 미토콘드리아의 외부가 되는 공간이다.

미토콘드리아의 막간공간은 겉보기에 숙주세포의 내부 공간처럼 보이지만 숙주세포의 외부 공간이 숙주세포의 원형질막으로 포위되어 미토콘드리아 막간공간으로 바뀌면서 포획된 공간이다. 미토콘드리아 막간공간은 세포 내부에 존재하는 세포 외부이다. 원핵세포막에 삽입된 ATP 합성효소의 A_1 모듈이 세포질로 향하는 이유는 A_1의 단백질 서브모듈에서 ADP 분자와 인산기가 결합하여 ATP를 만들어서 세포질로 방출하기 때문이다. 소중한 생명 활동의 에너지인 ATP 분자가 세포 외부 방향으로 방출되는 것은 에너지의 낭비이다. 엽록체의 경우도 원시 진핵숙주세포와 세포내 공생관계를 형성한 시아노박테리아가 그 기원으로 추정되고 있다. 엽록체의 기원이 된 원핵세포에서도 ATP 합성효소가 세포 내부 방향으로 위치하고 있었고, 숙주 진핵세포의 세포내 공생 과정에서 숙주세포의 원형질막이 시아노박테리아를 둘러싸고, 그 결과 미토콘드리아처럼 이중막이 생겼다. 엽록체의 경우는 내막인 자신의 원형질막이 다시 안으로 함입되고 분리되어 틸라코이드막이 되었다. 그래서 엽록체에는 자신의 원형질막으로 둘러싸인 내부에 틸라코이드라는 또 하나의 막 구조가 출현하게 되는데, 틸라코이드막thylacoid 외부 영역이 스트로마stroma이다.

엽록체막에 삽입된 ATP 합성효소의 A_1은 세포질인 스트로마로 향하지만, 엽록체막이 분리되어 스트로마 내부에 생긴 틸라코이드막에 삽입된 A_1은 그 방향이 스트로마로 향하게 된다. 왜냐하면 틸라코이드막은 엽록체막이 내부화되어 생겼기 때문에, 그 막에 삽입된 ATP 합성효소도 동일한 방향을 향하는 것이다. 세포내 공생으로 생긴 미토콘드리아와 엽록체에는 숙주세포의 막이 추가되면

그림 3-29 인간 미토콘드리아 유전자와 호흡효소 단백질의 구조를 그린 그림이다. 인간 미토콘드리아는 13개의 단백질로 되어 있고, 유전자가 호흡효소 단백질 I은 7개, II은 4개, III은 1개, IV는 3개, V는 2개이다. V는 ATP 합성효소이다. 호흡효소 단백질 복합체 I은 미토콘드리아 유전자 7개와 핵의 DNA에서 35개의 유전자가 만드는 단백질로 구성된다.

결정적 지식

출처: *IUBMB Life*, 2010, 62(1), 19–32.

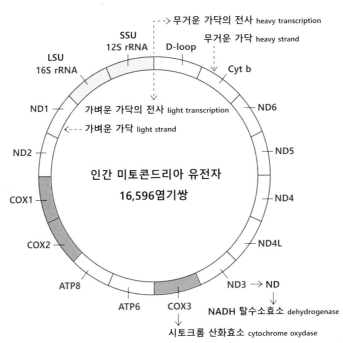

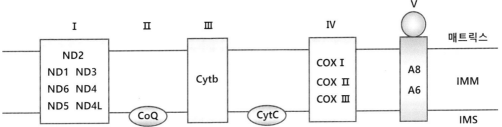

complex	I	II	III	IV	V
미토콘드리아 DNA	7	4	1	3	2
핵 DNA	35	0	10	10	12

ND : NADH 탈수소효소 dehydrogenase
COX : 시토크롬 C 산화효소 cytochrome C oxidase
A : ATPase
IMS : 막간공간 intermembrane space
IMM: 미토콘드리아 내막 inner mitochondrial membrane

서 숙주세포 내부에서 숙주세포 외부 공간이 만들어졌다. 안과 밖의 구별은 생명의 본질과 관련된다. 생명은 내부와 외부를 구별하는 막에서 출현하는데, 내부 속에 외부가 존재하는 놀라운 공간이 생명의 공간이다.

미토콘드리아는 핵의 DNA와 기원이 다른 독립된 DNA를 갖고 있다

미토콘드리아는 독자적 유전체를 가지고 있다. 인간 미토콘드리아 유전체 게놈은 16,569개의 뉴클레오타이드로 구성된다. 인간 미토콘드리아의 게놈은 37개의 유전자에서 13개의 단백질을 만든다. 미토콘드리아 게놈에는 rRNA 2개와 tRNA 22개가 있으며, 13개의 단백질을 지정하는 유전자와 합쳐서 37개의 유전자가 존재한다. 미토콘드리아의 유전체는 무거운 가닥과 가벼운 가닥의 두 가닥 DNA가 원형을 이루며 순서로 배열되어 있다. 인간 미토콘드리아의 원형 DNA에는 12s rRNA, 16s rRNA, ND1, ND2, COXI, COXII, ATPase8, ATPase6, COXIII, ND3, ND4L, ND4, ND5, ND6, Cyt b, D-loop displacement 영역이 순서대로 위치한다.

12s rRNA와 16s rRNA는 미토콘드리아 리보솜 작은 유닛과 큰 유닛을 구성하는 rRNA이다. ND는 NADH 탈수소효소dehydrogenase의 약자이며 COX는 시토크롬산화효소cytochrome oxidase의 약자이다. NADH 탈수소효소는 미토콘드리아 DNA에서 7개의 유전자와 핵 속 DNA에서 30개 이상의 유전자에서 생성되는 단백질 모듈이 함께 결합하여 구성되는 거대 복합효소이다. 시토크롬산화효소는 핵 DNA에서 10개 유전자와 미토콘드리아에서 3개의 유전자가 만드는 단백질로 구성된다. 세포질에서 글루코스 1개 분자가 분해되어 2개 분자의 피루브산이 생성되고, 이 과정에서 2개 분자의 ATP와 2개 분자의 NADH가 만들어진다. 세포질의 피루브산은 미토콘드리아로 유입되어 이산화탄소가 방출되고 HS-CoA와 $NAD^++H^++2e \rightarrow NADH$ 작용으로 아세틸-CoA로 전환한다. 아세틸-CoA 분자 1개가 TCA 회로로 입력되고, TCA 회로의 작용으로 GTP와

FADH$_2$, 2개 분자의 CO$_2$, 3개 분자의 NADH가 생성된다. 지방산도 미토콘드리아 내에서 산화되어 NADH와 FADH$_2$를 생성하고, NADH는 미토콘드리아 내막에 삽입된 NADH 탈수소효소에 의해 NADH→NAD$^+$, H$^+$, 2e$^-$으로 분해된다. 이 과정에서 생성된 2개의 전자가 시토크롬 bc$_1$과 시토크롬 산화효소로 전달되는 과정에 동반하여 양성자를 막간공간으로 이동시킨다.

미토콘드리아 내막과 외막 사이의 막간공간에 양성자가 고농도로 축적되는데, 이 양성자들이 ATP 합성효소를 통해 다시 내막 안 공간으로 확산된다. 미토콘드리아 내막 속으로 3개의 양성자가 ATP 합성효소를 통해 입력되면 ATP 합성효소는 한 바퀴 회전하게 되고, 이 과정을 이용하여 ADP가 무기인산 P$_i$와 결합하여 ATP 분자가 생성된다. 시토크롬산화효소로 전달된 4개의 전자가 산소 분자 1개와 양성자 4개를 만나서 물 분자 2개가 만들어진다. 전자전달 과정에서 에너지를 소비한 전자는 산소 분자 1개를 물 분자 2개로 환원하는 O$_2$+4H$^+$+4e→2H$_2$O 반응에 공유결합전자로 사용된다. 결국 미토콘드리아에 의한 호흡에서는 기체 산소 분자가 물 분자로 환원되고, 시토크롬산화효소를 구성하는 철과 구리 원자는 산화된다. 미토콘드리아의 DNA와 핵의 DNA가 각각 전자전달 단백질 시스템을 구성하는 단백질을 생산한다. 미토콘드리아의 DNA는 박테리아 DNA 크기의 대략 10% 정도이며, 대부분의 유전자가 핵의 유전자로 편입되었다고 추정된다. 그래서 미토콘드리아는 자신의 핵심 유전자 37개만 유지한다. 자신의 유전 정보의 대부분을 숙주세포 DNA로 이동시킨 미토콘드리아는 생명의 독자성을 포기하고 숙주세포에 공생하게 된다. 자신의 독자성을 포기한 미토콘드리아는 더 많은 ATP 분자를 숙주세포에 제공하여 다세포 생명체를 진화시킨 원동력이 된다.

요약하면, 다음과 같다.

인간 미토콘드리아의 게놈→37개의 유전자에서 13개의 단백질을 만든다.

미토콘드리아 게놈→rRNA 2개와 tRNA 22개가 있으며, 13개의 단백질을 지정하는 유전자를 합해 37개의 유전자가 존재한다.

그림 3-30 엽록체의 물 분해형 광합성과 미토콘드리아의 호흡 과정 한 장에 모음

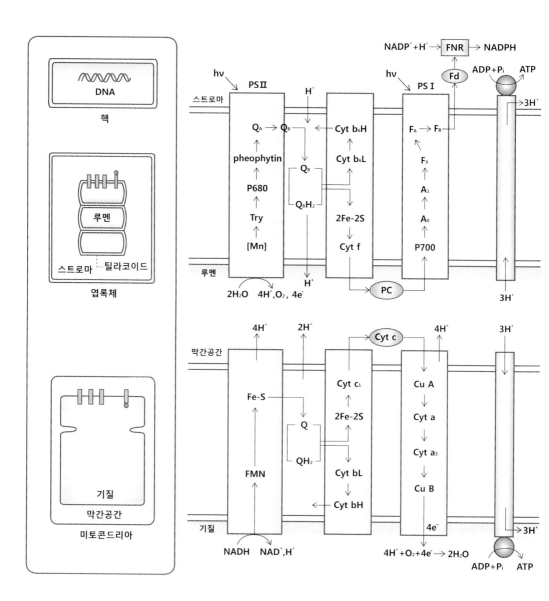

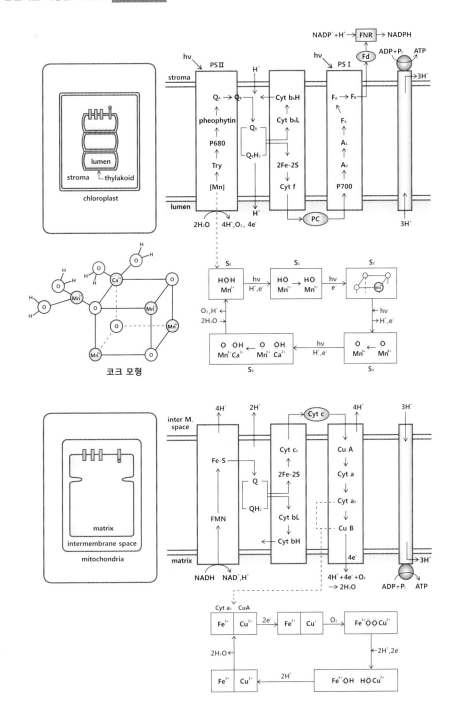

그림 3-32 엽록체의 광합성과 미토콘드리아 TCA 회로, 지질 합성 과정 [한 장에 모음]
사각형 그림: 광합성과 호흡 과정 단백질과 ATP 합성효소
중앙 상단: 5탄당인산 회로 분자식, 좌측 하단: 캘빈 회로와 TCA 회로 분자식
우측 상단: 지방산 생합성, 우측 하단: IPP에서 콜레스테롤 합성 과정 분자식

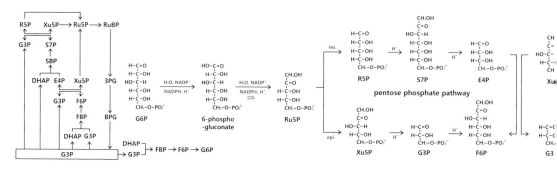

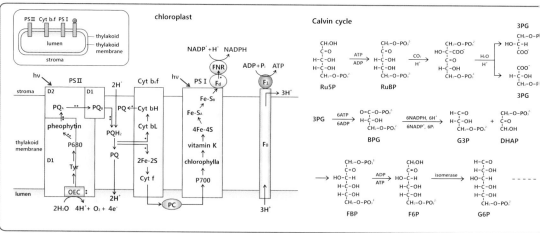

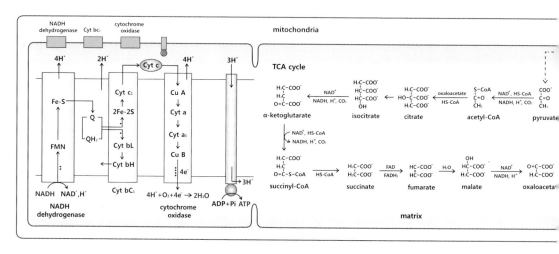

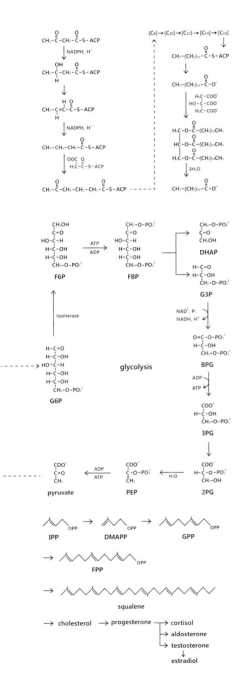

그림 3-33 동물 세포 구조와 TCA 회로, DNA 구조, 아미노산 합성, 인지질막 **한 장에 모음**

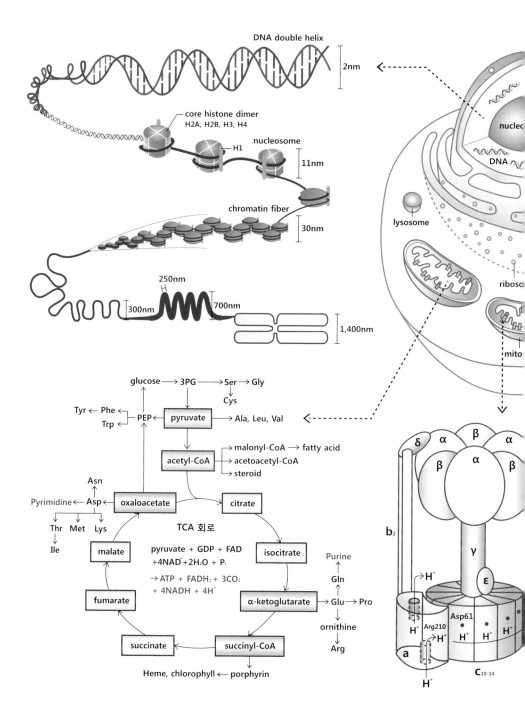

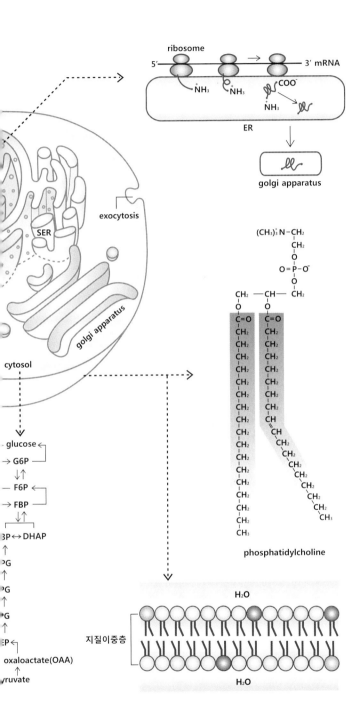

ribosome

5′

3′ mRNA

$\overset{+}{N}H_3$ $\overset{+}{N}H_3$ COO^-

$\overset{+}{N}H_3$

ER

golgi apparatus

exocytosis

SER

golgi apparatus

cytosol

glucose

G6P

F6P

FBP

3P ↔ DHAP

PG

PG

PG

EP

oxaloactate(OAA)

ruvate

$(CH_3)_3^+N-CH_2$

CH_2

O

$O=P-O^-$

O

CH_2 — CH — CH_2

O O

$C=O$ $C=O$

CH_2 CH_2

CH_2 CH_2

CH_2 CH_2

CH_2 CH_2

CH_2 CH_2

CH_2 CH_2

CH_2 CH

CH_2 CH

CH_2 CH_2

CH_2 CH_2

CH_2 CH_2

CH_2 CH_2

CH_2 CH_2

CH_3 CH_3

phosphatidylcholine

H_2O

지질이중층

H_2O

그림 3-34 에너지 대사 한 장에 모음

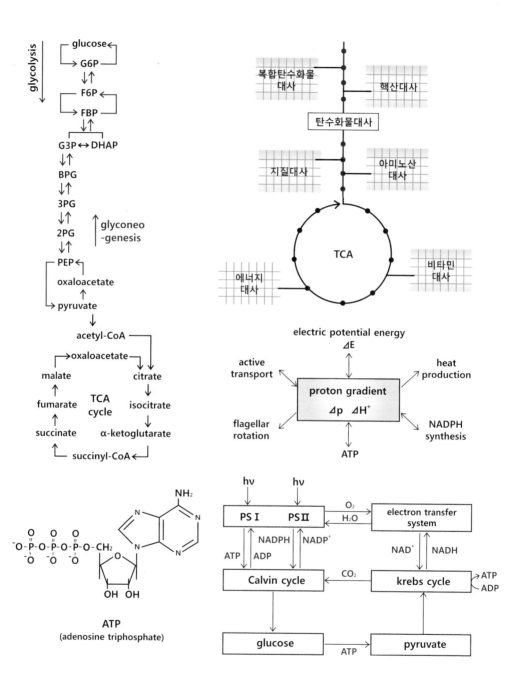

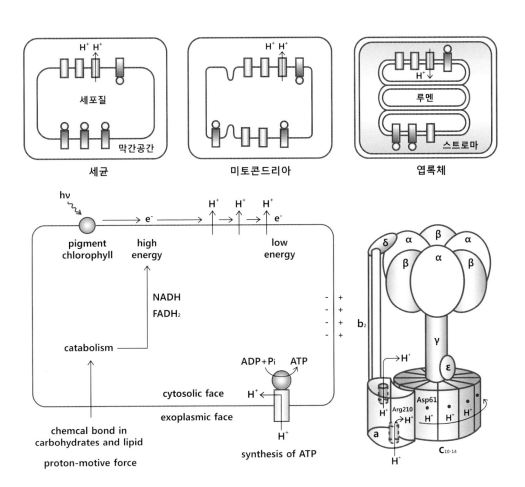

세균   미토콘드리아   엽록체

	분자수/세포	합성분자/초	ATP/초
DNA	1	0.001	6만
RNA	1만 5천	12	6만 5천
다당류	4만	32	6만 7천
지질	1,500만	12,500	8만 7천
단백질	170만	1,400	210만

그림 3-35 미토콘드리아 단백질 합성 과정 한 장에 모음

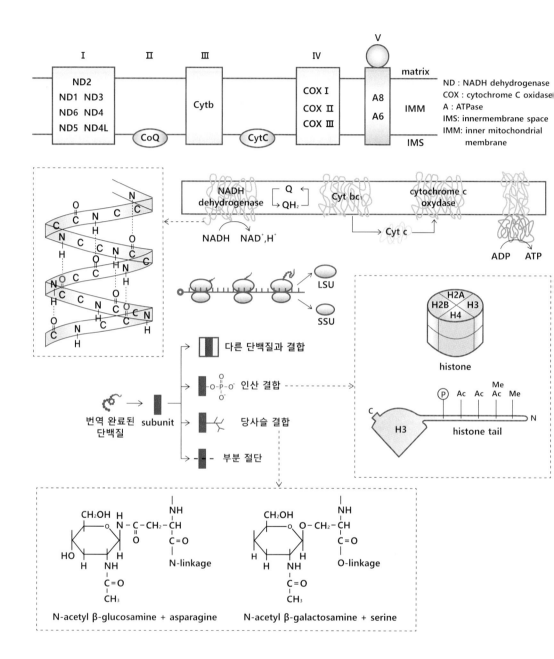

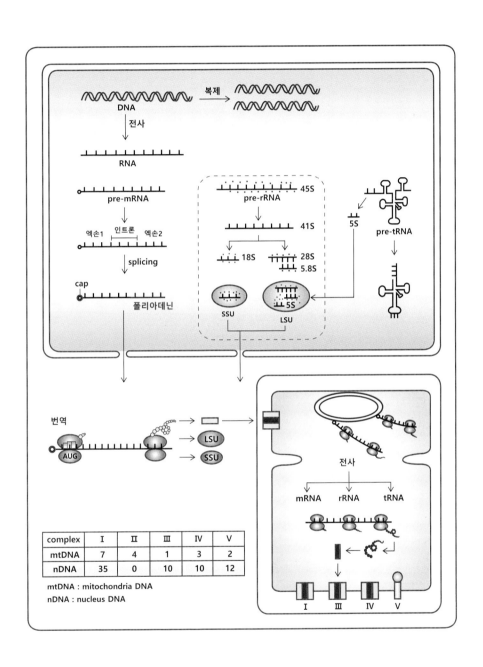

complex	I	II	III	IV	V
mtDNA	7	4	1	3	2
nDNA	35	0	10	10	12

mtDNA : mitochondria DNA
nDNA : nucleus DNA

그림 3-36 TCA 회로와 탄수화물 대사 과정 한 장에 모음

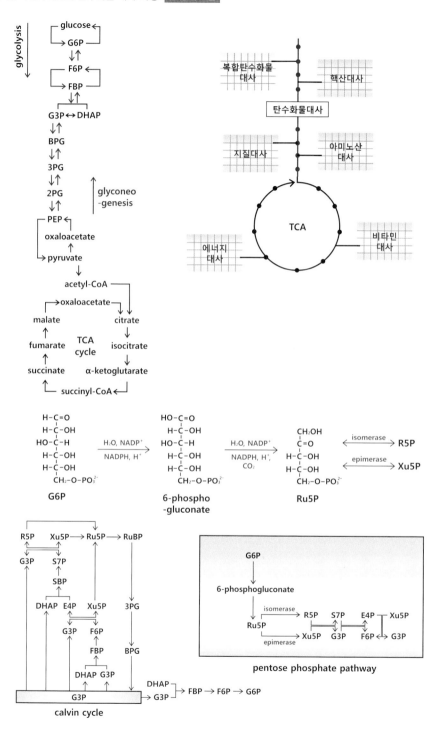

pentose phosphate pathway

calvin cycle

glycolysis

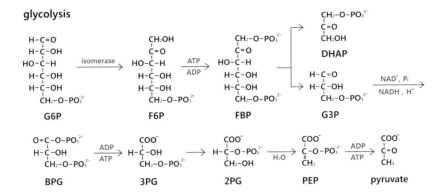

TCA cycle

pentose phosphate pathway

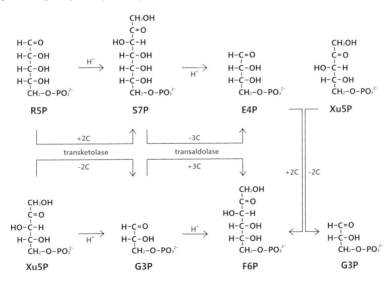

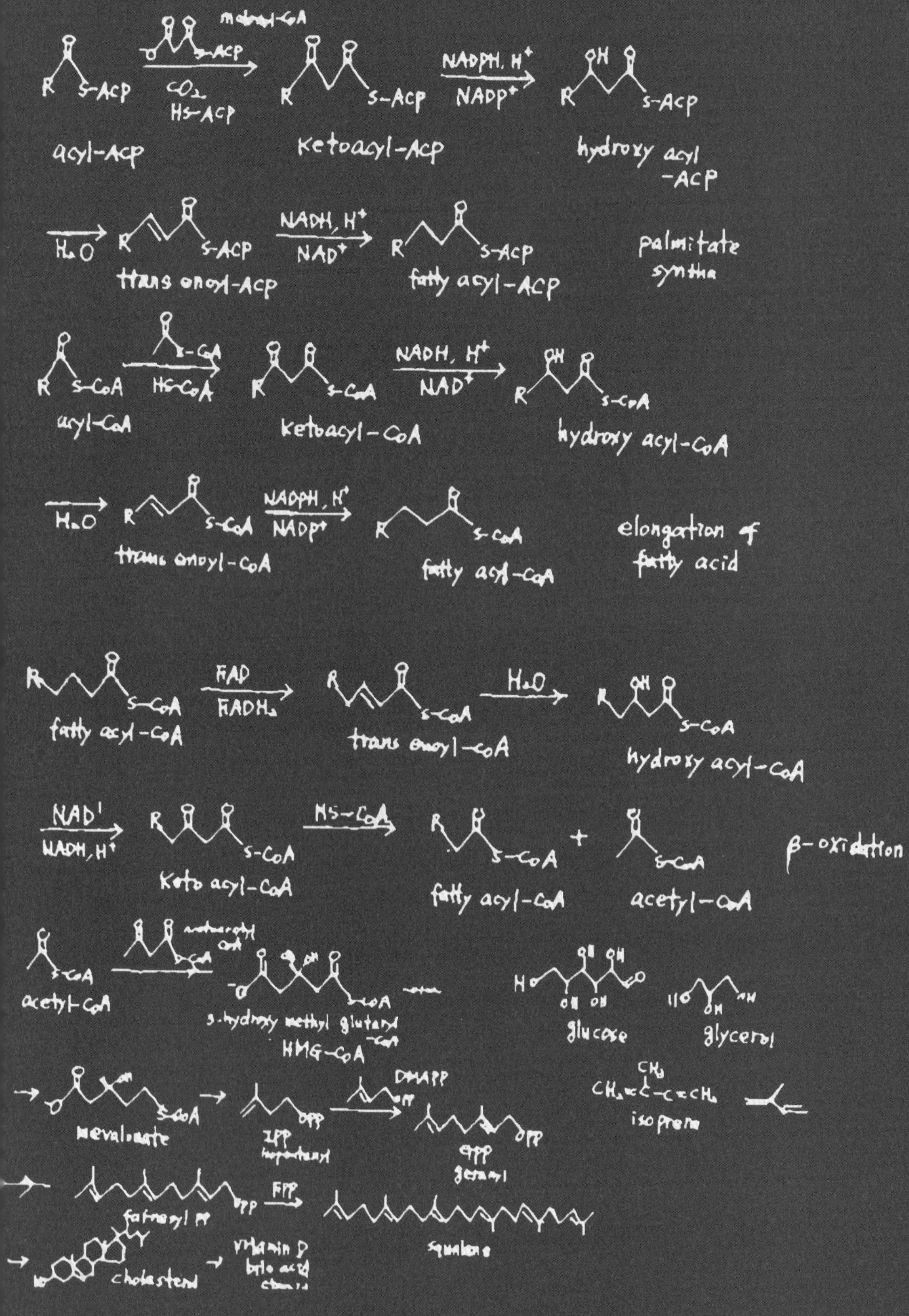

acyl-ACP
ketoacyl-ACP
hydroxy acyl-ACP
trans enoyl-ACP
fatty acyl-ACP
palmitate synthase

acyl-CoA
ketoacyl-CoA
hydroxy acyl-CoA
trans enoyl-CoA
fatty acyl-CoA
elongation of fatty acid

fatty acyl-CoA
trans enoyl-CoA
hydroxy acyl-CoA
Keto acyl-CoA
fatty acyl-CoA + acetyl-CoA
β-oxidation

acetyl-CoA
3-hydroxy methyl glutaryl HMG-CoA
glucose
glycerol

mevalonate
IPP important
gpp geranyl
$CH_2=C-C=CH_2$ isoprene

farnesyl pp
FPP
squalene

cholesterol
vitamin D bile acid steroid

4 지질과 생체막

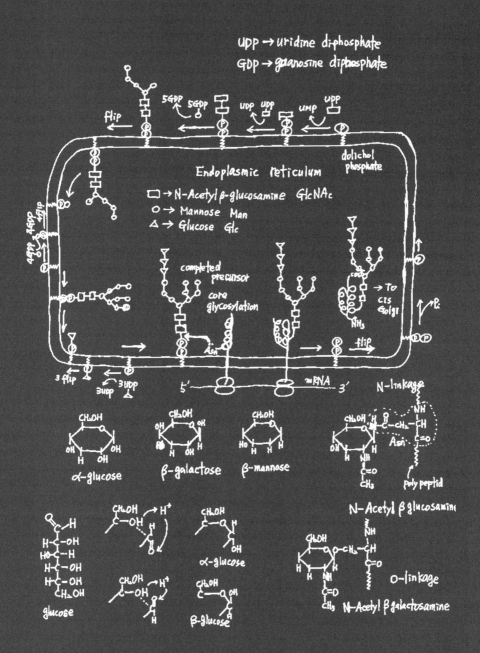

UPP → uridine diphosphate
GDP → guanosine diphosphate

flip   5GDP 5GDP   UDP UDP   UMP UPP

Endoplasmic reticulum   dolichol
                                                         phosphate
□ → N-Acetyl β-glucosamine GlcNAc
○ → Mannose Man
△ → Glucose Glc

4PP 4GDP flip

completed
precursor   COOH → To
core   cis
glycosylation   Golgi
                                                   NH₃

Asn   flip

3 flip   5'   mRNA   3'   N-linkage
   3UPP

CH₂OH   CH₂OH   CH₂OH   CH₂OH   NH
                OH   OH   C-CH₂ CH
OH   OH   H   OH   HO   H   H   H   H   C=O   Asn
   H H   NH₂
α-glucose   β-galactose   β-mannose   C=O
                                           CH₃   poly peptid

        H   CH₂OH → H⁺   CH₂OH   N-Acetyl β glucosamine
H-C-OH   C-OH   C   NH
HO-C-H   OH   CH₂OH   C-CH₂-CH
H-C-OH   α-glucose   O   C-O
H-C-OH   CH₂OH → H⁺   CH₂OH   H   NH   O-linkage
CH₂OH   C-OH   C   C=O
glucose   OH   CH₃   N-Acetyl β galactosamine
             β-glucose

생체막은 인지질로 구성된다

인지질 이중막은 진핵세포의 원형질막과 소포체막, 골지체막, 미토콘드리아막, 엽록체의 틸라코이드막을 구성한다. 세포막에 삽입된 단백질은 다양한 생화학 작용을 수행한다. 생체막의 구성과 작용은 지질의 구조를 분자 수준에서 공부해야 알 수 있다. 지질lipid은 저장지질과 막지질로 구분되는데, 저장지질은 트리아실글리세롤triacylglycerol(TAG)이며 중성지질이다. 막지질은 인산지질phospholipid과 당지질glycolipid로 나뉘는데, 인산지질에는 글리세르인산지질과 스핑고지질이 있고, 당지질에는 스핑고지질sphingolipid과 갈락토지질galactolipid이 있다. 원형질막의 중요한 구성 요소인 인산지질은 포스파티딕산phosphatidic acid이 기본 구성 분자이다. 인산지질은 대부분 포스파티딕산에서 생성되며 포스파티딕산은

그림 4-1 인지질 이중막을 구성하는 인산이 결합된 지질은 포스파티딕산에 콜린, 세린, 에탄올아민, 이노시톨이 결합한 분자이다. 인산지질 이외에 당지질, 스핑고미엘린이 있다. 지질 이중층에서 친수성인 머리는 물과 접하고, 소수성인 꼬리는 두 가닥 존재한다.

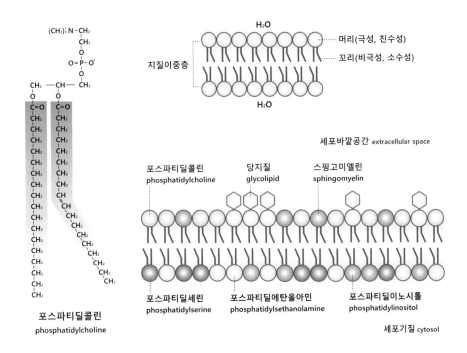

글리세롤에서 첫 번째 탄소에 인산이 결합한 글리세롤3인산glycerol 3-phosphate과 패티아실조효소Afattyacyl Coenzyme A(패티아실-CoA) 두 분자가 결합하여 생성된다. 포스파티딕산에서 무기인산이 탈락하면 디아실글리세롤diacylglycerol(DAG) 분자가 된다. 디아실글리세롤 분자의 OH기에 인산-콜린이 결합하면 포스파티딜콜린phosphatidylcholine이 된다. 또한 포스파티딕산의 인산기에 이노시톨이 결합하면 포스파티딜이노시톨phosphatidylinositol이 되며 포스파티딕산의 인산기에 에탄올아민과 세린이 결합하면 포스파티딜에탄올아민phosphatidylethanolamine과 포스파티딜세린phosphatidylserine이 된다.

인지질막에 인산지질이 합성되어 삽입되는 과정은 다음과 같다. 아실트랜스퍼라아제acyltransferase의 작용으로 패티아실-CoA와 글리세롤3인산이 결합하고, 두 분자의 CoA가 탈락되어 포스파티딕산이 된다. 포스파티딕산은 탈인산효소 포스파타아제phosphatase의 작용으로 인산기가 빠져나가 디아실글리세롤(DAG)이 되고 DAG 분자는 콜린포스포트랜스퍼라아제cholin phosphotransferase의 작용으로 포스파티딜콜린이 된다. 포스파티딜콜린은 플립파아제flippase의 작용으로 한

그림 4-2 인지질 이중막으로 구성된 세포내 소기관이다. 핵, 조면소포체, 리소솜, 미토콘드리아의 막힌 곡선으로 표시된 막은 모두 인지질 이중막이다. 동물 세포는 원형질막, 식물 세포는 세포벽이 바깥막이 된다.

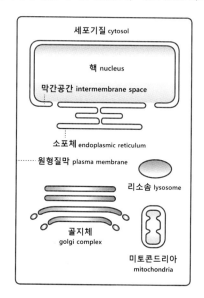

쪽 인지질층에서 회전하여 반대쪽 인지질층으로 삽입된다. 인산지질 분자는 크기가 3nm이며, 머리 부분은 친수성인데, 포스파티딜콜린의 경우 콜린 분자 $(CH_2)_2N^+(CH_3)_3$의 양전하가 물 분자와 상호작용하여 친수성이 된다. 지방산 사슬을 구성하는 CH_2 분자의 긴 연쇄는 전기를 띠지 않는 무극성으로, 소수성이 된다. 인산지질 분자 1개는 분당 3만 회나 회전하며 1초에 약 2μm의 직선 운동을 하며, 인지질 이중막에서 180도 회전하는 자리이동 flip-flop은 매우 드물어서 한 달에 한 번 정도 발생한다. 인지질막의 유동성은 지방산 꼬리 부분의 이중결

그림 4-3 인지질 이중막 구조와 인지질막 구성 분자 생성으로 포스파티딕산의 인산에 세린, 콜린, 에탄올아민, 이노시톨분자가 결합하여 인지질 분자를 형성한다. 인산지질 혹은 인지질이 원형질막에 생성되는 과정에 작용하는 효소들은 단백질분해효소, 콜린전달효소, 플립파아제가 있다.

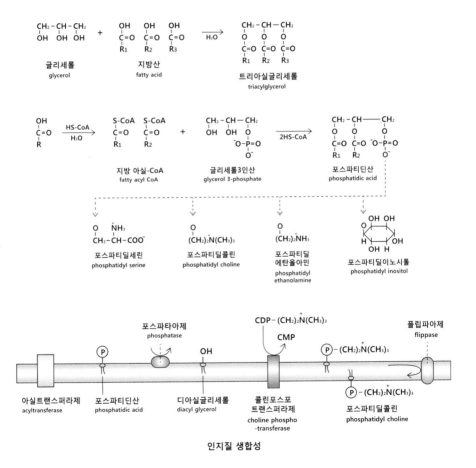

합과 관련된다.

지방산의 사슬에서 CH_2와 CH_2의 탄소 사이는 단일결합이지만 CH와 CH의 탄소결합은 이중결합이 되어 지방산사슬이 직선에서 약간 꺾인 불포화지방산이 되어 생체막의 유동성이 높아진다. 그리고 콜레스테롤 분자도 인지질막에 삽입되어 막의 유동성을 낮추고 강도를 높여준다. 콜레스테롤 분자는 인지질 분자와 수소결합하여 막에 삽입된다. 에너지 저장원으로 중요한 중성지방은 트리아실글리세롤(TAG)이며 글리세롤 한 분자에 3개 분자의 지방산이 결합하여 생성된다. 이 과정에 물 분자 3개가 빠져나오는 탈수중합반응으로 글리세롤과 지방산이 공유결합하게 된다. 중성지방 중 포화지방은 상온에서 고체 상태가 되므로 흔히 지방이라 부르며, 불포화지방은 상온에서 액체 상태이다.

요약하면, 다음과 같다.

지질: 저장지질, 막지질

저장지질: 트리글리세롤 (중성지질)

트리글리세롤: 글리세롤+지방산, 지방산 포화, 불포화

막지질: 인산지질과 당지질

인산지질: 글리세르인산지질, 스핑고지질

당지질: 스핑고지질, 갈락토지질

막지질의 기본 분자: 포스파티딕산

막지질의 종류: 포스파티딜콜린, 포스파티딜세린, 포스타티딜이노시톨, 포스파티딜에탄올아민

인지질 분자의 유동성: 3만 rpm, 2μm/sec, 월 1회 자리 이동

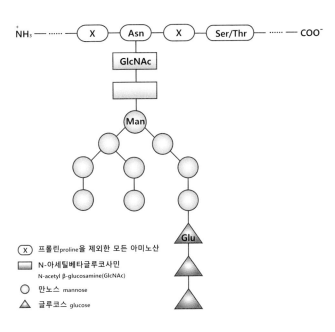

- X 프롤린proline을 제외한 모든 아미노산
- N-아세틸베타글루코사민
  N-acetyl β-glucosamine(GlcNAc)
- 만노스 mannose
- 글루코스 glucose

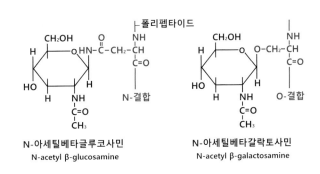

N-아세틸베타글루코사민
N-acetyl β-glucosamine

N-아세틸베타갈락토사민
N-acetyl β-galactosamine

그림 4-5 조면소포체막에서 당사슬이 만들어지는 과정으로 (GlcNAc)₂(Man)₉(Glc)₃ 구조가 생성된다. (GlcNAc)₂(Man)₉(Glc)₃은 N-아세틸글루코사민, 만노스, 글루코스로 구성되는 당사슬이다.

출처: P. Orlean, "Architecture and Biosynthesis of the *Saccharomyces cerevisiae* Cell Wall", *GENETICS*, November 1, 2012, vol.192, no.3, 775-818.

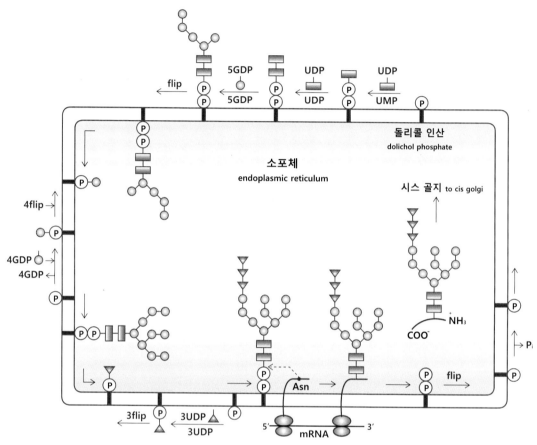

UDP - 우리딘2인산 uridine diphosphate   GDP - 구아노신2인산 guanosine diphosphate

N-아세틸베타글루코사민 N-acetyl β-glucosamine(GlcNAc)   글루코스 Glucose   만노스 Mannose

그림 4-6 당사슬에 결합된 아미노산사슬의 입체 구조 형성 과정으로, 칼넥신 효소와 당사슬의 상호작용으로 단백질 접힘 구조가 만들어지며, 접힘 구조가 불량인 단백질은 세포질에서 분해된다.

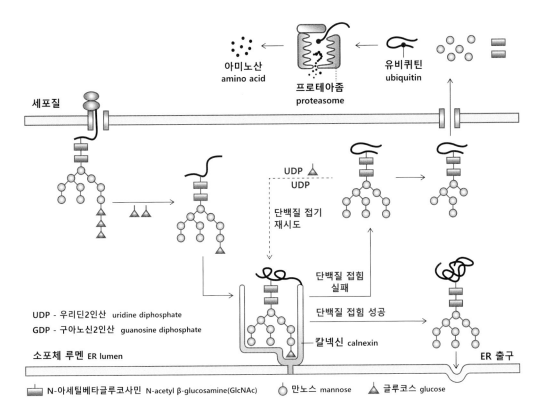

그림 4-7 아미노산에 결합된 당사슬에 따라 혈액을 A, B, O, AB형으로 분류한다.

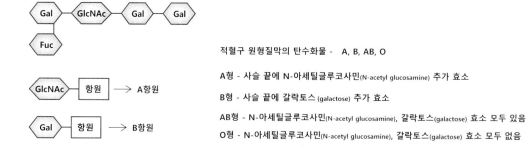

적혈구 원형질막의 탄수화물 - A, B, AB, O

A형 - 사슬 끝에 N-아세틸글루코사민(N-acetyl glucosamine) 추가 효소

B형 - 사슬 끝에 갈락토스(galactose) 추가 효소

AB형 - N-아세틸글루코사민(N-acetyl glucosamine), 갈락토스(galactose) 효소 모두 있음

O형 - N-아세틸글루코사민(N-acetyl glucosamine), 갈락토스(galactose) 효소 모두 없음

단백질 입체 구조 접힘이 효소 작용의 핵심이다

단백질에 당이 결합한 당단백질은 알파글루코스, 만노스당, N-아세틸글루코사민이 아미노산 서열에 부착되어 형성된다. 알파글루코스는 고리형 6탄당 1번 탄소에 결합된 C-H와 C-OH에서 OH가 탄소에 아래 방향으로 결합한 구조이다. 알파글루코스 분자들이 탈수중합반응으로 형성한 다당류가 녹말이다. 1번 탄소에 결합한 수산기 방향이 위쪽인 경우를 베타글루코스라 하고, 베타글루코스가 탈수중합으로 길게 연결된 분자를 셀룰로오스라 한다. 식물의 녹말과 동물 세포의 글리코겐glycogen은 알파글루코스가 다단계로 연결되어 만들어진다. 베타만노스당은 6탄당 고리구조에서 4번 탄소에 수산기가 아래로 결합하며, 베타갈락토스당은 2번 탄소에 수산기가 아래로 결합한 구조이다. N-아세틸글루코사민은 알파글루코스의 2번 탄소에 아세틸아민기(NH-(C=O)-CH3)가 결합한 구조이다. 6탄당이 단백질에 결합하는 과정은 이렇다. 조면소포체rough endoplasmic reticulum(RER)막에 삽입된 돌리콜dolichol인산에 UDP-N아세틸글루코사민이 작용하여 인산기 하나와 N-아세틸글루코사민 한 분자가 돌리콜인산에 첨가된다. 이어서 한 번 더 UDP-N아세틸글루코사민(GlcNAc)이 작용하여 N-아세

틸글루코사민 한 분자를 더 첨가한다. 그리고 GDP-만노스가 5번 작용하여 돌리콜 분자에 인산기 2개, N-아세틸글루코사민 분자 2개, 그리고 만노스 분자 5개가 결합한 상태가 된다.

다음 단계는 돌리콜에 결합된 이 분자가 플립파아제의 작용으로 180도 회전하여 세포질에서 조면소포체 내강으로 들어오는 단계다. 그리고 계속해서 돌리콜인산에 GDP-만노스가 4번 첨가되어 돌리콜 분자에 인산기 2개, N-아세틸글루코사민 분자 2개, 그리고 만노스 분자 9개, 즉 $(GlcNAc)_2(Man)_9$ 구조가 생성된다. 마지막으로 UDP-N아세틸글루코사민이 3번 반복 작용하여 알파글루코스 3개 분자가 차례로 $(GlcNAc)_2(Man)_9$ 구조에 결합하여 돌리콜의 인산에 $(GlcNAc)_2(Man)_9(Glc)_3$가 결합한 형태가 된다. 조면소포체막에 부착된 리보솜이 아미노산을 연결하여 서열을 만들면 아미노산 서열에 존재하는 아스파라긴에 $(GlcNAc)_2(Man)_9(Glc)_3$ 구조가 결합한다. 아미노산 1차사슬에 결합한 $(GlcNAc)_2(Man)_9(Glc)_3$ 구조에서 글루코스 분자 2개가 제거된 $(GlcNAc)_2(Man)_9(Glc)$ 구조가 조면소포체 내강에 존재하는 칼넥신calnexin 효소에 결합하여 아미노산 선형사슬을 접어서 입체 구조의 단백질을 만든다.

정확히 접히지 않은 아미노산 사슬은 $(GlcNAc)_2$와 결합한 상태로 조면소포체에서 세포질로 방출된다. 이 사슬에 유비퀴틴ubiqutin이 부착되고, 유비퀴틴 분자를 식별하면 단백질 분해효소가 아미노산 사슬을 분해한다. 분해된 개별 아미노산은 재사용된다. 생화학 작용은 단백질 효소 입체 구조의 작용이며, 정확히 접히지 않은 단백질은 각종 질병을 일으킨다. 그래서 정확히 접히지 않은 단백질을 분해하는 프로테아솜proteasome 효소가 세포질에서 활발히 작동한다. 세포 속 단백질의 30% 정도는 입체 구조 접힘에 불량이 있어 프로테아솜 효소에 의해 분해된다. 그래서 단백질 분해효소인 프로테아솜의 작용이 매우 중요하며, 세포내 단백질의 1% 정도가 프로테아솜이다. 불량 단백질을 신속히 분해하고 정확한 입체 구조의 단백질을 매 순간 생산하는 분해와 합성의 균형이 생명 현상의 핵심 기능이다.

요약하면, 다음과 같다.

조면소포체막에서 당사슬 생성→(GlcNAc)₂(Man)₉(Glc)₃ 구조가 생성된다. (GlcNAc)₂(Man)₉(Glc)₃은 N-아세틸글루코사민, 만노스, 글루코스로 구성되는 당사슬이다.

프로테아솜proteasome 효소→세포 속 단백질의 30% 정도는 입체 구조 접힘에 불량이 있어 프로테아솜 효소에 의해 분해된다.

콜레스테롤은 아세틸-CoA로부터 합성된다

익숙하지만 실체를 모르는 물질이 있다. 누구나 콜레스테롤이 건강에 중요한 물질임을 알지만 그 실체를 알기란 어렵다. 콜레스테롤은 실체를 잘 모르면서도 모두에게 익숙해진 분자이다. 콜레스테롤은 혈관벽에 죽상반죽을 형성하는 주범으로 밝혀지면서 혈관을 막는 물질로 알려졌다. 콜레스테롤은 간 세포에서 주로 합성되며, 수소와 탄소로 구성된 고리형 분자이다. 음식물을 통해 반 정도 공급되고 세포 스스로 반 정도 생성하는데, 식물에는 콜레스테롤이 없다. 콜레스테롤은 아세틸-CoA에서 생성된다. 아세틸-CoA 두 분자가 결합하여 아세토아세틸acetoacetyl이 된다. 아세틸-CoA에 물 분자가 공유결합하여 생성된 분자와 아세토아세틸이 결합하여 하이드록시메틸글루타릴조효소hydroxymethylglutaryl-CoA(HMG-CoA) 분자가 된다. HMG-CoA는 메발론산mevalonate으로 전환되고, 메발론산은 아이소펜테닐파이로인산isopentenyl pyrophosphate(IPP)으로 바뀐다. IPP 분자는 게라닐파이로인산geranyl pyrophosphate(GPP) 분자로 바뀌고 GPP는 파르네실파이로인산farnesyl pyrophosphate(FPP) 분자가 된다. IPP, GPP, FPP에서 PP는 파이로인산pyrophosphate(PPᵢ)이 2개 결합한 이인산 분자이며, 분자식은 $PP_i→HP_2O_7^{3-}$이다. 게라닐geranyl은 제라늄 꽃의 향기 분자이며, 파르네실farnesyl은 장미꽃의 향기 분자이다. 아직도 콜레스테롤이 등장하지 않는다. FPP에서 생겨나는 분자로는 헴, 퀴논, 돌리콜, 스테론, 스쿠알렌이 있다. 스쿠알렌squalene 분자 2개가 결합하여 만드는 분자가 바로 콜레스테롤choesterol이다. 그래서 콜레스테롤은 누구나 들어보았지만 그 실체를 아는 사람은 드물다. 콜레스테롤의 아버지는 스쿠알렌이며 할아버지는 FPP이고, 그 가문의 시조는 아세틸-CoA이다. 이름을 알면 그 사물이 무엇인지 안다. 사물의 분류가 바로 이름이며, 분류할 수 있으면 그 사물의 의미를 안다. 세계의 분류가 세계의 의미이다. 그렇다. 아세틸-CoA는 지질분자의 조상이다. CoA, CoA, CoA가 느껴지면 생화학의 뿌리가 보인다.

그림 4-9 글루코스는 세포질에서 인산기가 결합되어 G6P가 된다. G6P 분자의 대사 경로에는 세포질의 해당 과정과 미토콘드리아의 TCA 회로가 있다. TCA 회로에서 생성된 아세틸–CoA는 세포질에서 지방산 합성 경로로 팔미트산을 생성하고, 메발론산 경로로 콜레스테롤을 생합성한다.

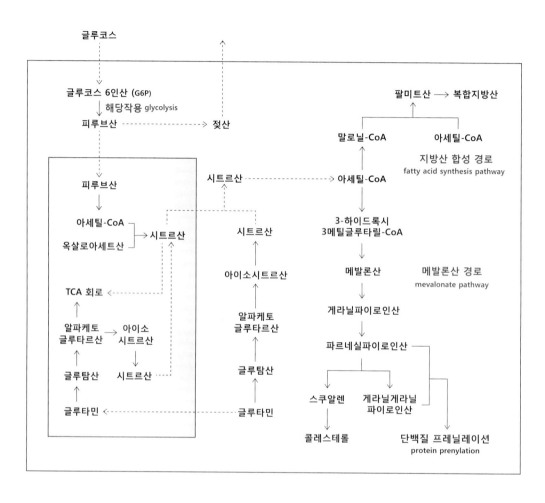

그림 4-10 아세틸–CoA 분자에서 콜레스테롤이 합성되는 아세틸–CoA → 아세토아세틸–CoA → HMG–CoA → 메발론산 → IPP → GPP → FPP → 스쿠알렌 → 콜레스테롤 분자 변환 과정

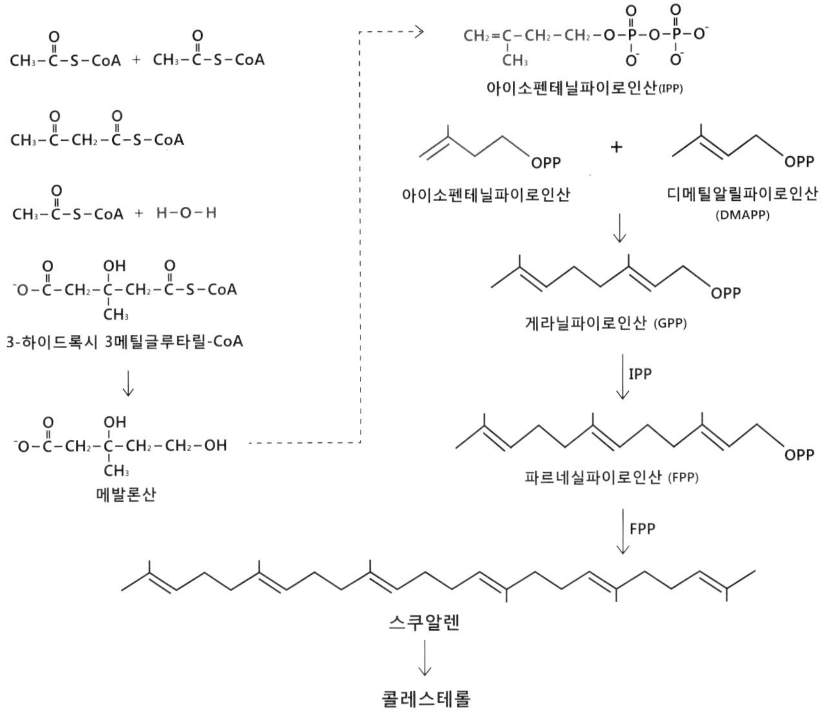

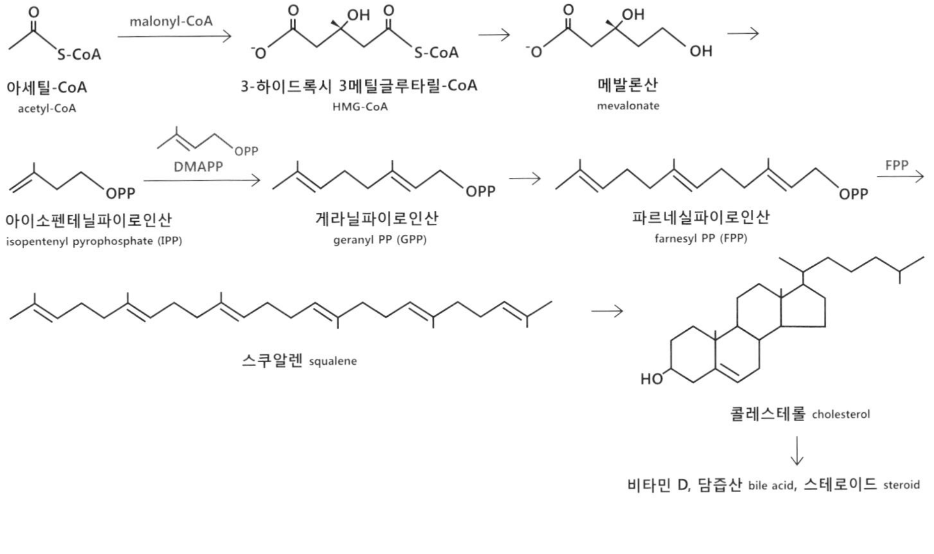

그림 4-11 콜레스테롤에서 스테로이드 호르몬인 테스토스테론, 에스트라디올, 코르티솔, 알도스테론이 생성되는 분자 변환

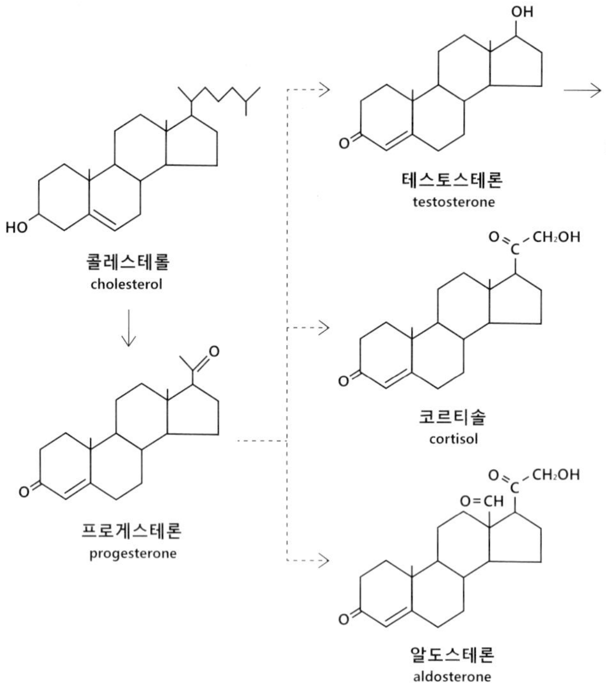

스테로이드 호르몬은 콜레스테롤로부터 합성된다

스테로이드 분자는 콜레스테롤에서 만들어진다. 많은 생체 분자들이 아세틸-CoA에서 시작한다. 아세틸-CoA 분자 2개가 결합하면 아세토아세틸-CoA, 분자 3개가 결합하면 하이드록시메틸글루타릴-CoA hydroxymethylglutaryl(HMG)-CoA 분자가 된다. HMG에서 메발론산이 생성되며 메발론산에서 아이소펜테닐파이로인산isopentenyl pyrophosphate(IPP) 분자가 만들어진다. IPP 분자에서 게라닐 분자를 거쳐 파르네실farnesyl 분자가 되며 파르네실 분자 2개가 결합하여 비로소 콜레스테롤 분자가 만들어진다. 비타민 D, 담즙산, 스테로이드 호르몬은 모두 콜레스

테롤에서 합성된다. 결국 콜레스테롤도 아세틸-CoA 분자끼리 결합하여 생성되는 분자이다. 생명의 분자는 아세틸-CoA와 연결된다. 콜레스테롤은 6각형 탄소고리 위에 6각형과 5각형 탄소고리가 결합되고 5각형 탄소고리에서 폴리에틸렌 분자가 사슬처럼 결합한 형태이다. 콜레스테롤의 탄소고리는 견고하여 분해되지 않고, 사슬 분자의 모양이 조금씩 바뀌면서 여러 가지 스테로이드 분자를 만든다.

콜레스테롤의 5각형 탄소고리에 결합한 곁사슬은 $CH_3-CH-CH_2-CH_2-CH_2-CH(CH_3)-CH_3$ 분자가 3개의 V자 형태로 결합한 것이다. 3개의 V자에서 1개의 V자만 남은 형태에 산소 원자가 이중결합으로 연결된 분자가 프로게스테론progesteron이며, 곁사슬이 OH 분자이면 테스토스테론testosterone이 된다. 테스토스테론은 첫 번째 6각형 탄소고리에 이중결합이 1개이며 에스트라디올estradiol 은 이중결합이 3개이다. 프로게스테론에서 2개의 OH기가 추가되고 곁사슬이 $O=C-CH_2OH$로 바뀌면 코르티솔cortisol이 되며, 하나의 CH_3가 $O=CH$ 분자가 되면 알도스테론aldosteron 호르몬이 된다. 동물의 성적 욕구를 만드는 스테로이드 호르몬 분자들은 모두 콜레스테롤에서 합성되고, 콜레스테롤은 아세틸-CoA에서 생성된다. 결국 아세틸-CoA가 생성하는 콜레스테롤이 다양한 호르몬을 만들었다. 성적 욕구도 아세틸-CoA에서 기원한다. 인간의 감정, 본능, 기억, 의식 모두가 분자 변환에서 생겨난다.

세포질에서 아세틸-CoA 분자에 의한 지방산 생합성이 일어난다

포화지방산과 불포화지방산은 원자 간 결합에 작은 차이가 있지만, 생화학 경로는 아주 다르다. 지방산 분자를 구성하는 2개의 탄소 원자 사이에 이중결합이 없으면 포화지방산이 되며, 이중결합이 하나 이상 존재하면 불포화지방산이 된다. 지방산 분자 세 가닥이 글리세롤에 탈수중합반응으로 결합한 트리아실글리세롤(TAG)이 지방인데, 지방과 지방산은 다르다. 지방산은 탄소 원

그림 4-12 세포질에서 아세틸-CoA와 말로닐-CoA 분자에서 팔미트 지방산의 생합성 회로

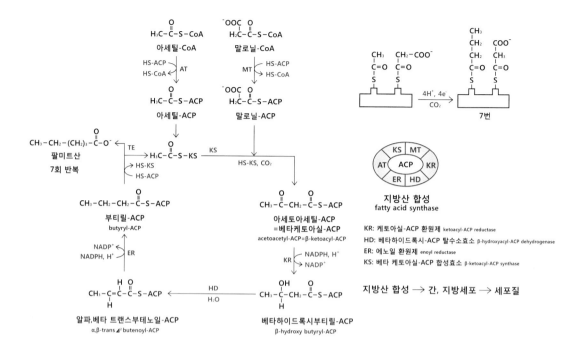

자의 4개 결합손에 산소 원자의 이중결합과 CH_2의 긴 사슬이 결합된 형태이다. 팔미트산palmitate, 스테아릭산stearic acid은 포화지방산이며, 올레익oleic, 리놀레익 linoleic, 리놀레닉산linolenic acid은 불포화지방산이다. 탄소 원자가 16개인 팔미트산 은 세포질에서 합성되며, 16개 이상의 탄소가 결합되는 지방산은 미토콘드리아 기질과 소포체에서 지방산 사슬연장 반응으로 생성된다.

지방산의 이중결합은 소포체에서 만들어진다. 식물성 기름은 주로 불포화지 방산이고, 상온에서 액체이다. 동물의 기름은 포화지방산으로, 이중결합이 존재 하지 않아서 지방산 분자 간의 간격이 좁다. 그래서 유동성이 낮아져 상온에서 고체가 된다. 동물성 지방을 과다하게 섭취하면 동맥경화증의 위험이 있다. 지 방산의 포화와 불포화 상태를 구별하는 것은 지방산을 이해하는 데 핵심이다. 지방산은 생합성되며 탄화수소사슬이 연장된다. 지방산의 생성과 분해는 포화 지방산과 불포화지방산에 따라 그 방식이 다르다. 지방산 생합성은 탄소 16개

포화지방산인 팔미트산이 세포질에서 생성되는 과정이다. 팔미트산은 탄소 4개의 결합손에 산소 이중결합과 산소이온 그리고 에틸 분자(CH_2)가 길게 연결된 $^-O-(C=O)-(CH_2)_{14}-CH_3$ 구조이다. 지방산 분자의 탄소사슬이 CH_2로만 구성되면 포화지방산, $CH=CH$ 형태의 이중결합이 존재하면 불포화지방산이 된다.

팔미트 지방산은 세포질에서 합성되며, 16개 이상의 탄소 원자 추가는 미토콘드리아 기질의 지방산 사슬연장 과정에서 이루어진다. 불포화지방산의 이중결합은 소포체에서 형성되는데, 지방산의 분해도 포화지방산과 불포화지방산의 과정이 다르다. 세포질에서 팔미트산의 생합성은 아세틸-ACP 분자 1개와 말로닐-ACP 분자 1개가 결합하여 케토아실-ACP 분자를 만들면서 시작된다. 아세틸-CoA의 분자식은 $H_3C-(C=O)-SCoA$이며, 말로닐 분자는 아세틸 분자에 이산화탄소가 결합한 것이다. 말로닐-ACP의 분자식은 $^-COO-CH_2-(C=O)-SACP$인데, ACP는 아실기전달단백질acyl carrier protein의 약자이며 S는 황원자이다. 아세틸-CoA와 말로닐-ACP가 결합하고 아세토아세틸-ACP가 생성되면서 지방산 생합성은 시작된다. 아세토아세틸-ACP의 분자식은 $H_3C-(C=O)-CH_2-(C=O)-SACP$이다. 아세토아세틸-ACP 분자에 $NADPH \rightarrow NADP^+ + H^+ + 2e$의 산화작용으로 하이드록시아실-ACP가 생성되고, 그 분자식은 $H_3C-(HO-C-H)-CH_2-(C=O)-SACP$가 된다.

하이드록시아실-ACP 분자에서 물 분자 1개가 빠져나오면 트랜스에노일-ACP 분자가 되고, 그 분자식은 $H_3C-CH=CH-(C=O)-SACP$이다. 트랜스에노일-ACP 분자에 한 번 더 $NADPH \rightarrow NADP^+ + H^+ + 2e$ 작용이 생기면 지방산아실-ACP가 되는데, 그 분자식은 $H_3C-CH_2-CH_2-(C=O)-SACP$이다. 이처럼 지방산의 생합성 회로가 작용하면 말로닐-ACP 분자가 반응에 참가할 때마다 탄소 원자가 2개씩 추가되어 7회 반복 회로의 작용으로 16개 탄소로 된 팔미트산이 세포질에서 만들어진다. 팔미트산이 생성되는 전체 회로는 아세틸-CoA+7 말로닐-CoA+14NADPH+14H$^+$→팔미트산+7CO_2+8 CoA+14NADP$^+$+6H_2O 이다. 팔미트 지방산의 생합성 과정에 14개 분자의 NADPH가 14개 분자의 NADP$^+$로 산화반응하여 팔미트산이 합성되는 환원 반응이 일어난다. 팔미트산

그림 4-13 글루코스 해당 과정, TCA 회로, 지방산 합성, 젖산과 에탄올 생성, 5탄당인산 회로 상호 관계.
한 장에 모음

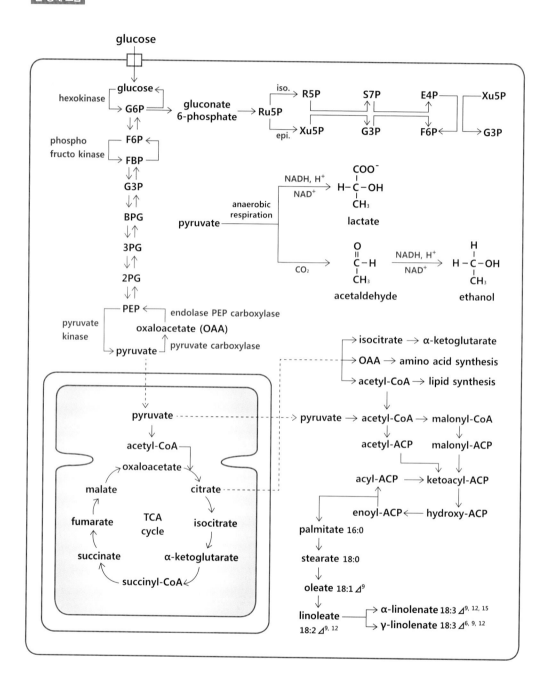

은 미토콘드리아와 소포체로 이동하여 지방산 사슬연장 반응으로 탄소 원자가 16개보다 긴 사슬의 지방산이 미토콘드리아와 소포체에서 생성된다. 불포화지방산의 이중결합은 소포체에서만 생성된다. 세포질에서 지방산 생합성의 출발 분자는 아세틸-CoA 분자이다. 아세틸-CoA는 생화학에서 글루코스 다음으로 중요한 분자이다.

요약하면, 다음과 같다.

포화지방산→팔미트산, 스테아릭산

불포화지방산→올레익oleic**, 리놀레익**linoleic**, 리놀레닉산**linolenic acid

지방산 생합성 회로→말로닐-ACP 분자가 반응에 참가할 때마다 탄소 원자가 2개씩 추가되어 7회 반복회로의 작용으로 16개 탄소로 된 팔미트산이 세포질에서 만들어진다.

팔미트산 생성: 아세틸-CoA+7말로닐-CoA+14NADPH+14H$^+$→팔미트산+7CO$_2$+8 CoA+14NADP$^+$+6H$_2$O

그림 4-14 세포질에서 팔미트산의 합성과 미토콘드리아의 지방산 사슬연장 작용의 분자 변환

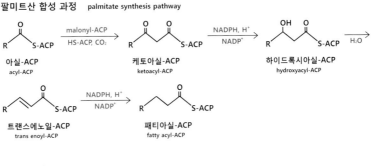

그림 4-15 미토콘드리아 기질에서 지방산은 아세틸-CoA로 산화되며, 이 과정에서 FAD→$FADH_2$, NAD^+→NADH로 환원 작용이 일어난다.

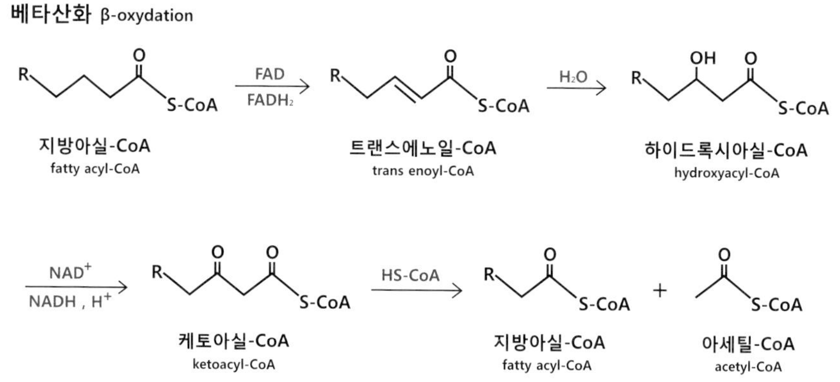
베타산화 β-oxydation
R
O
S-CoA
FAD
$FADH_2$
지방아실-CoA
fatty acyl-CoA
트랜스에노일-CoA
trans enoyl-CoA
H_2O
OH
하이드록시아실-CoA
hydroxyacyl-CoA
NAD^+
NADH , H^+
케토아실-CoA
ketoacyl-CoA
HS-CoA
지방아실-CoA
fatty acyl-CoA
+
아세틸-CoA
acetyl-CoA

그림 4-16 지방산 생성 출발 분자인 조효소A 분자 구조

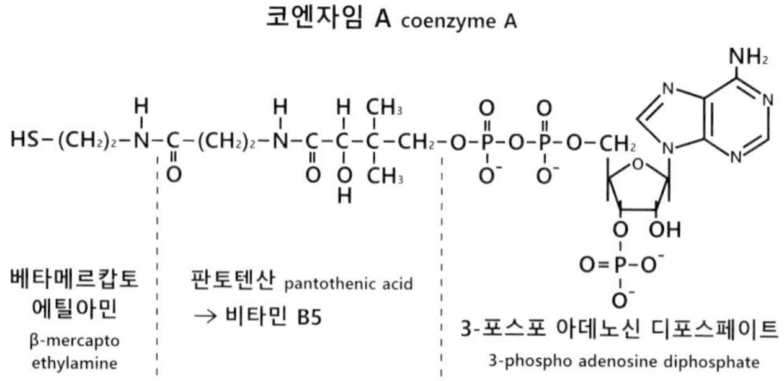
코엔자임 A coenzyme A
NH_2
HS-$(CH_2)_2$-N-C-$(CH_2)_2$-N-C-C-C-CH_2-O-P-O-P-O-CH_2
베타메르캅토 에틸아민
β-mercapto ethylamine
판토텐산 pantothenic acid
→ 비타민 B5
3-포스포 아데노신 디포스페이트
3-phospho adenosine diphosphate

그림 4-17 해당 작용, TCA 회로, 지방산 합성, 콜레스테롤 합성 과정 한 장에 모음

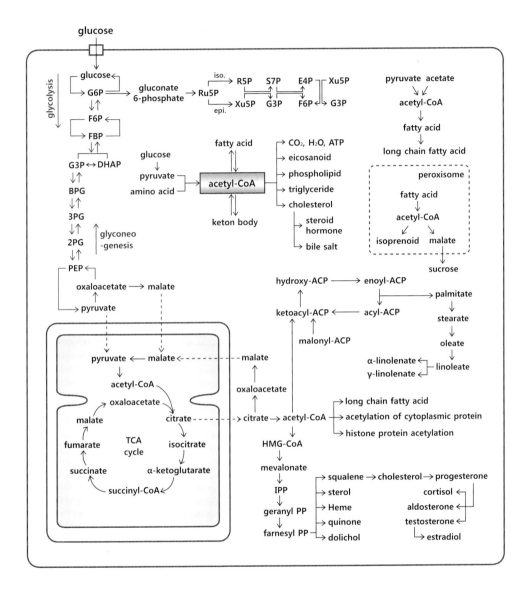

지방산의 베타산화는 에너지 생산 과정이다

지방산의 분해 과정은 미토콘드리아 기질에서 일어난다. 지방산의 베타산화β-oxidation 과정은 팔미토일-CoA에서 시작되며 그 분자식은 $S-CoA-(C=O)-(CH_2)_{14}-CH_3$이다. 팔미토일-CoA 분자에 FAD→FADH_2 작용으로 FAD가 양성자 2개를 획득하여 FADH_2로 환원되고, 팔미토일-CoA는 $S-CoA-(C=O)-(CH_2)_{14}-CH_3$에서 $S-CoA-(C=O)-CH-CH-(CH_2)_{12}-CH_3$로 산화되어 트랜스에노일-CoA가 된다. 물 분자 1개가 HO-와 H^+ 상태로 첨가되어 $S-CoA-(C=O)-CH-CH-(CH_2)_{12}-CH_3$가 $S-CoA-(C=O)-CH_2-(HO-C-H)-(CH_2)_{12}-CH_3$인 베타하이드록시 CoA 분자가 생성된다. 베타하이드록시 CoA에 NAD^+

가 NADH로 환원되는 작용으로 수소음이온과 양성자 하나가 분리되어 S-CoA-(C=O)-CH$_2$-(HO-C-H)-(CH$_2$)$_{12}$-CH$_3$ 분자가 S-CoA-(C=O)-CH$_2$-(C=O)-(CH$_2$)$_{12}$-CH$_3$인 베타-케토아실-CoA 분자로 산화된다. HS-CoA 분자에서 양성자가 분리되어 -S-CoA와 H$^+$가 베타-케토아실-CoA 분자 S-CoA-(C=O)-CH$_2$-(C=O)-(CH$_2$)$_{12}$-CH$_3$에 작용하여 아세틸-CoA 분자인 S-CoA-(C=O)-CH$_3$와 미리스토일-CoA 분자 CoA-S-(C=O)-(CH$_2$)$_{12}$-CH$_3$가 생성된다.

탄소 16개 포화지방산인 팔미트산이 베타산화되어 탄소 2개인 아세틸-CoA 분자 1개와 탄소 14개인 미리스토일$_{myristoyl}$-CoA로 분해된다. 이러한 지방산의 베타산화 과정이 7회 반복되면 팔미트산은 원래 시작 분자였던 아세틸-CoA 분자 8개로 완전히 분해된다. 지방산의 베타산화 과정에서 방출되는 에너지는 동물의 주요한 생체 에너지원이 된다. 아세틸-CoA 분자는 지방산 생합성과 지방산의 베타산화에서 핵심 분자이다. 아세틸-CoA 분자에 익숙해지면 생화학 공부가 가속된다.

그림 4-19 비타민 A, E, K1의 분자 구조와 비타민 B 계열의 이름

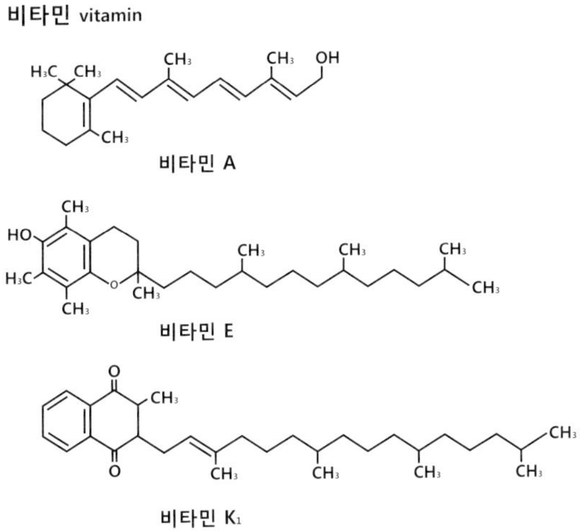

비타민 vitamin

비타민 A

비타민 E

비타민 K$_1$

B1: 티아민 thiamine	B5: 판토텐산 pantothenic acid
B2: 리보플라빈 riboflavin	B6: 피리독신 pyridoxine
B3: 니아신 niacin	B7: 비오틴 biotin
B9: 엽산 folate	
B12: 코발라민 cobalamin	

비타민

　　익숙해지면 실체는 숨겨진다. 비타민은 주로 수소와 탄소 원자로 구성되며, 일부 산소가 추가된 탄화수소이다. 비타민과 지방산은 구성 원자는 비슷하지만 지방산은 아세틸-CoA에서 생성되는 반면 비타민은 그 기원이 다양하다. 생화학 작용의 대부분은 단백질 효소 작용이며, 효소 작용을 돕는 분자들을 보조인자cofactor라 한다. 비타민이 대표적인 보조인자다. 비타민 A는 카로틴carotine 분자가 2개로 분해되면서 생성되며, 비타민 A는 망막 색소세포에서 빛에 반응하여 구조가 변화된다. 비타민 A 탄화수소 사슬의 구조가 빛에 의해 트랜스trans에서 시스cis 구조로 전환되는 과정이 동물 시각의 출발이다. 시각의 본질은 결국 빛에 의한 분자 수준의 구조 변화이다. 생리학과 생화학은 대부분 분자들의 변화 과정으로 이루어진다.

　생화학 분자 변환에는 비타민 B가 자주 등장하는데, 비타민 B는 1번에서 12번까지 번호로 구별되며 모두 고유한 이름이 있다. 비타민 B1은 티아민, 비타민 B2는 리보플라민, 비타민 B3는 니아신, 비타민 B5는 판토텐산, 비타민 B6는 피리독신, 비타민 B7은 비오틴, 비타민 12는 코발라민으로 불린다. 비타민 B 계열은 각각 독특한 분자로, 다양한 생화학 작용의 보조인자로 작용한다. 비타민 C는 아스코르브산이며, 비타민 D는 자외선 작용으로 콜레스테롤에서 생성된다. 비타민 E는 토코페롤로 불리며 항산화 작용을 한다. 광합성 명반응 과정에 전자를 전달하는 필로퀴논이 바로 비타민 K다.

레티날

　　레티날retinal 분자가 세상을 보게 한다. 망막 색소세포가 빛을 흡수하면 레티날 분자 구조 형태가 시스형에서 트랜스형으로 바뀐다. 분자 형태가 바뀌는 현상이 시각의 출발이다. 레티날 분자는 붉은 색소인 카로틴 분자가 가운

장하게 된다. 다시 아이소프렌의 기원을 살펴보면 아세틸-CoA 분자를 만난다. 아세틸-CoA 분자는 생화학의 바탕이 되는 분자이다. 그리고 아세틸-CoA 분자는 글루코스에서 만들어진다. 결국 글루코스 분자이다. 글루코스 분자에 익숙해지면 생화학 분자의 기원이 드러난다.

효소는 대부분 단백질로 구성된다

효소enzyme는 대부분 단백질로 구성된다. 생명 작용은 분자의 변환 과정이며 생체 분자의 변환은 전자와 양성자의 전달 과정에서 생긴다. 한 분자에

그림 4-24 단백질 입체 구조는 수소결합, 소수성 상호작용, 이온결합, 이황화결합으로 형성되며, 이황화결합은 공유결합으로 단백질의 구조적 강도를 높여 준다. 단백질 입체 구조가 효소 작용의 핵심이다.

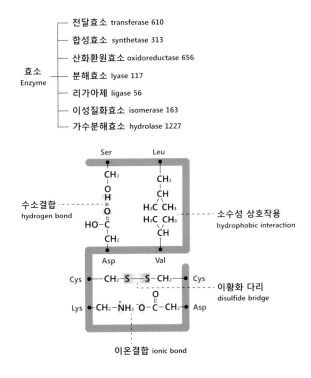

서 다른 분자로 전자가 전달되는 과정이 산화와 환원이다. 생체 분자는 원자와 원자가 각각 전자를 하나씩 제공하여 각각의 원자가 이 두 전자를 공유하는 공유결합으로 형성된다. 공유결합을 형성하는 전자가 분자에서 빠져나가면 그 분자는 분해된다. 생화학에서 분자의 분해는 주로 전자와 함께 양성자가 빠져나가 분자에 결합된 수소 원자의 수가 줄어드는 현상이다. 생화학에서 전자를 잃어버린 분자는 수소 양이온(H^+) 혹은 수소 음이온(H^-)이 분리되어 산화되며, 전자를 획득한 분자는 공유결합된 수소 원자의 개수가 증가하여 환원된다. 전자와 양성자를 주고받는 산화와 환원 반응은 단백질 효소를 통해 이루어진다. 세포내 효소는 그 작용에 따라 분류되는데, 작용기를 전달하는 트랜스퍼라아제 transferase, 분자를 합성하는 신테타아제synthetase, 산화 환원효소 옥시도리덕타아제oxidoreductase, 분자를 분해하는 리아제lyase, 분자를 연결하는 리가아제ligase, 분자의 형태를 변경하는 아이소머라아제isomerase, 수소 분자에서 양성자를 분리하는 하이드로게나아제hydrogenase가 있다.

효소의 작용은 단백질 입체 구조의 작용이다. 분자생물학의 중심원리는 DNA→mRNA→단백질이며, mRNA의 염기서열은 리보솜의 작용으로 아미노산의 선형 연결 서열로 전환된다. 아미노산의 연결 서열은 그 자체로는 효소의 촉매 작용을 할 수 없고, 선형 연결의 직선 구조가 휘어지고 접혀서 입체 구조를 형성해야만 촉매 역할을 하는 단백질이 된다. 아미노산의 일차적 선형 연결이 입체 구조가 되려면 서로 마주 보는 아미노산 사이에 결합력이 생겨서 굽어진 형태를 만들어야 하는데, 결합에너지는 공유결합, 수소결합, 소수성결합이 제공한다. 마주하는 아미노산 세린과 아스파르트산 곁사슬에 존재하는 수소와 산소가 일직선상에 근접하면 수소결합이 생기고, 류신과 발린 곁사슬 사이에는 소수성 상호작용으로 인력이 생긴다. 라이신과 아스파르트산 곁사슬 사이에는 전기적 상호작용으로 이온성 결합이 생성되고, 시스테인과 시스테인 곁사슬 사이에는 이황화결합이 생성된다.

시스테인 곁사슬에 존재하는 황 원자 사이의 이황화결합은 공유결합으로, 결합력이 비공유결합보다 수십 배 강해 단백질의 구조적 강도를 높여준다. 아미노산의 일차적 연결은 다양한 결합력으로 단백질 입체 구조를 형성하여 효소의 촉매 작용을 일으킨다. 생화학 작용은 생체촉매인 효소의 작용인데, 효소 작용에서는 단백질의 정확한 입체 구조가 핵심이다. 알츠하이머 질환, 파킨슨병, 헌팅턴병은 모두 효소가 정상적인 단백질 입체 구조를 생성하지 못해 생긴 질병이다. 결국 생명 현상의 핵심은 단백질 입체 구조가 만드는 촉매 작용이다.

그림 4-25 인지질막 양쪽에 생성되는 양성자 농도 기울기와 ATP 분자 합성

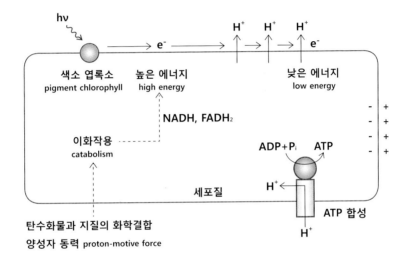

그림 4-26 대장균 세포당 ATP 분자 사용량으로, 단백질 합성에 가장 많은 초당 210만 ATP 분자가 사용된다.

	분자수/세포	합성분자/초	ATP/초
DNA	1	0.001	6만
RNA	1만 5천	12	6만 5천
다당류	4만	32	6만 7천
지질	1500만	1만 2500	8만 7천
단백질	170만	1400	210만

그림 4-27 탄소 16개인 팔미트산의 베타산화에서 생성된 자유전자들은 미토콘드리아 TCA 회로에서 ATP를 만드는 데 사용된다.

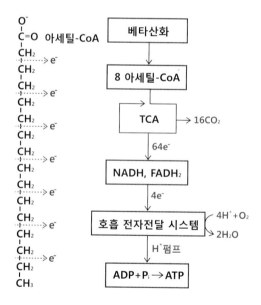

그림 4-28 아미노산 분자식, 아미노산 생성 단계, 단백질 생성 과정에 사용되는 ATP 정보 한 장에 모음

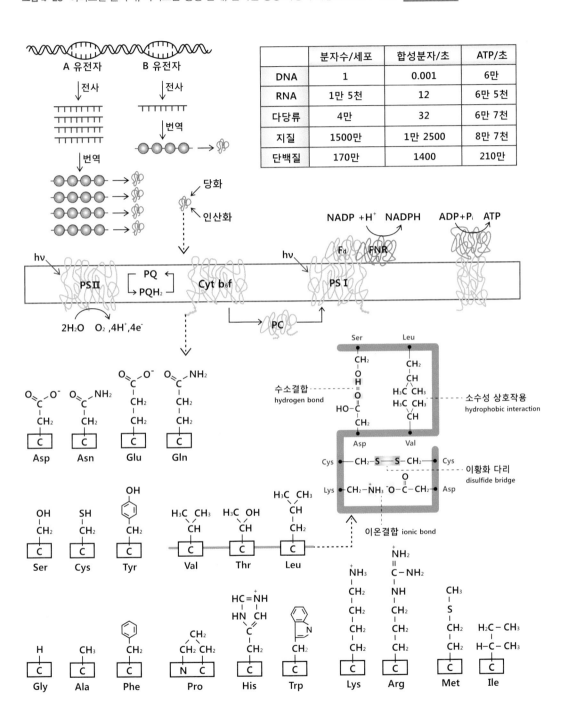

	분자수/세포	합성분자/초	ATP/초
DNA	1	0.001	6만
RNA	1만 5천	12	6만 5천
다당류	4만	32	6만 7천
지질	1500만	1만 2500	8만 7천
단백질	170만	1400	210만

그림 4-29 해당 작용, TCA 회로, 5탄당인산 회로, 아미노산 합성, 지방산 분해 합성 **한 장에 모음**

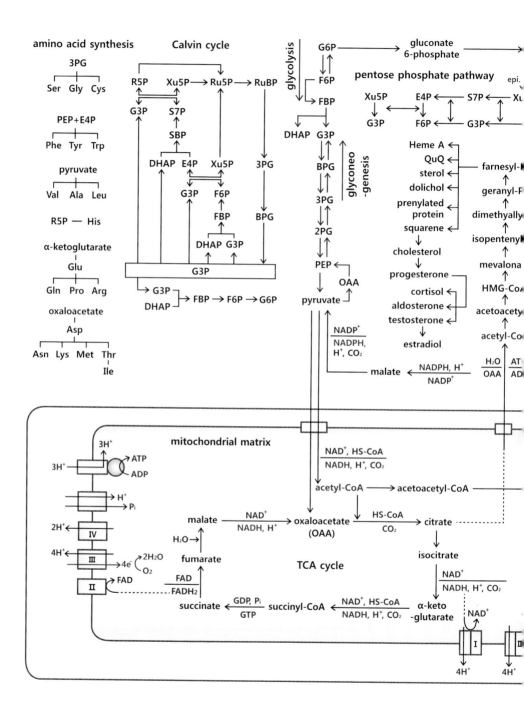

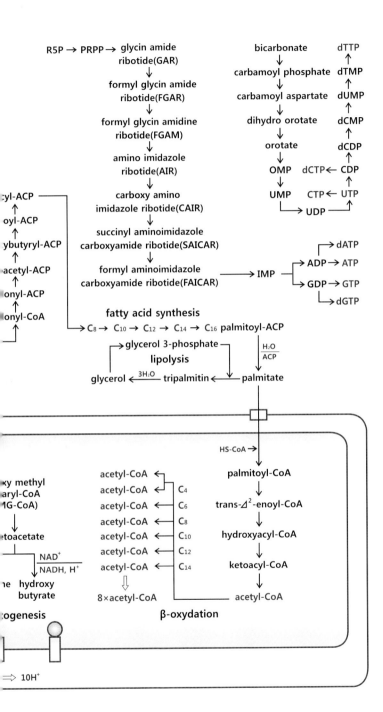

R5P → PRPP → glycin amide ribotide(GAR)

bicarbonate   dTTP

formyl glycin amide ribotide(FGAR)

carbamoyl phosphate dTMP

formyl glycin amidine ribotide(FGAM)

carbamoyl aspartate dUMP

amino imidazole ribotide(AIR)

dihydro orotate   dCMP

:yl-ACP

carboxy amino imidazole ribotide(CAIR)

orotate   dCDP

oyl-ACP

succinyl aminoimidazole carboxyamide ribotide(SAICAR)

OMP   dCTP← CDP

ybutyryl-ACP

acetyl-ACP

formyl aminoimidazole carboxyamide ribotide(FAICAR) → IMP

UMP   CTP← UTP
                     └→ UDP ──┘

onyl-ACP

→ dATP
→ ADP → ATP
→ GDP → GTP
       └→dGTP

lonyl-CoA

fatty acid synthesis

→ C8 → C10 → C12 → C14 → C16 palmitoyl-ACP

→ glycerol 3-phosphate ─┐

lipolysis

glycerol ←3H₂O─ tripalmitin ←── palmitate

H₂O / ACP

HS-CoA →

acetyl-CoA ←┐

palmitoyl-CoA

:xy methyl aryl-CoA 4G-CoA)

acetyl-CoA ←┘ C4

acetyl-CoA ← C6

trans-Δ²-enoyl-CoA

toacetate

acetyl-CoA ← C8

acetyl-CoA ← C10

hydroxyacyl-CoA

NAD⁺ / NADH, H⁺

acetyl-CoA ← C12

acetyl-CoA ← C14

ketoacyl-CoA

1e hydroxy butyrate

8×acetyl-CoA

acetyl-CoA

:ogenesis

β-oxydation

⇒ 10H⁺

그림 4-30 TCA 회로와 지질대사 1 한 장에 모음

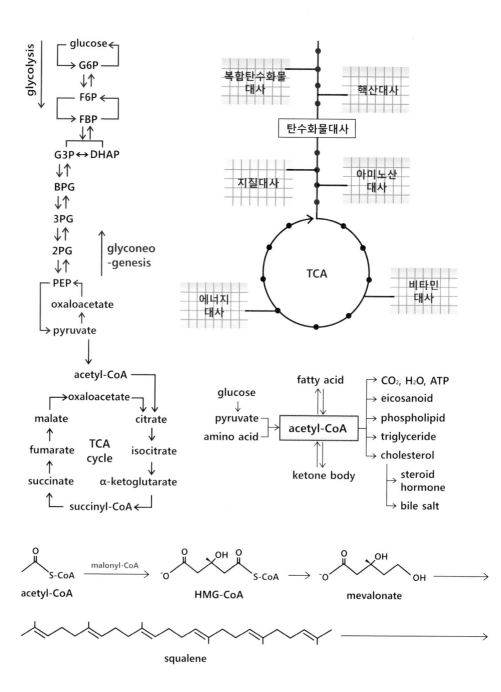

palmitate synthesis

acyl-ACP → (malonyl-ACP, HS-ACP, CO₂) → ketoacyl-ACP → (NADPH, H⁺ / NADP⁺) → hydroxy acyl-ACP

→ (H₂O) → trans enoyl-ACP → (NADPH, H⁺ / NADP⁺) → fatty acyl-ACP

elongation of fatty acid

acyl-CoA → (HS-CoA) → ketoacyl-CoA → (NADPH, H⁺ / NADP⁺) → hydroxy acyl-CoA

→ (H₂O) → trans enoyl-CoA → (NADPH, H⁺ / NADP⁺) → fatty acyl-CoA

β-oxydation

fatty acyl-CoA → (FAD / FADH₂) → trans enoyl-CoA → (H₂O) → hydroxy acyl-CoA

→ (NADPH, H⁺ / NADP⁺) → Keto acyl-CoA → (HS-CoA) → fatty acyl-CoA + acetyl-CoA

IPP → (DMAPP) → GPP → FPP → (FPP) →

cholesterol ⟶ vitamine D, bile acid, steroid

그림 4-31 TCA 회로와 지질대사 2 한 장에 모음

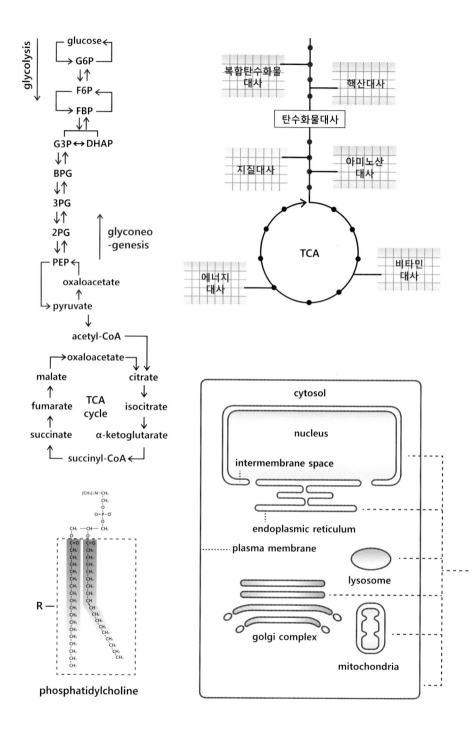

phosphatidylcholine

$$CH_2-CH-CH_2$$
$$OH \quad OH \quad OH$$
glycerol

$+$

$$OH \quad OH \quad OH$$
$$C=O \quad C=O \quad C=O$$
$$R_1 \quad R_2 \quad R_3$$
fatty acid

$\xrightarrow{H_2O}$

$$CH_2-CH-CH_2$$
$$O \quad O \quad O$$
$$C=O \quad C=O \quad C=O$$
$$R_1 \quad R_2 \quad R_3$$
triacylglycerol

$$OH$$
$$C=O$$
$$R$$

$\xrightarrow[H_2O]{HS-CoA}$

$$S-CoA \quad S-CoA$$
$$C=O \quad C=O$$
$$R_1 \quad R_2$$
fatty acyl CoA

$+$

$$CH_2-CH-CH_2$$
$$OH \quad OH \quad O$$
$$^-O-P=O$$
$$O^-$$
glycerol 3-phosphate

$\xrightarrow{2HS-CoA}$

$$CH_2-CH-CH_2$$
$$O \quad O \quad O$$
$$C=O \quad C=O \quad ^-O-P=O$$
$$R_1 \quad R_2 \quad O^-$$
phosphatidic acid

$$O \quad \overset{+}{N}H_3$$
$$CH_2-CH-COO^-$$
phosphatidyl
serine

$$O$$
$$(CH_2)_2\overset{+}{N}(CH_3)_3$$
phosphatidyl
choline

$$O$$
$$(CH_2)_2\overset{+}{N}H_3$$
phosphatidyl
ethanolamine

$$OH \quad OH$$
$$H \qquad OH$$
$$OH \quad H$$
phosphatidyl
inositol

세포바깥공간 extracellular space

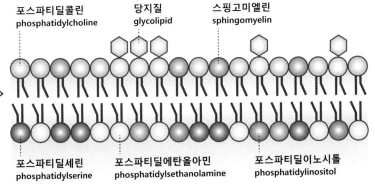

포스파티딜콜린
phosphatidylcholine

당지질
glycolipid

스핑고미엘린
sphingomyelin

포스파티딜세린
phosphatidylserine

포스파티딜에탄올아민
phosphatidylethanolamine

포스파티딜이노시톨
phosphatidylinositol

세포질 cytosol

4 지질과 생체막

그림 4-32 TCA 회로와 지질대사 3 [한 장에 모음]

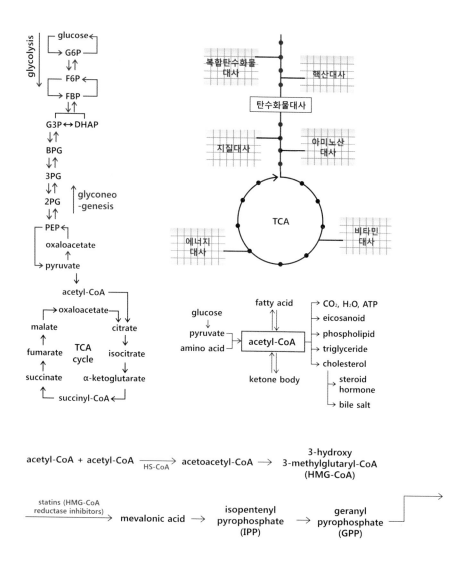

acetyl-CoA + acetoacetyl-CoA → HMG-CoA → mevalonate → isopentenyl pyrophosphate(IPP)

farnesyl PP (FPP) → squalene

cholesterol → progesterone → testosterone → estradiol

$$CH_3-\overset{O}{\overset{\|}{C}}-S\text{-}CoA + CH_3-\overset{O}{\overset{\|}{C}}-S\text{-}CoA \longrightarrow CH_3-\overset{O}{\overset{\|}{C}}-CH_2-\overset{O}{\overset{\|}{C}}-S\text{-}CoA \longrightarrow CH_3-\overset{O}{\overset{\|}{C}}-S\text{-}CoA + H-O-H \longrightarrow {}^-O-\overset{O}{\overset{\|}{C}}-CH_2-\overset{\overset{OH}{|}}{\underset{CH_3}{C}}-CH_2-\overset{O}{\overset{\|}{C}}-S\text{-}CoA$$

acetyl-CoA   HMG-CoA

$$\longrightarrow {}^-O-\overset{O}{\overset{\|}{C}}-CH_2-\overset{\overset{OH}{|}}{\underset{CH_3}{C}}-CH_2-CH_2-OH \longrightarrow CH_2=\overset{\underset{\overset{|}{CH_2}}{|}}{C}-CH_2-CH_2-O-\overset{O}{\overset{\|}{\underset{\underset{O^-}{|}}{P}}}-O-\overset{O}{\overset{\|}{\underset{\underset{O^-}{|}}{P}}}-O^- \longrightarrow$$

mevalonate   IPP

IPP + DMAPP →

GPP $\xrightarrow{\text{IPP}}$ FPP $\xrightarrow{\text{FPP}}$ squalene → cholesterol

farnesyl pyrophosphate (FPP) ⟶ geranyl geranyl-pyrophosphate (GGPP)

squalene   ubiquinone   Heme A   sterol   dolichol   prenylated protein

cholesterol

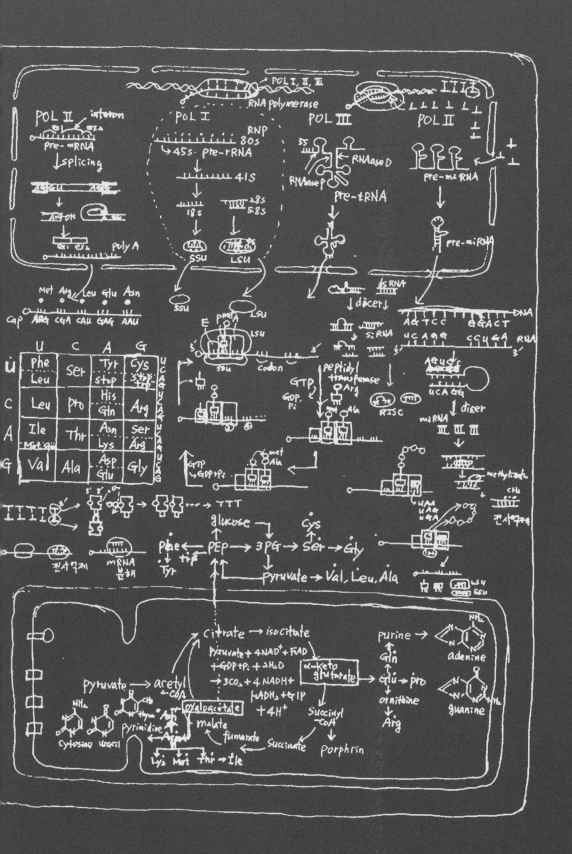

5 DNA에서 단백질 합성까지

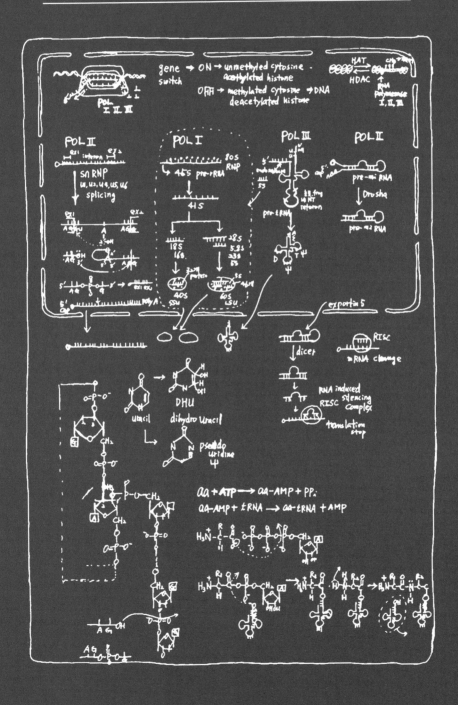

생명은 단백질 촉매의 작용이다. 단백질을 만드는 과정은 'DNA→RNA→단백질'이며, 이를 생명의 중심원리라 한다. 부모의 유전 정보는 DNA를 통해 전달되며, DNA는 RNA를 거쳐 단백질로 물질화된다. 정보가 물질로 전환되는 것이다. 생명의 정보는 DNA에 존재하지만 DNA도 물질 분자이다. 정보가 물질로 발현되므로 DNA라는 거대분자의 염기 순서에 저장된 정보가 아미노산의 순서에 따라 전환되며, 아미노산의 연결 순서가 단백질의 구조를 결정한다. 그리고 효소 작용은 바로 단백질 입체 구조의 작용이다. 물론 세부 사항에서 약간의 예외는 존재하지만, 생명의 중심원리는 생명 현상을 이해하는 지름길이다. DNA와 RNA의 구성 요소인 아데닌이란 분자를 자세히 살펴보면 생화학 작용의 분자적 구조를 느껴볼 수 있다. 세포생물학, 유전학, 생화학 교과서의 일부는 1,000페이지가 넘는데, 수많은 생화학 분자들의 구조 변화와 상호작용이 그중 핵심이다. 그래서 자주 등장하는 분자 구조와 그들의 상호작용에 익숙해져야 한다. 유전학 이해의 핵심은 핵산 분자식 공부이다. 핵산 분자와 DNA 이중나선 구조의 핵심 내용을 숙달하면 그들의 상호작용이 점차 분명해진다. 이러한 공부 순서를 요약하면 다음과 같다.

첫째, 아데닌(A), 구아닌(G), 시토신(C), 티민(T), 우라실(U)의 분자 구조를 기억한다. DNA의 복제와 복사 과정의 대부분을 잊어버려도 핵산의 분자 구조를 언제든 기억할 수 있다면, 스스로 복제와 복사 과정을 재구성할 수 있다. A, C, G, U, T 분자 구조를 기억하는 것은 쉽지 않다. 적어도 일주일 동안 30번 이상 반복해서 그려야 장기기억으로 정착된다.

둘째, DNA 이중나선 결합 구조를 기억한다. DNA가 복제되어 DNA 이중나선을 생성하는 과정에 디옥시아데노신3인산deoxyadenosine triphosphate(dATP), 디옥시구아노신3인산deoxyguanosine triphosphate(dGTP), 디옥시사이티딘3인산deoxycytidine triphosphate(dCTP), 디옥시티미딘3인산deoxythymidine triphosphate(dTTP)이 DNA 중합효소로 입력되지만, 결합되는 순간 파이로인산이 분리되어 dAMP, dGMP, dCMP, dTMP로 바뀌어 DNA 사슬이 만들어진다. 이 과정을 명확히 이해해야 한다. 아데닌과 티민이 결합하고, 구아닌과 시토신이 결합하는 수소결합과 인산기가 뉴클레오타이드에 결합하는 과정 그리고 디옥시리보스의 3번 탄소와 5번 탄소 사이에 인산기가 공유결합하여 DNA 사슬을 형성하는 과정에 익숙해져야 한다.

셋째, DNA의 복제와 전사 그리고 아미노산 합성 과정을 기억한다. DNA와 RNA 핵산의 분자 구조를 기억해야만 유전 현상의 생화학 과정을 재구성할 수 있다. 생명 현상은 DNA, RNA, 포도당, 아미노산의 상호작용이다. 따라서 이러한 분자들의 구조와 상호작용을 구체적으로 그림으로 표현할 수 있어야 한다. 기억나지 않는 애매한 지식으로는 분자들의 상호작용으로 생성되는 생화학 과정을 이해하기 어렵다. 아데닌, 구아닌, 시토신, 티민, 우라실 분자들의 정확한 분자 구조에 익숙해지면 DNA→RNA→단백질 생성 과정이 분명해진다.

그림 5-1 핵막이 없는 원핵세포는 DNA 전사와 번역 과정이 동시에 진행되지만, 핵막이 존재하는 진핵세포는 DNA 전사는 핵 속에서, 단백질 합성 과정인 번역은 세포질에서 분리되어 일어난다.

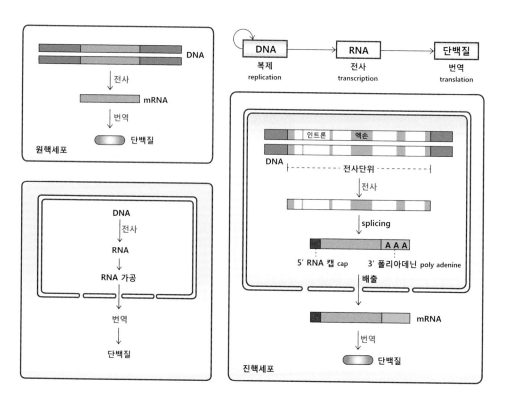

그림 5-2 DNA 이중나선은 히스톤8량체 단백질에 감겨서 뉴클레오솜을 형성하고 크로마틴 섬유로 구조를 형성한다.

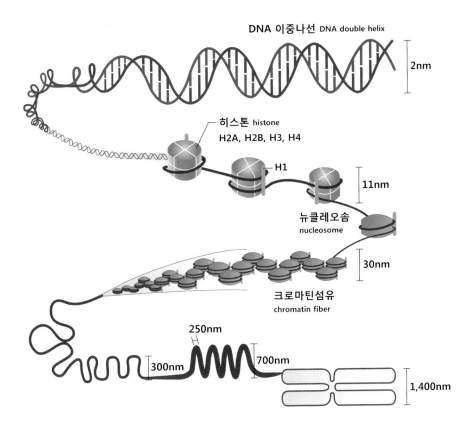

그림 5-3 핵 안에서 DNA는 mRNA, rRNA, tRNA로 전사되고 mRNA는 스플라이싱, 폴리아데닌 꼬리 형성, 5' 캡형성의 전사후 편집 과정을 거쳐 성숙한 mRNA가 되어 세포질로 빠져나온다. 세포질에서 mRNA는 번역 과정을 통해 단백질이 된다.

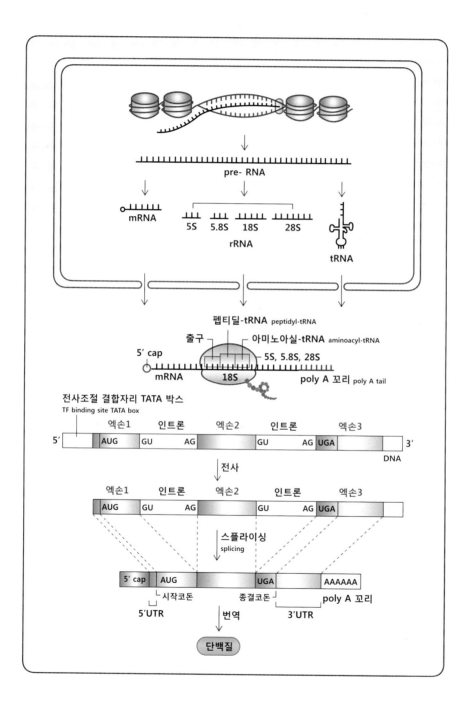

그림 5-4 생물학 중심원리인 DNA→RNA→단백질에서, DNA→RNA 과정이 전사이며, RNA→단백질 생성이 번역 과정이다.

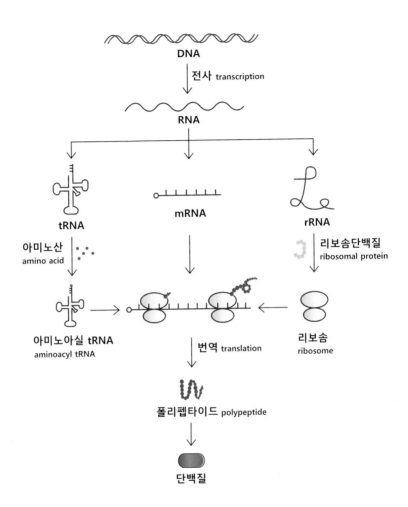

A, G, C, T 염기 사이의 결합은 수소결합이다

DNA는 동물과 식물 세포의 핵 속에 있다. 동물과 식물 세포는 핵 nucleus과 세포기질cytosol로 구분된다. 핵 속의 DNA는 시간에 따라 그 모양이 달라진다. DNA에서 결정적 지식은 DNA가 분자라는 사실이다. DNA는 세포 내에 존재하는 가장 긴 분자이며 단일가닥 DNA는 핵산 분자인 디옥시아데노신1인산deoxyadenosine monophosphate(dAMP), 디옥시구아노신1인산deoxyguanosine monophosphate(dGMP), 디옥시시티딘1인산deoxycytidine monophosphate(dCMP), 디옥시티미딘1인산deoxythymidine monophosphate(dTMP) 분자들이 공유결합으로 연결된 사슬 구조이다. 세포가 분열하는 시기에는 인간의 경우 DNA가 23쌍의 실타래 형태인 염색체를 구성한다. DNA의 실타래를 풀면 마지막에 이중나선이 드러난다.

핵 속에서 발견된 산성물질이라는 의미로 핵산이라는 이름이 붙었으며, DNA와 RNA가 잘 알려진 핵산이다. DNA 이중나선의 한 가닥을 확대하면 4가지 다른 구조의 단위체가 레고 블록처럼 연결되어 있다. 이 단위체를 뉴클레오타이드nucleotide(NT)라 하며 당과 인산과 염기 3가지 부분으로 구성된다. DNA의 뉴클레오타이드를 구성하는 염기는 아데닌adenine(A), 구아닌guanine(G), 시토신cytosine(C), 티민thymine(T)이다.

DNA 이중나선이 분리되지 않고 꼬여 있는 이유는 각각의 나선이 서로를 끌어당기는 인력이 작용하기 때문이다. 2개의 나선 모두 A, G, C, T 염기로 구성되어 있고, 이들 중 아데닌은 티민과 결합하고 구아닌은 시토신과 결합한다. 다른 결합은 하지 않는다. 아데닌과 티민은 수소결합 2개로 A=T를 형성하고, 구아닌과 시토신은 수소결합 3개로 G≡C를 형성해 두 가닥의 DNA를 결합하여 이중나선을 만든다. 원자와 분자가 결합하는 방식은 결합력의 순서로 공유결합, 이온결합, 금속결합, 수소결합, 반데르발스결합이 있는데, 공유결합이 가장 강한 결합이다. DNA는 염기와 염기가 수소결합으로 연결된 이중나선이다. 각 염기에는 리보스당과 인산이 공유결합으로 단단하게 연결되어 있다. 수소결합은 수소와 산소, 수소와 질소 원자가 직선상에서 매우 가까운 거리에 위치하면서 서로가 당기는 약한 인력이다. DNA 이중나선의 간격은 2nm이며 A, G, C, T 사이 간격은 0.34nm로 이들은 공유결합으로 단단히 결합하여 DNA라는 매우 기다란 분자를 만든다. DNA 이중나선 곡선에서 마루와 마루 사이 간격은 3.4nm로, 각 염기배열 사이의 거리가 0.34nm이니, 10개의 염기서열이 배열된다.

DNA 이중나선은 실패에 실이 감기듯이 히스톤histone 단백질에 감겨 있다. 히스톤 단백질은 H1, H2A, H2B, H3, H4를 구성하는 서브모듈submodule이 결합된 단백질로, 지름이 11nm의 원통형에 이중나선이 1.65회 감겨서 그 길이에 146개의 염기쌍이 존재한다. 히스톤 단백질에 DNA 이중나선이 감긴 그 자체가 조금 두꺼워진 실 형태이며, 단백질 지지대에 꽃잎 형태의 6개 고리로 결합된다. DNA라는 거대분자의 구조와 단백질 합성 과정이 분자세포생물학의 핵심 내용이다. 분자 구조에 먼저 익숙해지면 결합 방식을 이해하기가 쉬워진다. 반복하면 애매함이 사라진다. 그래서 DNA에 관련된 유전학, 세포학, 분자세포학, 생화학 공부의 지름길은 DNA와 RNA의 분자 구조에 익숙해지는 반복 훈련이다.

그림 5-5 단백질은 아미노산의 연결사슬이며, 핵산은 뉴클레오타이드의 연결사슬 구조이다.

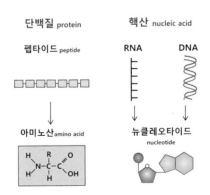

그림 5-6 뉴클레오타이드=인산+리보스+염기 결정적 지식

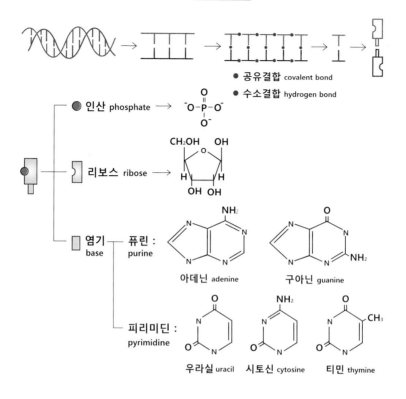

- 공유결합 covalent bond
- 수소결합 hydrogen bond

인산 phosphate

리보스 ribose

염기 base ─ 퓨린 : purine

아데닌 adenine

구아닌 guanine

피리미딘 : pyrimidine

우라실 uracil

시토신 cytosine

티민 thymine

그림 5-7 탈수중합반응으로 인산이 리보스, 디옥시리보스와 결합하고, 염기는 RNA→A, G, C, U 그리고 DNA→A, G, C, T이다. 결정적 지식

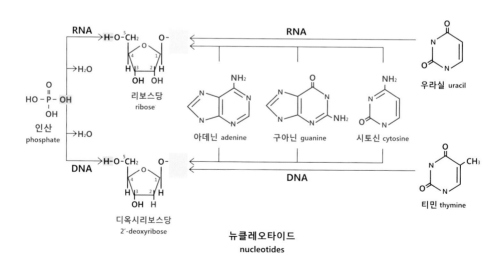

RNA

리보스당 ribose

인산 phosphate

DNA

디옥시리보스당 2'-deoxyribose

아데닌 adenine

구아닌 guanine

시토신 cytosine

우라실 uracil

티민 thymine

뉴클레오타이드 nucleotides

그림 5-8 DNA 뉴클레오타이드의 결합 방향은 5'→3' 방향이다. 캘빈 회로에서 생성되는 5탄당 인산 리보스

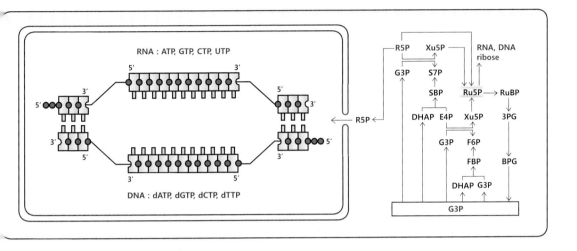

그림 5-9 DNA 이중나선의 인산에 의한 공유결합과 염기 사이의 수소결합 결정적 지식

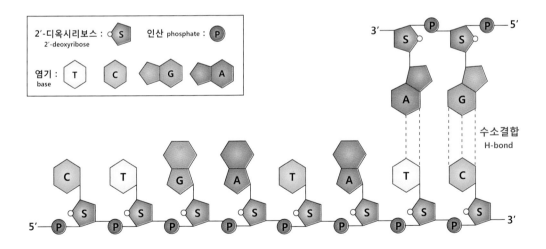

DNA와 RNA 구성 단위는 뉴클레오타이드이다

DNA와 RNA를 핵산이라고 하는데 핵 속에 존재하는 산성 물질을 의미한다. 핵산의 구성단위를 뉴클레오타이드라 하는데, 당, 염기, 인산, 세 종류의 분자가 결합된 물질이다. DNA와 RNA는 이 뉴클레오타이드가 결합된 매우 기다란 분자로, 단백질을 구성하는 아미노산 연결 순서 정보를 갖고 있다. DNA와 RNA에 사용되는 당은 모두 5탄당이며, RNA는 2번째 탄소에 결합된 원자가 OH인 리보스를 사용하고 DNA는 산소가 탈락하여 수소뿐인 디옥시리보스를 사용한다.

DNA는 Deoxyribonucleic acid의 약자로 산소가 없는 리보스를 쓴다는 의미이다. 염기는 DNA인 경우 아데닌, 구아닌, 시토신, 티민이며, RNA는 티민이 우라실로 바뀐다. 염기와 리보스가 결합한 분자의 이름은 염기에 따라 다른데, 염기가 아데닌adenine이면 아데노신adenosine이라 한다. 아데노신은 리보스와 아데닌이 결합한 분자이다. 아데노신에 인산기가 1개 결합하면 아데노신1인산adenosine monophosphate(AMP), 2개 결합하면 아데노신2인산(ADP), 3개 결합하면 아데노신3인산(ATP)이 된다. 모든 생명체가 사용하는 에너지원이 바로 ATP이다. 마찬가지로 염기 구아닌에 리보스가 결합하면 구아노신이 되며, 구아노신에 인산기 3개가 결합하면 구아노신3인산(GTP)이 된다. ATP, GTP, CTP, UTP는 RNA 가닥의 합성재료가 되며, DNA 복제 과정에 사용되는 원재료는 리보스당에서 산소가 빠진 디옥시리보스당과 염기에서 우라실 대신에 티민으로 구성되는 dATP, dGTP, dCTP, dTTP가 된다. dATP의 'd'는 리보스에 산소가 없다는 de-oxy를 의미한다. DNA와 RNA가 합성되는 과정에 사용되는 뉴클레오타이드는 인산기가 3개 존재하지만 뉴클레오타이드가 결합하는 순간 중합효소에 의해 인산기 2개가 연결된 파이로인산(PP$_i$)이 빠져나간 상태인 AMP, GMP, CMP, UMP가 RNA 중합효소에 의해 RNA 사슬로 연결된다. DNA 이중나선이 복제되는 과정은 다음과 같다. 아데닌과 티민 사이의 2개의 수소결합, 그리고 구아닌과 시토신 사이의 3개의 수소결합을 먼저 분해하여 단일가닥 DNA를 노출시켜서 각각의 단일가닥을 복제한다. 그리고 복제된 두 단일가닥이 다시 수소결합을 형성하면 완성된다. DNA 단일가닥이 서로 수소결합하여 이중나선을 형성하는 과정은 세포가 분열하여 새로운 딸세포를 만들 때 항상 일어난다. 여러 번 반복해서 그려보면 DNA의 분자 구조와 뉴클레오타이드가 결합하고 분해되는 과정에 익숙해진다.

 DNA는 뉴클레오타이드를 구성하는 염기에는 수천만 개 이상의 사슬 형태로 연결된 구조이다. 뉴클레오타이드를 구성하는 염기에는 아데닌, 구아닌, 시토신, 티민이라는 서로 구별되는 4종류가 있다. 시토신과 티민은 6각형 고리가 기본 형태인데, 고리의 6개 탄소 중 2개가 질소 원자로 바뀌어 있다. 그리고 시토신은 아민기(NH_2)가 티민은 메틸기(CH_3)가 첨가된다. RNA의 경우 티민 대신에 우라실이 사용된다. 시토신, 티민, 우라실을 피리미딘pyrimidine이라 하며, 아데닌과 구아닌을 퓨린purine이라 한다. DNA 이중나선 결합은 아데닌과 티민 2개의 수소결합과 구아닌과 시토신 3개의 수소결합으로 형성된다. DNA 이중나선의 수소결합은 섭씨 94도에서 분리되어 단일가닥 DNA가 된다. DNA 이중나선은 쉽게 분해되지 않아서 단백질 합성 정보를 보관하는 마스터 주형master template으로 작용한다.

그림 5-10 아데닌과 티민, 구아닌과 시토신의 수소결합 **결정적 지식**

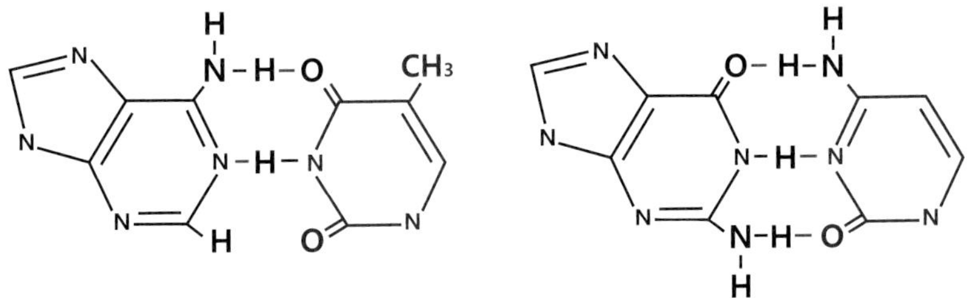

A = T

G ≡ C

수소결합으로 DNA 단일나선들이 이중나선을 만든다

아데닌과 티민, 구아닌과 시토신의 분자결합은 왼편에 45도 기울어진 아데닌과 구아닌을 그리고, 오른쪽에 티민과 시토신의 6각형 고리를 아데닌과 구아닌과 마주 보게 그리면 드러난다. 아데닌의 아민기 수소 2개 중 1개를 티민의 이중결합 산소와 일직선으로 마주 보게 하고, 아데닌 고리의 질소 원자와 티민 고리의 질소 원자를 마주 보게 한다. 이 경우 아데닌의 질소 원자에는 수소가 결합되어 있지 않지만, 티민의 질소 원자에는 수소가 결합되어 있어서 이 수소와 아데닌의 질소가 일직선으로 접근하여 수소결합을 형성한다. 아데닌 아래쪽 탄소에 결합된 수소와 티민의 아래쪽에 이중결합한 산소는 서로 거리가 멀어서 수소결합이 형성되지 않는다. 결국 아데닌과 티민은 2개의 수소결합(A=T)을 한다. 반면에 구아닌과 시토신의 경우는 구아닌의 산소와 시토신 아민기의 수소가 수소결합하고, 가운데서 구아닌의 수소와 시토신의 질소 원자가 수소결합한다. 그리고 그 아래로 구아닌 아민기의 수소와 시토신의 아래쪽 산소가 수소결합하여 3개의 수소결합(G≡C)이 생긴다. 이러한 아데닌과 티민 그리고 구아닌과 시토신의 수소결합으로 DNA 단일나선들이 이중나선 상태를 형성한다. 그 결과 DNA에서는 아데닌과 티민의 분자 수가 같고, 구아닌과 시토신의 분자 수가 같게 된다.

이중나선을 형성하는 결합은 약한 수소결합이지만, 각 나선의 단일가닥은 1개의 뉴클레오타이드를 구성하는 리보스의 3번 탄소에 결합된 수산기(OH)의 산소 원자에 의해 계속 공급되는 dATP, dGTP, dCTP, dTTP에서 인산기 2개인 파이로인산(PP$_i$)을 제거하여 생성되는 dAMP, dGMP, dCMP, dTMP와 결합한다. 이 결과 뉴클레오타이드의 3번 수산기와 5번 수산기 사이에 인산기가 삽입된 형태의 인산 디에스테르di-ester 공유결합이 만들어진다. 계속되는 DNA 핵산의 공급으로 DNA 단일가닥이 DNA 중합효소에 의해 만들어진다. 세포 분열 때 두 가닥으로 분리된 DNA 각각에서, 복사된 DNA 단일가닥들이 만들어지면서 서로 수소결합하여 새로운 DNA 이중나선을 만든다. 이 과정은 세포가 2개의 세포로 증식하는 세포분열에서 일어나며, 이를 DNA의 복제replication라 한다.

요약하면, 다음과 같다.

DNA: A=T, G≡C

RNA: A=U, G≡C

그림 5-11 DNA와 RNA 가닥의 뉴클레오타이드 AMP, GMP, CMP, UMP, dTMP 분자 구조

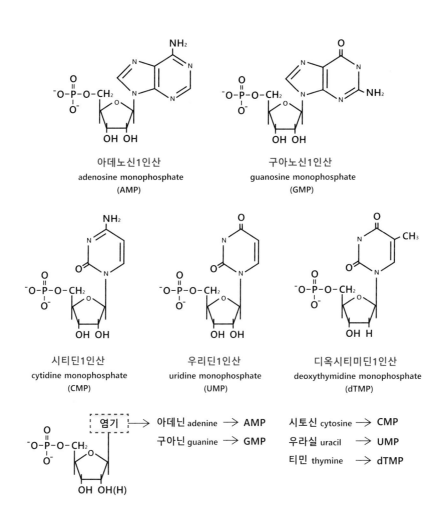

아데노신1인산
adenosine monophosphate
(AMP)

구아노신1인산
guanosine monophosphate
(GMP)

시티딘1인산
cytidine monophosphate
(CMP)

우리딘1인산
uridine monophosphate
(UMP)

디옥시티미딘1인산
deoxythymidine monophosphate
(dTMP)

염기

아데닌 adenine ⟶ AMP
구아닌 guanine ⟶ GMP

시토신 cytosine ⟶ CMP
우라실 uracil ⟶ UMP
티민 thymine ⟶ dTMP

그림 5-12 오로트산에서 생성되는 우라실, 시토신, 티민의 분자 구조

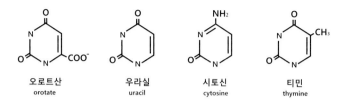

오로트산
orotate

우라실
uracil

시토신
cytosine

티민
thymine

분자는 공유결합으로 연결된 원자들의 집합이다

DNA와 RNA는 분자이다. 분자는 공유결합으로 형성된 원자의 집단이다. 공유결합은 원자들이 전자를 공유함으로써 서로 결합하며, 2개의 원자에서 각각 전자 1개씩 제공하여 전자 2개가 하나의 공유결합을 형성한다. 분자식에 등장하는 모든 직선은 공유결합을 나타내는데, 이는 두 원자에 공유된 전자 2개를 의미한다. 원자와 원자가 가까이 접근하면 최외각 전자의 궤도가 중첩되어 개별 원자로 존재할 때보다 에너지가 더 낮은 상태가 된다. 분리된 개별 원자 상태보다 전자를 공유하여 에너지가 낮은 안정된 분자를 만드는 결합이 공유결합이다. 분자에서 결정적 지식은, 분자는 공유결합으로 모인 원자들의 집단이란 사실이다. DNA와 RNA 분자는 5탄당, 인산, 염기로 구성된다. RNA 분자는 5탄당인 리보스의 1번 탄소에 염기인 아데닌, 구아닌, 시토신, 우라실이 결합하고, 5번 탄소에 결합된 인산이 이웃하는 리보스의 3번 수산기와 공유결합하는 분자이다.

DNA 분자는 5탄당인 디옥시리보스의 1번 탄소에 염기인 아데닌, 구아닌, 시토신, 티민이 결합하고 5번 탄소에 결합된 인산이 이웃하는 디옥시리보스의 3번 수산기와 공유결합하는 분자이다. RNA와 DNA 분자의 차이점은 다음과 같다. RNA는 리보스, DNA는 리보스의 2번 탄소에 결합된 수산기에서 산소가 빠진 수소만 결합된 디옥시리보스이다. 염기에서 RNA에는 우라실이, DNA에는

티민이 결합하고, 아데닌, 구아닌, 시토신은 RNA와 DNA에 공통된 구성 분자이다. RNA와 DNA를 핵산nucleotide이라 하는데, DNA 이중나선 구조가 알려지기 이전에 세포핵 속에서 발견되는 산성물질이란 의미로 이 용어가 사용되었다. 핵산이 산성 물질이 되는 이유는 인산이 결합되어 있기 때문이다. 최외각 전자가 5개인 인phosphorus 원자가 1개의 산소와 이중결합하고 3개의 수산기와 공유결합하여 H_3PO_4 분자가 된 것이 바로 인산인데, 수소 양이온인 양성자 3개를 용액 중에서 분리할 수 있다. 수소 양이온인 양성자를 방출할 수 있는 물질을 산성물질이라 한다.

인산이 RNA와 DNA의 5번 탄소에 결합하는 과정은 다음과 같다. 인산 분자($HO-H_2PO_3$)의 수산기와 리보스와 디옥시리보스 5번 탄소에 결합된 CH_2-OH에서 $HO+HO \rightarrow H_2O+O$ 작용으로 물 분자 1개가 빠져나오면서 인산과 5탄당이 결합한다. 이 과정은 생화학에 자주 나타나는데, 물 분자 1개가 빠지면서 분자 2개가 결합하는 과정을 탈수중합반응이라 한다. 반대로 물 분자 1개가 추가되면서 분자 1개가 2개로 분리되는 과정이 가수분해반응이다. 염기가 RNA와 DNA에 결합하는 방식도 1번 탄소에 염기가 결합하면서 물 분자 1개가 빠져나오는 탈수중합반응이다. RNA와 DNA에 결합하는 염기는 퓨린과 피리미딘으로 구분되는데, 퓨린 염기에는 아데닌, 구아닌 이외에도 하이포잔틴hypoxanthine과 잔틴xanthine이 존재한다. 피리미딘 염기에는 시토신, 우라실, 티민 분자가 있다. 피리미딘 염기 분자는 오로트산에서 생성된다. 시토신, 우라실, 티민 분자의 6각형고리에서는 질소 원자 2개, 탄소 원자 4개의 6각형 고리로 탄소에 결합된 산소 이중결합 1개와 6각형고리의 탄소 사이에 1개의 이중결합으로 2개의 탄소가 연결된 구조가 공통이다. 이러한 공통 구조에 우라실은 산소 이중결합 하나가 더 추가된 형태이고, 티민은 우라실 분자에 메틸기(CH_3)가 추가된 분자이다. 시토신은 6각형 꼭짓점의 탄소에 아민기(NH_2)가 결합된 분자이다.

퓨린과 피리미딘 분자식을 기억하는 효과적인 방법은 아데닌과 구아닌 분자와 시토신, 티민, 우라실 분자에서 공통 부분을 먼저 기억하는 것이다. 그러면 차이점이 드러나는데, 그 차이점을 반복해서 확실히 기억하면 된다. DNA와 RNA

분자는 뉴클레오타이드 분자가 공유결합으로 연결된 사슬 형태의 분자이다. 직선 사슬을 구성하는 구슬이 뉴클레오타이드이고, 뉴클레오타이드의 중요한 분자가 염기 A, G, C, U, T 분자이다. 인간의 유전 정보는 A, G, C, T 분자가 32억 개 연결되어 만들어진 DNA 이중나선에 저장되어 있다. 생명 현상은 단백질 효소 작용이 핵심이며, 단백질은 아미노산의 연결이다. 단백질을 구성하는 아미노산의 연결 순서는 DNA에 저장되며, DNA에서 아미노산 연결 순서를 지정하는 영역이 바로 유전자이다. 단백질 합성 정보는 A, G, C, T 분자의 연결 속에 존재한다. 그래서 알아야 할 내용은 단지 A, G, C, T 분자 구조뿐이다.

그림 5-13 아미노산이 ATP 분자와 결합하는 ATP+ aa→AMP+PP$_i$ 과정과 (aa+AMP)+tRNA→(aa–tRNA)+AMP 작용으로 아미노산의 tRNA가 결합하는 분자 변환

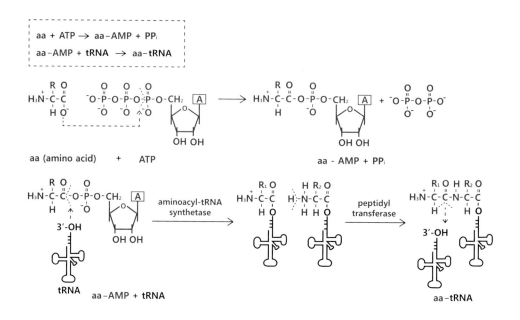

mRNA의 정보가 아미노산 서열로 되는 과정이 유전 정보의 번역이다

아미노산이 여러 개 결합하면 단백질이 된다. mRNA를 구성하는 뉴클레오타이드 3개가 1개의 아미노산을 지정하므로 300개의 뉴클레오타이드 서열은 100개의 아미노산 서열을 지정한다. 단백질은 약 10~1,000개의 아미노산이 결합하여 입체 구조를 형성하는 거대한 분자이다. mRNA의 염기서열이 지정하는 아미노산은 tRNA 분자에 부착되어 mRNA에 결합된 리보솜으로 입력된다. 리보솜은 rRNA와 단백질이 결합된 거대분자로, 대단위체와 소단위체가 결합된 복합체이다. 세포질에서 리보솜의 작은 조각이 mRNA와 결합하여 mRNA의 시작 서열인 AUG 코돈에 고정된다. 이 과정은 mRNA의 머리 부분에 결합한 리보솜 작은 조각이 mRNA의 뉴클레오타이드 서열에 부착된 상태에서 미끄러져 내려가다가 시작 서열start code에서 멈추면 리보솜의 큰 조각이 결합하여 리보솜 작은 조각이 단백질 합성복합체를 구성하는 것으로 진행된다.

시작 서열에 해당하는 아미노산은 메티오닌methionine이며, 아미노산을 실어나르는 분자가 tRNA이다. tRNA는 80개 정도의 뉴클레오타이드가 연결되어 3개의 루프를 형성한 분자이다. tRNA 원형 루프에 3개의 염기서열이 mRNA 시작 코돈인 AUG에 상보 코돈인 UAC이면, tRNA의 3' 방향의 끝에 있는 아미노산에 메티오닌이 결합된다. 메티오닌이 결합된 tRNA가 리보솜을 만나면 메티오닌을 리보솜에 전달한다. mRNA의 코돈에 결합하는 tRNA의 상보코돈을 안티코돈anticodon이라 하며, tRNA가 mRNA 코돈이 지정하는 아미노산을 리보솜으로 계속 전달해서 리보솜이 mRNA의 정보를 아미노산 서열로 전환한다.

세포질의 아미노산이 tRNA의 끝 서열인 ACC에 결합하는 과정은 두 단계로 구성된다. 이 두 과정의 첫 단계는 아미노산이 ATP 분자와 결합하는 ATP+aa→aa-AMP+PP$_i$ 과정이다. 아미노산이 ATP와 결합하여 ATP에서 파이로인산이 분리되어 ATP가 AMP 분자로 바뀌는 반응이다. tRNA 분자의 끝부분 뉴클레오타이드 서열인 ACC의 A가 바로 ATP 분자이다. 아미노산의 분자식은 $H_3^+N-(R-C-H)-(O=C-O-)$이며, C-O-의 산소가 ATP 분자의 첫 번째 인산과 결합하면서 ATP 분자에서 파이로인산이 분리된다. 두 번째 반응은 아데노신1인산(AMP) 분자에 아미노산이 결합한 aa-AMP 분자가 tRNA의 끝 서열인 ACC를 만나면 (aa-AMP)+tRNA→(aa-tRNA)+AMP 작용으로 아미노산이 AMP 분자에서 tRNA 분자로 옮겨가는 것이다. 리보솜에 결합한 mRNA의 코돈에 대응하는 안티코돈에 해당하는 아미노산을 결합한 tRNA가 리보솜과 결합하여 아미노산을 리보솜에 전달한다. 이러한 과정으로 tRNA에 결합한 20가지의 아미노산이 리보솜에 전달되어 mRNA의 염기서열에 해당하는 아미노산의 연결이 만들어진다. mRNA의 정보가 아미노산 서열로 되는 과정을 유전 정보의 번역translation이라 한다.

그림 5-14 DNA 복제 과정의 분자 변환 결정적 지식

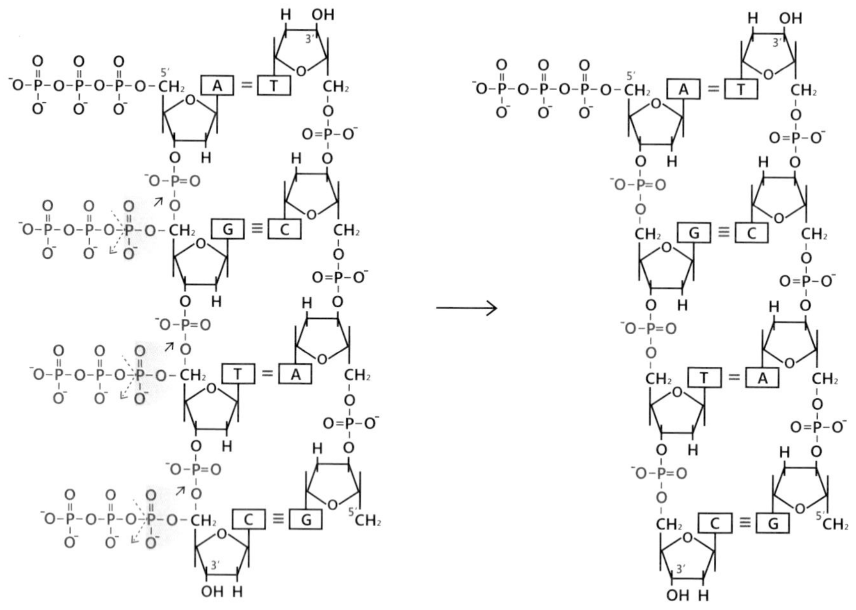

그림 5-15 염기 종류에 따라 뉴클레오타이드 분자의 명칭이 바뀐다. 아데닌, 구아닌의 퓨린염기는 IMP 분자에서 생성되고, 우라실, 시토신, 티민의 피리미딘 염기는 오로트산에서 이산화탄소가 제거된 우라실 분자에서 생성된다.

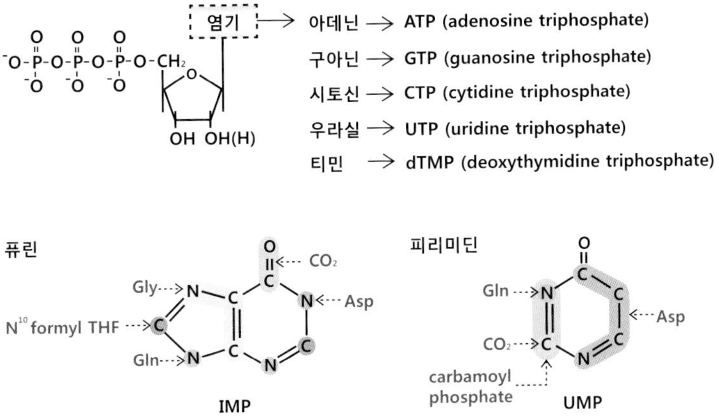

아데닌은 티민과 2개의 수소결합, 구아닌은 시토신과 3개의 수소결합을 한다

DNA, RNA 단일가닥은 뉴클레오타이드의 공유결합으로 형성된다. 단일가닥 DNA가 두 가닥의 이중나선을 형성하는 결합은 수소결합이다. 아데노신3인산(ATP), 구아노신3인산guanosine triphosphate(GTP), 시티딘3인산cytidine triphosphate(CTP), 우리딘3인산uridine triphosphate(UTP)이 공유결합하여 RNA 사슬을 만든다. 디옥시아데노신3인산(dATP), dGTP, dCTP, dTTP 분자가 공유결합하여 DNA 사슬을 형성한다. DNA 사슬 뉴클레오타이드를 구성하는 염기 아데닌은 티민과 이중으로 수소결합하고, 구아닌은 시토신과 삼중으로 수소결합하므로 A=T, G≡C로 표시한다. 1개의 세포가 2개의 세포로 분열하는 세포분열 과정에서 DNA도 완전히 복제replication하여 2개가 된다. DNA 복제 과정은 다음과 같다. DNA 이중나선의 수소결합이 분리되어 단일가닥 DNA가 노출되고, DNA 중합효소에 의해 노출된 DNA 가닥에 상보 뉴클레오타이드가 결합한다.

그림 5-16 DNA 이중나선, 퓨린, 피리미딘, 인산디에스테르 결합 정보 한 장에 모음

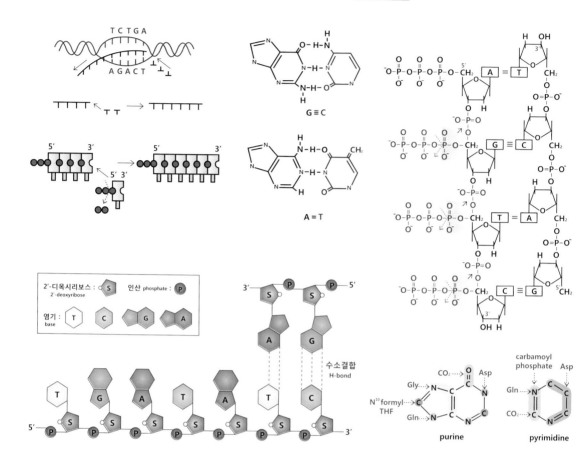

DNA 뉴클레오타이드 분자인 dATP, dGTP, dCTP, dTTP가 지속적으로 DNA 중합효소에 입력되어 이중 수소결합(A=T), 삼중 수소결합(G≡C)을 형성하여 노출된 단일가닥 DNA가 복제된다. 아데닌과 티민 사이의 수소결합은 아데닌과 티민의 분자 구조가 서로 마주 보는 형태로 약간 방향을 틀어서 그려야 형성된다. 수소결합은 수소와 산소 혹은 수소와 질소 원자가 일직선상에서 가까이 접근하여 형성되는 결합으로, 그 결합력은 공유결합력의 10% 정도로 미약하다. 아데닌의 6각형 고리와 티민의 6각형 고리가 일직선상에 가까이 배열되면, 아데닌 6각형 고리의 사슬인 아민기(H-N-H)와 티민의 위쪽 산소 이중결합의 산소 원자가 아민기의 수소 원자와 일직선상에서 매우 가깝게 접근하여 수소결합을 형성한다. 아데닌 6각형 고리에서 질소 원자는 질소에 결합한 수소 원자와 근접한 일직선상에 존재하여 수소 원자와 질소 원자 사이에 수소결합을 형성한다.

아데닌의 N10 포밀formyl에서 유래한 탄소에 결합된 수소는 티민의 아래쪽 이중결합 산소 원자와 일직선상에 존재하지만 산소 원자와 거리가 멀어서 수소결합을 형성하지 못한다. 그래서 아데닌(A)과 티민(T) 분자 사이에서는 수소결합이 2개 형성되어 A=T로 간략히 표현한다. 구아닌과 시토신 염기 사이의 수소결합은 구아닌의 6각형 고리와 시토신의 6각형 고리가 일직선상으로 가까이 접근하면 구아닌 6각형 고리의 이산화탄소에서 유래한 탄소와 이중결합한 산소 원자가 시토신의 아민기의 수소 원자와 직선상에서 근접하여 이루어진다. 구아닌 6각형 고리의 아스파르트산에서 유래한 질소 원자와 시토신 6각형 고리의 글루타민에서 기원한 질소 원자에 결합한 수소가 근접하여 수소결합을 형성한다. 구아닌 6각형 고리 곁사슬 아민기의 수소가 시토신의 아래쪽 산소 원자와 직선상에서 근접하여 수소결합한다. 그래서 구아닌과 시토신 염기 사이에는 3개의 수소결합이 형성되어 G≡C로 표현한다. 아데닌과 티민 사이의 2개의 수소결합보다 구아닌과 시토신 사이의 3개의 수소결합의 결합력이 더 크다. 그래서 A=T보다 G≡C 결합이 더 높은 온도에서 분리된다. A=T와 G≡C 수소결합을 반복해서 설명하는 이유는 유전학 공부에서 DNA와 RNA에 의한 수소결합이 결정적 지식이기 때문이다. 유전학에서 결정적 지식은 핵산의 분자 구조와

그림 5-17 아미노산 선형 구조를 굴곡진 구조로 접는 곁사슬의 상호작용과 아미노산의 분자식

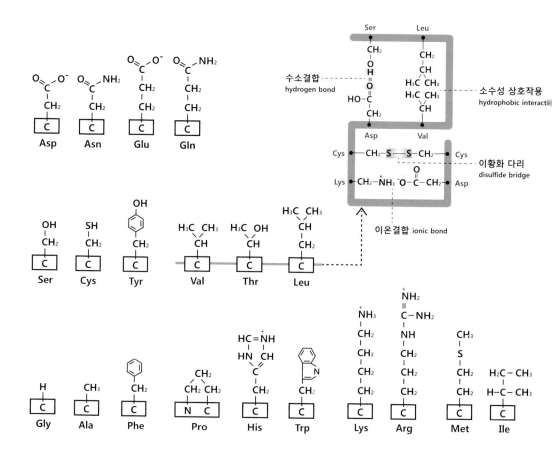

DNA	5'	CGT	GGA	TAC	ACT	TTT	GCC	GTT	TCT	3'
	3'	GCA	CCT	ATG	TGA	AAA	CGG	CAA	AGA	5'

mRNA 5' CGU GGA UAC ACU UUU GCC GUU UCU 3'

폴리펩타이드 (Arg) (Gly) (Tyr) (Thr) (Phe) (Ala) (Val) (Ser)

그림 5-19 mRNA의 아데닌, 구아닌, 시토신, 우라실의 3개의 조합에 대응하는 아미노산 코돈

	U	C	A	G	
U	UUU / UUC **Phe** F UUA / UUG **Leu**	UCU / UCC / UCA / UCG **Ser** S	UAU / UAC **Tyr** Y UAA / UAG stop	UGU / UGC **Cys** C UGA stop UGG **Trp** W	U C A G
C	CUU / CUC / CUA / CUG **Leu** L	CCU / CCC / CCA / CCG **Pro** P	CAU / CAC **His** H CAA / CAG **Gln** Q	CGU / CGC / CGA / CGG **Arg** R	U C A G
A	AUU / AUC **Ile** I AUA AUG **Met** M	ACU / ACC / ACA / ACG **Thr** T	AAU / AAC **Asn** N AAA / AAG **Lys** K	AGU / AGC **Ser** S AGA / AGG **Arg** R	U C A G
G	GUU / GUC / GUA / GUG **Val** V	GCU / GCC / GCA / GCG **Ala** A	GAU / GAC **Asp** D GAA / GAG **Glu** E	GGU / GGC / GGA / GGG **Gly** G	U C A G

AUG start

수소결합이다.

영어의 알파벳은 20개가 넘지만 생명의 언어인 뉴클레오타이드 핵산의 언어는 단지 5개뿐이다. DNA는 A, G, C, T이며 RNA는 A, G, C, U이다. RNA의 A, G, C, U 뉴클레오타이드가 20개 아미노산을 지정한다. 한글에서 '꽃'이란 단어는 'ㄲ, ㅗ, ㅊ'으로 구성되듯이 3개의 뉴클레오타이드 'C, G, U'는 아르기닌arginine 이라는 아미노산을 지정한다. 아미노산은 약자로 표시하며, 아르기닌은 Arg(R)로 축약해서 표현한다. 발린은 Val(V), 글루탐산은 Glu(E)이다. 이 경우는 글리신Gly(G)과 중복을 피하기 위해서 글루탐산을 약자 E로 표기한다. 생명의 문법은 DNA→RNA→아미노산으로 DNA 유전 정보가 아미노산의 서열로 번역된다. RNA로 복사된 DNA의 염기서열 3개가 하나의 아미노산을 지정하며, 염기 배열 순서가 단백질 합성 정보가 된다. 4개의 RNA 뉴클레오타이드 A, G, C, U가 중복을 허용하면 3개씩 조합 가능한 수는 $4 \times 4 \times 4 = 64$이다. 그런데 리보솜에서

번역되는 아미노산은 20개이다. 64개의 가능한 조합에서 20개의 아미노산이 생성되는 이유는 중복성 때문이다. 즉 GCU, GCC, GCA, GCG 4개의 조합이 모두 아미노산 알라닌을 지정한다.

RNA의 뉴클레오타이드 3개가 20개의 아미노산을 지정하는 조합을 표로 그려보면 핵산과 아미노산의 상호 관계가 드러난다. 4×4의 16개로 구획된 정사각형을 그려서 U, C, A, G의 순서로 그림처럼 배열하면 하나의 아미노산을 지정하는 여러 개의 뉴클레오타이드 조합을 알 수 있다. 64개의 가능한 조합에서 AUG는 번역 시작을 나타낸다. 즉 세포질에서 리보솜의 소단위체small subunit(SSU)가 mRNA의 염기서열 중 AUG와 만나면 대단위체large subunit(LSU)가 결합하여 번역이 시작된다. 리보솜이 mRNA를 따라서 이동하면서 염기서열을 번역하다 UAA, UAG, UGA 서열 중 하나를 만나면 번역이 종료된다. 이 3가지 서열이 바로 종료 신호stop code이기 때문이다.

그림 5-20 ATP→AMP+PPᵢ 변환과 가수분해 과정과 ATP, AMP, cAMP 분자 구조

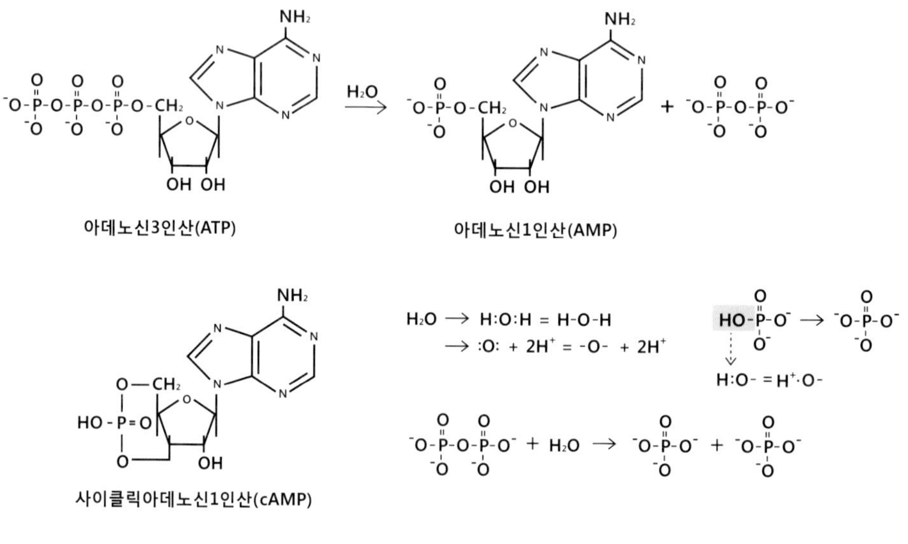

아데노신3인산(ATP)

아데노신1인산(AMP)

사이클릭아데노신1인산(cAMP)

$H_2O \rightarrow H{:}O{:}H = H\text{-}O\text{-}H$
$\rightarrow {:}O{:} + 2H^+ = {-}O{-} + 2H^+$

$HO\text{-}\overset{O}{\underset{O}{P}}\text{-}O^- \rightarrow {}^-O\text{-}\overset{O}{\underset{O}{P}}\text{-}O^-$

$H{:}O{-} = H^+{\cdot}O{-}$

$^-O\text{-}\overset{O}{\underset{O}{P}}\text{-}O\text{-}\overset{O}{\underset{O}{P}}\text{-}O^- + H_2O \rightarrow {}^-O\text{-}\overset{O}{\underset{O}{P}}\text{-}O^- + {}^-O\text{-}\overset{O}{\underset{O}{P}}\text{-}O^-$

ATP는 생물학에서 글루코스 다음으로 중요하다

ATP는 생물학에서 글루코스 다음으로 중요한 분자이다. ATP는 생명의 에너지 분자이고, 동시에 생명의 정보 분자이다. ATP는 DNA와 RNA를 구성하는 뉴클레오타이드 분자로, DNA 복제와 RNA 전사 과정에서 인산기 2개가 분리되어 AMP 상태로 공유결합에 참여한다. 생명 현상에서 사용되는 에너지는 ATP→ADP→AMP로 인산기를 하나씩 분리할 때 방출되는 에너지이다. 근육을 움직이거나 뇌 신경세포가 기억을 만들 때 모두 ATP 분자를 사용한다. 세포질의 해당 과정, 미토콘드리아의 지방산 산화, 엽록체의 명반응에서 ATP 분자가 만들어진다. 미토콘드리아 내막에 삽입된 ATP 합성효소에 의해 ADP+P_i→ATP로 전환되는 과정에서 생성되는데, P_i는 무기$_{inorganic}$ 인산이며 인산의 분자식은 H_3PO_4이다. 무기인산의 분자식은 P_i→$HPO_4{}^{2-}$→$HO-PO_3{}^{2-}$로 표현된다. 박테리아, 식물, 동물의 세포는 호흡을 통해 ATP 분자를 만든다. 광합성은 물과 이산화탄소를 태양 에너지로 결합해서 포도당 분자를 만든다.

호흡은 포도당 분자의 공유결합 전자에 존재하는 태양 에너지를 세포질과 미토콘드리아에서 다시 회수하는 과정이다. 호흡의 마지막 단계에서 태양 에너지를 방출한 전자가 산소 분자, 양성자와 결합하여 물 분자를 만든다. 그래서 호흡의 마지막 단계에서 산소 분자가 물 분자로 환원된다. 광합성으로 생성된 포도당 분자는 세포 속으로 유입되어 해당 과정을 통해 피루브산으로 분해되는데, 피루브산은 지방산과 더불어 미토콘드리아에 흡수되어 미토콘드리아의 내막 안쪽 기질의 TCA 회로 순환 과정에서 이산화탄소와 물로 분해된다. 즉 호흡은 광합성의 반대 과정이다. 광합성은 합성 과정이고 호흡은 분해 과정이다. 피루브산의 결합력을 제공했던 고에너지 전자가 분리되어 미토콘드리아 내막에 삽입된 4개의 전자전달 효소로 이동하면서 에너지를 잃게 된다. 호흡의 마지막 단계는 전자전달 시스템을 통과한 전자들이 미토콘드리아 기질에 존재하는 양성자와 호흡으로 유입된 산소 분자와 결합하여 물로 환원되는 O_2+4H^++4e→$2H_2O$ 과정이다. TCA 회로에서 NADH 분자가 생성되는데,

NADH 분자에서 분리된 전자가 호흡 단백질 시스템을 이동하면서 미토콘드리아 내막에서 막간공간으로 양성자를 퍼낸다. 그 결과 미토콘드리아 막간공간의 양성자 농도가 높아지고, 그 결과 농도가 낮아진 미토콘드리아 기질로 양성자가 확산되어 다시 들어온다.

이러한 양성자 확산 과정을 이용하여 발전기 터빈처럼 ATP 합성효소가 회전하면서 $ADP + P_i \rightarrow ATP$ 반응으로 생명의 에너지인 ATP 분자가 생겨난다. ATP 분자가 '유전 정보이면서 에너지 분자이다'라는 사실은 이 분자가 일으키는 놀라움의 일부이다. 왜냐하면 $ATP \rightarrow ADP \rightarrow AMP$로 바뀌는 과정에서 방출되는 인산기는 단백질과 결합하여 단백질을 활성화시켜 세포내 단백질의 상호작용을 일으키기 때문이다. 그리고 AMP의 분자 구조가 바뀌어 인산기가 아데노신과 고리 형태로 결합하여 사이클릭cyclic AMP인 사이클릭아데노신1인산cyclic adenosine monophosphate(cAMP)을 형성한다. cAMP 분자는 세포내 생화학 작용의 메신저로 활동한다. cAMP 분자에 대한 연구는 노벨상을 받을 만큼 중요하다. 생명 현상을 물질과 에너지의 상호작용으로 본다면, 물질의 배열, 즉 분자의 배열 순서가 바로 정보이며, 정보와 에너지를 동시에 담당하는 분자가 바로 ATP이다. 동물학자 리처드 도킨스가 "생명의 드라마에서 DNA와 ATP 합성효소가 공동 주연이다"라고 표현한 이유는 바로 이러한 ATP 분자 합성의 중요성을 강조한 것이다.

요약하면, 다음과 같다.

ATP는 에너지 분자인 동시에 정보 분자이다.

호흡은 ATP 분자를 생성하는 과정이다.

ATP→ADP→AMP→cAMP는 세포내 에너지와 정보 전달의 핵심 분자이다.

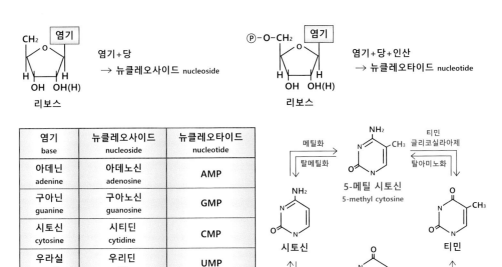

염기 base	뉴클레오사이드 nucleoside	뉴클레오타이드 nucleotide
아데닌 adenine	아데노신 adenosine	AMP
구아닌 guanine	구아노신 guanosine	GMP
시토신 cytosine	시티딘 cytidine	CMP
우라실 uracil	우리딘 uridine	UMP
티민 thymine	티미딘 thymidine	TMP

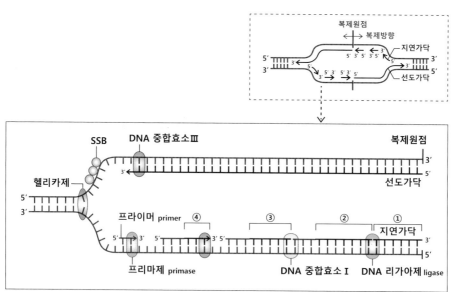

SSB: 단일가닥결합단백질 single strand binding protein

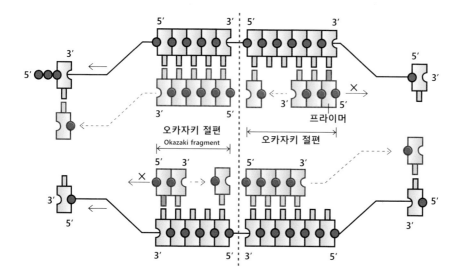

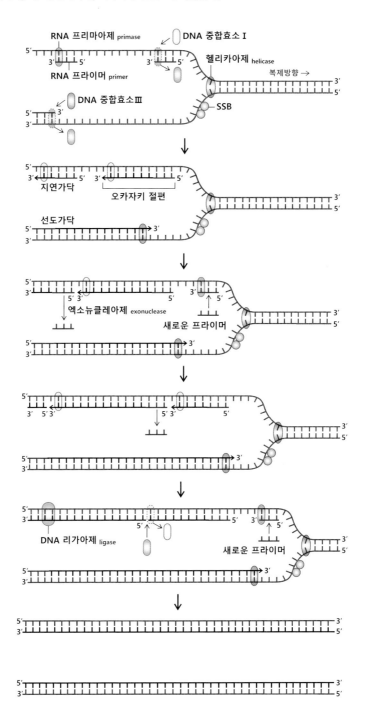

그림 5-24 DNA 지연가닥의 5'→3' 방향의 오카자키 절편 생성

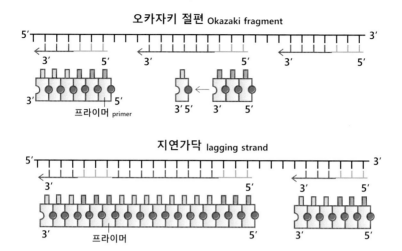

DNA 주형가닥의 복제는 3'→5' 방향으로 진행할 수 없다

세포는 분열하여 2개의 새로운 세포를 만들 때마다 DNA 이중나선 두 가닥을 모두 복제하여 두 벌의 DNA 이중나선을 만든 후 세포질이 분열하여 2개의 세포 속으로 1개씩 들어간다. DNA 복제는 헬리카아제helicase 효소가 DNA 이중나선을 풀어서 단일가닥이 노출되면 DNA 중합효소가 디옥시뉴클레오타이드deoxynucleotide dATP, dGTP, dCTP, dTTP 분자 사이에 인산디에스테르 공유결합을 형성하여 한 가닥의 DNA 사슬을 만들면서 노출된 주형의 DNA 와 수소결합을 형성함으로써 이루어진다. 헬리카아제에 의해 풀어진 두 가닥의 DNA 주형은 DNA 중합효소에 의해 서로 반대 방향으로 복제되어 2개의 DNA 이중나선을 만든다.

디옥시뉴클레오타이드가 삽입되는 과정은 다음과 같다. 디옥시리보스의 3번 탄소에 결합된 산소에 의해 인산기 2개가 절단되며 dATP→dAMP가 되어 3번 탄소와 디옥시리보스의 5번 탄소를 dAMP의 인산기가 인산디에스테르 결합으

로 연결한다. 전체적으로 보면 디옥시뉴클레오타이드는 5번 탄소에서 3번 탄소 방향으로 삽입되며, 이 방향으로 DNA 가닥의 복제가 진행된다. 그런데 노출된 주형 DNA의 두 가닥은 서로 방향이 반대이다. 그래서 DNA 가닥이 풀리는 방향이 3'→5'인 주형가닥인 경우 복제하는 방향은 자연히 5'→3'이 되어 중단 없이 계속 복제가 진행되며, 이때 생성된 가닥을 선도가닥leading strand이라 한다. 반대로 DNA 가닥이 풀리는 방향이 5'→3'인 주형가닥을 지연가닥이라 한다. 지연가닥의 복제는 3'→5' 방향이 되어 성장할 수 없기 때문에 연속적으로 이루어질 수 없다. 이 경우 이중나선이 풀리는 지점에서 시작점까지 짧은 구간이 5'→3' 방향으로 진행되어 첫 번째 구간이 복제된다. 이중나선이 계속 풀리면 그동안 진행되어 드러난 단일나선의 거리만큼 5'→3' 방향으로 두 번째 구간이 복제된다. 이때 먼저 삽입되는 짧은 가닥의 뉴클레오타이드는 DNA가 아닌 RNA의 짧은 가닥으로, 이를 '프라이머primer'라 한다.

먼저 형성된 RNA 프라이머 서열에 이어서 DNA 복제는 진행된다. 이런 방식으로 진행되어 단속적으로 5'→3' 방향으로 복제가닥이 생성되는데, 이 과정의 주형으로 작용하는 DNA 단일가닥이 지연가닥lagging strand이다. 이처럼 지연가닥은 분할된 복제 영역으로 나뉘어 불연속적으로 복제되며, 분할된 복제 영역을 오카자키 절편이라 한다. 지연가닥의 구간과 구간 사이에 디옥시뉴클레오타이드의 결합의 틈이 생기는데, 리가아제ligase라는 효소가 이러한 틈을 연결하여 연속된 복제가닥을 만든다. 그리고 처음 삽입된 RNA 프라이머를 제거하고 이에 상응하는 DNA 뉴클레오타이드로 대체하여 복제 과정이 완성된다.

DNA 복제의 결과로 2개의 DNA 이중나선이 생겨난다. 즉 선도가닥과 지연가닥이 복제된 DNA 단일가닥과 수소결합으로 결합하여 DNA 이중나선이 2개 만들어지는 것이다. 인간의 경우 염기쌍이 32억 개로, 모두 복제하는 데 많은 시간이 걸리리라 예상되지만 복제 기점이 1만 개나 되며 모든 복제 기점에서 동시에 복제가 진행되므로 시간이 크게 단축된다. 세균의 경우 복제 기점이 100개 정도여서 DNA 복제에 약 30분의 시간이 소요되어 세균이 둘로 분열되는 속도를 제한한다. DNA 복제의 특별한 점은 복제의 시작 뉴클레오타이드가 RNA 프

그림 5-25 RNA 중합효소 I, II, III의 작용과 세포질에서 mRNA 단백질 번역 과정 한 장에 모음

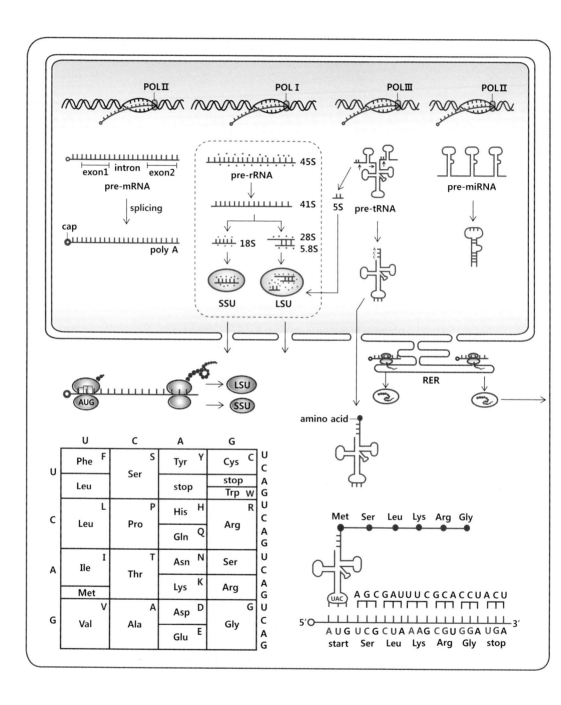

라이머라는 사실이다. 이것은 DNA가 출현하기 전에 먼저 RNA가 존재했다는 증거이다. 진화적으로 단백질과 DNA 이전에 RNA가 출현했다는 가설이 바로 RNA 세계world 이론이다. 단백질처럼 촉매 작용을 하는 리보자임 RNA가 발견되었는데, 리보솜도 단백질과 rRNA의 복합체이며 리보솜에서 촉매 역할을 하는 부위는 rRNA이다. RNA 세계 이론은 지지하는 증거가 늘어나고 있다.

요약하면, 다음과 같다.

DNA 복제: 헬리카아제가 이중나선을 풀어서 3'→5' 방향과 5'→3' 방향의 두 단일나선이 노출 노출된 DNA 주형가닥의 정보를 DNA 중합효소가 복제→연속적 선도가닥이 5'→3' 방향으로 성장, 단속적 지연가닥이 5'→3' 방향으로 성장

지연가닥 분절 사이 틈을 리가아제가 연결→선도가닥과 지연가닥에서 RNA 프라이머를 DNA 서열로 교체→2개의 분리된 DNA 이중나선 생성

RNA 프라이머가 DNA 복제에 필요함→DNA와 단백질보다 먼저 RNA가 존재→RNA 세계

그림 5-26 RNA의 종류와 상호 관계

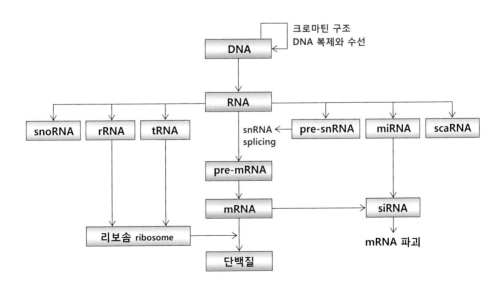

RNA 중합효소 I, II, III의 작용으로 rRNA, mRNA, tRNA가 생성된다

DNA 전체를 복사하는 과정은 DNA 복제라 하는데, 세포가 2개로 분열할 때 일어난다. DNA 이중가닥의 극히 작은 영역이 복사되는 과정은 DNA 전사transcription라 하며 단백질 합성 과정으로 연결된다. DNA 전사 과정으로 메신저 RNA(mRNA), 리보솜 RNA(rRNA), 운반 RNA(tRNA)가 생성된다. RNA 중합효소polymerase II는 약어로 POL II로 표시하며 POL II에 의해 pre-mRNA가 만들어진다. 그리고 pre-mRNA가 스플라이싱 과정과 cap 형성 그리고 AMP의 반복으로 꼬리 형성 과정을 거쳐 완성된 mRNA가 된다. mRNA의 염기서열이 아미노산 서열로 바뀌는 과정을 DNA 번역이라 하는데, 이 과정은 세포질에서 부유하거나 소포체막에 부착된 리보솜에서 일어난다. 대단위체(LSU)와 소단위체(SSU)가 세포질에 존재하는 mRNA와 결합하여 리보솜을 구성하며, mRNA와 결합된 리보솜에 세포질에 존재하는 tRNA가 결합한다. 20여 종의 tRNA는 이미 하나의 아미노산이 결합된 상태로 리보솜과 만난다. tRNA 염기서열에서 아미노산을 지정하는 3개의 염기를 안티코돈anticodon이라 하는데, 안티코돈은 mRNA의 염기서열인 코돈과 리보솜의 작용으로 결합한다. 그리고 이 과정에서 리보솜의 작용으로 tRNA에 부착된 아미노산이 서로 연결되어 수십에서 수천 개의 아미노산 서열을 형성한다.

아미노산의 일차적 선형사슬은 입체 구조로 변형되어 효소의 작용을 할 수 있는 완성된 단백질이 된다. 세포질에서 만들어진 단백질은 미토콘드리아, 엽록체, 핵으로 이동하여 들어간다. 핵 속으로 들어간 단백질은 DNA, RNA의 복제와 전사 작용을 하는 중합효소가 된다. 전사된 RNA의 조각과 핵 속으로 유입된 단백질이 결합하여 핵산과 단백질의 복합체인 리보뉴클레오프로틴입자ribonucleoprotein particle(RNP)를 만든다. 리보솜 단백질의 합성 정보가 저장된 DNA 영역은 RNA 중합효소 I에 의해 전사되어 전단계 리보솜 RNA인 pre-rRNA을 형성한다. pre-rRNA는 45S에서 41S로 전환되며 41S는 10분 안에 (18S)와 (28S, 5.8S) 두 그룹으로 분해된다. 여기서 S는 원심분리 과정의 침강계수로,

숫자가 클수록 분자량이 크다. 나중에 pre-tRNA 편집 과정에서 생성된 5S가 (28S, 5.8S) 그룹에 합류하여 (28S, 5.8S, 5S)가 된다.

핵 속의 인necleolus에서 (18S)는 리보솜의 소단위체가 되며, (28S, 5.8S, 5S)는 리보솜의 대단위체가 되어 핵공을 통해 세포질로 빠져나간다. DNA의 tRNA 생성 정보 영역의 염기서열은 RNA 중합효소 III에 의해 pre-tRNA를 생성하게 된다. pre-tRNA는 RNA 분해효소인 RNase 작용으로 편집되어 tRNA가 된다. tRNA가 핵공을 통해 세포질로 이동하면 세포질에서 효소 작용으로 tRNA의 안티코돈에 해당하는 아미노산이 부착된다. RNA 중합효소 II는 pre-miRNA를 생성한다. mi는 micro의 약자로 miRNA는 다이서dicer라는 효소의 작용으로 분해되어 siRNA를 만든다. siRNA는 세포질의 단백질과 결합하여 RITS를 형성한다. RITS는 RNA induced transcriptional silencing의 약자로 'RNA에 의해 유도된 전사억제 효소'라는 의미이다. RITS는 세포질의 mRNA의 단백질 생성 과정을 억제하거나 mRNA를 분해한다. RITS의 억제와 분해 작용으로 세포내 단백질 생성 과정이 조절된다. RNA 중합효소 I, II, III의 작용에 익숙해지면 유전학 공부가 쉬워진다.

요약하면, 다음과 같다.

mRNA : POL II, pre-mRNA→cap 형성→poly A

rRNA : POL I, pre-rRNP→45S→41S→SSU(18S), LSU(28S, 5. 8S, 5S)→리보솜

tRNA : POL III, pre-tRNA→RNase→tRNA→아미노산 결합

siRNA : POL II, pre-miRNA→siRNA→RITS→단백질 생성 속도 조절

그림 5-27 진핵세포핵 리보솜의 대단위체는 28S, 5.8S, 5S로 구성되며, 소단위체는 18S로 구성된다. 리보솜의 대단위체와 소단위체는 세포질에서 mRNA와 결합한다.

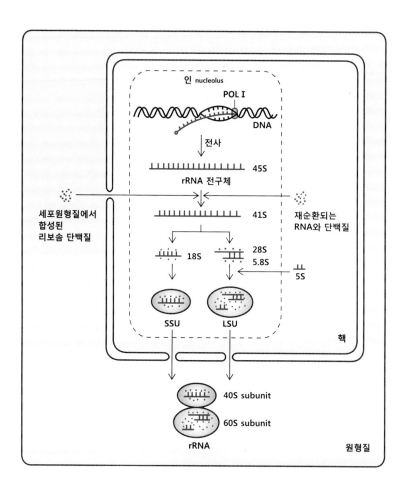

그림 5-28 세포질에서 아미노산 사슬 생성은 리보솜에 형성된 P 자리로 아미노산이 결합된 tRNA가 삽입되어 연속적으로 이루어진다. 번역이 완료되면 생성된 아미노산 서열은 세포질로 방출되고, 리보솜은 대단위체와 소단위체로 분리되어 방출된다.

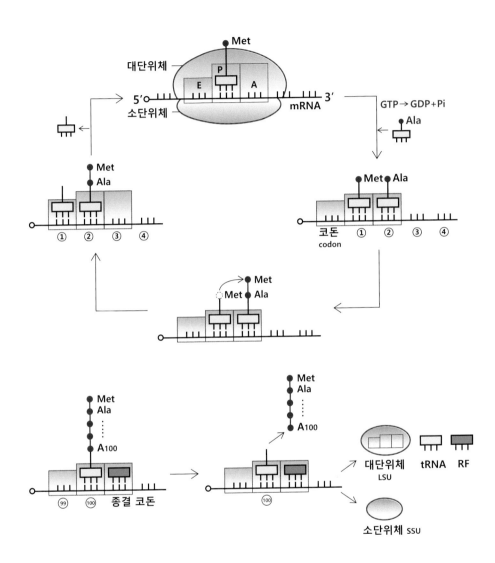

리보솜에는 E, P, A 자리가 있다

핵 속에서 편집된 tRNA는 핵공을 통과하여 세포질로 빠져나와 세포질에서 아미노산이 tRNA에 부착된다. tRNA에 아미노산을 결합하는 아미노아실-tRNA 합성효소는 아미노산 삽입 부위와 tRNA가 들어가는 자리에 있다. ATP 분자에서 인산기 분자 2개가 분리되어 AMP가 된다. 즉 아데노신3인산(ATP)이 아데노신1인산(AMP)이 되어 아미노아실-tRNA 합성효소에 결합하면 아미노산과 tRNA의 결합이 일어난다. 아미노산이 부착된 tRNA인 아미노아실-tRNA는 세포질에서 유리되어 부유하다가 부근에서 번역 작업을 진행하던 리보솜과 접촉하게 된다. 리보솜은 방출 영역(Exit), 펩티딜 영역(P), 아미노 영역(A)의 3개 영역이 있으며, 번역 첫 단계에서는 P 영역에 메티오닌이 결합된 tRNA가 자리잡게 된다. mRNA의 3개 염기코드에 대응하는 아미노산을 부착한 tRNA가 리보솜의 A 영역에 삽입된다.

다음 단계에는 GTP에서 인산기 하나가 분리되는 과정에서 방출되는 에너지를 이용하여 펩티딜전이효소peptidyl transferase의 작용으로 P 영역과 A 영역에 삽입된 tRNA에 부착된 2개의 아미노산이 서로 공유결합하게 된다. 이 결합의 결과로 메티오닌이 A 영역의 tRNA에 부착된 아미노산 위로 연결된다. 리보솜이 mRNA의 염기서열을 따라서 이동하여 인접한 3개의 염기에 결합하면 P와 A 영역에 있던 tRNA가 E와 P 영역으로 이동하여, 그 결과 A 영역은 다시 빈자리가 된다. 그리고 이 빈 A 영역의 자리에 mRNA의 3개의 염기 서열에 상보적인 안티코돈anticodon을 갖는 새로운 tRNA가 삽입된다. 이 tRNA는 자신의 안티코돈에 부응하는 아미노산을 부착하고 있고, 이 아미노산이 GTP의 분해 과정에서 방출된 에너지를 이용하여 P 영역 자리의 tRNA에 부착된 아미노산과 서로 공유결합한다. 이번에는 '메티오닌-아미노산1(A1)'이 통째로 A 영역 tRNA에 부착된 아미노산2(A2) 위로 결합하여 '메티오닌-A1-A2' 형태가 된다.

리보솜이 mRNA의 염기 3개씩 계속 이동하면 E 영역의 tRNA는 세포질로 방출되고, 리보솜의 A 영역은 비게 된다. 이 빈자리로 다시 새로운 아미노산이 부착된 tRNA가 삽입되어 계속적으로 아미노산 사슬이 자라서 '메티오닌-A1-A2-A3'가 된다. 이처럼 계속되는 mRNA의 염기서열이 아미노산 서열로 바뀌는 과정을 번역이라 한다. 번역 과정에서 리보솜이 mRNA의 종료 코드를 만나면 리보솜은 대단위체와 소단위체로 분리되어 세포질로 방출되어 재사용된다. 그리고 번역이 완료된 mRNA는 또 다른 번역 과정을 시작하거나 분해 효소에 의해 개개의 뉴클레오타이드로 분해되어 재사용된다. mRNA가 분해되지 않고 재사용되는 횟수가 많을수록 동일한 단백질이 많이 생산된다. 인간과 침팬지의 지능이 다른 이유는 전두엽에서 생산되는 같은 종류의 단백질의 수가 인간이 더 많기 때문이다. 동일한 단백질을 가능한 한 많이 만들기 위해서는 mRNA의 수명이 길어야 한다. mRNA의 수명은 핵 속 편집 과정의 정교한 진화와 관련된다. mRNA 편집 과정은 mRNA 분자 앞쪽에서 캡cap 구조가 형성되는 것과 꼬리에 AMP 분자가 연결되는 개수와 관련된다. mRNA 정보가 단백질로 전환되는 과정이 유전학의 핵심이다.

요약하면, 다음과 같다.

tRNA에 아미노산 결합 : 아미노아실–tRNA 합성효소

번역 과정 : 리보솜 E, P, A 영역→아미노산이 결합된 tRNA가 A 자리로 계속 공급됨→아미노산을 전달한 tRNA는 E 영역에서 방출→종료코돈를 만나면, 리보솜이 두 단위체로 분리→아미노산 사슬이 단백질로, mRNA는 재사용 혹은 분해

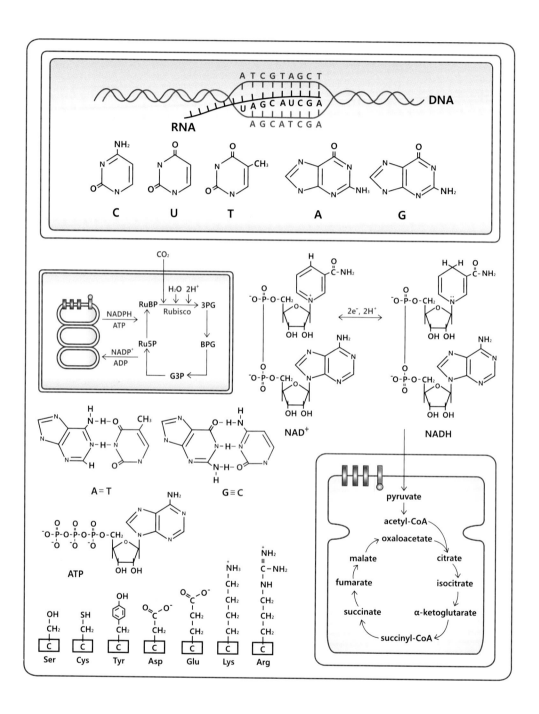

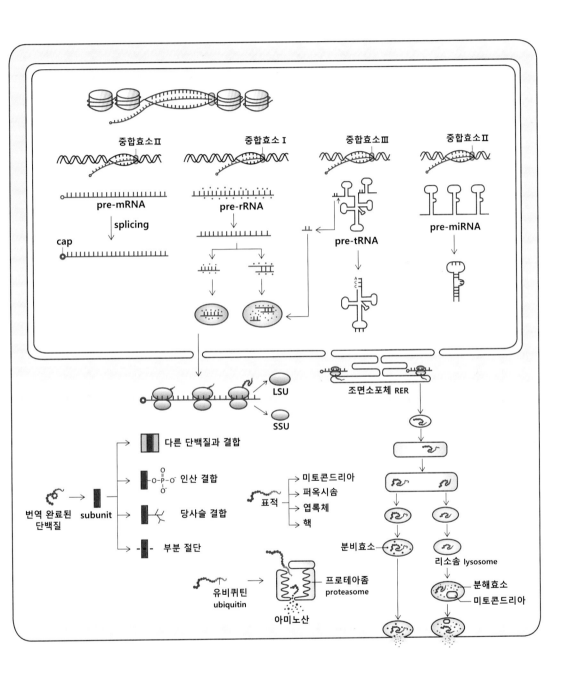

그림 5-31 단백질 1차 구조의 선형사슬과 2차 구조의 접힌 평면 구조

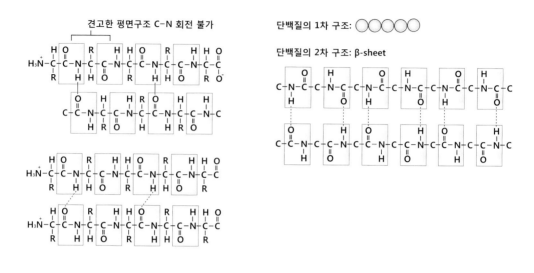

그림 5-32 RNA 스플라이싱 과정의 분자 구조. 엑손 3′ 말단의 OH가 구아닌1인산(GMP)과 인산에 의한 공유결합을 절단하면 인트론 영역이 올가미 형태가 되어 분리된다.

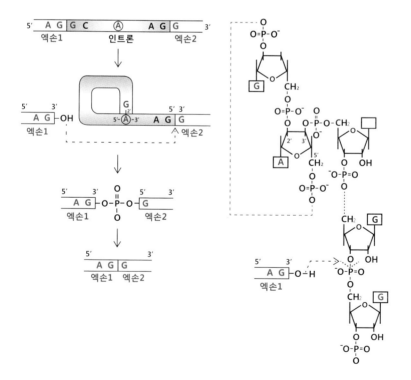

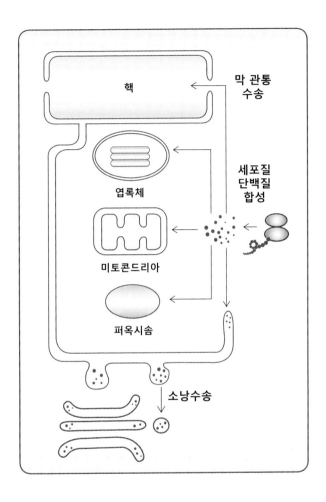

그림 5-34 세포질에서 생성된 단백질은 단백질 내에 존재하는 주소 서열에 의해 엽록체, 미토콘드리아, 퍼옥시솜으로 전달되며, 조면소포체막에서 부착되어 생성되는 단백질은 골기체를 통해 세포 외부로 방출된다.

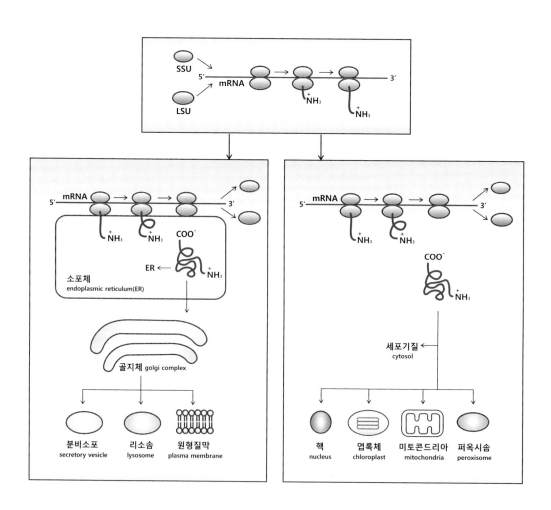

세포질에서 합성된 단백질은
핵, 미토콘드리아, 엽록체, 퍼옥시솜으로 이동한다

DNA의 유전 정보를 복사하는 과정을 DNA 전사라 하는데, 이 과정에서 DNA의 이중가닥 중 한 가닥을 구성하는 DNA 뉴클레오타이드에 대응하는 RNA 뉴클레오타이드가 만들어진다. DNA의 염기서열 A, G, C, T는 RNA의 염기서열 U, C, G, A로 복사된다. DNA 이중나선의 수소결합은 A=T, G≡C 결합이지만 DNA 전사 과정에서는 RNA 중합효소 II에 의해 일시적으로 DNA와 RNA가 A=U, G≡C로 결합한다. 즉 DNA의 티민(T)이 RNA에서는 우라실(U)로 바뀐다. 박테리아의 원핵세포에는 RNA 중합효소가 하나의 복합체지만, 다세포 생물의 진핵세포에는 3종류의 RNA 중합효소(I, II, III)가 있다. DNA에서 mRNA로 전사되는 것은 RNA 중합효소 II가 담당한다. 진핵세포의 단백질 합성 과정은 mRNA의 생성으로 시작되며, 이 과정은 전사활성인자Transcription Factor II-D(TFIID)가 DNA의 TATA 서열에 부착하면서 시작된다. TFIID 활성인자 단백질에는 TATA 서열에 결합하는 TATA 박스바인딩프로틴box binding protein(TBP)이라는 영역이 있다. TFIID가 DNA에 결합한 다음 TFIIA, TFIIB가 TFIID 주위에 결합하는데, TFIIA는 TFIID를 안정화하며 TFIIB는 전사 시작 부위 탐색과 관련있다.

전사활성인자 D, A, B가 결합된 다음에 TFIIG와 TFIIH가 RNA 중합효소 II와 함께 DNA에 결합한다. TFIIH는 DNA 이중나선을 풀어 단일가닥이 노출되게 한다. RNA 중합효소 II에는 전사인자 F도 부착되어 있는데 TFIIF는 여러 전사인자들이 조합하는 과정에 역할을 한다. 이처럼 진핵세포에서 mRNA 전사과정은 전사인자 A, B, D, E, F, H와 RNA 중합효소 II가 결합하여 완전전사복합체를 형성한다. 완전전사복합체는 전사가 시작되면서 몇 개의 부분이 중합효소에서 분리되는데, 중합효소는 DNA의 노출된 가닥의 염기서열에 대응하는 RNA 뉴클레오타이드를 연속적으로 연결하여 mRNA 사슬을 만들어낸다. 이렇게 형성된 mRNA가 pre-mRNA이며, 직접 아미노산 코드를 지정하지 않은 염기서열인 인트론intron을 포함하고 있다. Pre-mRNA에서 인트론들을 제거하고 아미노산을 지정하는 영역인 엑손exon들을 연결하는 과정을 스플라이싱splicing이라 한다. 이 과정은 스플라이시오솜spliceosome이라는 단백질-RNA 복합체인 snRNP가 담당한다.

전사가 시작되면 RNA 중합효소 II의 C말단 영역인 CTD 영역에 다수의 인산기가 부착되어 캡 인자, 스플라이싱 인자, 폴리아데닌 인자가 작동한다. 그래서 생성되는 mRNA 분자는 앞쪽 영역에 존재하는 인산기 3개의 말단에 메틸구아노신이 결합된 캡 구조가 생성된다. 이 캡 구조는 mRNA가 핵공을 통과하여 세포질로 빠져나오게 해주고, 세포질에는 리보솜이 mRNA 분자를 인식하게 해준다. 스플라이싱 인자는 pre-mRNA에서 인트론를 제거하여 엑손 영역끼리 결합하게 하는데, 이 과정에서 엑손들끼리 다양하게 조합하는 교번적 스플라이싱alternative splicing이 일어날 수 있다. 예를 들면 엑손1, 엑손2, 엑손3이 있다면, 엑손1-엑손2와 엑손2-엑손3, 엑손1-엑손3 등의 다양한 조합이 가능해지고, 이 결과 하나의 유전자에서 다양한 단백질이 생성될 수 있다.

인간 단백질의 60%는 교번 스플라이싱의 결과이다. 마지막으로 뉴클레오타이드인 아데노신1인산(AMP)을 mRNA 말단에 부착하는 ploy-A 꼬리tail가 형성되면 mRNA의 편집이 완료된다. 완성된 mRNA는 핵공을 빠져나와 세포질로 들어간다. mRNA는 세포질에서 리보솜의 작용으로 아미노산의 사슬을 만드는데, 이 과정이 번역이다. 즉 DNA의 염기서열이 아미노산 서열로 번역되는 것이며, 이 결과 생성되는 아미노산 서열은 번역 후 가공 과정을 거쳐 입체 구조를 지닌 단백질이 된다. 세포질에서 단백질의 생산량은 mRNA의 수명과 비례한다. 평균적으로 mRNA는 수십 분 정도 분해를 견디며 생존할 수 있다. 번역 과정에 문제가 있는 mRNA는 miRNA에서 생성된 siRNA에 의해 번역이 중단되거나 분해된다. 분해된 mRNA의 구성 요소인 AMP, GMP, CMP, UMP는 재사용된다.

세포질에서 떠다니는 mRNA에 의해 생성된 단백질은 세포질 내에 존재하게 되지만, 조면소포체(RER)막 표면에 부착된 리보솜에 의해 생성된 단백질은 조면소포체 내강lumen으로 떨어져서 조면소포체의 유동성 작용을 받아 단백질이 담

긴 분리된 소포가 되어 세포 외부로 배출된다. 세포질에서 합성된 단백질은 미토콘드리아, 엽록체, 퍼옥시솜, 핵으로 이동한다. 이 경우 목적지 주소가 아미노산 서열 형태로 단백질에 존재한다. 조면소포체의 내강과 미토콘드리아의 막간 공간, 그리고 엽록체의 내부는 원래 세포 바깥 공간이다. 왜냐하면 이들 세포 소기관들은 본래 독립된 원핵세포 박테리아가 큰 숙주세포에 잡아먹히는 과정에서 숙주세포의 세포막이 미토콘드리아와 엽록체의 외막이 되기 때문이다. 그래서 미토콘드리아의 내막과 외막 사이의 막간공간은 원래 단일막이었던 미토콘드리아의 외부 공간이었다. 이렇게, 세포 내부와 외부의 기원을 추적하면 생명 진화의 흔적이 보인다. 생명은 안과 밖이 함께 존재한다. 안과 밖의 경계가 생명이 피어나는 자리이다.

그림 5-35 해당 과정과 TCA 회로에 관련된 아미노산 합성 한 장에 모음

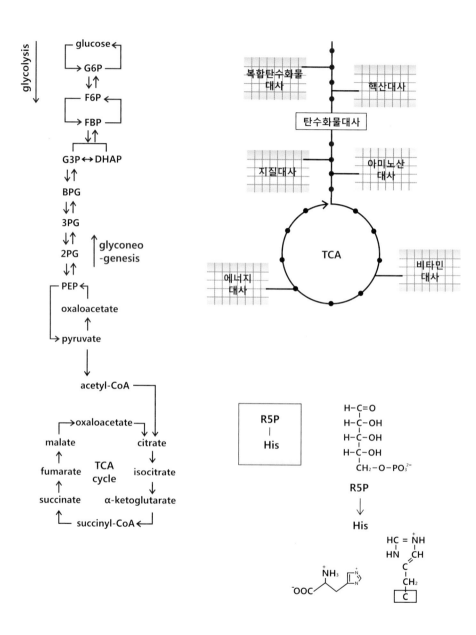

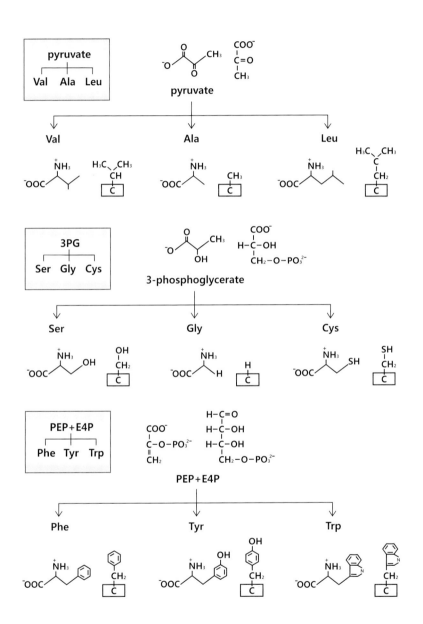

그림 5-36 RNA 중합효소, 전사조절인자, DNA 복제, RNA 전사 분자 구조, 단백질 합성 **한 장에 모음**

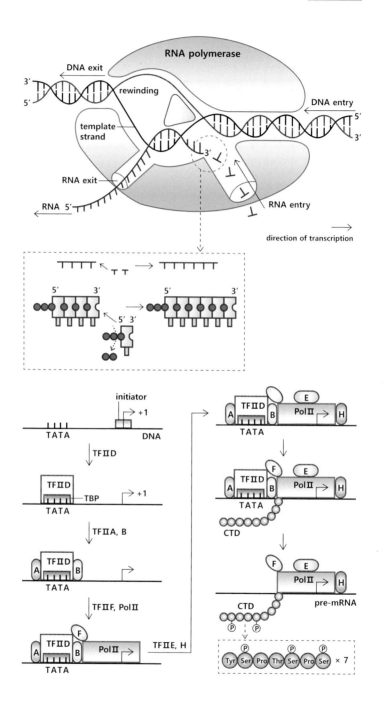

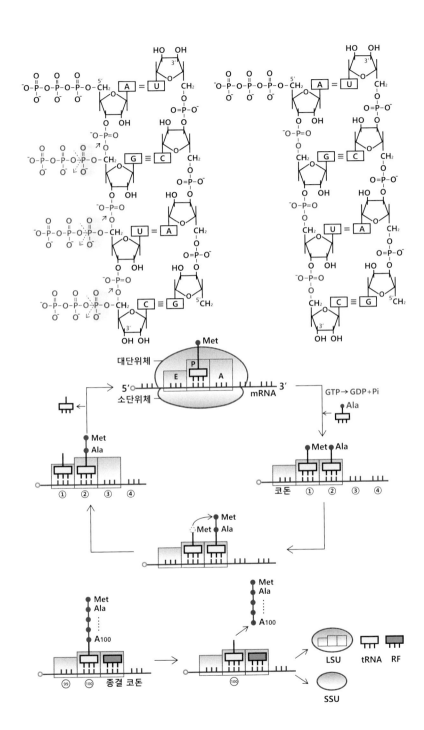

그림 5-37 RNA 전사, 전사조절인자. 단백질 번역 과정 한 장에 모음

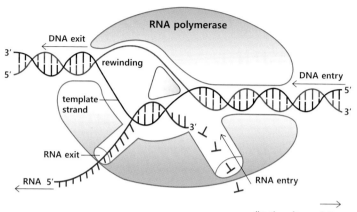

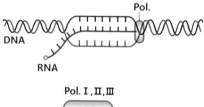

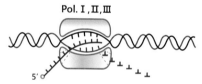

ATP, GTP, CTP, UTP $\xrightarrow{PP_i}$ AMP, GMP, CMP, UMP

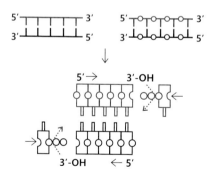

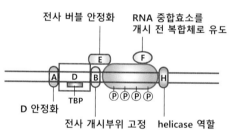

TBP - TATA box binding protein

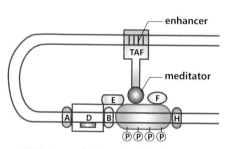

TAF - transcription activation factor

262

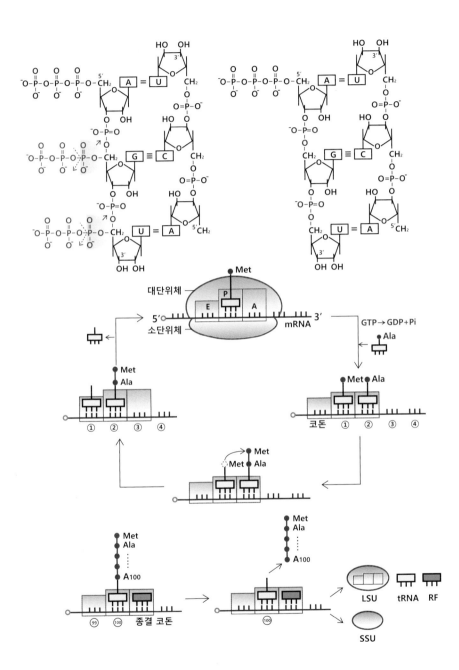

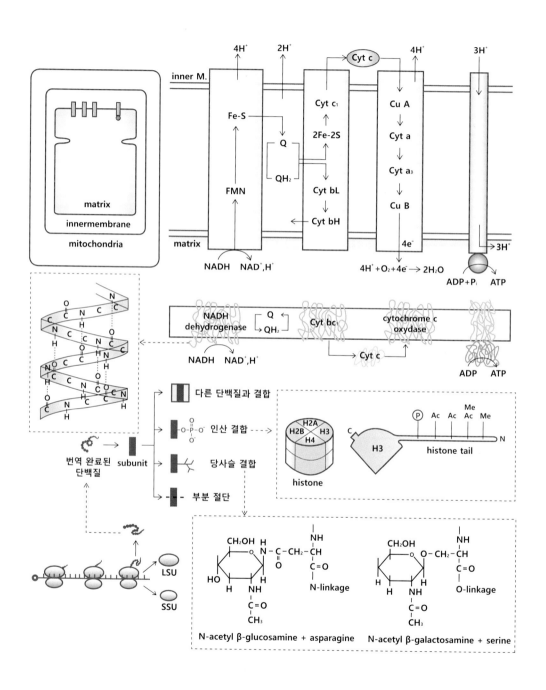

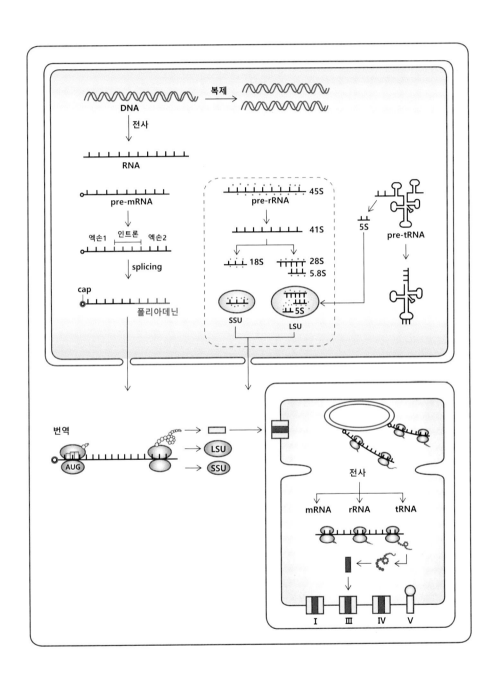

그림 5-39 TCA 회로와 리보솜에 의한 단백질 합성 [한 장에 모음]

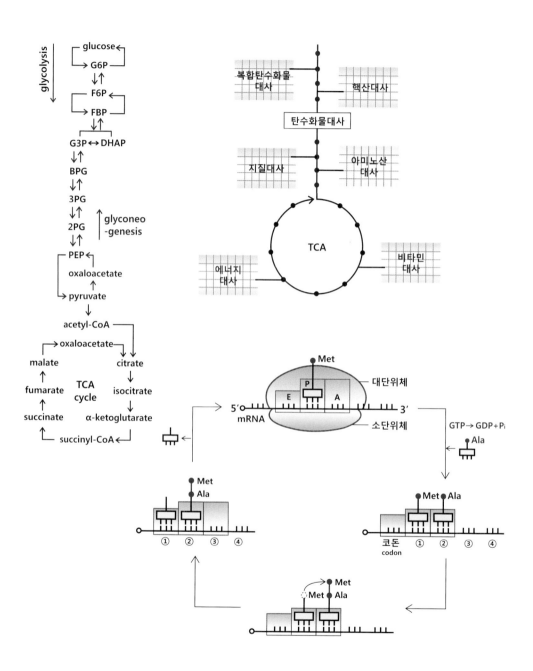

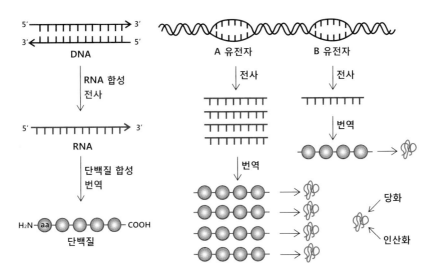

amino acid

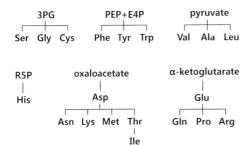

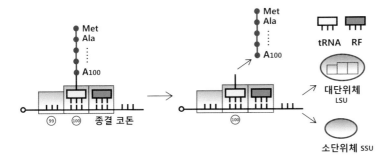

그림 5-40 TCA 회로 관련 아미노산 대사 한 장에 모음

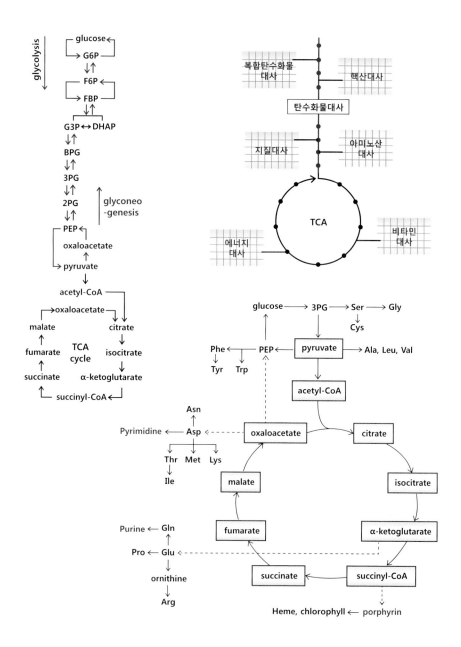

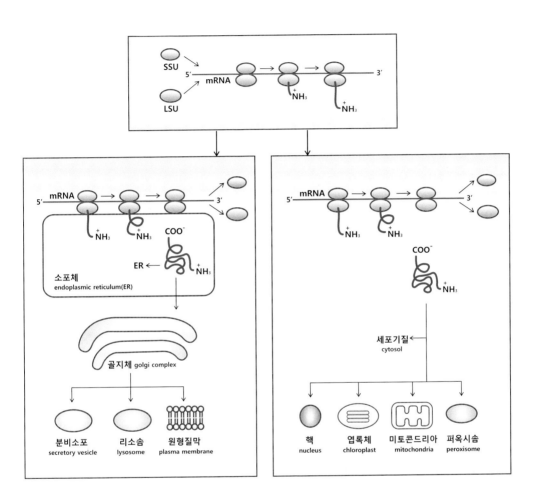

amino acid

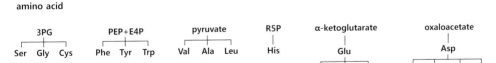

```
        3PG              PEP+E4P           pyruvate        R5P    α-ketoglutarate        oxaloacetate
  ┌──────┼──────┐     ┌─────┼─────┐    ┌─────┼─────┐      │           Glu              Asp
 Ser    Gly    Cys   Phe   Tyr   Trp  Val   Ala   Leu    His      ┌────┼────┐     ┌────┬────┬────┐
                                                                 Gln  Pro  Arg   Asn  Lys  Met  Thr
                                                                                              Ile
```

그림 5-41 뉴클레오타이드 구성 요소와 DNA 이중나선 수소결합 한 장에 모음

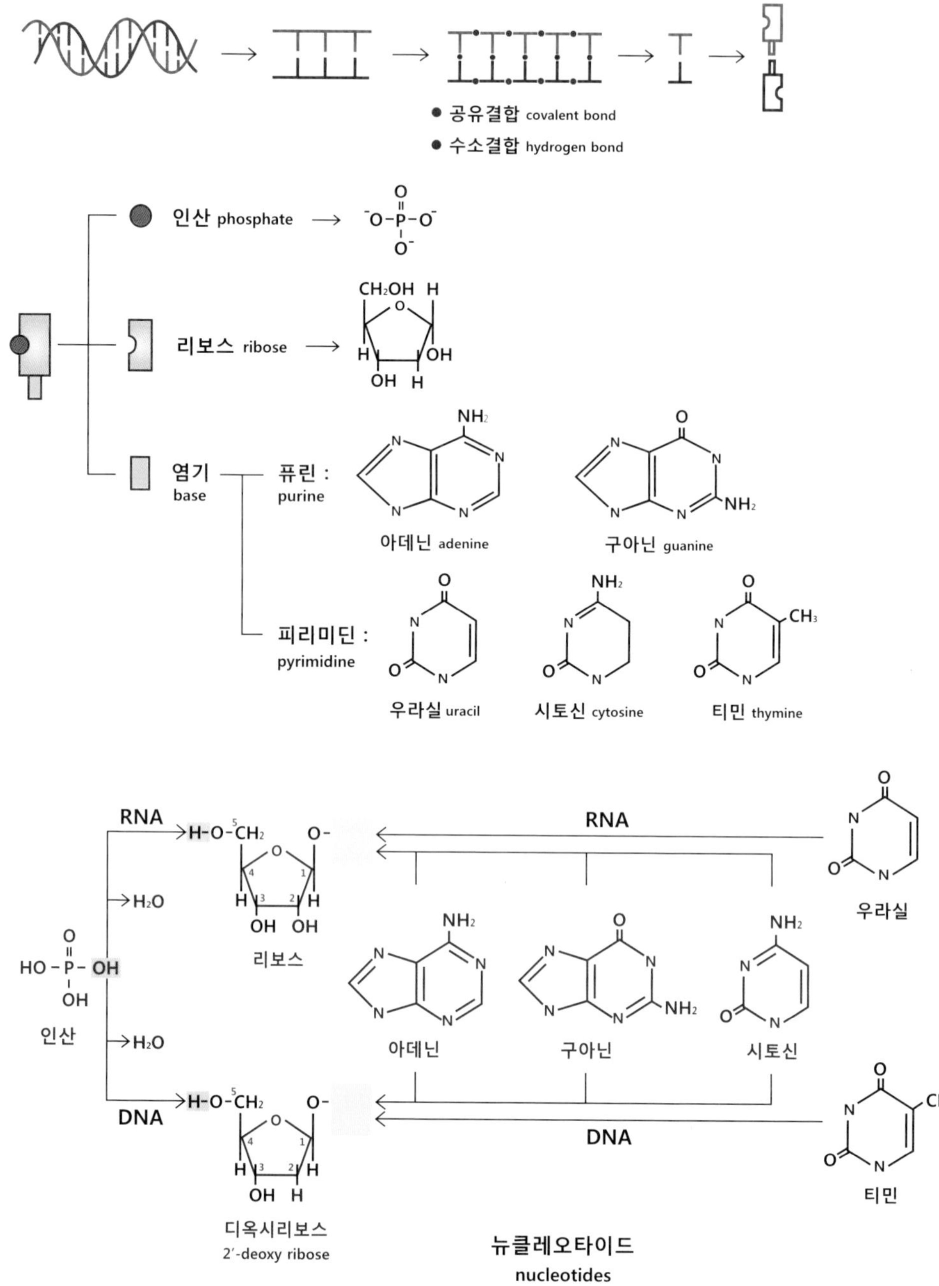

- 공유결합 covalent bond
- 수소결합 hydrogen bond

인산 phosphate

리보스 ribose

염기 base

퓨린 : purine

아데닌 adenine   구아닌 guanine

피리미딘 : pyrimidine

우라실 uracil   시토신 cytosine   티민 thymine

RNA

H_2O

HO$-$P$-$OH

인산

H_2O

DNA

리보스

디옥시리보스
2'-deoxy ribose

RNA

아데닌   구아닌   시토신

DNA

우라실

티민

뉴클레오타이드
nucleotides

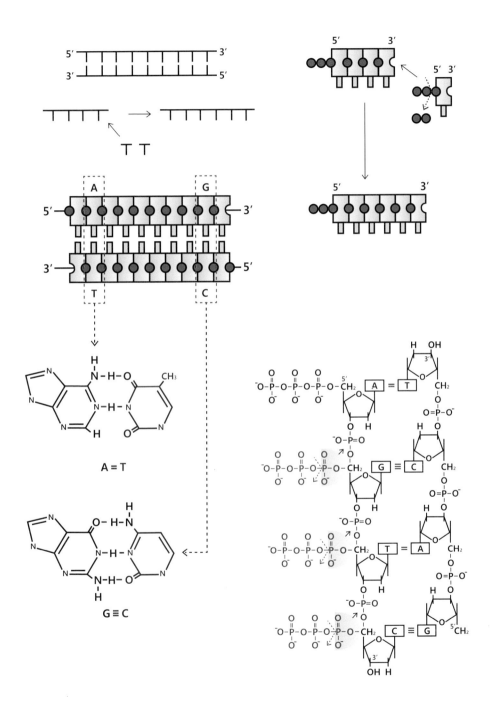

그림 5-42 DNA→mRNA→단백질 합성 과정 한 장에 모음

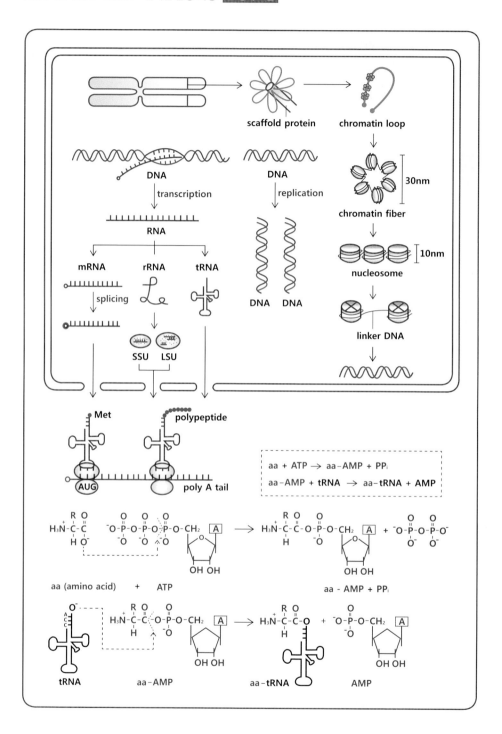

6 해당 과정, TCA 회로, 캘빈 회로

$R5P \longrightarrow PRPP \longrightarrow PRA \longrightarrow Gln \longrightarrow Gly$

$\longrightarrow N^{10} \text{ formyl THF} \longrightarrow Gln \longrightarrow CO_2 \longrightarrow Asp \longrightarrow N^{10} \text{ formyl THF}$

$\longrightarrow IMP \longrightarrow \begin{cases} Asp, GTP \longrightarrow fumarate \longrightarrow AMP \\ NAD^+, H_2O \longrightarrow Gln \ O \rightarrow NH_4 \longrightarrow GMP \end{cases}$

ribose-5-monophosphate
R5P

$\xrightarrow[AMP]{ATP}$

phosphoribosyl pyrophosphate PRPP

$\xrightarrow[Glu, PP_i]{Gln, H_2O}$ N^{10} formyl tetra hydro folate

PRA β-ribose-®

$\xrightarrow[ADP, P_i]{Gly, ATP}$ Gly

$\xrightarrow{PRA}$ R5P

$\xrightarrow[THF]{N^{10} formyl THF}$ formyl tetra hydro folate R5P

$\xrightarrow[Glu, ADP, P_i]{Gln, ATP, H_2O}$ $HO\text{-}PO_3^{2-} \rightarrow P_i$ R5P

$\xrightarrow[ADP, P_i, H_2O]{ATP}$ R5P

$\xrightarrow[ADP, P_i]{CO_2, ATP}$ R5P

$\xrightarrow[ADP, P_i]{Asp, ATP}$ $HO\text{-}PO_3^{2-} \rightarrow P_i$

fumarate R5P $^-OOC\text{-}CH = CH\text{-}COO^-$ fumarate

$\xrightarrow[THF]{N^{10} formyl THF}$ R5P

$\xrightarrow{H_2O}$ inosine monophosphate IMP

R5P IMP $\xrightarrow[GDP, P_i]{Asp, GTP}$ R5P adenylosuccinate $\xrightarrow{fumarate}$ R5P AMP

R5P IMP $\xrightarrow[NADH, H^+]{NAD^+, H_2O}$ R5P XMP $\xrightarrow[Glu, ADP, PP_i]{Gln, ATP, H_2O}$ R5P GMP

생명은 C, H, N, O, P, S 원자들이 결합하여 만든 분자들의 이야기다

생명은 분자의 상호작용이다. 동물의 몸이 유지되는 바탕에는 동화작용anabolism과 이화작용catabolism의 동적 평형상태가 있다. 음식물은 소장에서 분자로 분해되어 모세혈관을 통해 세포로 이동하여 세포의 구성 분자와 에너지를 생성한다. 세포는 탄수화물, 지질, 단백질을 피루브산, 지방산, 아미노산 분자로 분해하는 공장이며, 아미노산을 연결하여 단백질을 합성하는 장소이다. 분자에서 분자로 변환되는 과정이 산화와 환원 반응이며, 이화와 동화 과정이다. 이화작용과 동화작용의 동적 평형상태가 바로 생명 현상이다. 세포의 작용은 효소의

그림 6-1 탄소결합손 4개에 의해 형성된 공유결합 분자들 　결정적 지식

활동이며, 효소는 대부분 단백질로 구성된다. 단백질 거대분자의 입체 구조가 생체 분자의 변환 장치로 작용한다. 그래서 생물학은 탄수화물, 지질, 핵산 분자의 대사 과정이 핵심이며, 대사 과정의 동적 평형상태가 유지되는 현상이 생명 그 자체이다.

세포 속 대사 작용은 핵산 분자, 단백질 분자, 지질 분자, 포도당 분자들의 상호 변환 과정이며, 생명은 C, H, N, O, P, S 원자들이 결합하여 만든 분자들의 이야기다. 분자들의 변환은 전자의 이동에서 생기는데, 전자를 방출하는 분자는 산화되고, 전자를 획득하는 분자는 환원된다. 그래서 생명 현상은 분자와 분자 사이에 오가는 조절된 전자의 이동 현상이다. 생명의 6대 원소 중에서는 탄소, 수소, 산소가 특히 중요하고 CO_2와 H_2O 분자가 생명을 만든다. 유기체가 분해

그림 6-2 탄소 공유결합의 여러 가지 분자 구조 형태

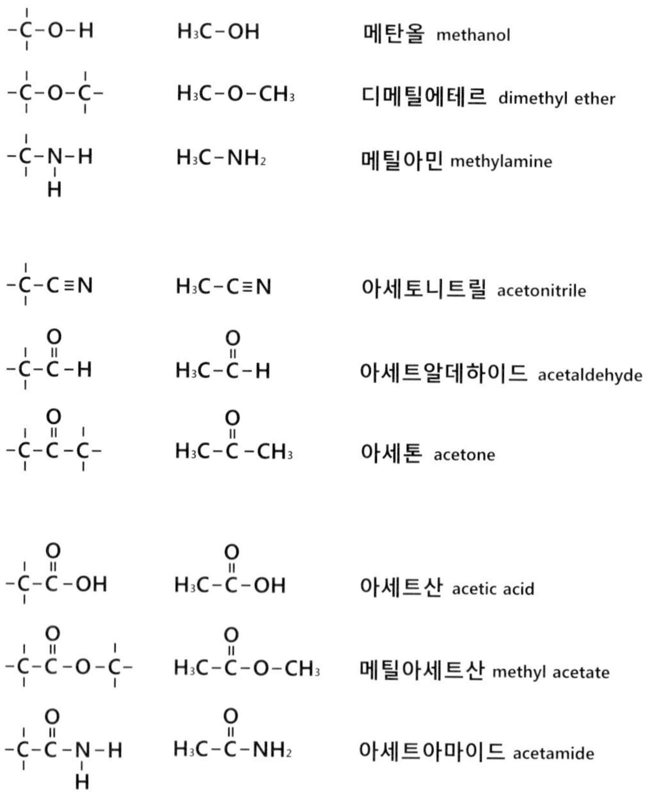

-C-O-H	H₃C-OH	**메탄올** methanol
-C-O-C-	H₃C-O-CH₃	**디메틸에테르** dimethyl ether
-C-N-H, H	H₃C-NH₂	**메틸아민** methylamine
-C-C≡N	H₃C-C≡N	**아세토니트릴** acetonitrile
-C-C-H (O)	H₃C-C-H (O)	**아세트알데하이드** acetaldehyde
-C-C-C- (O)	H₃C-C-CH₃ (O)	**아세톤** acetone
-C-C-OH (O)	H₃C-C-OH (O)	**아세트산** acetic acid
-C-C-O-C- (O)	H₃C-C-O-CH₃ (O)	**메틸아세트산** methyl acetate
-C-C-N-H, H (O)	H₃C-C-NH₂ (O)	**아세트아마이드** acetamide

되어도 CO_2와 H_2O 분자가 C, H, O 원자로 분해되지는 않는다. CO_2와 H_2O 분자를 구성하는 원자 사이의 공유결합을 분해하려면 매우 많은 에너지가 공급되어야 한다. 물 분자는 섭씨 2,000도 이상 가열해야 수소와 산소 원자로 분해된다. 그래서 생명체가 생존하는 섭씨 100도 이하의 온도에서는 분자가 구성 원자로 모두 분해되는 경우는 없다.

생명은 분자들의 이야기이다. 탄소에는 4개의 공유결합손이 존재하는데, 탄소, 수소, 산소가 결합하여 C-C, C-H, C-O 형태의 다양한 분자를 생성한다. 탄소가 함유된 분자를 유기분자라 하는데, 유기분자의 존재는 생명 현상과 관계된다. 생명 현상은 3단계로 표현할 수 있다. 첫 단계는 중력을 제외한 전자, 양성자, 광자의 중첩된 상호작용이다. 둘째 단계는 공유결합으로 구성된 분자들이 전자를 잃는 산화와 전자를 획득하는 환원 반응을 통해 변환되는 단계이다. 전자에 동반하는 양성자의 이동으로 암석학, 토양학, 생화학이 대부분 설명된다. 셋째 단계는 C, H, N, O, P, S 6개 원소가 공유결합으로 분자를 형성하고 이들 분자들의 변환 과정이 탄소골격으로 이루어지는 것이다. 이것이 바로 생명 현상이다. 생명은 C, H, O, N, P, S 원자들이 만든 분자들 간의 조절된 전자의 이동 현상이다.

그림 6-3 탄소, 산소, 수소, 질소의 공유결합

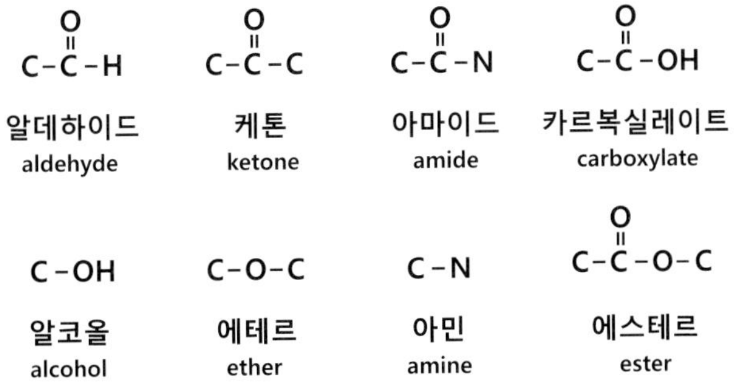

O ‖ C–C–H	O ‖ C–C–C	O ‖ C–C–N	O ‖ C–C–OH
알데하이드 aldehyde	케톤 ketone	아마이드 amide	카르복실레이트 carboxylate
C–OH	C–O–C	C–N	O ‖ C–C–O–C
알코올 alcohol	에테르 ether	아민 amine	에스테르 ester

분자식 기억하기는 뇌 인지 훈련의 지름길이다

생명은 분자 현상이다. 세포 작용은 분자의 변환 과정이며, 분자식을 기억해서 익숙해져야 생화학 회로가 보인다. 자연은 에너지, 원자, 세포로 그 패턴을 드러낸다. 분자는 공유결합으로 묶인 원자의 집합이다. 원자의 배열 상태에 따라 분자들의 에너지가 다르며, 더 낮은 에너지의 원자 배열로 바뀌려 한다. 해당 작용, TCA 회로, 요소 회로, 캘빈 회로를 이해하려면 20개가 넘는 분자식을 기억해야 한다. 결국 생물학 공부는 분자식 공부이다. 분자식을 기억하지 않는 생화학 공부는 실체를 보지 않고 드러난 형태만 보는 것이다. 물이란 단어는 일상 용어로는 통용되지만 그 어떤 과학적 내용도 포함하지 않는다. 물에 대한 분자식 H_2O를 H-O-H로 표현하면 물에 대한 많은 과학적 내용을 알 수 있다. 물의 실체는 수소 원자 2개와 산소 원자 1개가 공유결합으로 된 분자이며, 이 분자식에서 물에 대한 많은 물리와 화학적 속성을 밝혀낼 수 있다.

글루코스라는 이름은 실체가 아니며, 글루코스의 분자식인 $C_6H_{12}O_6$가 알아야 할 내용의 전부이다. 분자식을 기억하려면 뇌의 작업기억과 공간지각을 활용해야 한다. 예를 들어 해당 작용의 한 단계인 글리세르알데하이드3인산(G3P) 분자에서 BPG 분자로 변환되는 과정을 생각해보자. G3P 분자식 $(H-^1C=O)-(H-^2C-OH)-^3CH_2-O-PO_3^{2-}$에서 BPG 분자식 $(O=C-O-PO_3^{2-})-(H-C-OH)-CH_2-O-PO_3^{2-}$으로 변환되려면 1번 탄소에 결합된 원자들의 배치가 바뀌어야 하는데, G3P의 1번 탄소에 결합된 산소 원자가 위치를 바꾸고 무기인산 $HO-PO_3^{2-}$에서 양성자가 빠져나간 $-O-PO_3^{2-}$ 형태로 탄소에 결합해야 한다. 이 과정은 3단계의 변환 과정을 머릿속으로 그리게 된다. 무기인산이 결합하면 G3P의 1번 탄소 ^1C의 결합손은 $H-(^1C=O)-O-PO_3^{2-}$에 붉은색으로 표시된 4개이며, 아래로 2번 탄소와 결합된 결합손을 포함해서 모두 5개가 되어 탄소의 4개 공유결합손을 초과하게 된다. 그래서 1개의 과잉 결합을 제거해야 하며 $H-(C=O)-O-PO_3^{2-}$에서 H-를 떼어내게 되는데, 양성자 1개와 전자 2개인 H-를 제거하는 분자가 바로 NAD^+ 분자이며 NAD^+ 분자가 G3P 분자에서 전자

2개와 양성자 1개를 획득하여 NAD$^+$+H$^+$+2e→NADH로 환원된다. G3P 분자에서 BPG 분자로 바뀌는 과정을 기억하는 학습이 바로 뇌의 공간지각 훈련이다.

분자식 공부가 뇌 인지 훈련에 효과적인 방법인 이유는 이렇다. 첫째, 분자 변환 과정은 공유결합의 변환 과정이기 때문에 결합손이 공간에서 이동하는 공간 변환 과정이 훈련된다. 둘째, 분자 변환 과정의 전후를 생각으로 유지해야 하므로 작업기억이 훈련된다. 셋째, 분자식의 변환 과정이 이어지는 생화학 회로를 추적하면서 생각을 연결하는 훈련이 된다. 생화학 분자식 기억하기는 뇌 인지 훈련의 지름길이다.

4개의 화학 결합

탄소와 실리콘은 최외각 전자가 4개이다. 원자의 최외각 전자는 원자와 원자가 결합하여 분자를 만드는 방식을 결정한다. 4개의 최외각 전자는 4개의 공유결합을 만들고, 4개의 공유결합은 가장 간단한 입체 구조인 정사면체를 만든다. 실리콘 4개의 공유결합손은 광물을 만들었고, 탄소 4개의 공유결합손은 생물을 만들었다. 공유결합손이 4개면 형성된 분자가 정사면체를 형성하여 면의 수가 가장 적은 입체 구조가 된다. 탄소 원자 4개의 결합손에는 산소 원자, 양성자, 수산이온, 이산화탄소가 결합할 수 있다. 탄소 원자가 형성하는 입체 구조의 분자가 생명체의 몸을 만든다. 실리콘도 결합손이 4개여서 산소 원자 4개와 결합하여 정사면체의 산화규소 분자를 만든다. 산화규소(SiO$_2$) 분자가 무한히 반복되어 결정 구조를 형성하면 지구 맨틀과 1,500종류나 되는 규산염 광물이 된다. 행성 지구의 표층에 노출된 탄소 원자가 생명 현상을 만들었고, 결정 구조로 형성된 실리콘 원자가 산소와 결합하여 지구의 맨틀이 되었다. 결국 지구와 생명은 결합손이 4개인 탄소와 실리콘이 바탕 구조를 만들었다. 공유결합이 광물과 생물의 구조를 만든다.

그림 6-4 OH가 1번 탄소 아래로 결합하면 알파글루코스, 위로 결합하면 베타글루코스 **결정적 지식**

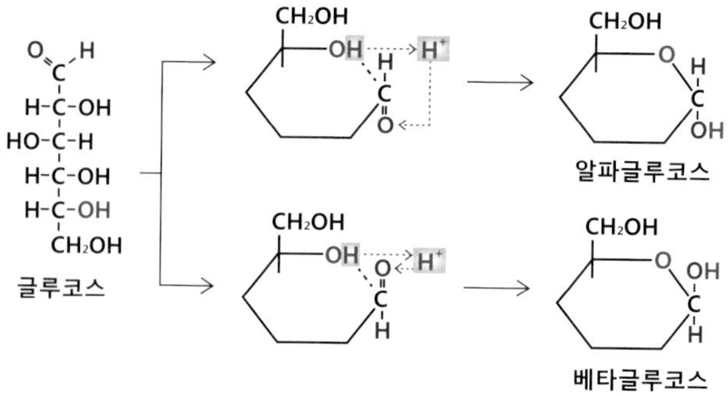

용어에 답이 있다

공부는 한 꾸러미의 새로운 용어에 익숙해지는 과정이다. 화학 용어는 분자를 구분하고, 물리학 용어는 힘과 에너지의 개념을 명확하게 해준다. 자연과학은 원자, 분자, 세포를 분류하는 과학 용어로 기술된다. 철학은 추상적 개념어로 세계를 묘사하고, 문학은 형용사로 인간 감정의 미묘함을 표현한다. 결국 모든 학문은 언어학이다. 숫자를 바탕으로 자연을 기술하든 추상명사로 개념적 세계를 묘사하든, 모두 상징인 언어로 세계를 표상한다. 언어의 본질적 기능은 대상의 구별이다. 용어에 익숙해지면 자연 현상의 변화 과정이 원자, 분자, 세포의 상호작용임을 확연히 깨닫게 된다. 세포 속 소기관들의 대사 작용을 분자 수준에서 설명하는 생화학은 생명 현상을 이해하는 데 핵심이 되는 학문으로, 생화학을 좋아하려면 분자식과 분자 이름에 익숙해져야 한다. 공부는 새로운 학술 용어에 익숙해지는 훈련이다. 학술 용어의 특징은 명확한 정의, 함축적 의미, 정확한 표현 방식에 있다. 그래서 학술 용어에 친숙해지면 생각은 자연히 명료해진다.

그림 6-5 탄소 원자가 1, 2, 3, 4, 5개인 분자와 생물학의 주요 분자들

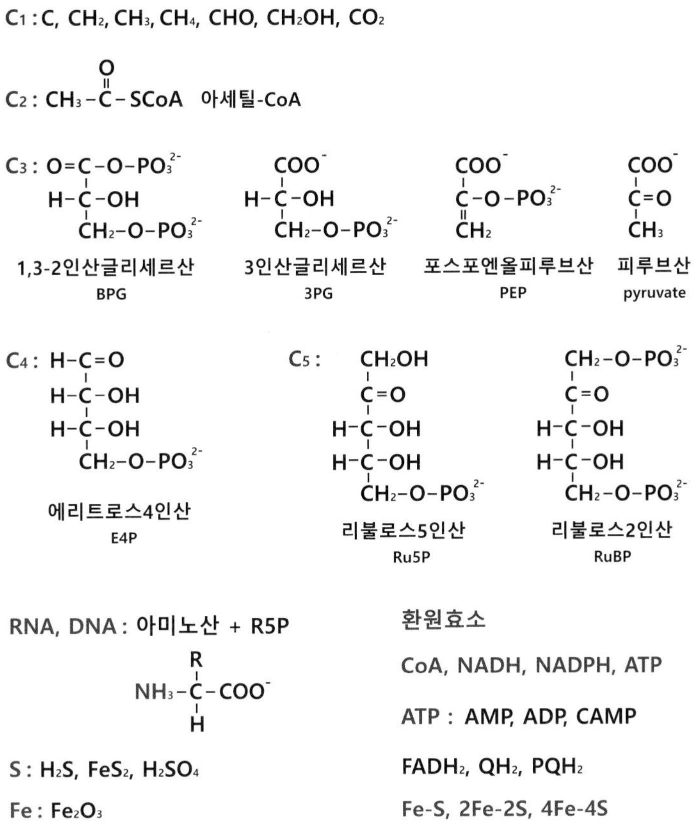

C_1 : C, CH_2, CH_3, CH_4, CHO, CH_2OH, CO_2

$$C_2 : CH_3-\overset{\overset{\displaystyle O}{\|}}{C}-SCoA \quad \text{아세틸-CoA}$$

C_3 :

$$O=\overset{\displaystyle |}{C}-O-PO_3^{2-}$$
$$H-\overset{\displaystyle |}{\underset{\displaystyle |}{C}}-OH$$
$$CH_2-O-PO_3^{2-}$$
1,3-2인산글리세르산
BPG

$$\overset{\displaystyle COO^-}{|}$$
$$H-\overset{\displaystyle |}{\underset{\displaystyle |}{C}}-OH$$
$$CH_2-O-PO_3^{2-}$$
3인산글리세르산
3PG

$$\overset{\displaystyle COO^-}{|}$$
$$\overset{\displaystyle |}{\underset{\displaystyle \|}{C}}-O-PO_3^{2-}$$
$$CH_2$$
포스포엔올피루브산
PEP

$$\overset{\displaystyle COO^-}{|}$$
$$\overset{\displaystyle |}{\underset{\displaystyle \|}{C}}=O$$
$$CH_3$$
피루브산
pyruvate

C_4 :

$$H-C=O$$
$$H-\overset{\displaystyle |}{\underset{\displaystyle |}{C}}-OH$$
$$H-\overset{\displaystyle |}{\underset{\displaystyle |}{C}}-OH$$
$$CH_2-O-PO_3^{2-}$$
에리트로스4인산
E4P

C_5 :

$$CH_2OH$$
$$\overset{\displaystyle |}{\underset{\displaystyle |}{C}}=O$$
$$H-\overset{\displaystyle |}{\underset{\displaystyle |}{C}}-OH$$
$$H-\overset{\displaystyle |}{\underset{\displaystyle |}{C}}-OH$$
$$CH_2-O-PO_3^{2-}$$
리불로스5인산
Ru5P

$$CH_2-O-PO_3^{2-}$$
$$\overset{\displaystyle |}{\underset{\displaystyle |}{C}}=O$$
$$H-\overset{\displaystyle |}{\underset{\displaystyle |}{C}}-OH$$
$$H-\overset{\displaystyle |}{\underset{\displaystyle |}{C}}-OH$$
$$CH_2-O-PO_3^{2-}$$
리불로스2인산
RuBP

RNA, DNA : 아미노산 + R5P

$$NH_3-\overset{\overset{\displaystyle R}{|}}{\underset{\underset{\displaystyle H}{|}}{C}}-COO^-$$

S : H_2S, FeS_2, H_2SO_4

Fe : Fe_2O_3

환원효소

CoA, NADH, NADPH, ATP

ATP : AMP, ADP, CAMP

$FADH_2$, QH_2, PQH_2

Fe-S, 2Fe-2S, 4Fe-4S

생화학 핵심 분자 10개

글루코스 분자

생화학은 분자들의 이야기다. 생화학에 등장하는 분자 10개를 선정하여 중요한 순서대로 나열하면 글루코스 분자, CoA, ATP, NADH, NADPH, 피루브산, 글루탐산, 아스파르트산, 지방산, 콜레스테롤이다. 이 10개 분자들의 분자식을 기억할 수 있다면 생화학 공부는 쉬워지고 즐거워진다. 이 10개의 분자에서 가장 중요한 분자는 포도당, 즉 글루코스 분자이다. 핵산과 아미노산도

글루코스 분자에서 생성되기 때문이다. 글루코스 분자의 생성 과정이 광합성이며, 글루코스 분자의 분해 과정이 호흡이다. 생명의 대사 작용은 글루코스 분자 변환 과정의 연쇄이다. 포도당은 광합성에서 생성된다. 광합성은 태양 에너지가 명반응을 통해 물을 분해하면서 시작되고, 광합성 탄소고정반응을 통해 포도당이 생성된다. 포도당, 즉 글루코스가 세포질에서 해당 작용으로 피루브산이 되고, 피루브산이 미토콘드리아 TCA 회로에 입력된다. 글루코스가 해당 작용과 TCA 회로를 순환하는 과정에서 거의 모든 생체 분자의 합성과 분해는 글루코스와 관련된다.

글루코스 분자식에는 하늘과 바다가 담겨 있다. 글루코스6탄당 고리를 끊으면 탄소 6개가 일렬로 나열된다. 탄소 원자는 결합손이 4개이고, 2개의 결합손은 아래와 위의 탄소와 연결된다. 좌우의 두 결합손에는 수소 양이온과 수산기가 결합된다. 생화학에 등장하는 물 분자의 분해는 $H_2O \rightarrow H^+ + OH^-$ 와 $H_2O \rightarrow H^+ + e + \cdot OH$ 그리고 $H-O-H \rightarrow H^+, H^+, -O-$ 로 다양하게 표현할 수 있다. 수소 양이온(H^+)인 양성자와 수산기 음이온(OH^-)은 물 분자가 분해되어 생성되므로 탄소 원자는 분해된 물의 각 부분을 양손에 잡고 있는 구조여서 탄-수화물이 된다. 탄소 원자의 4개의 팔은 양성자, 수산기 이온, 메틸기, 인산기를 잡을 수 있다. 생명 현상은 탄소 원자 4개의 팔과 결합된 분자들의 합창이다. 세포 속에서 글루코스 분자는 대부분 고리 형태로 존재하며, 사슬 구조의 글루코스가 고리를 형성하는 과정에 알파글루코스와 베타글루코스가 구별된다. 글루코스가 1번 탄소에 결합하는 수산기가 아래에 부착되면 알파글루코스, 위로 부착되면 베타글루코스가 된다.

물과 이산화탄소

물과 이산화탄소만으로 생명은 가능하다. 생명 현상의 가장 놀라운 사실은 생명 출현에 필요하고 충분한 조건은 물과 이산화탄소뿐이라는 것이다. 글루코스 분자는 물 분자와 이산화탄소 분자로만 만들어진다. 물과 이산화탄소가 결합하는 과정에는 에너지가 필요하고, 이 에너지는 여러 방식으로 획득할 수 있다. 생

그림 6-6 역TCA 회로는 생명이 물과 이산화탄소 두 분자만으로 가능함을 보여준다. **결정적 지식**

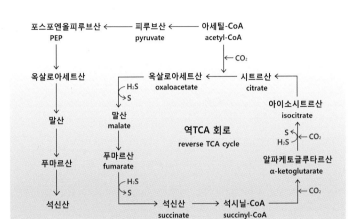

명 현상의 지속에는 에너지가 필요한데, 그 에너지원이 무엇이든 상관없다. 물 분해형 광합성이 출현하기 이전의 지구 역사 초기에는 글루코스 생성에 필요한 수소를 화산 분출 가스 속의 황화수소에서 획득했다.

물과 이산화탄소의 결합으로 출현한 글루코스 분자는 생명의 역사에서 가장 중요한 분자이다. 글루코스 분자가 세포질에서 분해되는 과정에 생명의 에너지 분자인 ATP와 아미노산 생성 출발 물질인 피루브산이 생기기 때문이다. 글루코스 분자의 분해산물에서 아미노산이 합성되며, DNA와 RNA 구성 분자들도 글루코스 분자와 관련된다. 물과 이산화탄소 그리고 에너지만 존재하면 생명이 출현할 수 있다. 현재 지구 대기에는 400ppm 정도의 매우 적은 양의 이산화탄소만 존재하지만, 40억 년 전에는 대기의 약 20%가 이산화탄소였을 것으로 추정하고 있다. 초기 지구 대기의 이산화탄소와 물이 만든 어떤 분자가 스스로 복제할 수 있게 되었고, 주변 환경에 따라 자신을 변화시킬 수 있는 생명이 되었다. 물과 이산화탄소만으로 생명이 시작될 수 있다는 증거가 바로 역TCA 회로의 발견이다. 1960년대에 몇몇 미생물에서 TCA 회로가 반대 방향으로 진행되는

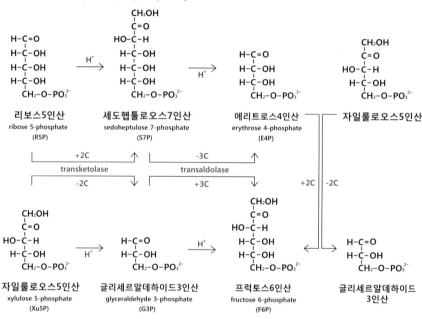

그림 6-7 세포질의 5탄당인산 회로는 NADPH 분자를 합성하고, Ru5P 분자를 생성한다. Ru5P 분자에서 R5P, Xu5P 분자가 생성된다. 5탄당인산 회로는 탄소 3, 4, 5, 6, 7개가 포함되는 탄수화물 분자를 서로 전환하여 생성한다.

글루코스6인산
glucose 6-phosphate
(G6P)

H_2O, $NADP^+$
$NADPH$, H^+

글루콘산6인산
6-phosphogluconate

H_2O, $NADP^+$
$NADPH$, H^+,
CO_2

리불로스5인산
ribulose 5-phosphate
(Ru5P)

isomerase → R5P

epimerase → Xu5P

5탄당 인산회로 pentose phosphate pathway

리보스5인산
ribose 5-phosphate
(R5P)

세도헵툴로오스7인산
sedoheptulose 7-phosphate
(S7P)

에리트로스4인산
erythrose 4-phosphate
(E4P)

자일룰로오스5인산
xylulose 5-phosphate

+2C transketolase -2C

-3C transaldolase +3C

+2C -2C

자일룰로오스5인산
xylulose 5-phosphate
(Xu5P)

글리세르알데하이드3인산
glyceraldehyde 3-phosphate
(G3P)

프럭토스6인산
fructose 6-phosphate
(F6P)

글리세르알데하이드
3인산

현상이 발견되었다. 이 분야의 전문가 해럴드 모로위츠에 의하면 역TCA 회로는 광합성 이전에 이산화탄소가 생물학 안으로 들어오는 방법이라 한다.

5탄당인산 회로

생명의 분자는 대부분 글루코스 분자에서 생성된다. 5탄당인 리보스와 디옥시리보스에 아데닌, 구아닌, 시토신, 우라실, 티민의 5개 염기가 결합하고 5번 탄소에 인산기가 연결된 분자가 바로 DNA, RNA이다. 아데닌, 구아닌은 퓨린 염기, 시토신, 우라실, 티민은 피리미딘 염기라 한다. 단백질 생성 정보를 저장하는 DNA 32억 개 염기쌍에서 1.5%에 해당하는 영역이 유전자이며, 유전 정보는 퓨린과 피리미딘 염기가 약한 수소결합으로 서로 쌍을 형성하여 생겨난다. 지구에서 30억 년 동안 생명이 번성한 바탕에는 탄소 5개로 구성된 리보스와 퓨린과 피리미딘 염기 분자가 있다. 리보스와 염기는 모두 6탄당인 글루코스에서 생성되며, 글루코스에서 리보스가 생성되는 과정이 5탄당인산 회로이다. 5탄당인산 회로가 만드는 중요한 분자가 NADPH이다.

그림 6-8 TCA 회로와 아미노산, 퓨린, 피리미딘, 헴 합성 **결정적 지식**

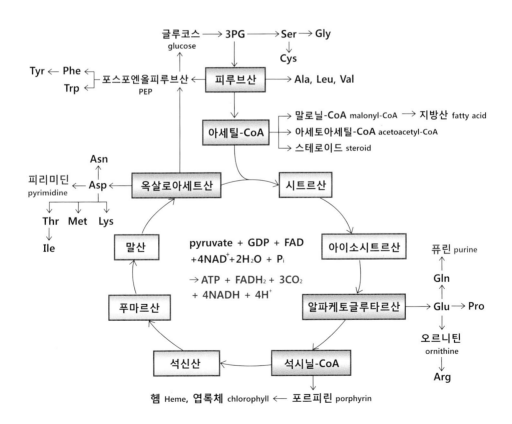

TCA 회로에는 질소 원자가 없다

대부분의 생화학 작용은 TCA 회로를 통한다. "모든 길은 로마로 통한다"는 말처럼 세포의 대사 작용은 대부분 TCA 회로와 연결된다. 아미노산 분자들의 합성과 분해 과정이 TCA 회로와 관련된다. 그리고 요소 회로와 아미노산의 합성과 분해, 지방산의 분해와 합성도 모두 TCA 회로와 연결된다. TCA 회로는 물질대사의 핵심 회로이다. TCA 회로에서 단계별로 생성되는 분자는 수소, 탄소, 산소의 세 원자로만 구성되며, 질소 원자는 등장하지 않는다. 시트르산의 중간 물질에 질소 원자가 존재하지 않는 현상은 TCA 회로가 글루코스에서 생성되는 피루브산에서 시작되기 때문이다. 글루코스는 물과 이산화탄소 분자로 만들어지며 물은 수소와 산소, 이산화탄소는 탄소와 산소로만 구성되므로, 이 두 분자에서 생성된 글루코스는 수소, 산소, 탄소만으로 구성된다. 피루브산에서 전환된 아세틸-CoA가 옥살로아세트산과 결합하여 시트르산이 만들어진 뒤, 아이소시트르산, 알파케토글루타르산, 석시닐-CoA, 석신산, 푸마르산, 말산, 옥살로아세트산이 되어 TCA 회로가 완성된다.

캘빈 회로에서 ATP와 NADPH를 사용하여 글루코스가 생성된다

캘빈 회로는 광합성을 완성한다. 광합성에는 명반응과 탄소고정반응 두 단계가 있으며, 명반응은 물 분해로 전자와 산소 기체를 방출하며 ATP와 NADPH 분자를 생성한다. 탄소고정반응이 캘빈 회로이며 ATP와 NADPH를 이용한 글루코스의 합성 과정이다. 태양의 빛 알갱이가 식물 엽록소의 색소 분자에 흡수되어 색소 분자에서 전자가 팅겨나가면서 태양 에너지에 의한 명반응이 시작된다. 전자를 잃은 색소 분자는 전자를 보충해야 하는데, 물이 분해되면서 생성되는 전자가 색소 분자의 잃어버린 전자를 보충하고, 이 과정에서 산소 분자가 방출된다. 명반응은 시아노박테리아의 혁명적 발명품이다. 명반응 광합성의 최종 산물은 ATP와 NADPH 분자이며, 이 분자들은 탄소고정반응에 사용되는 에너지와 전자를 공급한다. 캘빈 회로는 리불로스2인산(RuBP) 분자에 이산화탄소가 결합하여 6탄당이 되고, 이 6탄당 분자가 2개의 3PG 3탄당으로 분해

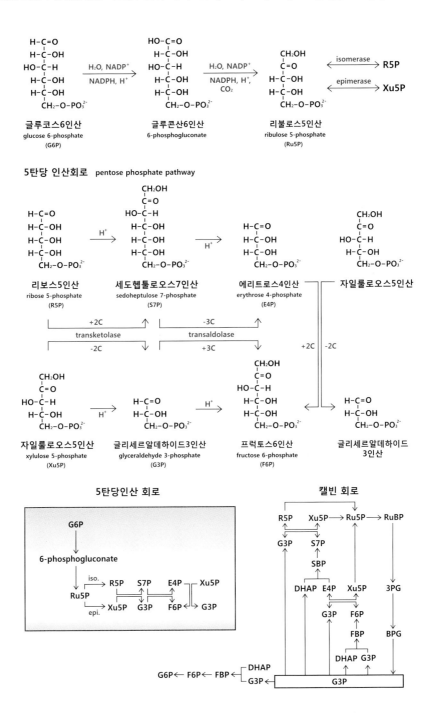

그림 6-10 캘빈 회로 분자 변환 과정 **결정적 지식**

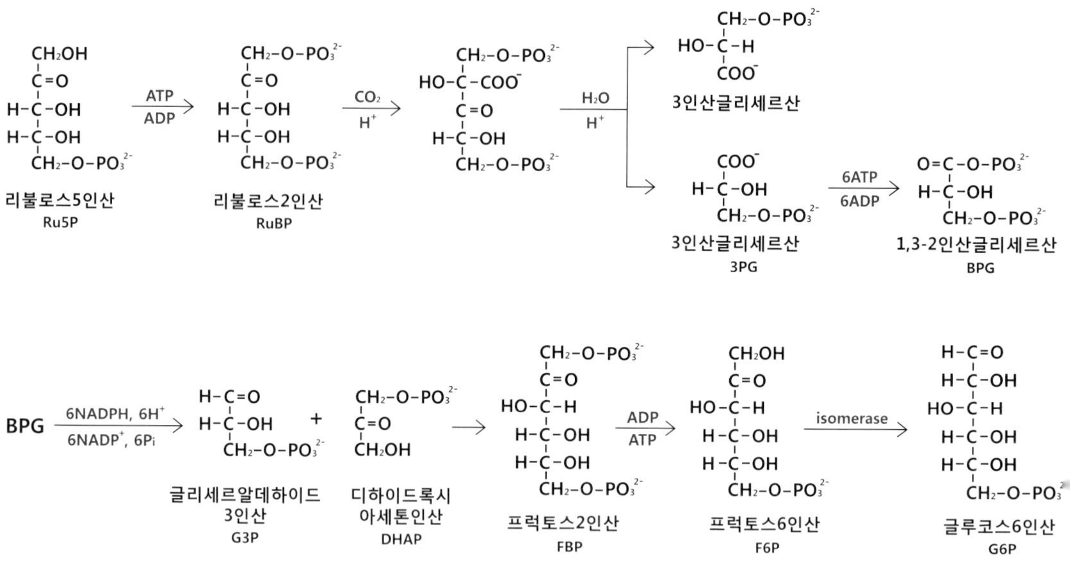

CH_2OH / $C=O$ / $H-C-OH$ / $H-C-OH$ / $CH_2-O-PO_3^{2-}$
리불로스5인산 Ru5P

→ (ATP / ADP)

$CH_2-O-PO_3^{2-}$ / $C=O$ / $H-C-OH$ / $H-C-OH$ / $CH_2-O-PO_3^{2-}$
리불로스2인산 RuBP

→ (CO_2 / H^+)

$CH_2-O-PO_3^{2-}$ / $HO-C-COO^-$ / $C=O$ / $H-C-OH$ / $CH_2-O-PO_3^{2-}$

→ (H_2O / H^+)

$CH_2-O-PO_3^{2-}$ / $HO-C-H$ / COO^-
3인산글리세르산

COO^- / $H-C-OH$ / $CH_2-O-PO_3^{2-}$
3인산글리세르산 3PG

→ (6ATP / 6ADP)

$O=C-O-PO_3^{2-}$ / $H-C-OH$ / $CH_2-O-PO_3^{2-}$
1,3-2인산글리세르산 BPG

BPG → (6NADPH, 6H⁺ / 6NADP⁺, 6Pi)

$H-C=O$ / $H-C-OH$ / $CH_2-O-PO_3^{2-}$
글리세르알데하이드 3인산 G3P

+

$CH_2-O-PO_3^{2-}$ / $C=O$ / CH_2OH
디하이드록시아세톤인산 DHAP

→

$CH_2-O-PO_3^{2-}$ / $C=O$ / $HO-C-H$ / $H-C-OH$ / $H-C-OH$ / $CH_2-O-PO_3^{2-}$
프럭토스2인산 FBP

→ (ADP / ATP)

CH_2OH / $C=O$ / $HO-C-H$ / $H-C-OH$ / $H-C-OH$ / $CH_2-O-PO_3^{2-}$
프럭토스6인산 F6P

→ (isomerase)

$H-C=O$ / $H-C-OH$ / $HO-C-H$ / $H-C-OH$ / $H-C-OH$ / $CH_2-O-PO_3^{2-}$
글루코스6인산 G6P

된다. 6개의 3PG 분자는 6개 ATP 분자 에너지로 6개의 BPG 분자를 생성한다. BPG는 글리세롤 구조에 인산기가 2개 결합된 분자로, NADPH 분자가 산화되어 NADP⁺로 되는 과정에서 인산기가 빠져나와서 BPG 분자는 G3P 분자가 된다. 6개 G3P 분자에서 5개 분자는 리불로스5인산(Ru5P) 분자가 되어 순환하는 캘빈 회로가 된다. Ru5P 분자는 ATP→ADP+Pi의 작용으로 RuBP 분자가 되어 캘빈 회로가 완성된다. 캘빈 회로에 빠져나온 1개 분자의 G3P는 아이소머라아제의 작용으로 디하이드록시아세톤인산(DHAP) 분자로 전환되고 DHAP 분자가 G3P 분자와 알돌축합 반응으로 결합하여 과당 1,6-2인산(FBP) 분자가 된다. FBP 분자는 인산기 1개를 ADP 분자에 전달하고 자신은 프럭토스6인산(F6P)이 된다. 프럭토스6인산은 아이소머라아제 작용으로 원자 배치가 변환되어 글루코스6인산이 된다. 캘빈 회로에서 이산화탄소가 리불로스2인산에 결합하여 포도당 분자가 생겨나면서 긴 생명의 이야기가 시작된다.

288

리불로스5인산

5탄당 리불로스는 이산화탄소를 생명체로 끌어들인다. 리불로스5인산ribulose 5-phosphate(Ru5P)의 이성질체인 리보스5인산(R5P)은 생명정보 분자인 DNA, RNA 분자의 5탄당이 된다. 리불로스는 케토스ketose형 분자이고 리보스는 알도스 aldose형 분자이다. 리불로스에서 아이소머라아제의 작용으로 리보스가 생겨나는 데, 리불로스의 부모는 글루코스6인산(G6P)이다. 거의 모든 생체 분자의 부모는 포도당이며, 포도당의 중요한 두 아들이 바로 리불로스와 리보스다. 포도당의 부모는 물과 이산화탄소 분자이다. 물과 이산화탄소가 광합성을 통해 결혼해서 만든 자식들은 모두 수소와 탄소, 산소만으로 구성된다. 포도당은 빛의 가문이다. 태양의 자손인 포도당 분자에는 암모니아 냄새를 풍기는 질소의 흔적이 없다.

질소 원자는 아미노산 분자를 통해 생명 현상에 등장한다. 리불로스에 인산기 2개가 탄소 원자에 결합하여 리불로스2인산(RuBP) 분자가 된다. RuBP 분자는 이산화탄소와 결혼한다. 광합성 탄소고정반응 과정이 바로 이산화탄소가 생명 권에 유입되는 결혼식이다. 신랑은 물 분자이고 신부는 이산화탄소다. 이 결혼 식의 중매쟁이는 루비스코rubisco라는 단백질인데, 지구상에 가장 많은 단백질 분 자이다. 광합성 명반응은 물 분자에서 빠져나온 전자가 NADPH 분자로 이동하 는 과정으로, 여기에는 이산화탄소가 등장하지 않는다. $NADP^+$ 분자가 양성자 결합할 때 사용되는 전자는 태양 빛에너지를 흡수하여 흥분된 전자이다. 그리고

그림 6-11 ATP, cAMP, AMP 분자 변환 과정

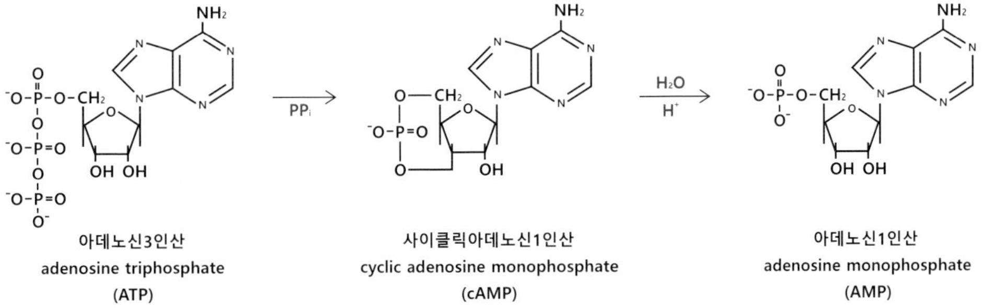

아데노신3인산
adenosine triphosphate
(ATP)

사이클릭아데노신1인산
cyclic adenosine monophosphate
(cAMP)

아데노신1인산
adenosine monophosphate
(AMP)

그림 6-12 무산소 대사와 유산소 대사의 ATP 분자 생체 소모량

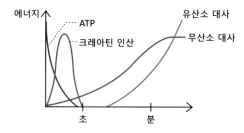

2시간 달리기 = 60kg ATP 사용
몸의 ATP 총량 = 100g
ATP는 생성된 지 1분 이내 소비
격렬한 운동 500g/min

그 태양이 흥분시킨 전자가 포도당 분자 에너지의 기원이다. 생명은 지구 표면에 옮겨붙은 태양의 푸른 불꽃이다.

ATP 분자

ATP 분자는 생명 정보인 동시에 생명 에너지 분자이다. ATP 분자는 대가족을 구성하는데, ADP, AMP, cAMP가 직계가족이고, GTP, CTP, UTP, TTP 분자는 사촌들이다. 사촌들 중에서 GTP 가문도 상당히 중요한데, GDP, GMP의 직계가족이 있다. ATP는 아데노신3인산, ADP는 아데노신2인산, AMP는 아데노신1인산이며, cAMP는 고리형아데노신1인산이다. 5탄당인 리보스의 1번 탄소에 염기 아데닌이 결합된 분자가 아데노신adenosine이며 아데노신에 인산기가 3개 연결되면서 ATP, ADP, AMP 분자가 된다. 세포에서 가장 많이 사용되는 분자가 ATP 분자이다. 모든 세포가 살아가면서 즉시에 현금처럼 사용하는 에너지가 바로 ATP 분자이다.

단세포 생명체인 대장균이 사용하는 ATP 분자를 살펴보자. 대장균은 탄수화물 합성에 초당 약 7만 분자의 ATP를 사용하며, 지질 합성에 초당 약 9만 분자의 ATP를 사용하고, 단백질 합성에 초당 210만 분자를 사용한다. 이 사실은 ATP 분자가 단백질 생성에 가장 많이 사용된다는 중요한 정보를 명확히 알려준다. 인체는 하루에 50kg이나 되는 ATP 분자를 합성하며, 즉시 어느 한순간에 우리 몸이 유지하는 ATP 분자는 100그램 정도이다. 2시간 달리기에 60kg

의 ATP 분자가 소모되며, ATP 분자가 사용되는 모든 생화학 과정이 대사 작용이며 산화 환원 반응이다. ATP의 에너지는 대부분 ATP→ADP+P_i 반응에서 생겨나고 무기인산(P_i)은 Pi→HO-PO_3^{2-}으로 표현된다. 인산의 분자식은 H_3PO_4이고, 인산기의 분자식은 PO_3^{2-}이며, 무기인산의 분자식은 HPO_4^{2-}, 파이로인산(PP_i)의 분자식은 $HP_2O_7^{3-}$이다. 세포 속 분자 변환이 바로 산화 환원 반응이며, 전자의 조절된 이동 과정이다.

리보스5탄당

5탄당 리보스는 생명 정보 분자이다. 개별 생명체 정보의 총체가 게놈이며, 게놈은 염색체의 전체 집합이다. 세포핵 속의 염색체 구성 요소가 바로 핵산 분자인데, 핵산 분자 하나를 뉴클레오타이드라 한다. 핵산은 DNA와 RNA 분자로 구분되는데, RNA 분자에는 mRNA, rRNA, tRNA, miRNA 분자가 있다. DNA와 RNA 분자는 인산, 5탄당 리보스, 염기로 구성된다. RNA당은 리보스이며 DNA의 당은 리보스의 2번 탄소에 산소 원자가 없는 디옥시리보스이다. RNA의 염기는 아데닌, 구아닌, 시토신, 우라실이며, DNA의 염기는 아데닌, 구아닌, 시토신, 티민이다. 세포 내의 당은 구성 탄소의 개수로 7탄당, 6탄당, 5탄당, 4탄당, 3탄당이 존재하는데, 대부분 인산기가 결합된 형태이다. 다당류 분자는 알도스와 케토스로 구분되며, 알도스는 알데하이드기(H-C=O)가 존재하고 케토스는 케톤기(C=O)가 존재한다. 6탄당인 글루코스 분자의 6번째 탄소에 인산이 결합하면 글루코스6인산(G6P)이 된다. 핵산을 만드는 리보스5인산(R5P)은 5탄당 인산 회로와 광합성 캘빈 회로에서 생성된다. 5탄당 인산 회로에서는 글루코스6인산에 물 분자가 결합하고 NADPH 분자가 생성되는 작용으로 글루콘산gluconate으로 변환된 후 이산화탄소가 빠져나가 리불로스5인산이 된다. 리불로스5인산(Ru5P)이 아이소머라아제의 작용으로 리보스5인산(R5P)으로 바뀌고, 리불로스5인산에 에피머라아제epimerase가 작용하여 자일룰로스5인산(Xu5P)이 된다. 캘빈 회로에서도 리불로스5인산이 생성된다. 캘빈 회로는 중요한 중간 생성물인 G3P 분자를 6개 생성하고, 그중 5개 분자가 변환되어 리불로스5인산이 생겨난다.

해당 과정

해당 과정은 세포내 호흡의 시작이다. 포도당이 세포질에서 분해되는 해당 과정은 10단계로 되어 있다. 해당 과정은 6탄당인 포도당이 3탄당인 피루브산으로 분해되는 단계로, 중간 생성 분자를 G→G6P→F6P→FBP→G3P→BPG→3PG→2PG→PEP→피루브산과 같은 식으로 약자로 표현한다. 처음 나오는 G는 포도당인 글루코스를 나타낸다. 각각의 분자가 변환되는 화살표로 표시되는 과정에는 단백질 효소가 작동하며, 이 변환 과정은 해당 과정 각 단계별로 분자의 농도에 따라 조절된다. 매번 나타나는 'P'는 인산기를 의미한다.

해당 작용 단계를 나열하면, 포도당6인산→프럭토스6인산→프럭토스2인산→글리세르알데하이드3인산→글리세르2인산→3인산글리세르산→2인산글리세르산→포스포엔올피루브산→피루브산으로 이어진다. 6인산, 3인산, 2인산은 6번째, 3번째, 2번째 탄소에 인산이 결합한다는 의미이다. 해당 과정에 등장하는 분자들은 생화학에서 여러 번 등장하는 6탄당과 3탄당 분자들이다. 해당 과정의 마지막 분자인 3탄당 피루브산이 미토콘드리아 기질에서 4탄당인 옥살로아세트산과 결합하여 6탄당인 시트르산이 되는 과정이 TCA 회로이다. TCA 회로는 구연산 회로, TCA 회로, 크렙스 회로라고도 불린다. TCA 회로는 피루브산→아세틸-CoA→시트르산→아이소시트르산→알파케토글루타르산→석시닐-CoA→석신산→푸마르산→말산→옥살로아세트산→시트르산으로 연결되는 연속적 반복 회로이다. 세포에서 물질이 분해되는 합성 과정이 대사 작용이며, 대사에 관여하는 분자들의 변환 과정이 생화학의 핵심 내용이다. 생명 활동은 세포 내 분자들의 생성과 소멸의 변화 과정이며, 생명은 분자들의 변환 과정이다. 세포생물학의 핵심이 바로 해당 과정과 시트르산 회로의 대사 과정이다. 분자, 분자, 분자가 분명해지면 생명이 보인다.

그림 6-13 해당 작용, 5탄당인산 회로, 캘빈 회로, TCA 회로 분자 변환 과정 **한 장에 모음**

해당작용

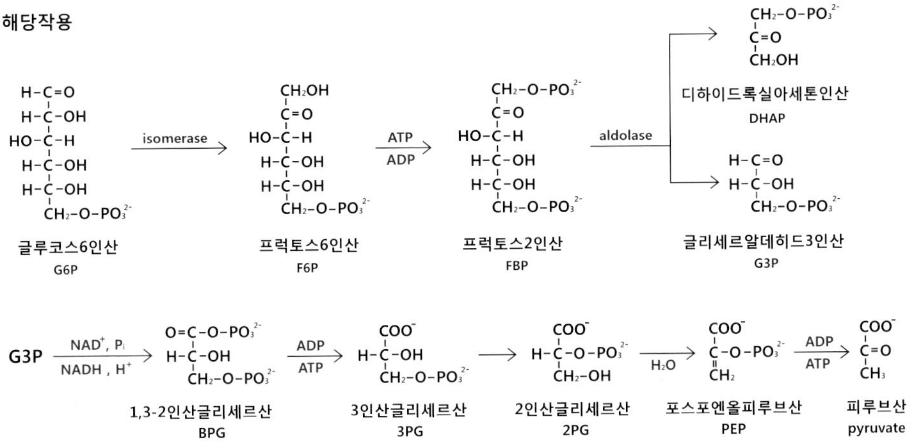

글루코스6인산 $\xrightarrow{\text{isomerase}}$ 프럭토스6인산 $\xrightarrow[\text{ADP}]{\text{ATP}}$ 프럭토스2인산 $\xrightarrow{\text{aldolase}}$ 디하이드록실아세톤인산 DHAP / 글리세르알데히드3인산 G3P

글루코스6인산 G6P · 프럭토스6인산 F6P · 프럭토스2인산 FBP · 디하이드록실아세톤인산 DHAP · 글리세르알데히드3인산 G3P

G3P $\xrightarrow[\text{NADH, H}^+]{\text{NAD}^+,\ P_i}$ 1,3-2인산글리세르산 BPG $\xrightarrow[\text{ATP}]{\text{ADP}}$ 3인산글리세르산 3PG $\longrightarrow$ 2인산글리세르산 2PG $\xrightarrow{\text{H}_2\text{O}}$ 포스포엔올피루브산 PEP $\xrightarrow[\text{ATP}]{\text{ADP}}$ 피루브산 pyruvate

오탄당 인산회로

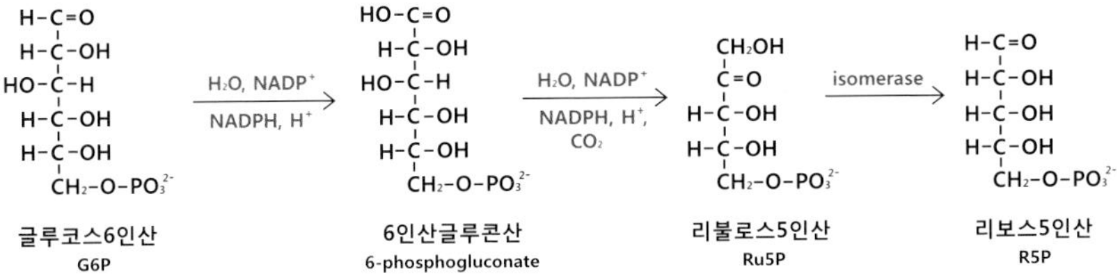

글루코스6인산 G6P $\xrightarrow[\text{NADPH, H}^+]{\text{H}_2\text{O, NADP}^+}$ 6인산글루콘산 6-phosphogluconate $\xrightarrow[\substack{\text{NADPH, H}^+,\\ \text{CO}_2}]{\text{H}_2\text{O, NADP}^+}$ 리불로스5인산 Ru5P $\xrightarrow{\text{isomerase}}$ 리보스5인산 R5P

캘빈 회로

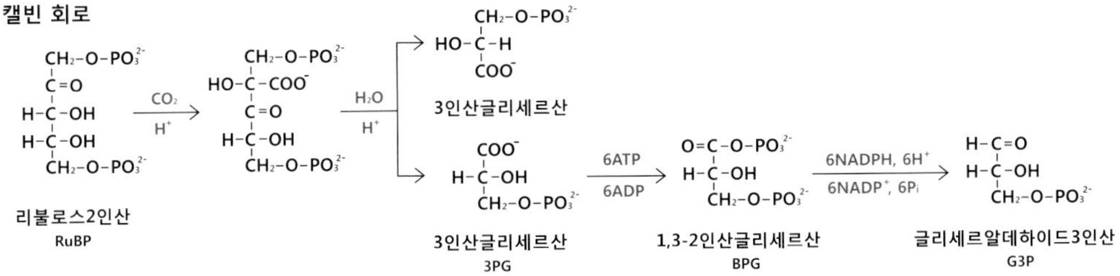

리불로스2인산 RuBP $\xrightarrow[\text{H}^+]{\text{CO}_2}$ $\xrightarrow[\text{H}^+]{\text{H}_2\text{O}}$ 3인산글리세르산 / 3인산글리세르산 3PG $\xrightarrow[\text{6ADP}]{\text{6ATP}}$ 1,3-2인산글리세르산 BPG $\xrightarrow[\text{6NADP}^+,\ 6P_i]{\text{6NADPH, 6H}^+}$ 글리세르알데히드3인산 G3P

TCA 회로

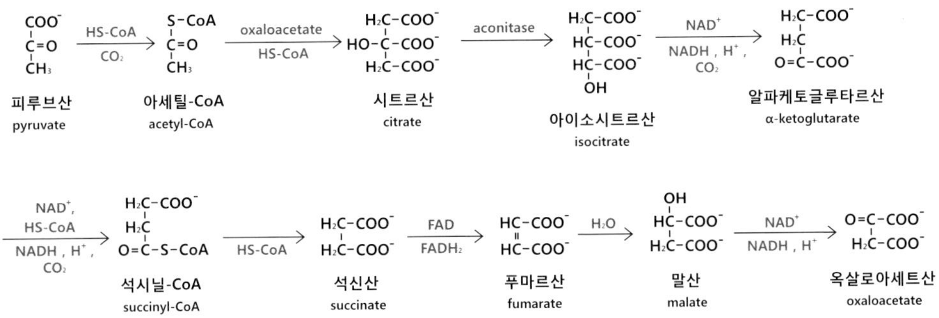

피루브산 pyruvate $\xrightarrow[\text{CO}_2]{\text{HS-CoA}}$ 아세틸-CoA acetyl-CoA $\xrightarrow[\text{HS-CoA}]{\text{oxaloacetate}}$ 시트르산 citrate $\xrightarrow{\text{aconitase}}$ 아이소시트르산 isocitrate $\xrightarrow[\substack{\text{NADH, H}^+,\\ \text{CO}_2}]{\text{NAD}^+}$ 알파케토글루타르산 α-ketoglutarate

$\xrightarrow[\substack{\text{NADH, H}^+,\\ \text{CO}_2}]{\substack{\text{NAD}^+,\\ \text{HS-CoA}}}$ 석시닐-CoA succinyl-CoA $\xrightarrow{\text{HS-CoA}}$ 석신산 succinate $\xrightarrow[\text{FADH}_2]{\text{FAD}}$ 푸마르산 fumarate $\xrightarrow{\text{H}_2\text{O}}$ 말산 malate $\xrightarrow[\text{NADH, H}^+]{\text{NAD}^+}$ 옥살로아세트산 oxaloacetate

해당 과정의 분자 변환

해당 작용은 세포질에서 포도당이 분해되는 과정이다. 글루코스가 분해되어 피루브산 분자로 전환되는 해당 작용은 세포질에서 일어나며, 두 분자의 ATP가 생성된다. 포도당 분자는 세포 속에서 대부분 고리 형태로 존재하지만, 해당 과정의 분자 변화는 고리가 풀린 사슬 구조로 표현하면 이해가 쉽다. 모세혈관에서 세포 속으로 확산된 포도당 분자는 전기적으로 중성이므로 세포막을 통과할 수 있다. 동물 세포의 원형질막에는 글루코스를 세포 속으로 받아들이는 글루코스 통과 채널이 존재한다. 글루코스 채널을 통해 유입된 포도당에 인산기($PO_4{}^{2-}$)가 6번 탄소에 결합하면 글루코스6인산(G6P)이 되어 음전하를 갖는 분자가 된다. 그러면 세포막을 빠져나가지 않아서 세포 내에서 해당 과정이 일어날 수 있다.

G6P 분자의 1번 탄소는 수소, 산소 원자와 결합하여 알데하이드aldehyde(H-C=O)가 된다. G6P 분자에 아이소머라아제가 작용하여 1번 탄소의 알데하이드 구조에서 CH_2OH로 전환되고, 2번 탄소가 H-C-OH에서 C=O 구조로 바뀌어 케토스형인 프럭토스6인산(F6P) 분자가 된다. 알도스6탄당(G6P)에서 케토스6탄당(F6P)으로 변환하여 F6P 1번 탄소의 CH_2OH에 인산기의 결합이 쉽게 된다. F6P 분자의 CH_2OH에서 OH 수산기의 양성자가 빠져나가고 남은 산소 원자에 인산기가 결합하여 인산기 2개가 결합된 프럭토스2인산fructose bisphosphate(FBP) 분자가 된다. 6탄당 FBP 분자는 알돌라아제aldolase의 작용으로 3탄당인 글리세르알데하이드3인산(G3P)과 디하이드록시아세톤인산(DHAP) 분자가 된다. G3P와 DHAP 분자는 아이소머라아제의 작용으로 상호 변환 가능하며 광합성 캘빈 회로에서도 이 두 분자가 등장한다. G3P 분자의 1번 탄소는 알도스 구조의 H-C=O의 구조이며, DHAP 분자는 2번 탄소가 케토스 구조로 C=O가 등장한다. G3P 분자에 NAD^+ 분자가 작용하여 양성자 하나와 전자 2개를 탈취하여 H-가 사라지고 무기인산 $H-O-PO_3{}^{2-}$에서 생성된 $-O-PO_3{}^{2-}$가 결합하여 $O=C-O-PO_3{}^{2-}$ 형태가 된다. 그래서 인산기 분자 1개가 더 추가되어 G3P 분자가 BPG 분자가 된다.

BPG 분자에서 인산기가 $ADP \rightarrow ATP + HO-PO_3{}^{2-}$로 변환하는 과정에 전달

그림 6-14 캘빈 회로에서 이산화탄소가 고정되는 분자 변환식

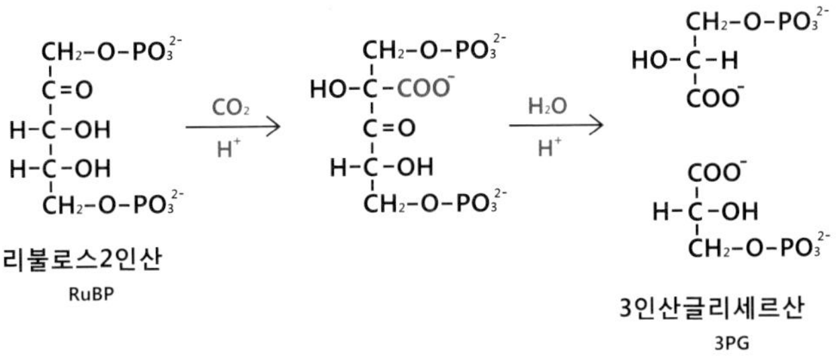

리불로스2인산
RuBP

3인산글리세르산
3PG

되어 BPG의 $O=C-O-PO_3^{2-}$가 $O=C-O^-$ 구조가 되어 3PG 분자로 전환된다. 3PG 분자는 3번 탄소에 인산기가 결합된 구조이며, 인산기가 2번 탄소로 이동한 분자가 2PG이다. 2PG 분자에서 3번 탄소는 CH_2OH 형태이며, 여기서 OH가 빠져나와 2PG 분자의 2번 탄소에서 분리된 수소음이온(H^-)과 결합하여 H-OH, 즉 물 분자가 된다. 그 결과 2PG 분자는 포스포엔올피루브산(PEP) 분자가 된다. PEP 분자는 3번 탄소와 2번 탄소가 이중결합으로 강하게 연결되어 높은 결합에너지를 갖는 분자이며, 이 결합에너지가 분자 구조 변화에 사용되어 해당 작용의 최종 산물인 피루브산이 생성된다. PEP에서 인산기가 빠져나와 $ADP+P_i \rightarrow ATP$ 변환 과정에 사용되고, 3번 탄소와 2번 탄소 사이의 이중결합이 단일결합으로 전환되면서 PEP 분자가 피루브산 분자가 된다. 생화학 공부는 분자 변화에 익숙해지는 훈련이다.

생명의 분자 이산화탄소

이산화탄소는 기체 분자이다. 기체가 생명의 물질이 되려면 휘발되지 않고 고정되어야 한다. 이산화탄소의 고정은 광합성 캘빈 회로에서 이루어진다. 생화학에서 이 과정을 이산화탄소 고정fixation이라 하는데, 엽록체의 루비스코 효소가 리불로스2인산(RuBP)에 이산화탄소를 고정한다. 리불로스2인산의 분자식은 $(^1CH_2-O-PO_3^{2-})-(^2C=O)-(H-^3C-OH)-(H-^4C-OH)-(^5CH_2-O-PO_3^{2-})$이며,

탄소의 순서를 붉은색 번호로 표시하였다. 리불로스2인산(RuBP) 1번과 5번 탄소에는 인산기가 결합되는데, 3번과 4번 탄소가 H-C-OH로 탄-수화물 구조이고, 2번 탄소는 산소와 이중결합으로 C=O이므로 케토스형5탄당이다. 루비스코 단백질에 의한 이산화탄소 고정은 3번 탄소의 OH에서 수소이온(H⁺)인 양성자가 빠져나가고 결합손은 남아 C=O 결합을 만든다. 이 결과 3번 탄소의 결합손이 5개가 되어 탄소의 4개 결합손보다 하나 더 결합손이 많아진다. 3번 탄소 원자가 4개의 결합손만 유지하려면 하나의 잉여 결합손인 전자 2개가 2번 탄소로 이동해야 한다. 이 과정에서 2번 탄소의 C=O 결합은 3번 탄소의 양성자 H⁺를 받아들여 C-OH로 되고, 3번 탄소에서 받아들인 전자 2개에 이산화탄소가 결합하여 2번 탄소는 HO-C-CO₂가 된다. 그래서 이산화탄소가 결합된 RuBP 분자식은 (^{1}CH₂-O-PO₃²⁻)-(HO-^{2}C-COO⁻)-(^{3}C=O)-(H-^{4}C-OH)-(^{5}CH₂-O-PO₃²⁻)가 된다. 이 과정이 바로 이산화탄소 고정인데, 생명 현상에 이산화탄소가 유입되는 캘빈 회로의 핵심 과정이다.

리불로스2인산 5탄당에 이산화탄소가 고정되는 과정은 두 단계로 진행되는데, 첫 단계에서는 이산화탄소가 2번 탄소에 결합하고 양성자 1개가 빠져나와 탄소 6개인 분자가 형성되며, 이어지는 과정에서 물 분자 1개가 추가되어 또 1개의 양성자가 빠져나오면서 6탄당 분자가 가운데서 이등분되어 두 분자의 3PG 분자가 된다. 물 분자가 추가되면 이산화탄소가 결합된 리불로스2인산(RuBP) 분자의 2번과 3번 탄소 사이의 공유결합이 절단되고 2번 탄소에 물에서 분리된 양성자가 결합하여 분자식이 (^{3}CH₂-O-PO₃²⁻)-(HO-^{2}C-H)-^{1}COO⁻인 3PG가 생성된다. 루비스코 단백질 효소에 의해 물 분자 H-O-H에서 2개의 양성자가 분리되어 물 분자가 H⁺, H⁺, ⁻O⁻로 분해된다. 물 분해에서 생성된 2개의 양성자 중 하나는 3PG 분자로 형성되는 데 사용되고, 나머지 하나의 양성자는 매질로 확산된다. 그리고 산소 이온(-O-)은 이산화탄소가 결합된 RuBP 분자 (^{1}CH₂-O-PO₃²⁻)-(HO-^{2}C-COO⁻)-(^{3}C=O)-(H-^{4}C-OH)-(^{5}CH₂-O-PO₃²⁻)가 2개의 3PG로 분해될 때 3번 탄소에 결합하여 ⁻O-^{3}C=O, 즉 COO⁻가 되어 (⁻O-^{3}C=O)-(H-^{4}C-OH)-(^{5}CH₂-O-PO₃²⁻)를 거쳐 또 한 분자의 3PG 분자를

그림 6-15 박테리아는 효소의 작용으로 전자와 양성자를 이용하여 질소 분자에서 암모니아를 만드는데, 이 과정에 ATP 분자가 사용된다. 하버-보슈 공정은 질소와 수소를 고온 고압에서 반응시켜 암모니아를 생산한다. 질소고정과 암모늄 이온의 순환 과정은 아미노산 생성과 연결된다.

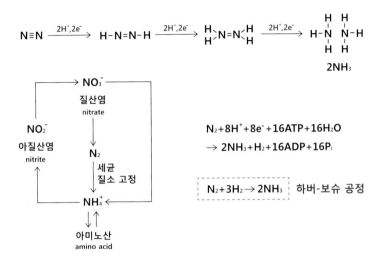

생성한다. 기체 이산화탄소가 생체 분자에 부착되는 과정은 글루코스 생성으로 이어지는 캘빈 회로의 한 단계로, 생명 현상의 핵심 과정이다. 생화학의 핵심은 H_2O와 CO_2 분자의 광합성으로 생성되는 글루코스 분자의 변환 과정이다

질소 분자

생명은 C, H, O의 세 원소로 가능하다. 광합성은 포도당을 만들고, 포도당에서 대부분의 생체 분자가 생성된다. 포도당은 CO_2와 H_2O로 만들어진다. 그래서 포도당에서 유래하는 세포 속 분자들은 C, H, O로만 구성된다. 광합성에는 질소 원자가 등장하지 않는다. 공기의 80%는 기체 질소 분자(N_2)이며, 질소 분자의 삼중결합($N \equiv N$)은 결합 에너지가 매우 커서 섭씨 1,000도 이상의 고온에서만 2개의 질소 원자로 분해된다. 공기 중의 질소 분자를 생명체가 사용하려면, 질소 분자를 다른 원소와 결합하여 고정 질소로 변환해야 한다. 고정 질소에는 암모니아(NH_3), 황화암모늄(($NH_4)_2SO_4$), 칼슘사이안아마이드($CaCN_2$), 질화철(FeN)이 있다. 질산염의 형태로 존재하는 고정 질소에는 질산칼륨(KNO_3), 질산나트륨

(NaNO₃), 질산(HNO₃), 질산칼슘(Ca(NO₃)₂), 질산암모늄(NH₄NO₃)이 있다. 질산칼륨이 바로 화약의 연료인 초석으로, 차이니즈스노chinese snow로 불린다. 질산나트륨은 칠레초석, 화이트솔트, 살리트레로 불리며, 질산칼슘은 노르웨이 초석이라 한다.

2017년 EBS 〈세계테마기행〉 방송에서 칠레초석 현장을 방문하여 촬영했는데, 칠레초석을 현지에서는 살리트레라 했다. 칠레 북부 아타카마 사막과 안티플라노 고원지대에서 칠레초석 노천 채광지를 오후 늦게까지 조사한 기억이 생생하다. 제1차 세계대전 중 독일이 화약의 원료로 칠레초석을 수입하자 영국 해군이 칠레 해안을 봉쇄한다. 칠레초석 수입이 차단된 독일은 하버-보슈 공정으로 공기 중 질소에서 암모니아를 합성하는 데 성공한다. 하버-보슈 공정은 질소 비료를 생산하여 인류의 식량 문제를 근본적으로 해결한다. 칠레초석은 단순한 질소화합물에서 질소 비료를 생산하여 인류의 식량 문제 해결의 촉발제가 된 물질이다. 질소 화합물의 종류는 탄소나 규소 화합물에 비해 적으며, 비료와 화약 연료가 된다. 질소 비료 없이 자연 농법으로는 지구 40억 이상의 인간을 먹여 살릴 수 없지만, 하버-보슈 방식으로 질소 비료를 대량 생산하여 농업 생산이 급격히 증가하고 인구는 70억이 되었다. 과학기술이 인간에게 미친 가장 큰 영향은 질소 비료의 발명이다.

공기 중의 질소 분자가 번개나 질소고정박테리아에 의해 고정질소로 변환되어 암모니아(NH₃)가 생성되면 즉시 양성자 하나가 결합하여 암모늄 이온(NH₄⁺)이 된다. 암모늄 이온은 포도당 분해에서 생성된 탄소골격과 결합하여 아미노산이 된다. 질소 원자는 수소 원자와 결합한 아민기(NH₂) 형태로 생체 분자에 등장하여 아미노산과 비타민이 출현한다. 아미노산은 아민기가 탄소골격에 결합하여 생성되며, 비타민vitamin은 비타vita의 아민amine으로, 생명에 활력을 주는 아민이란 의미이다. 질소는 아민 분자 형태로 생명 현상에 참여한다. 공기 중의 질소 분자는 다른 원소와 결합하기 전에는 생명 현상에 가담하지 않는다. 그래서 생명체가 질소를 이용하려면 질소가 암모니아에 고정되어야 하는데, 수소 원자 3개가 질소 원자와 결합한 암모니아(NH₃)가 아미노산과 핵산 합성의 출발 물질이 된다.

그림 6-16 생명의 구성 원소 H, C, N, O, S, P에서 탄수화물과 지질은 C, H, O 원자로 구성되며, 아미노산과 핵산에는 질소가 포함된다. 결정적 지식

```
┌──────────────────────────────────────────────────────┐
│  (H)    (C)    (O)    (N)    (S)    (P)                │
│                                                        │
│  ┌─ 탄화수소 ─┐                                         │
│       ┌─ 탄수화물, 지질 ─┐                               │
│            ┌─ 아미노산, 단백질 ─┐                        │
│                 ┌─ 아미노산, 단백질 ─┐                   │
│                      ┌─ 핵산, RNA, DNA ─┐               │
└──────────────────────────────────────────────────────┘
```

그림 6-17 피리독사민은 아민기를 전달하고 피리독살인산 분자로 변환된다.

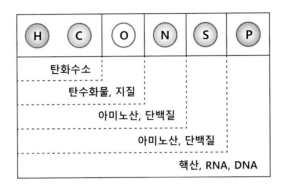

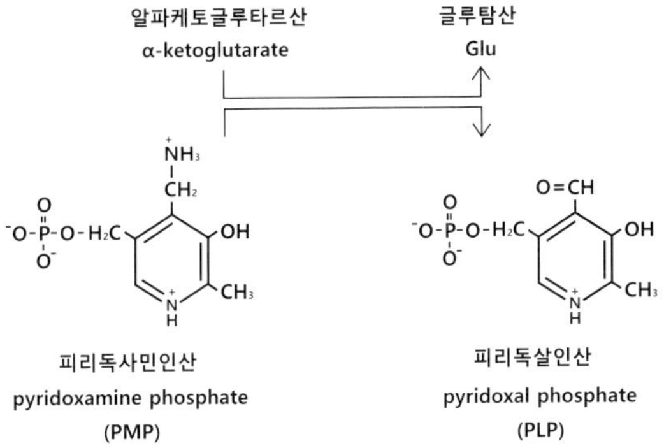

알파케토글루타르산
α-ketoglutarate

글루탐산
Glu

피리독사민인산
pyridoxamine phosphate
(PMP)

피리독살인산
pyridoxal phosphate
(PLP)

그림 6-18 피리독사민 분자의 아미노기 전달로 피루브산→알라닌, 옥살로아세트산→아스파라긴, 알파케토글루타르산→글루타민으로 전환된다.

출처: D. R. Appling, S. J. Anthony-Cahill, C. K. Mathews, 《생화학: 개념과 응용》, 라이프사이언스, 590.

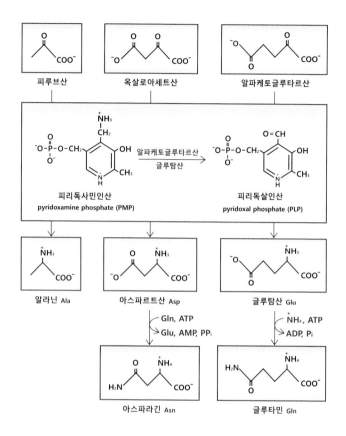

질소 원자가 생명 현상에 참여하다

질소 원자는 수소 원자와 결합하여 암모니아(NH_3)가 된다. 암모니아는 유독한 물질로, 세포 내에서 곧장 양성자(H^+)와 결합하여 암모늄 양이온(N^+H_4)으로 전환된다. 암모늄이온과 결합하여 다른 분자로 암모늄이온을 전달하는 분자가 피리독신pyridoxine 분자이다. 피리독신 분자에 결합된 암모니아가 TCA 회로의 분자인 피루브산, 옥살로아세트산, 알파케토글루타르산에 전달된다. 피루브산은 3탄당으로, 가운데 탄소는 산소와 이중결합하여 COO^--$(C=O)$-CH_3의 구조를 띤다. 피리독신이 전달하는 암모니아 분자는 가운데 이중결합 산소가 분리된 자리에 산소 대신 NH_3가 결합하여 아미노산인 알라닌(H_3C-$(HC$-$N^+H_3)$-COO^-)이 된다.

피루브산의 CH_3는 아미노산 알라닌의 곁사슬이 되고, 전달된 암모니아는 아마노산 N말단, 피루브산의 COO^-는 아미노산의 C말단이 된다. 옥살로아세트산(($O=C$-(COO^-)-H_2C-COO^-))에서도 이중결합 산소가 분리되고, 암모니아가 탄소와 결합하여 아미노산 아스파르트산(H_3^+N-$(HC$-CH_2-$COO^-)$-COO^-)이 된다. 피리독신 분자가 암모니아를 알파케토글루타르산에 전달하면 아미노산인 글루탐산이 만들어진다. 암모니아 분자를 전달하는 피리독사민은 우라실, 티민, 시토신의 피리미딘 6각형 고리구조에서 탄소와 결합한 CH_2-NH_3 형태로 암모니아와 결합하여 다른 분자에 암모니아를 전달하고, 알데하이드 H-$C=O$ 형태인 피리독살 분자가 된다. 피리독사민에서 전달된 암모니아 분자는 알라닌, 아스파르트산, 글루탐산의 아민기가 된다. 글루코스의 해당 과정과 미토콘드리아의 시트르산 회로에서 생성된 피루브산, 옥살로아세트산, 알파케토글루타르산의 탄소골격에 피리독사민이 전달해준 암모니아 분자가 결합하여 3가지 아미노산이 만들어진다. 결국 아미노산도 글루코스의 탄소골격을 바탕으로 생성된 글루코스의 자손들이다.

이산화탄소와 물 분자가 광합성으로 결합하여 글루코스 분자를 만들고, 6탄당 글루코스가 분해되어 3탄당 피루브산이 형성되면 탄소 2개인 아세틸-CoA로 전환된다. 탄소 4개인 옥살로아세트산이 아세틸-CoA와 결합하여 탄소 6개인 시트르산이 되고, 시트르산이 아이소시트르산을 거쳐 탄소 5개인 알파케토글루타르산이 된다. 탄소 3개, 4개, 5개인 TCA 회로의 분자에 암모니아가 결합하여 알라닌, 아스파르트산, 글루탐산이 출현한다. 질소 분자가 고정되어 암모니아 분자가 되며, 암모니아가 포도당이 분해된 탄소골격의 탄소 원자에 결합하여 아미노산이 되면서부터 생명 현상에 질소가 등장한다. 물과 이산화탄소에 의해 출현한 생명의 노래에 질소 원자가 참여하여 아미노산이 생성되고, 아미노산

그림 6-19 오르니틴 회로에서는 아르기닌에서 요소가 생성된다.

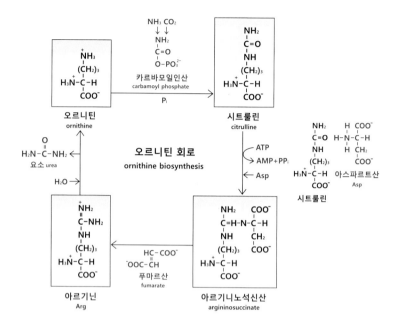

연결 순서 정보인 유전 정보를 DNA가 연주하기 시작했다. 생화학 법칙과 확률이 지배하는 초기 생명 현상에 질소가 참여하여 생성된 단백질을 유전자가 조절하기 시작하면서 생명의 다양성이 크게 확장된다. 생체 분자에 질소 원자의 참여로 DNA에 저장된 악보대로 단백질이 생명 현상을 연주하게 된다. 광합성에 의한 글루코스 분자의 생성에 이어 질소 원자가 탄소골격에 결합하면서 유전자와 단백질의 작용이 생명의 진화를 가속한다.

오르니틴 회로는 아미노산과 TCA 회로의 상호작용이다

요소 회로는 암모니아 배출 회로이다. 세포 내 암모니아는 유독한 물질이어서 세포 외부로 배출해야 하는데, 동물마다 암모니아를 제거하는 방식

302

이 다르다. 어류는 암모니아 상태로 바닷물에 배출하며, 파충류와 조류는 요산으로 배출한다. 요산uric acid은 5각형과 6각형 고리가 결합된 분자로, 퓨린염기가 분해되어 생성되며 통풍을 일으키는데, 분자식은 $C_5H_4N_4O_3$이다. 포유류는 오줌 속의 요소 분자 형태로 암모니아를 체외로 배출한다. 요소가 형성되는 회로는 TCA 회로와 연결된 오르니틴ornithine 회로이다. 오르니틴 회로의 시작 분자는 아미노산인 아르기닌에서 요소 분자가 분리되어 생성되는 오르니틴 분자이다. 아르기닌 분자는 $NH_3-(H-C-R)-COO^-$의 아미노산 골격 구조에 $(CH_2)_3-NH-(N^+H_2=C-NH_2)$ 분자가 곁사슬(R)로 아미노산 알파탄소(C)에 결합된 형태이다. 아르기닌의 곁사슬이 물 분자와 작용하여 곁사슬의 일부인 $^+NH_2=C-NH_2$ 분자가 요소 $NH_2-(C=O)-NH_2$ 분자로 가수분해된다. 요소 성분이 빠져나오면 아르기닌은 오르니틴 분자가 되는데, 오르니틴 분자의 구조는 아르기닌 구조에서 곁사슬(R)이 $(CH_2)_3-NH-(N^+H_2=C-NH_2)$에서 $(CH_2)_3-NH_3$으로 바뀐 형태이다.

오르니틴 분자는 카르바모일인산carbamoyl phosphate 분자와 결합하여 시트룰린citrulline 분자가 된다. 카르바모일인산 분자는 암모니아와 이산화탄소가 결합하고 인산이 추가되어 생성되며, 분자식은 $NH_2-(C=O)-O-PO_3^{2-}$이다. 카르바모일인산과 오르니틴이 결합하여 형성되는 시트룰린 분자는 아미노산 분자식에서 곁사슬로 $(CH_2)_3-NH-(C=O)-NH_2$가 달린 구조이다. 시트룰린 분자는 아미노산인 아스파르트산과 결합하여 아르기니노석신산argininosuccinate이 된다. 이 과정에 ATP 분자가 AMP와 파이로인산(PPᵢ)으로 전환된다. 아스파르트산과 시트룰린 분자가 결합된 상태인 아르기니노석신산이 분해되면서 아스파르트산의 아민기가 시트룰린으로 전달되어 시트룰린은 아르기닌이 되고, 아스파르트산은 푸마르산fumarate으로 바뀐다. 오르니틴 회로는 아미노산과 TCA 회로의 상호작용에 관계가 있으며, 이 과정에 입력되는 카르바모일인산 분자는 우라실, 시토신, 티민 분자 생성 과정에도 참여한다.

그림 6-20 아미노산 생합성. 해당 과정의 3PG, 피루브산, 5탄당인산 회로의 E4P, R5P, 옥살로아세트산, 알파케토글 루타르산에서 20가지 아미노산이 합성된다.

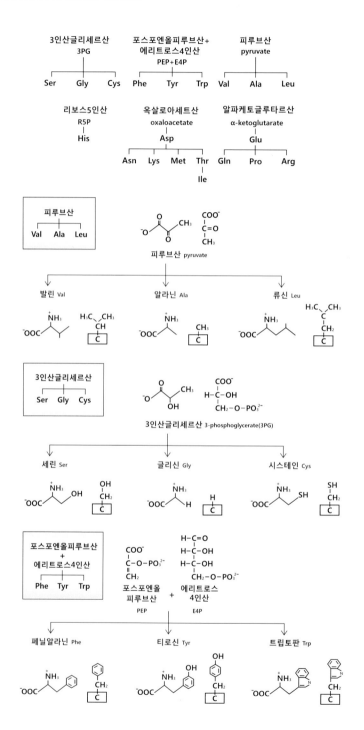

아미노산의 생합성은 해당 과정과 TCA 회로와 관련된다

아미노산이 구슬이면 단백질은 목걸이다. 단백질은 아미노산이 연결되어 형성된 거대 분자이다. 단백질의 질량은 수소 원자 1개 질량인 달톤dalton으로 표시하는데, 단백질들의 질량은 수십만 달톤이다. 즉 단백질은 수십만 개의 수소 원자 질량에 해당하는 고분자이다. 아미노산 분자 2개가 만나서 물 분자 1개가 빠져나오면 두 분자의 아미노산이 결합한다. 아미노산의 분자식은 NH_2-(R-C-H)-$COOH$으로 R은 20개 아미노산 분자마다 다른 작용기이다. 20개 아미노산은 작용기만 다르며, 작용기의 특성에 따라 아미노산은 산성, 중성, 염기성, 방향족으로 분류된다. 2개의 아미노산 분자가 결합하는 방식은 카르복실기와 아미노기가 만나서 물 분자가 빠져나오면서 분자들이 결합하는 탈수중합반응이다.

분자식으로 살펴보자. 아미노산 NH_2-(R-C-H)-$COOH$에서 카르복실기 $COOH$를 다른 방식으로 표현하면 O=C-OH가 되어 뒤에 오는 또 하나의 아미노산 분자의 아미노기 NH_2와 만난다. 카르복실기에서 분리된 -OH와 아미노기에서 분리된 양성자 H^+가 결합하여 물 분자 H-OH를 형성하고 물 분자 1개가 빠져나와 탈수중합반응으로 분자 2개의 아미노산이 결합하는 펩타이드결합이 형성된다. 펩타이드결합이 수십 개에서 수천 개까지 연결되어 폴리펩타이드polypeptide가 입체 구조를 형성하여 단백질이 된다. 20개의 아미노산은 필수 아미노산과 비필수 아미노산으로 구별되는데, 필수 아미노산 10개는 인간 세포가 합성하지 못하므로 음식물로 섭취해야 하며, 비필수 아미노산은 인간 세포가 생성할 수 있다. 아미노산의 세포내 생합성 과정은 출발물질 6개로 분류할 수 있으며, 포도당의 해당 과정과 TCA 회로의 생성 분자에서 아미노산이 만들어진다.

해당 작용의 최종 생성 분자인 피루브산에서 발린, 알라닌, 류신이 생성되는데, TCA 회로에서 생성되는 옥살로아세트산과 알파케토글루타르산은 아미노산 생합성의 중요한 시작 분자이다. 옥살로아세트산에서 아스파르트산이 만들어진다. 아스파르트산에서 생성되는 아미노산은 아스파라긴, 라이신, 메티오닌, 트레오닌이며, 트레오닌에서 아이소류신isoleucine이 생성된다. 알파케토글루타르산에서 글루탐산이 생성되고 글루탐산에서 글루타민, 프롤린, 아르기닌이 만들어진다. 글루코스6탄당이 세포질에서 분해되는 과정의 생성물인 포스포엔올피루브산(PEP)과 5탄당 인산 회로에서 생성되는 에리트로스4인산erythrose 4-phosphate(E4P)이 결합하여 방향족 아미노산인 페닐알라닌, 티로신, 트립토판이 만들어진다.

해당 작용의 중간 과정 분자인 3PG에서 글리신과 시스테인이 생성된다. 마지막으로 DNA 구성 5탄당인 리보스5인산(R5P)에서 히스티딘이 생성된다. 그래서 아미노산은 3PG, 피루브산, PEP, E4P, R5P, 옥살로아세트산, 알파케토글루타르산에서 만들어진다. 그리고 3PG, pyruvate, PEP, E4P, R5P, 옥살로아세트산, 알파케토글루타르산은 모두 글루코스가 분해되어 생성된 분자이다. 결국 글루코스가 아미노산을 낳았다. 글루코스, 글루코스, 글루코스에서 대부분의 생화학 분자들이 출현한다. 글루코스는 생화학 분자의 기원이 되는 분자이다.

그림 6-21 세린과 글리신 생성 과정의 분자 변환

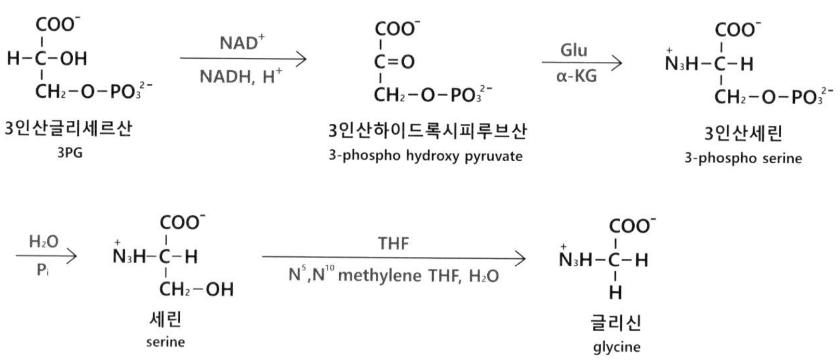

3인산글리세르산
3PG

3인산하이드록시피루브산
3-phospho hydroxy pyruvate

3인산세린
3-phospho serine

세린
serine

글리신
glycine

세린과 글리신의 생합성

아미노산의 생합성은 분자의 변환 과정이다. 세린은 수소이온인 양성자를 방출하면 산성 물질이 되는 아미노산이며, 글리신은 아데닌과 구아닌 분자 생합성의 구성 요소로 작용하는 아미노산이다. 세린과 글리신의 생성은 3PG 분자에서 시작한다. 3PG는 해당 작용의 중간산물로 분자식이 $^-OOC-(H-C-OH)-CH_2-O-PO_3^{2-}$으로 탄소가 3개이며, 3번째 탄소에 인산기가 결합한 분자이다. $CH_2-O-PO_3^{2-}$은 무기인산 $HO-PO_3^{2-}$에서 양성자가 분리되어, $-O-PO_3^{2-}$ 형태로 H_2C의 탄소 원자에 결합한다. 3PG 분자에서 NAD^+가 작용하여 전자 2개와 양성자 1개를 받아들여 NADH가 되는데, 이 과정에 양성자 하나가 분리되어 3포스포하이드록시피루브산3 phospohydroxypyruvate이 된다. 이 과정의 분자 변환은 3PG 분자 $^-OOC-(H-C-OH)-CH_2-O-PO_3^{2-}$에서 $^-OOC-(C=O)-CH_2-O-PO_3^{2-}$으로 두 번째 탄소가 산소 원자와 이중결합을 하는 형태이다. 3포스포하이드록시피루브산 $^-OOC-(C=O)-CH_2-O-PO_3^{2-}$이 글루탐산과 결합하여 상호작용하면 글루탐산은 알파케토글루타르산으로 전환되고, 3-포스포하이드록시 분자는 3-포스포세린3-phosphoserine이 된다. 이 과정의 분자 변환은 $^-OOC-(C=O)-CH_2-O-PO_3^{2-}$에서 $^-OOC-(N^+H_3-C-H)-CH_2-O-PO_3^{2-}$으로 두 번째 탄소에 암모니아 이온과 수소 양이온이 공유결합하여 아미노산 형태의 전 단계가 된다.

3-포스포세린에 물 분자 1개가 결합하고 인산 분자 1개가 빠져나오면 세린이 만들어진다. 이 과정에서 $^-OOC-(N^+H_3-C-H)-CH_2-O-PO_3^{2-}$에서 $^-OOC-(N^+H_3-C-H)-CH_2-OH$가 되어 이온화된 형태의 세린 분자가 만들어지며, 이온화되지 않은 중성 상태의 세린은 $HOOC-(NH_2-C-H)-CH_2-OH$이다. CH_2-OH는 가운데 공유결합을 나타내는 '-'을 제거해 CH_2OH로 표시하기도 한다. 세린에서 글리신으로 전환되는 과정은 4수소엽산이 세린 분자에 작용하여 N^5, N^{10} 메틸렌4수소엽산methylene tetrahydrofolate이 되고 세린은 글리신 분자로 바뀌는 것인데, 이 과정에서 물 분자가 빠져나온다. 4수소엽산tetrahydrofolate(THF)에서 엽

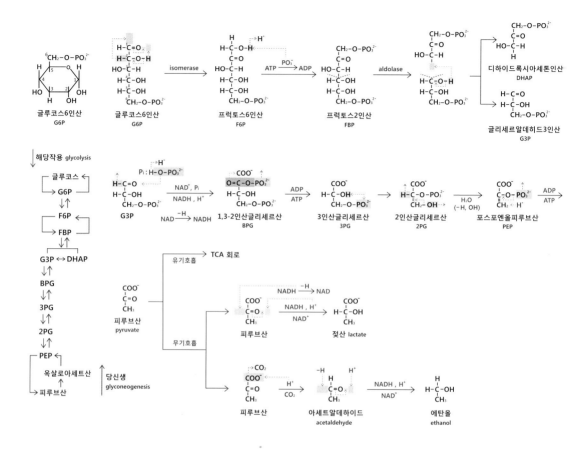

그림 6-22 해당 과정의 분자 변환은 6탄당인 G6P 분자에서 전자와 양성자가 방출되어 3탄당 피루브산이 되는 과정이며, 피루브산은 세포질의 무산소 상태에서 젖산과 에탄올 분자가 된다.

산은 비타민 B9이다. 엽산은 시금치 잎에서 축출된 소량의 산성 물질로, 식물의 잎에 존재하는 산성 물질이란 의미이다. 글리신의 분자식은 $^-OOC-(N^+H_3-C-H)-H$로 아미노산 중에서 가장 간단하다. 이 분자식에서 붉은색 C, H, N이 괄호 안 탄소 C의 4개 공유결합으로 연결된다.

해당 과정 전반부는 G6P가 분해되어
G3P와 DHAP가 생성되는 과정이다

해당 작용은 포도당 글루코스가 세포질에서 분해되는 과정이다. 해당 작용의 전반부는 6탄당인 글루코스가 3탄당인 글리세르알데하이드3인산(G3P)과 DHAP로 분해되는 과정이다. 탄수화물이 분해되어 형성되는 글루코스 분자는 전기적으로 중성이므로, 인지질 이중막을 통과할 수 있다. 그래서 세포 내로 유입된 글루코스에 인산 분자 1개를 부착하여 마이너스 전기를 띠게 하면 세포막을 빠져나가지 못하고 세포 내에서 분해 과정을 진행할 수 있다. 무기인산 분자는 $HO-PO_3^{2-}$으로 양성자가 빠져나간 $-O-PO_3^{2-}$ 형태로 글루코스의 6번 탄소에 결합하여 글루코스 분자가 -2가의 전하를 갖게 한다. 글루코스 6번 탄소에 무기인산이 결합하면, 글루코스6인산이 되며 약자로 G6P로 표시한다. 세포 속 G6P 분자의 99%는 6각형 고리 형태로 존재하지만, 1% 정도는 고리가 풀린 사슬 구조가 된다. 사슬 구조 G6P의 분자식은 $(H-^1C=O)-(H-^2C-OH)-(HO-^3C-H)-(H-^4C-OH)-(H-^5C-OH) - ^6CH_2-O-PO_3^{2-}$이며 1번 탄소에 결합된 구조 H-C=O를 알데하이드라 하는데, 알데하이드가 존재하는 당을 알도스형 당이라 한다.

G6P는 알도스aldose 구조이고, G6P에 아이소머라아제가 작용하여 생성되는 프럭토스6인산(F6P)은 1번과 2번 탄소에 결합된 구조가 G6P의 $(H-^1C=O)-(H-^2C-OH)$에서 $(^1CH_2OH)-^2C=O$ 형태로 전환된다. 프럭토스는 과일이 함유하는 6탄당이어서 과당이라 한다. F6P의 2번 탄소는 C=O 형태로 산소와 이중결합을 형성하는데, 이러한 산소와 탄소의 이중결합이 포함된 당을 케토스형 당이라 한다. 그래서 G6P에서 F6P로 전환은 알도스에서 케토스형 분자구조 변환으로 원자 간 결합 형태가 바뀐다. F6P의 1번 탄소에 무기인산 분자 하나가 결합하여 프럭토스1,6-2인산fructose 1, 6-bis phosphate(FBP)이 된다. bis는 2개란 의미이므로 이것을 다른 말로 과당2인산이라 하며, FBP의 분자식은 $(^1CH_2-O-PO_3^{2-})-(^2C=O)-(HO-^3C-H)-(H-^4C-OH)-(H-^5C-OH) - ^6CH_2-O-PO_3^{2-}$이다. F6P에

그림 6-23 해당 과정 후반부 분자 변환은 BPG에서 피루브산이 되는 분자 변환이다.

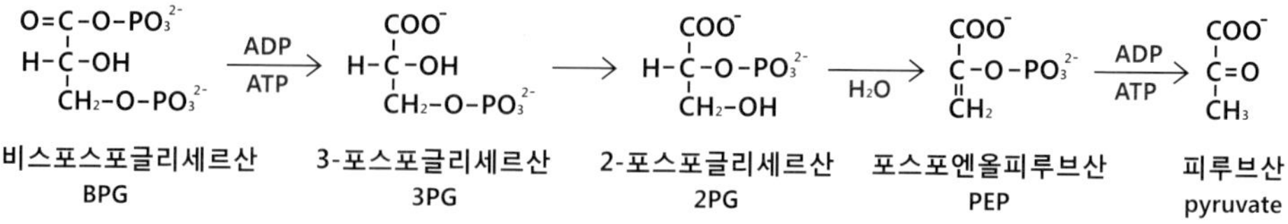

O=C-O-PO$_3^{2-}$ H-C-OH CH$_2$-O-PO$_3^{2-}$	$\xrightarrow[\text{ATP}]{\text{ADP}}$	COO$^-$ H-C-OH CH$_2$-O-PO$_3^{2-}$	$\longrightarrow$	COO$^-$ H-C-O-PO$_3^{2-}$ CH$_2$-OH	$\xrightarrow{\text{H}_2\text{O}}$	COO$^-$ C-O-PO$_3^{2-}$ CH$_2$	$\xrightarrow[\text{ATP}]{\text{ADP}}$	COO$^-$ C=O CH$_3$
1,3-비스포스포글리세르산 BPG		3-포스포글리세르산 3PG		2-포스포글리세르산 2PG		포스포엔올피루브산 PEP		피루브산 pyruvate

서 FBP로 변환되는 과정에 ATP→ADP+HO-PO$_3^{2-}$의 분해 과정으로 생성된 PO$_3^{2-}$ 분자가 F6P의 1번 탄소에 결합하여 ^{1}CH$_2$-O-PO$_3^{2-}$ 형태가 된다. FBP 분자는 알돌라제의 작용으로 1, 2, 3번 탄소가 DHAP 분자로 나뉘고, 4, 5, 6번 탄소가 G3P 분자로 나뉘어 2개의 3탄당이 형성된다. 그래서 G3P의 분자식은 (H-C=O)-(H-C-OH)-CH$_2$-O-PO$_3^{2-}$이 된다. 알돌라제의 작용으로 FBP의 3번과 4번 탄소 사이의 공유결합을 절단하고 분리하는 과정에 4번 탄소에 결합된 H-C-OH에서 수산기의 양성자가 빠져나가 H-C=O의 알도스 구조가 되고, 빠져나간 양성자는 DHAP와 결합하여 CH$_2$OH를 형성한다. 그래서 DHAP 분자식은 (CH$_2$-O-PO$_3^{2-}$)-(C=O)-CH$_2$OH가 된다.

해당 과정 후반부는 G3P에서 피루브산이 생성되는 과정이다

해당 과정은 10단계 분자 변환 과정이다. 해당 과정 10단계를 약자로 표현하면 G→G6P→F6P→FBP→G3P→BPG→3PG→2PG→PEP→피루브산인데, 전반부는 G→G6P→F6P→FBP→G3P이며 후반부는 BPG→3PG→2PG→PEP→피루브산이다. 해당 과정의 후반부에서는 글리세르알데하이드3인산(G3P)에서 피루브산이 생성되고, 해당 과정 전반부의 마지막 단계에서는 6탄당인 FBP에서 3탄당인 G3P와 DHAP의 두 분자가 생성된다. G3P와 DHAP 분자는 아이소머라제의 작용으로 상호 전환되며, 동일한 원자들의 배치만 다르다. G3P 분자의 구조는 탄소골격 C-C-C와 탄소 결합손이

그림 6-24 해당 과정과 발효 과정의 분자 변환 　한장에 모음

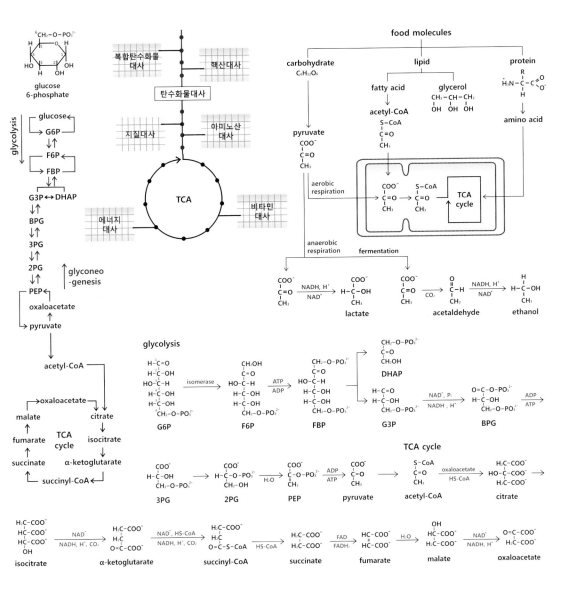

4개를 충족하는 구조로, 분자식은 (H-C=O)-(H-C-OH)-(CH₂-O-PO₃²⁻)이다. 1번 탄소와 결합된 H-C=O 분자가 알데하이드이며, 포도당 분해 산물에 자주 나타나는 알데하이드 작용기가 존재하는 분자를 알도스라 한다.

G3P 분자의 알데하이드기에 무기인산 H-O-PO₃²⁻ 분자 1개가 추가되고, NAD⁺가 작용하면 1, 3-2인산글리세르산(BPG)이 된다. 이는 인산기 2개가 1번과 3번 탄소에 결합된 글리세르 구조의 산성 분자이다. G3P가 BPG로 바뀌는 과정은 다음과 같다. (H-C=O)-(H-C-OH)-(CH₂-O-PO₃²⁻)에 NAD⁺ 분자가

그림 6-25 피루브산은 미토콘드리아에서 산소 호흡을 하며, 산소가 없는 세포질에서 무산소 호흡으로 젖산과 에탄올 분자를 생성한다.

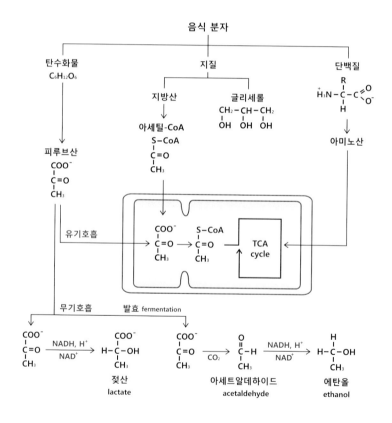

작용하여 1번 탄소 H–C–OH에서 양성자와 전자 2개를 분리하여 NADH로 환원되며, 이 결과 H–C–OH가 C=O 구조로 바뀐다. 양성자와 전자 2개는 H–이며 NADH로 환원되는 과정에 H–가 빠져나가 H–C=O에서 C=O가 된다 H–는 양성자와 전자 2개이며 H^+는 양성자이다. C=O에 무기인산에서 양성자가 빠져나간 $-O-PO_3^{2-}$가 결합하여 BPG 분자는$(O=C-O-PO_3^{2-})-(H-C-OH)-(CH_2-O-PO_3^{2-})$가 된다. BPG 분자에서 $ADP+HO-PO_3^{2-} \rightarrow ATP$ 작용으로 BPG 분자는 3PG 분자 $(O=C-O-)-(H-C-OH)-(CH_2-O-PO_3^{2-})$가 된다. O=C–O–의 분자식은 COO^-로 표현되므로 3PG 분자식은 $COO^--(H-C-OH)-(CH_2-O-PO_3^{2-})$가 된다.

3PG 분자에서 인산기 PO_3^{2-}의 위치를 2번 탄소로 이동한 분자가 2PG 분자이며, 그 분자식은 $COO^--(H-C-O-PO_3^{2-})-(CH_2-OH)$이다. 2PG 분자에서 물 분자 H–OH가 탈락되면 $COO^--(C-O-PO_3^{2-})=CH_2$가 되며 이 분자가 바로 포스포엔올피루브산(PEP)이다. PEP 분자가 $ADP+HO-PO_3^{2-} \rightarrow ATP$ 작용으로 $COO^--(C=O)-CH_3$이 되어 해당 작용의 마지막 분자인 피루브산이 된다.

글루코스 분해에는 아세틸–CoA, 젖산, 알코올 생성의 3가지 과정이 존재한다

글루코스 분해 산물은 3가지이다. 세포질에서 이루어지는 해당 작용으로 6탄당 글루코스는 3탄당 피루브산으로 분해된다. 글루코스에서 생성된 피루브산은 미토콘드리아로 들어가서 아세틸–CoA로 전환되거나 산소가 부족한 세포질에서는 젖산과 알코올로 바뀐다. 그래서 글루코스의 분해 산물은 아세틸–CoA, 젖산, 알코올이다. 미토콘드리아에 입력된 피루브산($COO^--(C=O)-CH_3$)은 이산화탄소(COO^-)가 빠져나가고 그 자리에 CoA가 결합하여 아세틸–CoA($S-CoA-(C=O)-CH_3$)가 된다. CoA는 조효소이며 다른 분자와 공유결합하는 방식은 이러하다. HS–CoA에서 양성자가 빠져나가 –S–CoA 형태로 H–S에서 양성자만 빠져나가면서 황 원자에 남겨둔 전자와 황 원자에서 제공된 전자로 하나의 공유결합손이 형성되어 -S가 다른 분자와 공유결합하게 된다. 피루브산이 탄소 2개인 아세틸-CoA로 전환되어 미토콘드리아 기질에서 TCA 회로 작용이 일어난다. 미토콘드리아는 외막, 내막, 막간공간, 내막안 영역으로 구분되는데, 내막안 영역을 기질matrix이라 하며, 기질에서 TCA 회로, 지방산의 베타산화, 지방산 사슬연장반응이 일어난다.

세포질에 남겨진 피루브산은 산소가 없는 환경에서 발효 과정을 통해 산화작용을 일으킨다. 피루브산에 NADH→NAD⁺+H⁺+2e 작용으로 COO⁻-(C=O)-CH₃에서 C=O가 H-C-OH로 바뀌어 젖산(COO⁻-(H-C-OH)-CH₃)이 된다. NADH→NAD⁺+H⁺+2e 작용은 양성자(H⁺)가 추가로 방출되므로 정확하게 표현하면 NADH+H⁺→NAD⁺+2H⁺+2e이다. 산소가 없는 세포질에서 피루브산은 젖산으로 전환되거나 알코올 발효가 일어난다. 피루브산의 발효 과정은 피루브산에서 이산화탄소가 빠져나가 H-(C=O)-CH₃ 분자가 되는 중간 과정을 거친 후 NADH+H⁺→NAD⁺+2H⁺+2e에서 H⁻와 H⁺로 제공되는 수소음이온과 양성자로 C=O를 H-C-OH로 변환시켜 에틸알코올 H-(H-C-OH)-CH₃이 생성됨으로써 이루어진다.

미토콘드리아가 존재하지 않는 원핵세포는 산소가 없는 환경에서 생존할 수 있으며, 초기 지구에 출현한 원핵세포들은 산소가 없는 환경에서 광합성으로 생성된 포도당을 세포질에서 산화하여 젖산과 알코올로 분해하는 과정에서 생성되는 ATP 에너지를 이용하여 생존해왔다. 근육세포에서는 젖산을 생성하는 무산소 산화 과정으로 ATP를 합성한다. 미토콘드리아도 원래 독립된 알파프로테오박테리아에서 진화된 단세포 생명체였는데, 큰 숙주 세포에 포획되었다. 큰 세포에 유입된 알파프로테오박테리아가 소화되지 않고 20억 년 이상 숙주세포 속에 공생하게 되었다는 가설이 세포내 공생 이론이다. 분자생물학적 증거가 많이 밝혀짐에 따라 세포내 공생설은 이제 더는 가설이 아니라 생물학 교과서에 실린 분명한 과학적 사실이 되었다. 엽록체도 시아노박테리아가 숙주세포에 공생하여 생존하면서 세포내 소기관으로 바뀐 독립된 생명체로 본다.

그림 6-26 티로신에서 생성되는 신경 조절 분자 도파민, 옥시도파민, 메틸옥시도파민을 생성하는 분자 변환을 나타낸 그림이다. 옥시도파민은 노르에피네프린, 메틸옥시도파민은 아드레날린이다.

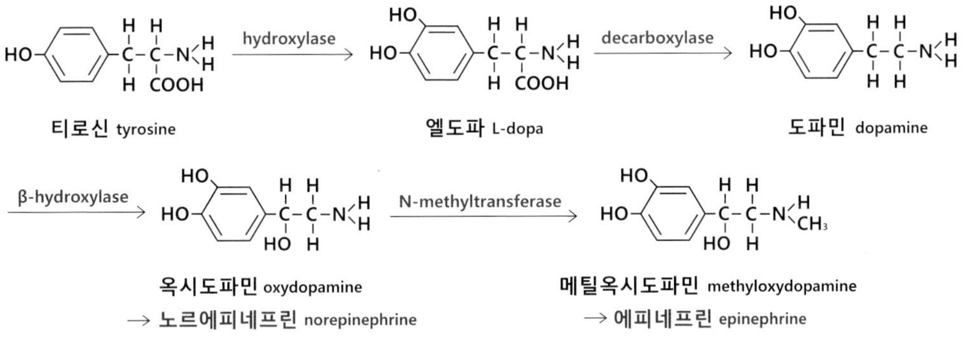

미토콘드리아와 엽록체가 원래 독립된 생명체라는 증거는 미토콘드리아와 엽록체가 독자적 유전자를 유지하고 있다는 사실에서 명확해진다. 미토콘드리아와 엽록체의 세포내 공생설을 반복해서 강조하는 이유는 세포내 공생설이 진핵세포 진화를 설명하는 중요한 이론이며, 생명에 대한 확장된 관점을 제공해주기 때문이다. 생명체의 진화는 유전 정보의 모자이크 과정으로, 모든 생명체가 상호 연관되어 있다. 생물 사이의 오랜 유전적 혼합 과정이라는 관점으로 보면, 생명 현상은 점진적 변화 과정이다.

아미노산 티로신에서 도파민, 노르에피네프린, 에피네프린이 생성된다

신경조절물질은 아미노산에서 생성된다. 신경조절물질인 도파민dopamine, 노르에피네프린norepinephrine, 에피네프린epinephrine이 분비되어 정서적 반응이 생긴다. 도파민은 운동, 학습, 중독에 관여하는 신경 작용을 조절하는 물질로, 아미노산 티로신tyrosine이 변형되어 생성된다. 3가지 신경조절물질이 모두 티로신에서 생성되며 티로신→도파→도파민→노르에피네프린→에피네프린의 순서로 분자 구조가 조금씩 변한다. 티로신 분자의 고리 구조에는 하이드록시기hydroxy group(OH) 분자가 하나 결합되어 있다. 티로신 분자는 탄소 6각형 고리에 CH_2-(H-C-COOH)-NH_2 분자가 결합된 형태의 아미노산으로, 6각형 고리와 CH_2가 아미노산 곁사슬이 된다. 하이드록시라아제의 효소 작용으로 티로신 6각형 고리에 OH가 하나 더 결합한 분자가 도파dopa이다.

도파민dopamine은 뇌-혈액 장벽을 통과하지 못하여 외부에서 뇌로 주입할 수 없지만 유사한 분자인 도파는 뇌-혈액 장벽을 통과하여 정신병 치료제로 사용되었다. 도파 분자에 디카르복실라아제decarboxylase가 작용하여 COOH가 제거되면 도파민 분자가 된다. 도파민은 OH가 2개 결합된 6각형 고리에 CH_2-(H-C-H)-NH_2 사슬이 부착된 분자이다. 도파민에서 또 한 번 하이드록시라아제의 작용으로 OH가 생성되면 옥시도파민oxydopamine이 되는데, 옥시도파민이 바로 노르에피네프린 분자이다. 노르에피네프린의 분자식은 도파민의 6각형 고리에 (H-C-OH)-(H-C-H)-NH_2 분자가 결합한 형태이다. 노르에피네프린은 주의집중에 관련된 신경조절물질로 새롭고 중요한 자극에 집중하여 기억을 형성하는 데 관여한다. 메틸트랜스퍼라아제methyltransferase가 작용하여 메틸(CH_3) 분자를 노르에피네프린에 전달하여 생성된 분자가 에피네프린이다. 에피네프린에서 '에피epi'는 위쪽을 나타내며 '네프린nephrin'은 콩팥을 의미한다. 에피네프린은 콩팥 위에 부착된 부신의 속질에서 생성되는 신경조절물질이다. 에피네프린은 미국식 표현이며 영국식 표현은 아드레날린adrenaline이다. 에피네프린은 동물이 위급한 상황에 분비되어 신속하고 강한 동작을 하게 만든다. 에피네프린은 노르에피네프린 6각형 고리에 (H-C-OH)-(H-C-H)-NH-CH_3가 결합된 분자이며 도파민, 노르에피네프린, 에피네프린 분자는 모두 아미노산인 티로신이 변형되어 생성된 분자이다. 인간의 감정, 주의집중, 운동이 한 종류의 아미노산 분자에서 시작된다는 사실은 생명 현상은 모두 분자 수준에서 공부해야 한다는 증거다.

신경조절물질은 대뇌피질을 각성시켜 감각입력에 집중하게 해준다. 감각입력에 집중하면 신경세포에서 글루탐산이 방출되어 기억할 수 있다. 대뇌피질의 기억 생성과 관련된 분자인 글루탐산도 아미노산이다. 결국 인간의 정신 작용은 아미노산 분자에서 나온다. 아미노산 티로신 분자의 곁사슬이 분자 구조가 조금씩 바뀌면서 티로신→도파→도파민→노르에피네프린→에피네프린이 생성된다. 곁사슬 분자도 C, H, O, N 원자로 구성되므로 결국 인간의 감정과 기억도 C, H, O, N 원자들의 상호작용에서 만들어진다. 인간의 정서와 기억은 신경 조절 분자의 작용이다.

코리슴산에서 프리펜산과 안트라닐산이 생성된다

신경작용물질은 코리슴산chorismate에서 시작한다. 아미노산 티로신에서 도파민, 노르에피네프린, 에피네프린이 생성되고, 아미노산 트립토

그림 6-27 PEP와 E4P 분자에서 코리슴산이 생성되는 분자 변환으로, PEP+E4P→퀸산→스킴산→코리슴산이 된다.

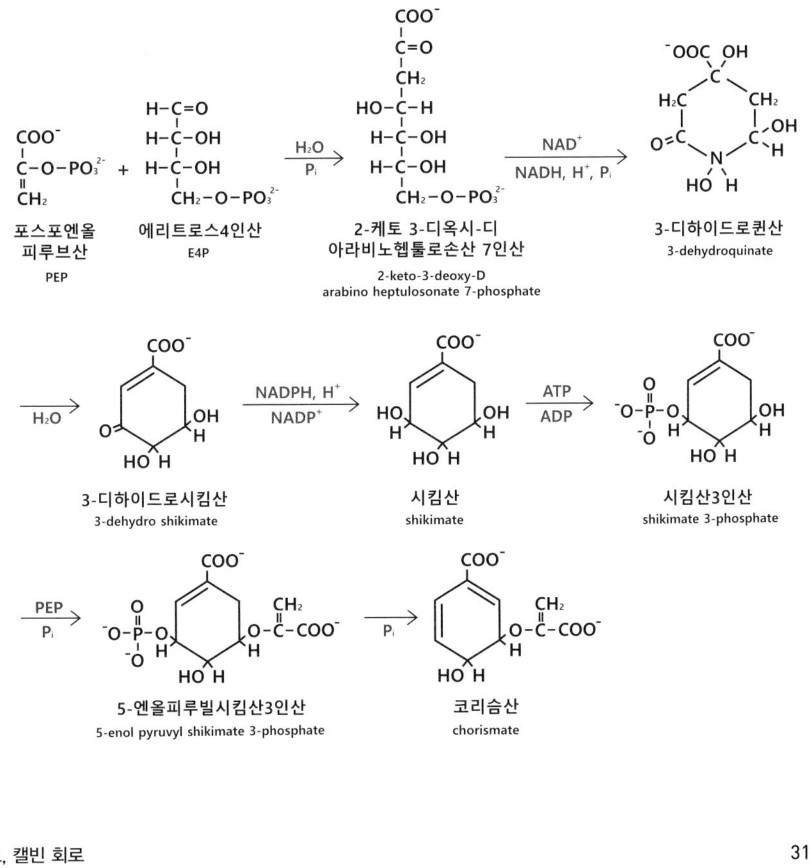

그림 6-28 코리슴산에서 티로신과 트립토판 생성 분자 변환은 코리슴산→프리펜산→티로신 과정과 코리슴산→안트라닐산→트립토판의 경로가 있다. 코리슴산에서 생성되는 생체 분자는 비타민 K, E와 엽산, 플라스토퀴논, 리그닌이 있다.

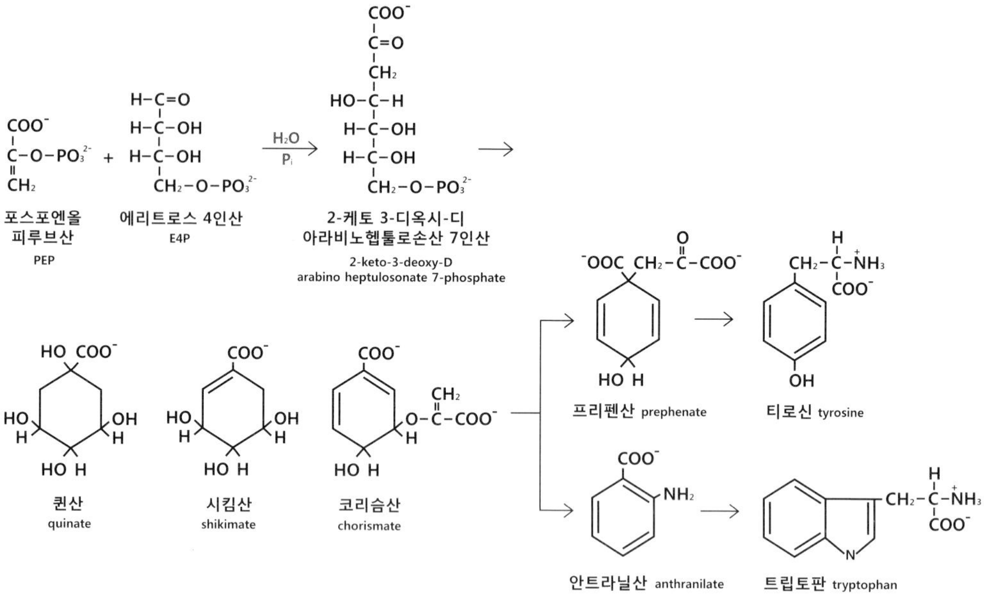

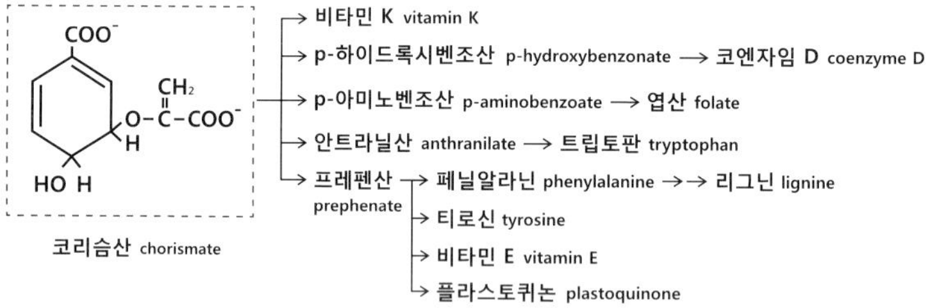

판에서 세로토닌이 만들어진다. 티로신, 페닐알라닌, 트립토판은 해당 작용을 하는 피루브산과 5탄당 인산 회로의 에리트로스4인산(E4P)이 결합한 7-인산, 2-케토, 3-디옥시아라비노헵툴로손산(2-keto 3-deoxyarbinoheptulosonate 7-phosphate)에서 생성된다. 이 긴 이름의 분자는 7탄당으로, 분자식이 $(COO^-)-(C=O)-(CH_2)-(HO-C-H)-(H-C-OH)-(H-C-OH)-(CH_2-O-PO_3^{2-})$이며 이 분자에 $NADH \rightarrow NAD^+ + H^+ + 2e$ 작용이 일어나고 인산 한 분자가 빠져나가면서 고리화 반응이 일어나 6각형 고리분자 3-디하이드로퀸산(3-dehydroxyquinate)이 된다. 디하이드로퀸산에서 물 분자 1개가 빠져나가면 3-디하이드로시킴산3-dehydroshikimate이 된다. 디하이드로시킴산은 NADPH→NADP⁺+H⁺+2e 작용으로 시킴산shikimate이 되며 시킴산은 ATP→ADP+HO-PO₃²⁻ 작용으로 3인산시킴산3-phosphoshikimate이 된다. 시킴산에 인산이 결합한 인산시킴산에 포스포엔올피루브산(PEP)이 결합하고 인산이 빠져나가면 3인산엔올피루빌시킴산3-phosphoenolpyruvyl shikimate이 된다. 인산엔올피루빌시킴산에서 인산이 빠져나가면 코리슴산이 된다.

코리슴산에서 프리펜산prephenate과 안트라닐산anthranilate이 생성된다. 프리펜산에서 아미노산 티로신이 생성되며 안트라닐산에서 아미노산 트립토판이 생겨난다. 흥분과 주의집중 신경조절물질의 생성 과정은 PEP+에리트로스4인산→코리슴산→프리펜산→티로신→도파→도파민→노르에피네프린→에피네프린이다. 정서적 신경조절물질의 생성 과정은 PEP+에리트로스4인산→코리슴산→안트라닐산→트립토판→세로토닌이다. 그래서 인간의 감정, 기억, 행동이 모두 글루코스에서 생성되는 PEP와 에리트로스4인산에서 생겨난다.

분자의 이름과 분자식 기억하기는 생화학 공부의 핵심이다. 생화학 반응은 분자 변환 과정이고, 생화학 공부는 분자식에 익숙해지는 과정이다. 생명 현상의 핵심은 글루코스 분자가 분해되는 호흡 과정이며, 호흡은 해당 작용과 TCA 회로가 생성하는 분자들의 이야기이다. 세포 속 호흡에서 글루코스 탄소골격이 생성되며, 3탄당, 4탄당, 5탄당, 6탄당의 탄소골격에 질소 원자가 양성자와 결합되어 만들어지는 아미노기가 결합한다. 질소 원자는 이렇게 생명 현상에 참여한다. 탄소골격과 아미노산에 에너지 생성 분자인 인산이 결합하면서 생명 분자들의 상호작용이 가속된다. 생명 현상 출현의 첫 번째 도약은 광합성을 통해 이산화탄소와 물 분자를 결합하여 글루코스를 형성하는 능력을 획득한 것이다. 두 번째 도약은 아미노산 결합 순서를 저장하는 DNA가 출현한 것이다. 그리고 아미노산과 DNA는 모두 글루코스의 자손이다.

그림 6-29 코리슴산에서 티로신, 페닌알라닌, 트립토판으로 변환되는 경로로는 코리슴산→프리펜산→티로신→페닐알라닌 경로와 코리슴산→안트라닐산→인돌→트립토판 경로가 있다.

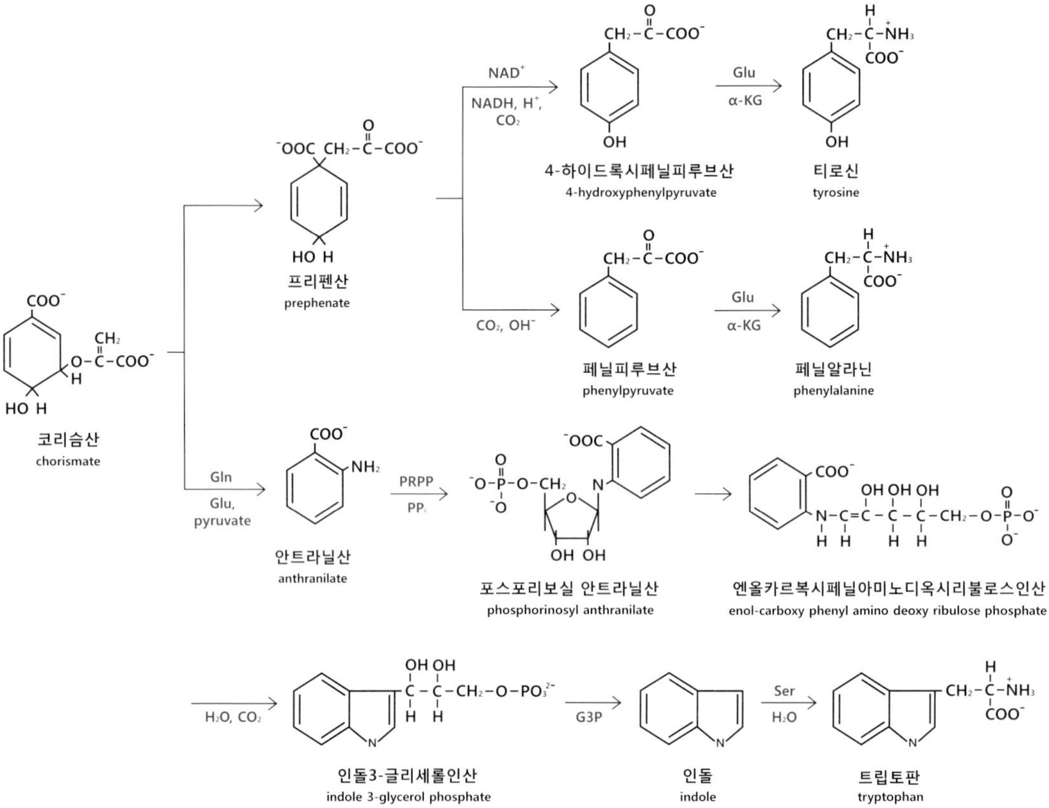

안트라닐산은 트립토판을 만들고,
트립토판에서 생성된 세로토닌이 감정을 만든다

안트라닐산은 트립토판 생성 시작 분자이다. 방향족 아미노산인 페닐알라닌, 티로신, 트립토판은 모두 PEP와 E4P가 결합하여 생성되는 코리슴산에서 출발한다. 코리슴산에서 프리펜산이 유도되고 프리펜산에서 티로신과 페닐알라닌이 생성되며, 코리슴산에서 안트라닐산이 생성되고 안트라닐산에서 트립토판이 만들어진다. 코리슴산에 아미노기를 전달하는 글루탐산→글루타민 작용이 일어나고, 피루브산 분자 1개가 빠져나오면 안트라닐산이 된다. 코리슴산의 분자 구조에서 6각형 고리 6번 탄소에 결합된 $-O-(C=CH_2)-COO^-$가 양성자 하나를 획득하여 피루브산 $CH_3-(C=O)-COO^-$이 되어 빠져나가고, 글루타민이 아민기를 전달해서 안트라닐산이 형성된다. 글루타민이 코리슴산에 아민기를 전달하고, 코리슴산에서 수산기를 획득하여 글루타민은 글루탐산이 된다.

안트라닐산은 6각형고리에 이산화탄소와 아민기가 결합된 분자이다. 안트라닐산은 포스포리보실파이로인산phosphoribosylpyro phosphate(PRPP) 분자와 결합하는데, 이 과정에서 파이로인산(PP_i)이 분리되어 포스포리보실안트라닐산이 형성된다. 인산의 분자식은 H_3PO_4, 무기인산의 분자식은 HPO_4^{2-}, 파이로인산의 분자식은 $HP_2O_7^{3-}$이다. 안트라닐산에 결합된 리보스당의 5각형 고리는 효소 작용으로 절단되어 사슬 구조로 전환된다. 안트라닐산 6각형 고리에 존재하는 아민기의 질소 원자에 결합된 사슬 분자는 리보스당의 5각형 고리가 절단되어 형성된 분자이다. 이 결과 생성된 분자의 명칭은 엔올카르복시페닐아미노디옥시리불로스인산enol carboxy phenylamino deoxyribulose phosphate이다. 안트라닐산 6각형 고리에 부착된 아민기에 결합된 사슬 구조의 분자식은 $(CH)=(C-OH)-(H-C-OH)-(H-C-OH)-CH_2-O-PO_3^{2-}$이다. 이 사슬 분자가 안트라닐산 6각형 고리에 결합된 이산화탄소가 빠져나간 탄소에 결합한다. 안트라닐산 6각형고리에 결합된 5각형 탄소 고리를 형성하여 인돌글리세롤인산indole glycerol phosphate이 되고 이 과정에서 물 분자 1개가 빠져나간다. 인돌글리세롤인산 분자에 결합된 사슬 구조는 G3P 분자 그 자체이며, G3P 분자가 빠져나오면 6각형과 5각형이 결합된 고리 형태 분자인 인돌indole 분자가 생겨난다.

마지막 단계로 인돌 분자에 세린이 결합하고, 물 분자 1개가 빠져나오면 트립토판이 된다. 코리슴산→안트라닐산→인돌→트립토판의 분자 변환은 마지막에 세로토닌을 만든다. 트립토판은 세로토닌을 만들고, 세로토닌은 인간의 감정을 만든다. 뇌간 솔기핵에서 생성되는 세로토닌은 기억, 정서, 주의력과 관련되며, 세로토닌이 부족하면 우울증에 걸린다. 세로토닌에서 멜라토닌이 생성되는데, 멜라토닌은 수면 물질이다. 인간 뇌의 작용은 아미노산인 티로신과 트립토판에

그림 6-30 세로토닌은 트립토판→하이드록시트립토판→하이드록시트립타민 경로에서 생성되며, 세로토닌에서 멜라토닌이 생성된다. 아세틸콜린은 아세트산과 콜린으로 분해되고 결합하며 글루탐산에서 GABA 분자가 생성된다.

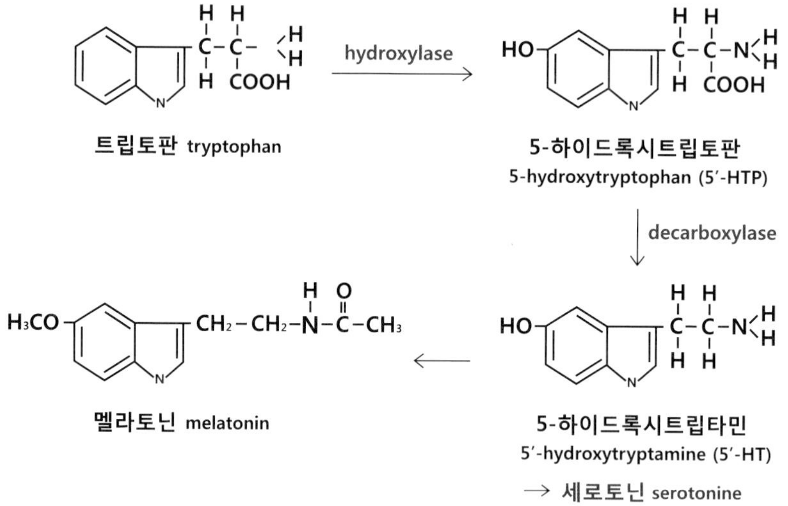

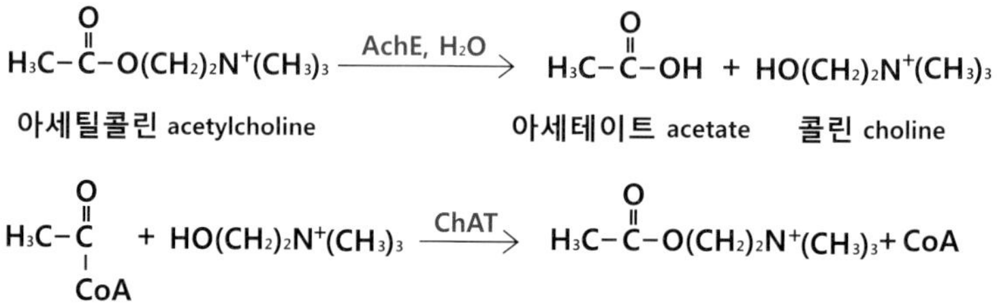

ChAT- 콜린아세틸트랜스퍼라아제 choline acetyltransferase
AchE- 아세틸콜린 에스테르 분해효소 acetylcholine esterase

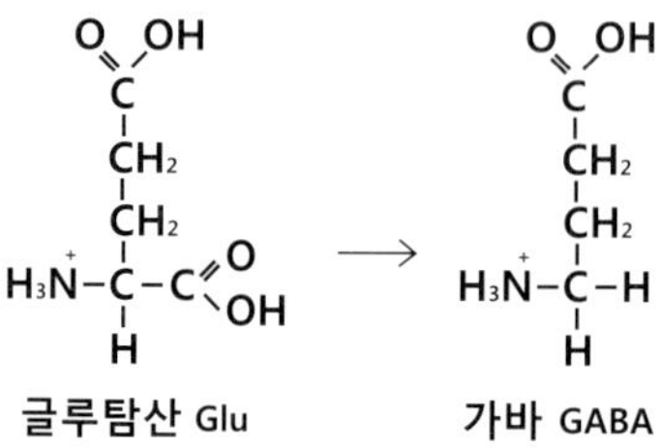

서 생성되는 분자들의 작용이며, 아미노산은 글루코스와 관련된다. 글루코스는 광합성으로 물과 이산화탄소에서 생겨난다. 우리 모두는 물과 이산화탄소 그리고 태양의 자손이다. 인간의 수면과 꿈도 모두 아미노산이 만든 분자의 작용이다.

트립토판이 세로토닌을 만들고,
세로토닌은 수면 물질인 멜라토닌을 만든다

세로토닌은 정서 분자이다. 세로토닌은 편안한 정서를 만들고, 부족하면 의욕을 잃고 우울해진다. 정서와 느낌은 행동을 하고 싶은 의욕을 일으킨다. 정서와 주의력에 관련된 세로토닌은 뇌간의 솔기핵에서 생성되는 신경조절 분자이다. 세로토닌 분자는 명칭이 5-하이드록시트립타민5-hydroxytryptamin(5-HT)으로, 트립토판에서 생성된다. 트립토판은 인돌 고리 분자에 아미노산 세린이 결합하고, 물 분자 1개가 빠져나가 생성되는 분자이다. 트립토판의 분자식은 6각형과 5각형 고리가 결합된 인돌 구조에 5각형 고리의 곁사슬 형태로 아미노산 $(CH_2)-(H-C-COOH)-NH_2$이 결합된 구조이다. 트립토판은 인돌 고리에 아미노산이 결합된 인돌아민이다. 트립토판에 하이드록시라아제hydroxylase가 작용하여 인돌 고리 6각형 구조에 수산기가 결합하면 5-하이드록시트립토판5-hydroxy tryptophan(5-HTP)이 된다.

5-하이드록시트립토판 분자에 디카르복실라아제decarboxylase가 작용하여 COOH를 분리하면 5-HT가 되는데, 이것이 바로 세로토닌이다. 세로토닌의 분자식은 트립토판 6각형 고리에 수산기가 결합되고 5각형 고리에 아미노산에서 이산화탄소가 빠져나간 $(CH_2)-(H-C-H)-NH_2$ 곁사슬 결합 구조이다. 탄소 원자 고리 형태가 존재하는 아미노산인 페닐알라닌, 티로신, 트립토판은 신경조절 물질의 기원이 되는 분자이다. 동물의 감정과 의욕을 일으키는 신경 작용 공부는 이 세 분자의 합성에서 시작해야 한다. 티로신에서 도파민, 노르에피네프린,

그림 6-31 6각형 고리 1개, 2개, 3개인 분자로 피리독신, 엽산, 플라빈1인산뉴클레오타이드 **한 장에 모음**

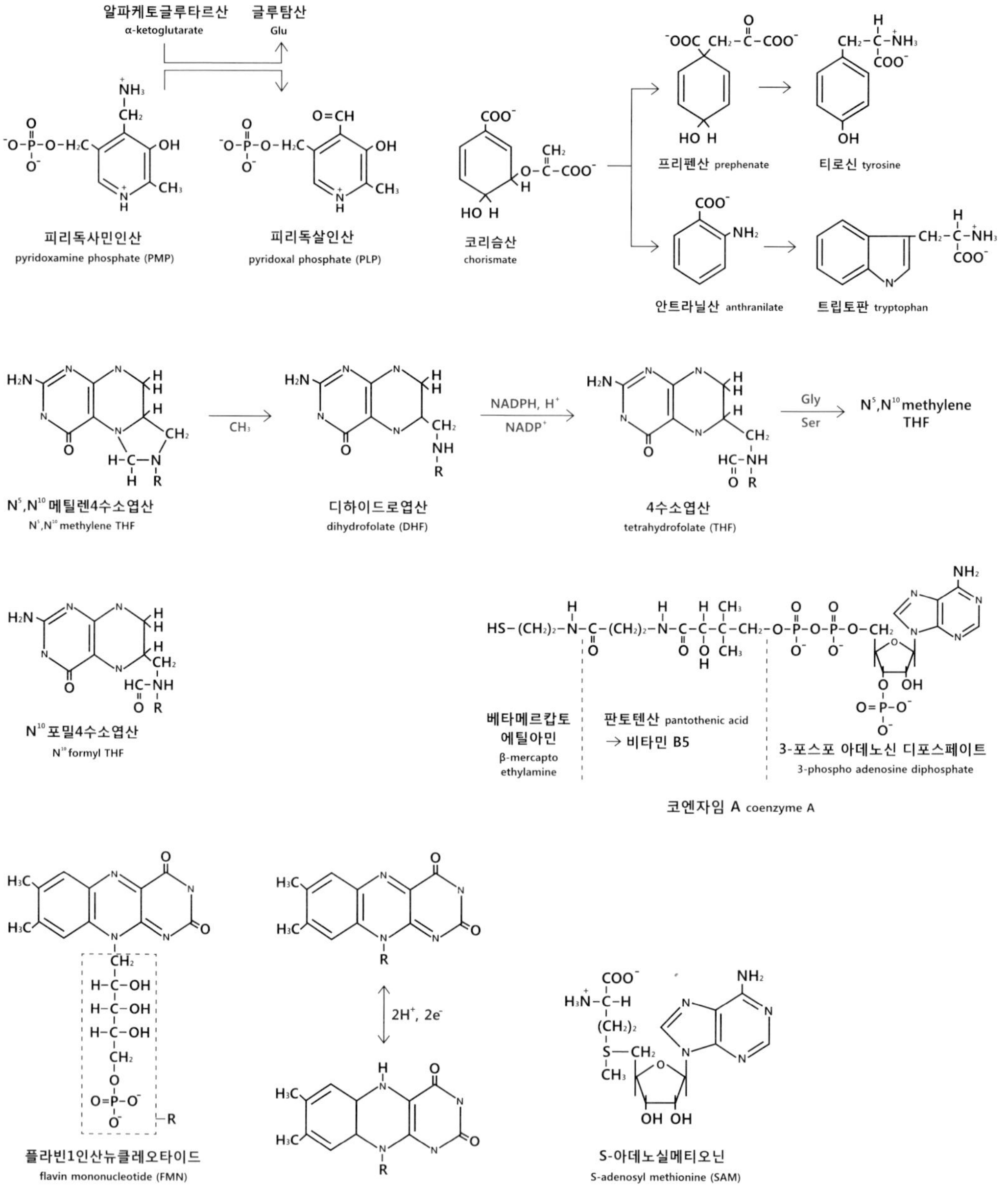

알파케토글루타르산
α-ketoglutarate
글루탐산
Glu
피리독사민인산
pyridoxamine phosphate (PMP)
피리독살인산
pyridoxal phosphate (PLP)
코리슴산
chorismate
프리펜산 prephenate
티로신 tyrosine
안트라닐산 anthranilate
트립토판 tryptophan
N5,N10 메틸렌4수소엽산
N5,N10 methylene THF
CH3
디하이드로엽산
dihydrofolate (DHF)
NADPH, H+
NADP+
4수소엽산
tetrahydrofolate (THF)
Gly
Ser
N5,N10 methylene THF
N10 포밀4수소엽산
N10 formyl THF
베타메르캅토 에틸아민
β-mercapto ethylamine
판토텐산 pantothenic acid
→ 비타민 B5
3-포스포 아데노신 디포스페이트
3-phospho adenosine diphosphate
코엔자임 A coenzyme A
2H+, 2e-
플라빈1인산뉴클레오타이드
flavin mononucleotide (FMN)
S-아데노실메티오닌
S-adenosyl methionine (SAM)

에피네프린이 생성되며, 트립토판에서 세로토닌이 만들어진다. 도파민과 노르에피네프린, 에피네프린 분자 생성 초기 물질인 도파는 티로신 고리에 수산기가 2개 결합된 카테콜catechol 분자에 곁사슬로 아미노산이 부착된 형태이다. 그래서 도파민, 노르에피네프린, 에피네프린을 카테콜아민 신경조절물질이라 한다.

뇌간 신경핵의 축삭돌기가 대뇌피질로 뻗어나가 대뇌피질 신경세포층에 도파민, 노르에피네프린, 에피네프린, 세로토닌을 분비하여 대뇌피질을 각성시켜 의식 상태를 생성한다. 결국 카테콜아민catecholamin 분자에서 생성되는 도파민, 노르에피네프린, 에피네프린 분자와 인돌아민에서 생겨나는 세로토닌 분자에 의해 인간의 뇌가 의식이라는 놀라운 상태를 만들어낸다. 뇌간 신경핵에서 생성되는 신경조절 분자는 상행하여 대뇌피질의 각성 상태를 생성하여 의식을 조절하고, 하행하여 척수신경의 운동 상태를 조절한다. 카테콜아민과 인돌아민 분자의 작용으로 각성된 대뇌 피질에 글루탐산 분자가 작용하여 의식 상태에서 감각입력을 신속하게 기억으로 전환하게 된다. 아미노산 분자의 생합성 과정은 인간 의식과 기억을 공부하는 출발점이다. 인간 뇌 작용은 아미노산 분자의 변환 과정에서 생성되는 분자 현상이다.

고리 분자에 익숙해지면 생화학 공부가 가속된다

생각은 탄소 고리 분자의 작용에서 출현한다. 가장 단순한 고리 분자는 5개의 탄소와 1개의 질소 원자가 6각형 고리를 형성하는 피리독신 분자이다. 피리독신 분자의 곁가지에 암모니아가 부착되면 피리독사민pyridoxamin이 된다. 피리독사민에서 아민기를 전달한 것이 피리독살인산pyridoxal phosphate(PLP) 분자이다. 6각형 고리 위쪽 꼭짓점 탄소에 부착된 $CH_2-N^+H_3$ 분자에서 아민기가 빠져나가 알데하이드 분자가 되는 변환 과정에서 피리독사민은 피리독살인산이 되고, 아민기를 전달받은 알파케토글루타르산은 글루타메이트glutamate로 바뀐다. '글루타메이트'에서 'ate'는 산성 물질을 의미하여, 글루타메이트와 글루탐산은 같은 이름이다.

6각형 탄소 고리가 하나인 중요한 분자로는 아미노산 티로신이 있다. 티로신에서 도파민과 노르에피네프린, 에피네프린이 생겨난다. 도파민, 노르에피네프린, 에피네프린 분자를 구성하는 6각형 고리에는 수산기가 2개 결합된다. 수산기가 2개 결합한 벤젠 고리를 카테콜이라 하며, 도파민, 노르에피네프린, 에피네프린 분자는 모두 카테콜아민이라 한다. 6각형 고리가 2개 결합된 분자에는 엽산folate 분자가 있다. 엽산은 탄소 원자 하나를 전달하는 분자로, 메틸렌4수소엽산은 메틸기를 전달하고 포밀4수소엽산은 알데하이드 형태로 탄소 원자 하나를 다른 분자로 전달한다. 포밀과 알데하이드는 같은 이름이다. 6각형과 5각형 고리가 결합된 분자에는 인돌 구조가 있다. 곁사슬에 인돌 고리가 존재하는 아미노산이 바로 트립토판이다. 트립토판의 6각형 고리에 수산기가 결합하고 이산화탄소가 빠져나간 분자가 세로토닌이다.

세로토닌의 이름은 5-하이드록시트립타민5-hydroxytryptamin(5-HT)이다. 세로토

그림 6-32 우라실, 시토신, 티민, 메틸시토신 분자의 분자 변환 관계

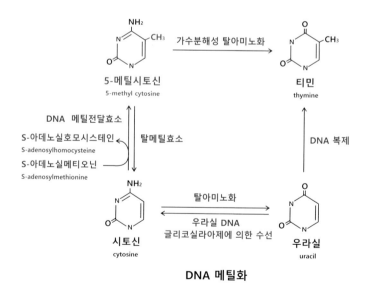

닌에서 수면 물질인 멜라토닌이 생성된다. 6각형 고리가 3개 결합한 분자가 플라빈1인산뉴클레오타이드flavin mononucleotide(FMN)이다. FMN 분자의 가운데 6각형과 오른쪽 6각형에 각각 2개씩 질소 원자가 존재하여 오른쪽 6각형에 산소 원자 2개가 탄소 원자와 이중결합으로 연결된다. FMN 분자는 가운데 6각형 고리에 곁사슬 구조 탄소 5개가 사슬 구조로 연결되고, 마지막 탄소에 인산이 결합한 구조이다. FMN 분자는 전자 2개와 양성자 2개를 전달하며, 미토콘드리아 내막에 삽입된 전자전달 단백질 시스템의 NADH 탈수소효소에 결합되어 NADH→NAD⁺+H⁺+2e로 분해되는 과정에서 생성되는 전자 2개를 전달하는 역할을 한다. 고리가 4개 결합된 분자에는 콜레스테롤이 있다. 콜레스테롤은 6각

그림 6-33 우라실, 시토신, 티민은 오로트산에서 생성되며, 티로신은 퀸산→시킴산→코리슴산을 거쳐 프레펜산에서 생성되고, 트립토판은 안트라닐산에서 생성된다. 5각형과 6각형 고리가 결합된 분자로는 핵산 분해 산물인 하이포잔틴, 잔틴, 요산이 있고, 카페인의 분자 구조는 잔틴에서 3개의 메틸기가 첨가된 형태이다.

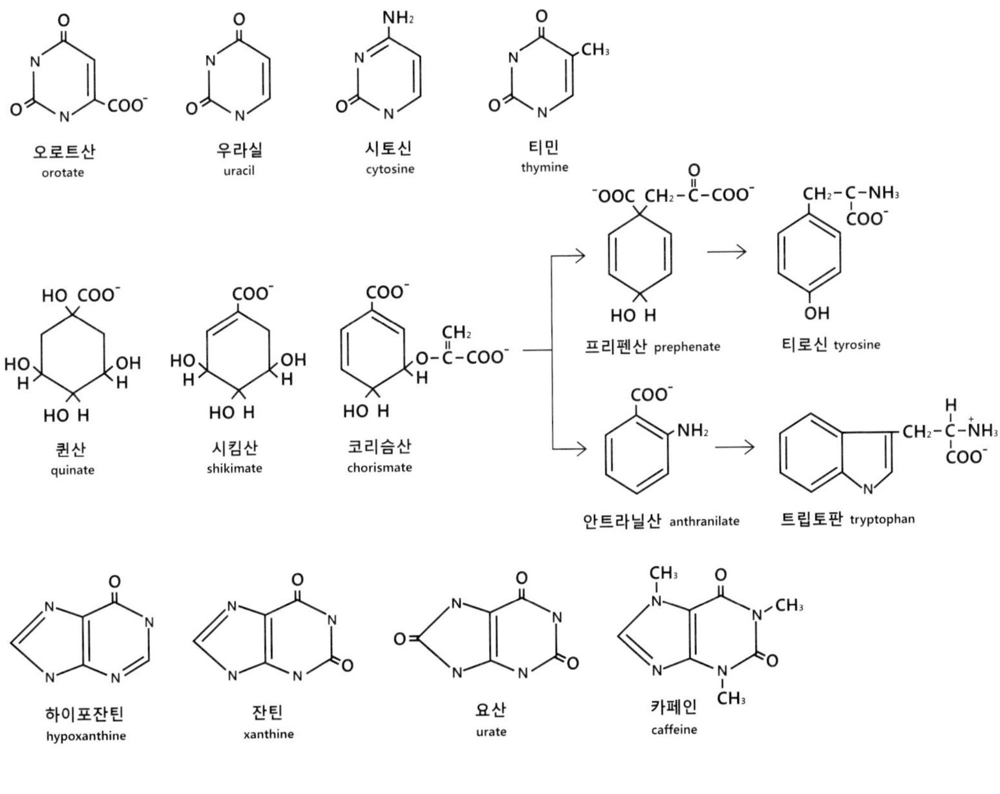

형 고리 3개에 5각형 고리 하나가 결합된 구조로, 콜레스테롤에서 비타민D, 프로게스테론, 테스토스테론, 코르티솔, 알도스테론, 쓸개즙이 생성된다. 분자식, 분자식, 분자식이 존재할 뿐이다. 생화학 공부는 분자식 공부이다.

탄소 원자 고리를 통해 전자가 이동하여 기억과 감정을 만든다

비슷한 분자끼리 함께 기억하자. 생명은 6각형과 5각형 고리 형태 분자가 만든다. 6각형 벤젠 고리 구조에는 3개의 이중결합이 존재하고, 이중결합의 전자는 시그마 결합과 파이 결합으로 구성된다. 원자와 원자가 접근하면 전자의 궤도 분포가 중첩되는데, 궤도 분포 함수가 머리-머리 결합이면 시그마 결합이 생성되고, 측면-측면 결합이면 파이 결합이 생긴다. 벤젠 고리에서 파이 결합은 이동하여 공명 구조를 만들고, 전자가 전달되어 다른 원자와 결합하는 추가 반응이 가능해진다. 탄소 원자들이 고리 형태로 연결되면서 전자는 고리 구조를 타고 이동할 수 있다. 6각형 고리에서, 6개 탄소 원자 중 2개의 탄소 원자가 질소로 치환된 6각형 고리 분자가 바로 피리미딘 분자이다. 피리미딘 분자에는 우라실, 시토신, 티민이 있는데, 옥살로아세트산에서 생성된다.

알파케토글루타르산에서 생성되는 퓨린 분자에는 아데닌과 구아닌이 있다. 피리미딘 분자는 오로트산에서 생성되는데, 오로트산의 구조는 질소 원자 2개가 포함된 6각형 고리의 곁사슬이다. 오로트산에서 이산화탄소가 제거되면 우라실 분자가 된다. 우라실 분자에서 6각형 꼭대기에서 결합된 산소 원자가 아민기로 치환되면 시토신이 된다. 우라실 분자에 메틸기가 첨가되면 티민 분자가 된다. 우라실, 시토신, 티민은 RNA와 DNA 분자의 구성 성분으로, 우라실은 RNA에만 존재하고, 티민은 DNA에만 존재한다. 시토신은 RNA, DNA 모두에 존재하고, 구아닌과 수소결합 3개로 연결되어 DNA 이중나선 구조를 형성한다.

아미노산인 티로신도 6각형 고리 분자가 존재한다. 티로신의 생합성은 6각형 고리분자인 퀸산→시킴산→코리슴산(프리펜산, 안트라닐산)의 단계를 거친다. 퀸산

에서 생성되는 시킴산은 꼭대기의 탄소에서 수산기가 빠져나간 구조이며, 코리
슴산은 시킴산에서 양성자와 수산기가 빠져나간 것으로, 오른쪽 탄소에 결합된
구조가 H-C-OH에서 H-C-O-(C=CH₂)-COO⁻로 바뀐다. 프리펜산prephenate은
곁사슬 (C=CH₂)-COO⁻이 꼭대기 탄소로 이동하여 CH₂-(C=O)-COO⁻ 형태
로 6각형 꼭짓점 탄소와 결합한 구조이다. 프리펜산에서 페닐알라닌과 티로신
이 만들어진다. 안트라닐산anthranilate이 코리슴산에서 생성되면 곁사슬이 이산화
탄소와 아민기뿐이며, 안트라닐산에서 아미노산 트립토판이 생성된다.

6각형 고리에 5각형 고리가 결합된 분자에는 하이포잔틴, 잔틴, 요산, 카페인
분자가 있다. 하이포잔틴은 아데닌과 구아닌을 생성하는 이노신 분자에 존재한
다. 하이포잔틴 분자는 6각형 고리 꼭짓점 탄소에 산소가 이중결합되고, 질소
원자 2개가 포함된 5각형 고리와 결합된 분자이다. 잔틴 분자는 하이포잔틴에
산소 이중결합이 하나 더 추가된 분자이며, 요산은 잔틴 분자에 산소 분자와 물
분자가 결합하고 과산화수소가 빠져나가면서 산소 이중결합이 5각형 고리에 추
가되어 산소 이중결합이 3개인 분자이다. 커피의 카페인 분자는 잔틴 분자와 질
소 원자 3개에 메틸기가 각각 추가된 분자이다. 탄소 5개, 탄소 6개가 생명의 고
리를 이룬 것이다. 탄소 원자 고리를 통하여 전자가 공명하고 이동하여 기억과
감정을 만든다. 고리 분자들의 파이결합과 전자들의 공명 현상이 기억과 감정의

그림 6-34 TCA 회로 분자 변환은 피루브산→아세틸-CoA→시트르산→아이소시트르산→알파케토글루타르산→석시닐-CoA→석신산→푸마르산→말산→옥살로아세트산으로 이어진다. 결정적 지식

TCA 회로

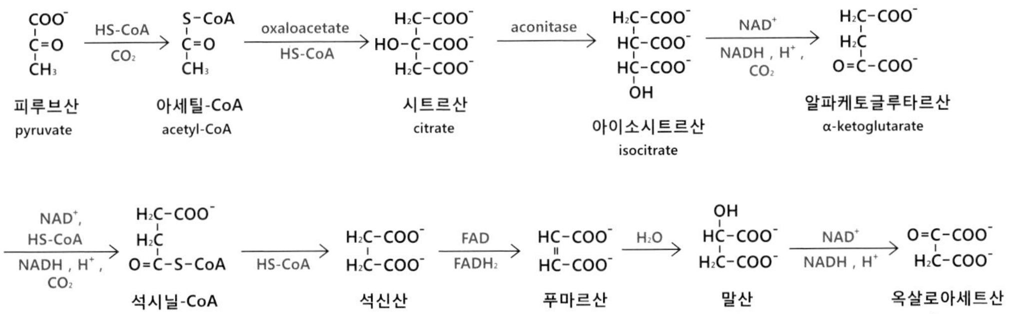

피루브산
pyruvate

아세틸-CoA
acetyl-CoA

시트르산
citrate

아이소시트르산
isocitrate

알파케토글루타르산
α-ketoglutarate

석시닐-CoA
succinyl-CoA

석신산
succinate

푸마르산
fumarate

말산
malate

옥살로아세트산
oxaloacetate

분자적 바탕이다.

모든 생화학 과정은 TCA 회로로 통한다

생명의 길은 TCA 회로로 통한다. TCA 회로는 생명 현상 그 자체이다. TCA 회로를 알면 생명 현상이 보인다. TCA 회로는 아주 유명하여 이름이 4개나 된다. 시트르산citrate은 구연산이며, 분자식에 카르복실기가 3개 있어 구연산회로tricarboxylic acid cycle(TCA 회로) 혹은 TCA 회로로도 불린다. 해당 작용의 마지막 분자인 피루브산이 미토콘드리아로 입력되어 피루브산에서 이산화탄소가 빠져나가고 HS-CoA가 결합하여 아세틸-CoA가 된다. 피루브산의 분자식은 $(COO^-)-(C=O)-CH_3$이며 HS-CoA에서 양성자와 전자 2개가 빠져나가 S-CoA가 되는 과정에서 $NAD^++H^++2e \rightarrow NADH$ 반응이 일어난다. 이산화탄소가 빠져나간 COO^- 자리에 $-S-CoA$가 결합하여 아세틸-CoA 분자$((S-CoA)-(C=O)-CH_3)$가 된다. 황 원자가 탄소 원자와 결합하여 형성된 탄소 2개인 아세틸-CoA와 탄소 4개인 옥살로아세트산과 결합하고, 이 과정에서 물 분자 1개가 입력되고 HS-CoA가 빠져나가 탄소 6개인 시트르산이 형성된다.

옥살로아세트산의 분자식은$(O=C-COO^-)-(H_2-C-COO^-)$이며 시트르산의 분자식은 $(H_2-C-COO^-)-(HO-C-COO^-)-(H_2-C-COO^-)$이다. 시트르산에 아이소머라아제가 작용하여 원자들의 위치만 바뀐 아이소시트르산은 분자식이 $(H_2-C-COO^-)-(H-C-COO^-)-(H-C-COO^-)-OH$이다. 아이소시트르산에서 $NAD^++H^++2e \rightarrow NADH$ 작용으로 양성자와 전자 2개가 빠져나고, 가운데 탄소와 결합된 이산화탄소가 제거되어 알파케토글루타르산$((H_2-C-COO^-)-(H_2-C)-(H_2-C-COO^-)=O)$이 된다. 알파케토글루타르산에서 이산화탄소가 빠져나오고 $NAD^++H^++2e \rightarrow NADH$ 작용으로 HS-CoA에서 생성된 S-CoA가 결합하여 석시닐-CoA 분자$((H_2-C-COO^-)-(H_2-C)-(H_2-C-S-CoA)=O)$가 된다. 석시닐-CoA에서 HS-CoA가 빠져나오고, 무기인산 분자 1개와 GDP 분자 1개가 입력되어

GDP+HO-PO$_3^{2-}$→GTP 반응으로 석신산((H$_2$-C-COO$^-$)-(H$_2$-C-COO$^-$))이 된다. 이 과정에서 생성된 GTP는 인산기를 ADP 분자에 전달하여 한 분자의 ATP가 생성된다. FAD→FADH$_2$ 작용으로 석신산이 푸마르산이 되며, 푸마르산의 분자식은 (H-C-COO$^-$)=(H-C-COO$^-$)이다. 푸마르산에 물 분자 1개가 입력되어 말산이 되며, 말산의 분자식은 HO-(H-C-COO$^-$)-(H$_2$-C-COO$^-$)이다. 말산에서 NAD$^+$+H$^+$+2e→NADH 작용으로 옥살로아세트산((O=C-COO$^-$)-(H$_2$-C-COO$^-$))이 생성되고, 옥살로아세트산은 계속 입력되는 아세틸-CoA와 결합하여 TCA 회로가 순환된다.

미토콘드리아 기질에서 일어나는 TCA 회로의 중요한 중간물질은 알파케토글루타르산과 옥살로아세트산이다. 알파케토글루타르산에서 글루탐산이 만들어지고 글루탐산에서 글루타민, 알기닌, 프롤린이 생성되고, 옥살로아세트산에서 아스파르트산이 만들어지고, 아스파르트산에서 아스파라긴, 라이신, 메티오닌, 트레오닌이 생성된다. 아미노산도 결국 글루코스에서 생성된다. 미토콘드리아가 ATP 분자를 만드는 과정을 호흡이라 하는데, 호흡은 산소가 물로 환원되는 O$_2$+4H$^+$+4e→2H$_2$O 반응이 핵심이다. 이 과정에서 사용되는 전자는 바로 NADH→NAD$^+$+H$^+$+2e 과정에서 분리되는 전자이다. 그리고 이 전자는 광합성에서 태양 에너지를 흡수한 전자에서 기원했다. 그래서 대부분의 생화학 분자는 글루코스에서 시작되며, 글루코스는 이산화탄소와 물의 결합이다. 초기 지구 대기에서는 산소가 없고 이산화탄소가 대량으로 존재했다. 결국 생명은 초기 지구의 환경을 간직하고 있다.

5탄당인산 회로의 분자식에 익숙해지면 생화학 공부가 즐거워진다

생화학은 해당 작용에서 시작한다. 해당 작용은 세포질에서 글루코스가 피루브산, 알코올, 젖산으로 분해되는 과정이다. 피루브산은 미토콘드리아로 입력되어 TCA 회로를 통해 NADH 분자를 생성하고, NADH에서 분리된 전자

그림 6-35 5탄당인산 회로와 캘빈 회로의 분자 변환 한 장에 모음

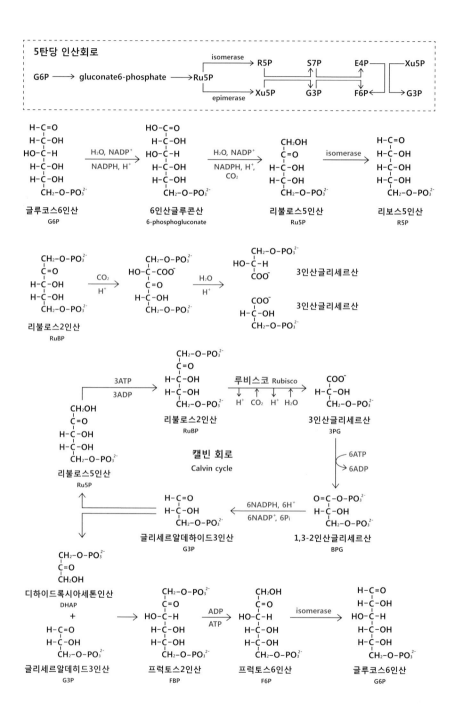

가 미토콘드리아 내막에 삽입된 전자전달 호흡단백질 시스템을 통해 이동한다. 미토콘드리아 내막의 호흡단백질을 통과한 전자는 양성자와 산소 분자를 만나서 물 분자를 생성한다. 세포질의 해당 과정은 산소 분자와 관계가 없지만, 미토콘드리아의 호흡 과정은 산소가 물로 환원되는 과정이다. 해당 작용의 일부는 5탄당인산회로pentose phosphate pathway로 입력되어 3탄당, 4탄당, 5탄당, 6탄당, 7탄당 분자를 생성하고, 이 과정에 $NADP^+$ 분자가 환원되어 NADPH 분자가 생성된다.

NADPH 분자는 지방산을 분해하여 아세틸-CoA가 생성되는 과정에 사용된다. 5탄당인산회로는 글루코스6인산(G6P) 분자에서 시작한다. G6P의 분자식은 $(H-^1C=O)-(H-^2C-OH)-(HO-^3C-H)-(H-^4C-OH)-(H-^5C-OH)-(^6CH_2-O-PO_3^{2-})$이다. G6P 분자의 1번 탄소에서 $NADP^++H^++2e \rightarrow NADPH$ 작용이 일어난다. H^++2e는 수소 원자핵에 전자 2개가 존재하여 공유결합손 하나가 가능해져 H^-으로 표시할 수 있다. H^-가 제거되고 물 분자 1개가 H-OH에 공급되어 $H-^1C=O$에서 $HO-^1C=O$로 바뀐다. 그래서 1번 탄소에 결합된 분자 구조가 바뀌어 6인산글루콘산6-phosphogluconate 분자가 된다. 6인산글루콘산 분자에서 이산화탄소가 빠져나가고 $NADP^++H^++2e \rightarrow NADPH$ 작용으로 5탄당 분자인 리불로스5인산(Ru5P)이 생성된다. 리불로스5인산의 분자식은 $(CH_2-OH)-(C=O)-(H-C-OH)-(H-C-OH)-(CH_2-O-PO_3^{2-})$으로 케토스ketose 구조이다.

리불로스5인산 분자에 아이소머라아제가 작용하면 알도스5탄당인 리보스5인산ribose 5-phosphate(R5P)이 되고 에피머라아제epimerase가 작용하면 동일한 케토스5탄당인 자일룰로스5인산xylulose 5-phosphate(Xu5P)이 된다. 'RNA'의 'R'은 '리보스ribose'의 약자이다. R5P의 분자식은 $(H-C=O)-(H-C-OH)-(H-C-OH)-(H-C-OH)-(CH_2-O-PO_3^{2-})$이며 Xu5P의 분자식은 $(CH_2-OH)-(C=O)-(HO-C-H)-(H-C-OH)-(CH_2-O-PO_3^{2-})$이다. Xu5P의 1번과 2번 탄소의 케토스 구조가 R5P 분자로 이동하여 결합하면 R5P은 케토스형 7탄당인 셉툴로오스7인산septulose7-phosphate(S7P) 분자가 되고 케토스 구조가 빠져나간 R5P는 알도스형 3탄당인 글리세르알데하이드3인산(G3P) 분자가 된다. S7P의 분자식은 $(CH_2-OH)-(C=O)-(HO-C-H)-(H-C-OH)-(H-C-OH)-(H-C-OH)-(CH_2-O-PO_3^{2-})$

그림 6-36 광합성 명반응, 캘빈 회로와 호흡의 전자전달 시스템, TCA 회로의 상호 관계

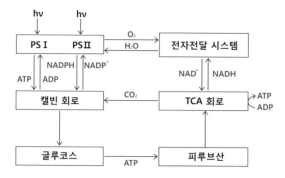

이며 G3P의 분자식은 (H-C=O)-(H-C-OH)-(CH₂-O-PO₃²⁻)이다.

S7P 분자의 1, 2, 3번 탄소에 결합된 (CH₂-OH)-(C=O)-(HO-C-H) 분자가 글리세르알데하이드 분자와 결합하여 G3P는 케토스6탄당인 프럭토스6인산(F6P)이 되고 탄소 3개를 빼앗긴 S7P 분자는 알도스4탄당인 에리트로스4인산erytrose 4-phosphate(E4P)이 된다. 이처럼 5탄당인산 회로는 탄소가 3, 4, 5, 6, 7개인 분자를 생성하고 이 과정에서 NADPH를 만드는 탄소골격 분자가 생성된다. 탄소골격의 3탄당, 4탄당, 5탄당, 6탄당이 생명 현상의 핵심 분자이다. 어렵지만 분자식에 익숙해지자. 그러면 생화학 공부가 즐거워진다.

캘빈 회로의 RuBP 분자가 이산화탄소와 결합한다

캘빈 회로는 이산화탄소가 생명 시스템으로 입력되는 회로이다. 캘빈 회로는 광합성 명반응의 산물인 ATP와 NADPH 분자를 사용하여 글루코스를 생산하는 탄소고정반응 회로이다. 식물의 엽록체에서 생성되는 포도당은 다세포 생명체의 에너지 공급원이다. 캘빈 회로의 시작 분자는 리불로스5인산(Ru5P)이며 Ru5P 분자가 ATP→ADP+HO-PO₃²⁻ 작용으로 PO₃²⁻ 이온을 획득하여

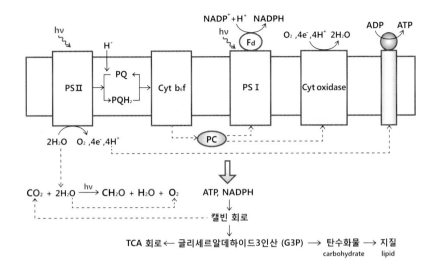

리불로스2인산(RuBP) 분자가 된다. Ru5P는 분자식이 $(CH_2-OH)-(C=O)-(H-C-OH)-(H-C-OH)-(CH_2-O-PO_3^{2-})$로 케토스 분자이다. RuBP 분자는 Ru5P 분자의 1번 탄소에 결합된 CH_2-OH에서 양성자가 빠져나가 형성된 CH_2-O-에 PO_3^{2-} 이온이 결합하여 $CH_2-O-PO_3^{2-}$가 된다. 그래서 RuBP의 분자식은 $(^1CH_2-O-PO_3^{2-})-(^2C=O)-(H-^3C-OH)-(H-^4C-OH)-(^5CH_2-O-PO_3^{2-})$이다.

RuBP는 이산화탄소를 고정시키는 중요한 분자이며, 이산화탄소가 결합하는 과정은 다음과 같다. 3번 탄소의 $H-^3C-OH$에서 양성자가 빠져나가 알데하이드$(H-C=O)$가 되며, 이 결과 3번 탄소의 결합손이 5개가 되어 하나의 잉여 결합손이 생긴다. 빠져나간 양성자는 2번 탄소 $C=O$의 산소 원자에 결합하여 $^2C=O$가 ^2C-OH로 되고, 3번 탄소에서 생겨난 잉여 결합손이 2번 탄소로 이동하여 $HO-C$가 $HO-C-$로 된다. $HO-C-$에 이산화탄소가 결합하여 $HO-^2C-COO^-$ 구조가 된다. 그래서 RuBP에 이산화탄소가 결합되어 생성된 분자는 $(CH_2-O-PO_3^{2-})-(HO-C-COO^-)-(C=O)-(H-C-OH)-(CH_2-O-PO_3^{2-})$이며, 이산화탄소가 결합하는 과정은 양성자 하나가 빠져나가면서 촉발된다.

그림 6-38
엽록체 틸라코이드막에 삽입된 물 분해형 광합성 단백질인 PSII, Cyt b6f, PSI, PC와 ATP 합성효소는 모두 아미노산사슬로 만들어진 단백질이다. 아미노산사슬은 수소결합으로 알파 나선 구조를 형성하며, 만들어진 단백질은 인산 혹은 당사슬과 결합한다. 한 장에 모음

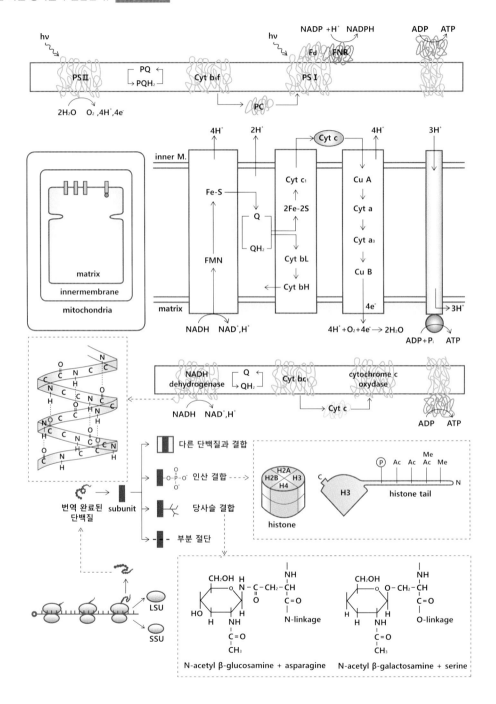

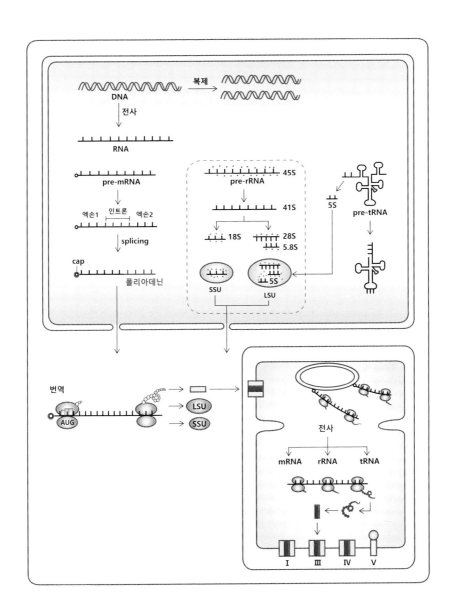

그림 6-39 해당 과정, 아미노산 생성, 5탄당인산 회로, 캘빈 회로 **한 장에 모음**

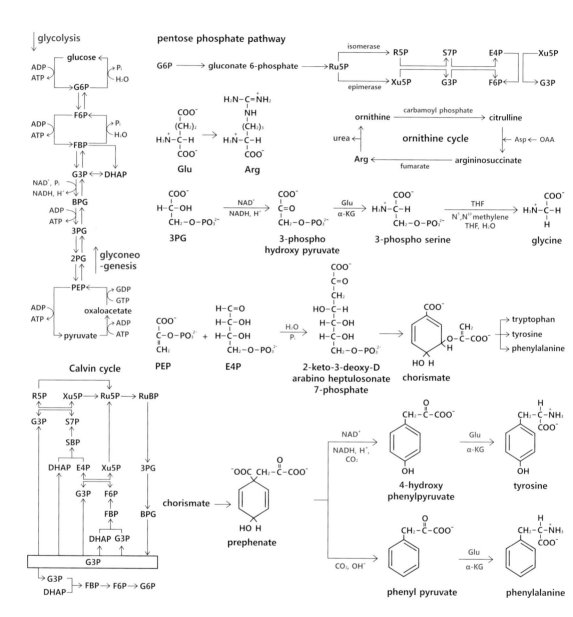

RuBP 분자에 물 분자 1개가 결합하여 가수분해되어 동일한 3탄당 분자인 3PG 분자 2개가 된다. 이 과정에서 $(CH_2-O-PO_3^{2-})-(HO-C-COO-)-(C=O)-(H-C-OH)-(CH_2-O-PO_3^{2-})$ 분자는 물 분자의 작용으로 $(CH_2-O-PO_3^{2-})-(HO-C-COO-)-$와 $(C=O)-(H-C-OH)-(CH_2-O-PO_3^{2-})$로 분해된다. 물 분자$(H-O-H)$는 양성자 2개$(H^+, H^+)$와 $-O-$로 분해되어 1개의 양성자는 세포질로 방출되고, 나머지 1개의 양성자는 $(CH_2-O-PO_3^{2-})-(HO-C-COO^-)-$에 결합하여 $(CH_2-O-PO_3^{2-})-(HO-C-H)-COO^-$ 분자를 만든다. 산소 이온$(-O-)$은 $(C=O)-(H-C-OH)-(CH_2-O-PO_3^{2-})$에 결합하여 $(COO^-)-(H-C-OH)-(CH_2-O-PO_3^{2-})$가 되어 2개의 3PG 분자가 된다. RuBP 분자가 이산화탄소를 고정하고 물에 의해 분해되어 두 분자의 3PG로 전환되는 과정은 루비스코 효소 단백질에 의해 이루어지는데, 루비스코는 지구상에 존재하는 가장 풍부한 단백질이다.

캘빈 회로의 순환 과정은 Ru5P로 모인다

캘빈 회로는 포도당 분자를 생성하는 회로이다. 루비스코 효소의 작용으로 이산화탄소가 탄소골격에 결합하여 3탄당, 4탄당, 5탄당, 6탄당, 7탄당을 만든다. 리불로스5인산(Ru5P) 분자에 인산기가 하나 더 추가되어 RuBP가 되고, RuBP에 이산화탄소가 결합하고 물 분자가 추가되면서 RuBP가 두 분자의 3PG로 분리된다. 3PG 분자에 ATP→ADP+$HO-PO_3^{2-}$ 작용으로 분리된 인산기 PO_3^{2-}가 결합하여 BPG 분자가 되며, BPG 분자에 NADPH→$NADP^+$+H^++2e 작용이 일어나고 인산 한 분자가 빠져나가 G3P 분자가 생성된다. 캘빈 회로는 6개 분자의 G3P 분자를 생성하며, 6개 분자의 G3P에서 5개 분자는 캘빈 회로를 순환하고 1개 분자의 G3P는 캘빈 회로를 빠져나와 디하이드록시아세톤인산(DHAP) 분자와 결합하여 최종적으로 글루코스6인산(G6P) 분자를 만든다. 캘빈 회로를 순환하는 5분자의 G3P에서 첫 번째 G3P 분자와 결합하는 두 번째 G3P

분자는 아이소머라아제의 작용으로 DHAP 분자로 전환되어 G3P 분자와 결합하여 6탄당인 프럭토스2인산(FBP) 분자가 된다. FBP 분자에서 PO_3^{2-} 분자가 빠져나와 프럭토스6인산(F6P) 분자가 된다.

세 번째 G3P 분자가 F6P 분자에서 탄소 2개를 획득하여 G3P는 자일룰로스5인산(Xu5P)이 되고, F6P 분자는 4탄당인 에리트로스4인산(E4P)이 된다. 네 번째 G3P 분자는 DHAP 분자로 전환하여 E4P 분자와 결합하여 7탄당인 셉툴로오스1, 7-2인산septulose1, 7- bisphosphate(SBP) 분자가 된다. SBP분자에서 PO_3^{2-}가 빠져나가 셉툴로오스7인산(S7P) 분자가 만들어진다. 다섯 번째 G3P 분자가 S7P 분자에서 2개의 탄소를 획득하여 G3P 분자는 5탄당 Xu5P가 되며, S7P 분자는 탄소 2개를 잃어버려 리보스5인산(R5P) 분자가 된다. 캘빈 회로가 생성하는 5탄당인 R5P와 Xu5P 분자는 리불로스5인산(Ru5P) 분자로 변환되고, Ru5P 분자가 RuBP로 바뀌고 RuBP가 분해되어 두 분자의 3PG가 되면서 캘빈 회로는 계속 순환한다. 캘빈 회로가 생성하는 중간 분자인 6개 분자의 G3P에서 순환고리를 빠져나간 한 분자의 G3P는 DHAP와 결합하여 인산기가 2개 결합된 과당인 FBP 분자가 된다. FBP 분자에서 PO_3^{2-}가 빠져나가 F6P 분자가 되고, F6P 분자는 아이소머라아제의 작용으로 G6P 분자가 된다. 그리고 G6P에서 PO_3^{2-}가 빠져나가면 글루코스 분자가 된다. 광합성 명반응과 연결된 캘빈 회로의 최종 산물은 글루코스 분자이다.

NADH 분자에서 분리된 전자에서 30개의 ATP 분자가 생성된다

NADH는 전자 2개와 양성자 1개를 전달하는 분자이다. 생화학의 주역은 전자와 양성자를 전달하는 NADH와 NADPH 분자이다. NAD^+는 니코틴아미드아데노신디뉴클레오타이드nicotinamide adenine dinucleotide의 약자이다. NADH 분자는 1개의 아데노신 분자에 또 하나의 약간 변형된 아데노신 분자가 결합된 구조로, 변형된 아데노신에는 아데닌 대신 6각형 고리가 결합되어 있다. 그리고

그림 6-40 NADH 분자는 NADH→NAD$^+$+H$^+$+2e 과정으로 전자 2개와 양성자 1개인 수소 음이온을 전달하며, 퀴논 분자는 중간 단계를 거쳐 전자 2개, 양성자 2개를 Q→QH$_2$ 과정으로 전달한다. SAM 분자는 메틸기, PMP 분자는 아민기를 전달하는 분자이다. **결정적 지식**

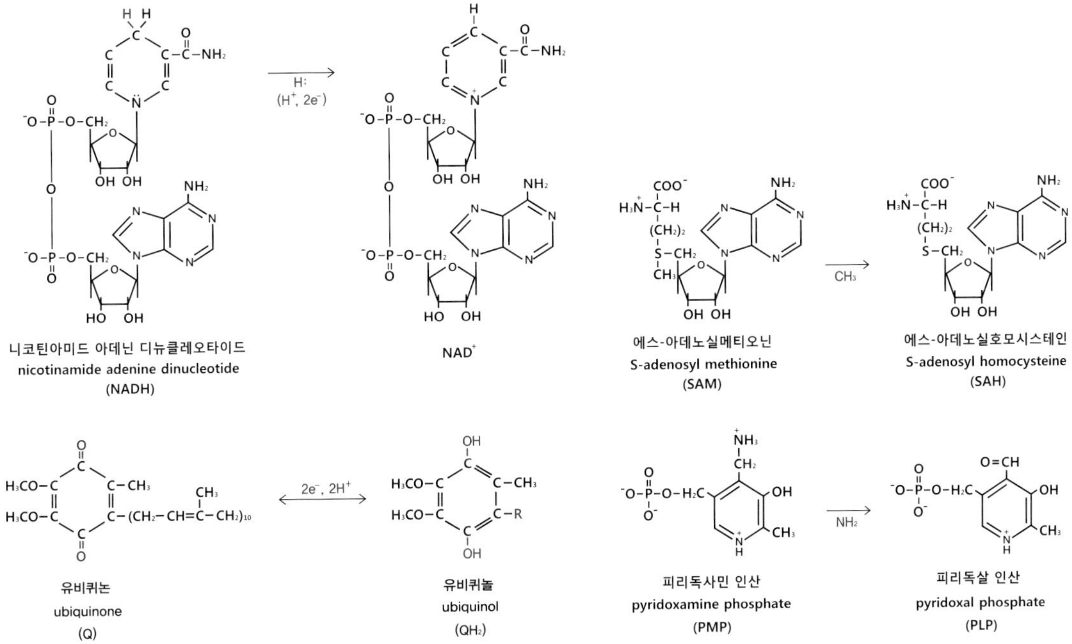

니코틴아미드 아데닌 디뉴클레오타이드
nicotinamide adenine dinucleotide
(NADH)

NAD$^+$

에스-아데노실메티오닌
S-adenosyl methionine
(SAM)

에스-아데노실호모시스테인
S-adenosyl homocysteine
(SAH)

유비퀴논
ubiquinone
(Q)

유비퀴놀
ubiquinol
(QH$_2$)

피리독사민 인산
pyridoxamine phosphate
(PMP)

피리독살 인산
pyridoxal phosphate
(PLP)

아데노신 분자에 결합된 리보스당 1번 탄소에 6각형 고리가 결합되어 있다. 6각형 고리에는 곁사슬로 수소와 니코틴 분자(O=C-NH$_2$)가 결합되어 있다. NAD$^+$분자의 환원 형태인 NADH 분자는 NAD$^+$ 분자에 전자 2개와 양성자 1개가 결합하여 NADH 분자가 된다. 양성자 1개와 전자 2개가 결합하면 수소 음이온이 되고, 전자 2개는 공유결합손 1개를 형성하므로 수소 음이온은 H$^-$ 혹은 -H로 표시할 수 있다. H$^-$라는 표현은 중성인 수소 원자에 전자 하나가 더 추가되어 −1의 전하를 띤 상태이며, -H라는 표현은 전자 2개가 다른 원자와 공유결합할 수 있는 결합손의 표현이다.

양성자 1개와 전자 2개가 1개의 수소 음이온이 되어 6각형 고리에 H-로 결합되어 NAD$^+$를 환원하여 NADH 분자가 된다. 포도당 분자 1개가 세포질에서 해당 작용으로 $NAD^+ + H^+ + 2e \rightarrow NADH$ 과정을 거쳐 분자 2개의 NADH가 생성된다. 포도당이 해당 작용으로 분해되어 피루브산이 되고, 피루브산은 미토콘드리아로 입력되어 TCA 회로에서 아세틸-CoA로 바뀐다. TCA 회로가 한 번 순환하면 4개 분자의 NADH가 형성되는데, 포도당 한 분자의 분해로 두 분자의 피루브산이 생성되므로 포도당 한 분자가 시트르산 회로에 의해 8개 분자의 NADH를 생성한다. 포도당 한 분자가 해당 과정을 거치면 2개의 NADH 분자, 2개의 ATP 분자, TCA 회로에서 8개의 NADH, 2개의 $FADH_2$, 2개의 ATP가 생성된다. $FADH_2$ 분자는 수소 음이온 2개를 전달하는 분자이며, TCA 회로의 석신산에서 FAD 분자가 수소 음이온 2개를 획득하여 $FADH_2$가 된다.

NADH와 $FADH_2$ 분자가 전달하는 전자들은 미토콘드리아 내막의 전자전달 호흡효소를 통해서 이동하고, 전자들의 이동에 동반해서 미토콘드리아 기질의 양성자들이 미토콘드리아 내막을 통해서 막간공간으로 이동한다. 미토콘드리아 내막과 외막 사이의 막간공간에 농도가 높아진 양성자들이 ATP 합성효소를 통과하여 미토콘드리아 속으로 유입되는데, 이 과정에 $ADP + P_i \rightarrow ATP$ 작용으로 생명의 에너지 분자인 ATP가 생성된다. 해당 과정과 TCA 회로에서 생성된 10개의 NADH 분자는 한 분자의 NADH가 세 분자의 ATP를 생성하므로 30개 분자의 ATP가 생겨나고, TCA 회로에서 생성된 두 분자의 $FADH_2$는 분자당 2개 분자의 ATP를 생성하므로 4개의 ATP 분자가 생긴다. 해당 과정에서 4개 분자의 ATP가 생기므로 한 분자의 포도당에서 38개 분자의 ATP가 생겨난다. 호흡 과정에서 생성된 ATP 분자가 생물의 에너지원이다.

그림 6-41 해당 과정, 오르니틴 회로, 캘빈 회로, 아미노산 합성, 퓨린, 피리미딘 합성 **한 장에 모음**

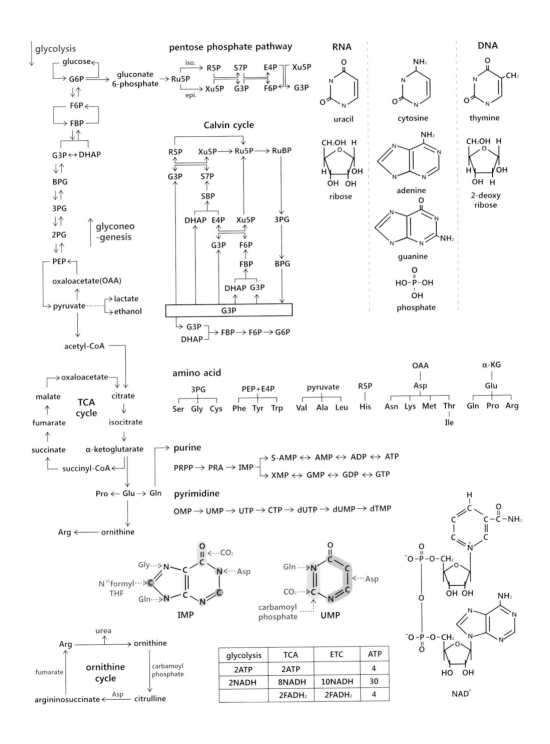

퓨린과 피리미딘의 생합성의 중간 단계는 이노신1인산이다

DNA는 아미노산 결합 순서 정보를 보관한다. DNA와 RNA 분자는 핵산의 선형 연결이며, 핵산은 아데닌, 구아닌, 시토신, 티민, 우라실의 염기 분자와 5탄당 그리고 인산으로 구성된다. 핵산은 DNA와 RNA가 주요 구성 분자이다. DNA는 디옥시리보스, 염기 A, G, C, T와 인산으로 만들어지며, RNA는 리보스, 염기 A, G, C, U와 인산으로 만들어진다. 염기는 퓨린과 피리미딘으로 구분되는데, 퓨린에는 아데닌과 구아닌, 피리미딘에는 시토신, 티민, 우라실이 있다. 퓨린 염기의 세포내 생합성은 리보스인산 분자에서 시작하며 중간단계로 이노신1인산inosine monophosphate(IMP)이 생성된다. IMP 분자에서 아데노신1인산(AMP) 분자와 구아노신1인산(GMP)분자가 만들어진다.

피리미딘 분자의 생합성 과정은 이렇다. 카바모일1인산 분자가 아스파르트산 분자와 결합하여 오르티딘1인산(OMP) 분자를 만들며, OMP 분자에서 우리딘1인산(UMP) 분자와 시티딘1인산(CMP) 분자가 생성된다. UMP의 리보스에서 산소가 분리된 dUMP 분자가 생겨나고, dUMP 분자에서 디옥시티미딘1인산(dTMP) 분자가 만들어진다.

우라실과 티민의 생합성

DNA와 RNA를 핵산이라 한다. 핵산은 세포핵 속에서 발견된 산성 물질로 단량체monomer가 결합된 다량체polymomer 형태이다. 생명은 물질 분자의 합성과 분해의 동적 평형 상태이다. 물질 분자의 조립 순서를 지정하는 정보는 유전 물질인 DNA에 저장되어 있다. DNA에 저장된 아미노산 결합 순서 정보에 따라 세포질에서 만들어진 거대 분자가 바로 단백질이며, DNA는 아데닌, 구아닌, 시토신, 티민으로 구성된다. DNA 정보는 RNA 분자로 전사되며, RNA는 아데닌, 구아닌, 시토신, 우라실로 구성된다. 퓨린 염기는 아데닌, 구아닌 분자이

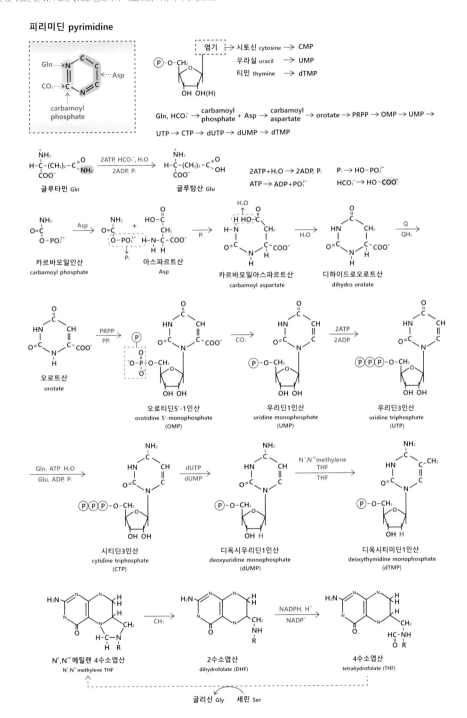

며, 피리미딘 염기는 시토신, 티민, 우라실 분자이다. 퓨린과 피리미딘 염기의 생성 과정은 DNA와 RNA로 만들어지는 단백질 공부의 출발점이 된다.

피리미딘 생합성은 우라실 분자의 세포내 생성에서 시작된다. 우라실은 카르바모일carbamoyl 분자와 아스파르트산 분자가 결합하여 생성된다. 그리고 카르바모일 분자는 이산화탄소와 글루타민 분자가 결합하여 생성되는 분자로, 피리미딘의 생합성과 오르니틴 회로의 출발 물질이다. 카르바모일 분자는 이산화탄소 분자의 탄소에 글루타민에서 전달된 NH_3가 결합하고 결합손이 존재하는 산소에 인산기가 결합된 분자로, $NH_3-(C=O)-O-PO_3^{2-}$이다. 우라실을 생합성하는 과정은 카르바모일 분자와 아미노산인 아스파르트산이 세포질에서 결합하면서 시작된다. 아스파르트산 분자의 분자식은 $N^+H_3-(CH-COO^-)-CH_2-COO^-$이다. 아스파르트산 분자의 N말단이 아래에서 시작하여 위로 N–C–C–C 배열로 6각형의 오른쪽 반을 형성하고, 카르바모일 분자가 왼쪽 수직 모서리를 만들어 6각형 구조가 형성된다.

카르바모일과 아스파르트산 분자가 결합하여 만들어진 6각형 분자 구조에 포스포리보실파이로인산phosphoribosilpyrophosphate(PPRP) 분자에서 생성된 포스포리보실아민(PRA) 분자가 결합하여 오르티딘1인산(OMP) 분자가 된다. OMP 분자에서 이산화탄소가 빠져나가면 우리딘1인산(UMP) 분자가 된다. UMP 분자에 두 분자의 ATP에서 분리된 인산기 2개가 결합하면 우리딘3인산(UTP)이 만들어진다. UTP 분자에 글루타민에서 전달된 아민기가 결합하면 시티딘3인산(CTP) 분자가 된다.

아데닌과 구아닌의 생합성

아데닌과 구아닌은 퓨린 분자이다. RNA 분자에서 퓨린은 리보스의 1번 탄소에 공유결합된 염기 분자이다. 아데닌과 구아닌의 생합성 과정은 중간물질인 이노신1인산(IMP) 분자 생성까지는 동일하다. 아데닌과 구아닌 분자가 세

그림 6-43 ATP에서 AMP 분자 변환 관계

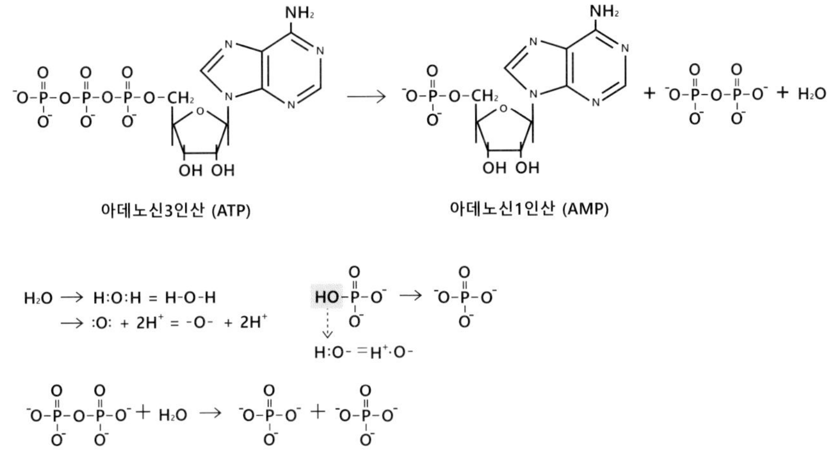

포 속에서 합성되는 과정은 알파리보스5-1인산(α-R5P)에서 파이로인산이 1번 탄소의 수산기에 부착되어 포스포리보실파이로인산(PRPP)을 만들면서 시작된다. α-R5P 분자는 1번 탄소에 OH가 아래 방향으로 결합된 구조여서 알파리보스이다. PRPP의 1번 탄소의 수소에 글루타민이 글루탐산으로 전환되면서 전달된 아민기가 부착되어 포스포리보실아민(PRA)이 된다. ATP→ADP+HO-PO$_3^{2-}$로 분해되는 작용으로 PRA 분자의 아민기와 글리신 분자가 결합된다. 그 결과 리보스5인산ribose 5-phosphate(R5P) 분자의 1번 탄소에 글리신 분자가 결합된다. 글리신 분자는 중성 상태에서 H$_2$N-CH$_2$-COOH이며, 곁사슬이 수소 원자 1개로 가장 단순한 형태의 아미노산이다.

글리신이 PRA에 결합하는 과정은 다음과 같다. PRA 분자의 아민(NH$_2$)에서 양성자가 빠져나가 형성된 결합손에 글리신이 결합한다. 글리신의 COOH 분자를 HO-C=O 형태로 표현한다. 글리신의 공유결합에 존재하는 수산기(HO-)가 빠져나가 인산기(P$_i$, 즉 PO$_3^{2-}$)가 생성되어 ATP→ADP+P$_i$ 과정이 충족된다. 글리신 분자(H$_2$N-CH$_2$-(HO-C=O))를 5각형 고리의 오른쪽 반쪽 형태로 배열하면, 맨 위에 아민기가 위치하고 아래에 HO-C=O에서 HO-가 빠져나가 C=O 형태에

그림 6-44 퓨린 분자 생합성 분자 변환 **한 장에 모음**

출처: D. Voet, J. G. Voet, C. W. Partt, 《Voet 생화학의 기초》(5판), 자유아카데미, 891.

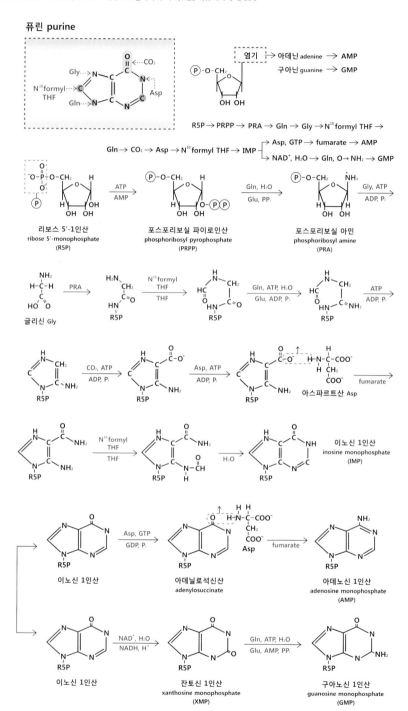

PRA의 아민에서 생성된 결합손이 결합하여 NH-C=O가 된다. R5P의 5는 인산기가 결합하는 탄소의 번호이며, 탄수화물을 구성하는 탄소 원자에는 순서대로 번호를 부여하여 각각의 탄소를 구별한다. R5P의 1번 탄소에 결합한 글리신에 4수소엽산tetrahydrofolate(THF) 분자가 알데하이드기(H-C=O)를 전달한다. 알데하이드기를 포밀formyl이라 하는데, THF 분자에서 포밀기 분자가 글리신의 아미노기 NH_2와 결합하며, NH_2에서 양성자 1개가 빠져나와 HN- 형태가 되어 공유 결합손을 형성하고 포밀기와 결합하여 HN-HC=O 형태가 된다. 글리신의 탄소와 이중결합으로 연결된 산소는 글루타민, ATP, H_2O 분자가 입력되고 글루탐산, ADP, P_i 분자가 빠져나오면서 글리신의 산소 원자가 아민기로 바뀐다. 그래서 글리신 카르복실기의 산소 원자는 아민기로 바뀐다.

그다음에는 아미노산 글리신의 아민기에 부착된 포밀 분자에 ATP→ADP+P_i 과정이 작용하여 포밀기(H-C=O)에서 =O와 H-N-R5P에서 양성자 H^+가 빠져나와 =O와 H^+가 결합하여 H-O-, 즉 HO가 되어 P_i→HO-PO_3^{2-}의 HO-가 된다. 이 결과 퓨린 염기의 5각형 고리가 형성된다. 완성된 5각형 고리에는 변형된 글리신 분자(H_2N-CH_2-(HN-C-NH_2))와 포밀기에서 유래한 탄소 원자가 존재한다. 그다음 과정은 글리신 분자의 CH_2에서 양성자가 빠져나가면서 생성된 공유결합손에 이산화탄소가 결합하는 것이다. 이산화탄소를 O=C-O-로 표현하면 산소 이온(-O-)에 아미노산 아스파르트산이 결합하여 아민기를 전달하고, 아스파르트산은 푸마르산fumarate이 되어 분리된다. 아스파르트산은 퓨린 분자에 질소 원자를 제공하고, 변형된 글리신 분자(H_2N-CH_2-(HN-C-NH_2))의 맨 끝 아민기에 또 한 번의 THF가 포밀기를 전달하여 이 포밀기(H-C=O)가 아민기(NH_2)에서 양성자가 빠져나가면서 형성된 결합손에 포밀기가 결합한다. 6각형 고리 생성의 마지막 단계로 포밀기(H-C=O)와 아스파르트산에서 전달된 N-H에서 물 분자 1개가 빠져나와 6각형 고리가 완성된다. 5각형과 6각형 고리가 완성되면 IMP 분자가 만들어진다.

IMP 분자는 AMP와 GMP 분자 생성의 공통된 중간 단계 분자이다. 그래서 IMP 분자가 생성되면 IMP 분자의 6각형 고리의 탄소와 이중결합한 산

소 원자에 아스파르트산이 결합하고, 여기에 아민기를 전달하면 IMP 분자
는 아데노신1인산(AMP) 분자가 된다. 아민기를 전달한 아스파르트산은 푸마
르산이 되어 분리된다. GMP 분자의 생성 과정은 다음과 같다. THF 분자가
IMP 분자의 6각형 고리에 탄소 1개를 전달한다. 그리고 그 탄소에 물 분자 1
개와 $NAD^+ + H^+ + 2e \rightarrow NADH$가 작용하면, IMP 분자는 잔토신1인산xanthosine
monophosphate(XMP)이 되며, XMP 분자에 글루타민, ATP, H_2O 분자가 입력되고 글
루탐산, ADP, P_i 분자가 빠져나오면서 XMP 분자는 GMP 분자가 된다.

　DNA와 RNA 분자 합성의 약 10단계 과정은 생화학에서 가장 어려운 분자 변
환 과정이다. 어려운 만큼 포기하지 않고 이런 분자 변환에 익숙해지면, DNA가
머릿속에 각인된다. DNA와 RNA 분자의 탄생 과정이 명확해지면 유전자와 단
백질 세계를 탐험할 수 있다.

그림 6-45　dATP, dGTP, dCTP, dTTP 분자의 합성 결과 ADP, GDP, CDP, UDP 분자의 리보스가 환원 효소의 작용
으로 산소 원자가 빠져나가 디옥시리보스로 전환되고 인산기가 추가되어 인산이 3개 결합된 분자가 된다. DNA 핵산인
dTTP는 dUMP에 메틸렌4엽산이 작용하여 생성된다.

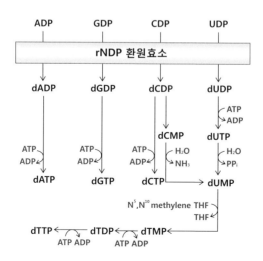

DNA 디옥시뉴클레오타이드 분자들의 생성 과정

　　DNA 분자는 RNA 분자에서 생성된다. DNA보다 RNA 분자가 먼저 출현했다. DNA 분자를 복제하려면 출발 분자로 RNA 분자가 필요하다. DNA를 구성하는 5탄당은 RNA 리보스의 2번 탄소에 결합된 수산기에서 산소가 빠져나가고 수소만 남는다. 그래서 산소가 없다는 의미로 디옥시deoxy 리보스가 된다. 아데노신1인산(AMP), 구아노신1인산(GMP), 시티딘1인산(CMP), 우리딘1인산(UMP)을 공유결합으로 연결하여 RNA 분자가 만들어진다. RNA를 구성하는 AMP, GMP, CMP, UMP 분자에 리보스뉴클레오디인산ribose nucleodiphosphate(rNDP) 환원효소가 작용하여 리보스 2번 탄소에 결합된 산소를 제거하여 디옥시리보스가 된다. 이 과정으로 ADP→dADP, GDP→dGDP, CDP→dCDP, UDP→dUDP가 된다. 디옥시리보스에 인산기 PO_3^{2-}가 결합되고, 염기인 아데닌, 구아닌, 시토신, 우라실이 결합한 분자가 dADP, dGDP, dCDP, dUDP이다. 이러한 분자에 ATP→ADP+HO-PO_3^{2-} 과정에서 분리된 인산기가 dADP, dGDP, dCDP, dUDP에 결합하여 dATP, dGTP, dCTP, dUTP가 된다. 이 4가지 핵산 분자에서 dUTP 분자가 dTTP 분자로 변화된다. 이 과정은 dUTP 분자에서 분자 1개가 입력되고 파이로인산이 빠져나가 dUMP가 되고 dUMP 분자에 N5, N10 메틸렌 THF가 작용하여 메틸기를 전달하고 2수소엽산dihydrofolate(DHF)으로 변환되는 작용으로 dUMP→dTMP 변환이 일어난다.

　　dTMP 분자에 ATP→ADP+HO-PO_3^{2-} 작용이 두 번 반복되어 dTMP→dTDP→dTTP 분자가 생성된다. dTTP 분자를 생성하는 또 하나의 과정은 dCDP→dCMP가 생성되고 dCMP 분자에서 가수분해로 암모니아(NH₃)가 빠져나가 dCMP→dUMP로 바뀌고, 메틸렌 THF의 작용으로 dUMP→dTMP로 변환되는 것이다. 이 결과로 생성된 dATP, dGTP, dCTP, dTTP 분자가 DNA 중합효소에 입력되며, 핵산 분자들이 공유결합되는 순간에 dAMP, dGMP, dCMP, dTMP 분자들의 연결로 생성되는 폴리뉴클레오타이드가 바로 DNA 분자이다. 인간 DNA 이중나선은 32억 개의 뉴클레오타이드의 단일가닥이 쌍으로 결합된 형태이다. DNA를 형성하는 뉴클레오타이드는 dATP, dGTP, dCTP, dTTP 분자로 입력되어 결합하는 순간 인산기 2개가 빠져나가 dATP→dAMP, dGTP→dGMP, dCTP→dCMP, dTTP→dTMP로 변환되어 DNA 가닥이 만들어진다. 이것이 DNA 복제 과정이다. RNA 전사에서도 마찬가지다. ATP→AMP, GTP→GMP, CTP→CMP, UTP→UMP로 변환되어 전사된 RNA 가닥이 만들어진다. DNA 복제와 RNA 전사는 세포학, 유전학, 생화학의 핵심 내용이며, 복제와 전사에 사용되는 핵산 분자의 생성과 분해 과정에 익숙해져야 한다. 퓨린과 피리미딘 분자들의 생성과 분해는 아미노산, 리보스, 염기에 관한 분자들의 상호작용의 이야기이다. 자식이 부모를 닮는 유전 현상을 분자 수준에서 보면, 모두 핵산 분자의 분해와 결합 과정이다. 결국 진화와 유전 현상도 모두 생체 분자들의 변환 과정이다.

그림 6-46 핵산 분자의 분해 과정에서 잔틴의 중간 과정을 거쳐 요산이 생성된다.

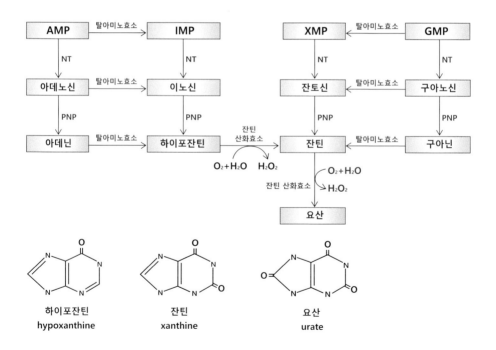

DNA와 RNA 분자의 퓨린은 요산으로 분해된다

　　퓨린은 핵산의 아데닌과 구아닌 염기 분자이다. 아데닌은 리보스와 결합하여 아데노신이 된다. 아데노신에 인산기(PO_4^{2-})가 하나 결합하면 아데노신 1인산(AMP) 분자가 되며, 인산기 2개가 결합하면 아데노신2인산(ADP)이 되고, 인산기 3개가 결합하면 아데노신3인산(ATP) 분자가 된다. 구아닌guanine 분자에 리보스가 결합하면 구아노신이 되고 인산기가 하나, 둘, 셋 결합하면 각각 GMP, GDP, GTP 분자가 된다. 5각형과 6각형 고리가 결합된 퓨린 분자에는 이노신 1인산(IMP)과 잔토신1인산(XMP) 분자도 포함된다. 퓨린 분자가 결합된 AMP, IMP, XMP, GMP 분자는 분해되어 요산urate을 생성한다. 이 과정은 퓨린 분자에서 인산이 가수분해 작용으로 빠져나가면서 시작된다. AMP 분자에 물 분자 1개가 결합하여 가수분해 작용으로 인산이 빠져나오면 아데노신이 된다. IMP, XMP, GMP 분자도 물이 추가되면 인산이 분해되어 나오는 가수분해 작용으로 이노신, 잔토신, 구아노신 분자가 된다. 아데노신에서 물이 추가되고 암모늄 이온이 빠져나오면 아데노신은 이노신으로 전환된다.

　　이노신 분자에서 인산이 작용하여 리보스의 1번 탄소에 결합하면 리보스1인산(R1P) 분자가 생성되고, 이 과정에 염기인 하이포잔틴 분자가 빠져나온다. 마찬가지로 잔토신 분자와 구아노신 분자에 인산이 작용하면 R1P 분자가 빠져나오고, 염기인 잔틴과 구아닌 분자가 분리된다. 하이포잔틴 분자에 물 분자 1개와 산소 분자 1개가 입력되고, 과산화수소 분자 1개가 빠져나오면 하이포잔틴은 잔틴 분자가 된다. 구아닌 분자에 물 분자 1개가 입력되어 암모늄이온이 빠져나오면 구아닌도 잔틴이 된다. 이러한 과정으로 AMP, IMP, XMP, GMP 분자는 분해되어 중간 물질인 잔틴으로 모두 전환된다. 잔틴에서 물과 산소 분자 1개가 입력되고 과산화수소 분자 1개가 빠져나오면 잔틴은 요산으로 변환된다. 요산은 5각형 고리에 2개의 질소와 6각형 고리에 2개의 질소에 수소가 곁사슬로 결합하고 5각형 고리에 산소 이중결합 1개, 6각형 고리에 산소 이중결합이 2개인 분자이다.

요소$_{urea}$는 아미노산인 아르기닌에서 생성되지만 요산도 더 분해되어 요소가 된다. 요소의 분자식은 $NH_2-(C=O)-NH_2$이다. 아르기닌의 분자식은 $N^+H_3-(H-C-겉사슬)-COO^-$이며 겉사슬은 $(CH_2)_3-NH-(NH_2-C=N^+H_2)$이다. 아르기닌 겉사슬의 일부인 $NH_2-C=N^+H_2$에서 요소 분자가 생성된다. 퓨린 분자는 요소로 분해되어 체외로 배출된다. 사라지는 퓨린 분자만큼 매 순간 퓨린 분자가 생성되어야 한다. 이러한 분자들의 분해와 합성의 동적 평형 상태를 '살아 있다'고 한다.

그림 6-47 피리미딘과 퓨린 염기 분자 생성에 참여하는 아미노산과 4수소엽산

피리미딘 pyrimidine

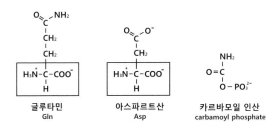

글루타민	아스파르트산	카르바모일 인산
Gln	Asp	carbamoyl phosphate

퓨린 purine

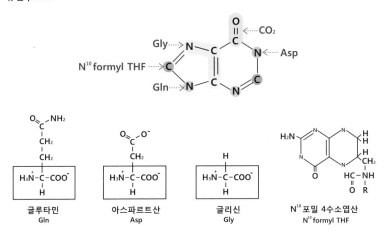

글루타민	아스파르트산	글리신	N^{10}포밀 4수소엽산
Gln	Asp	Gly	N^{10} formyl THF

그림 6-48 해당 작용과 TCA 회로와 연결된 핵산, 지방산, 아미노산 생합성 정보 한 장에 모음

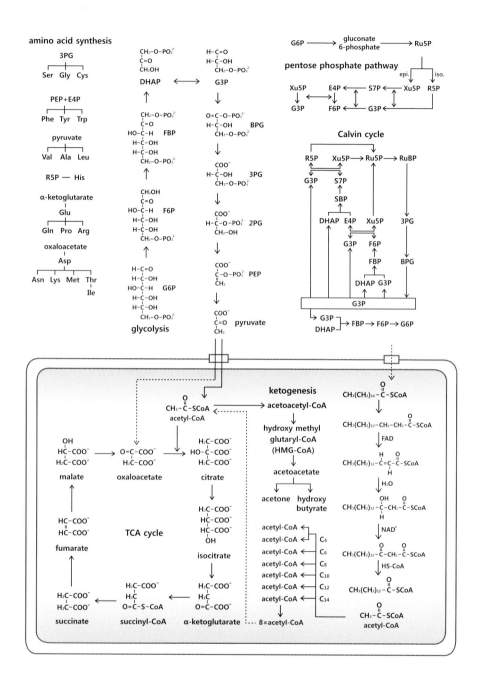

purine

Gly···
N[10]formyl···
THF
Gln···
←···CO_2
···Asp

$\textcircled{P}$-O-CH_2   R5P → $\textcircled{P}$-O-CH_2 O-$\textcircled{P}$$\textcircled{P}$ PRPP → $\textcircled{P}$-O-CH_2 PRA → PRA

→ R5P → R5P → R5P → R5P → R5P

→ R5P → R5P → R5P (IMP)

→ AMP → ATP
→ GMP → GTP

pyrimidine

Gln···
CO_2···
···Asp
carbamoyl phosphate

$\textcircled{P}$-O-CH_2 OMP → $\textcircled{P}$-O-CH_2 UMP → $\textcircled{P}$$\textcircled{P}$$\textcircled{P}$-O-CH_2 UTP → $\textcircled{P}$$\textcircled{P}$$\textcircled{P}$-O-CH_2 CTP

→ CDP → dCDP → dCMP ⟶

$\textcircled{P}$-O-CH_2 dUMP → $\textcircled{P}$-O-CH_2 → dTDP → dTTP

$CH_3-C-S-CoA$ + $CH_2-C-S-ACP$
O   COO^- O
acetyl-CoA   malonyl-ACP

$CH_3-C-CH_2-C-S-ACP$

⤍ $CH_3-CH_2-CH_2-C-S-ACP$

⤍ $CH_3-(CH_2)_{14}-C-O^-$

$CH_3-C-CH_2-C-S-ACP$ (OH)

$CH_3-C-CH_2-CH_2-CH_2-C-S-ACP$

$H_2C-O-C-(CH_2)_{14}CH_3$
$HC-O-C-(CH_2)_{14}CH_3$
$H_2C-O-C-(CH_2)_{14}CH_3$

[C_8] → [C_{10}] → [C_{12}] → [C_{14}] → [C_{16}]

$CH_3-C=C-C-S-ACP$ ····⟶ $CH_3-(CH_2)_{14}-C-S-ACP$ ·····⟶ $CH_3-(CH_2)_{14}-C-O^-$

그림 6-49 세포의 구조와 생화학 대사 과정 한 장에 모음

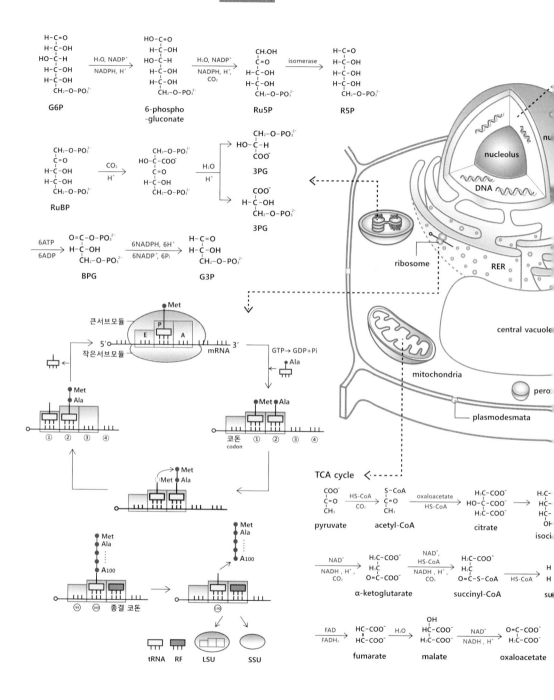

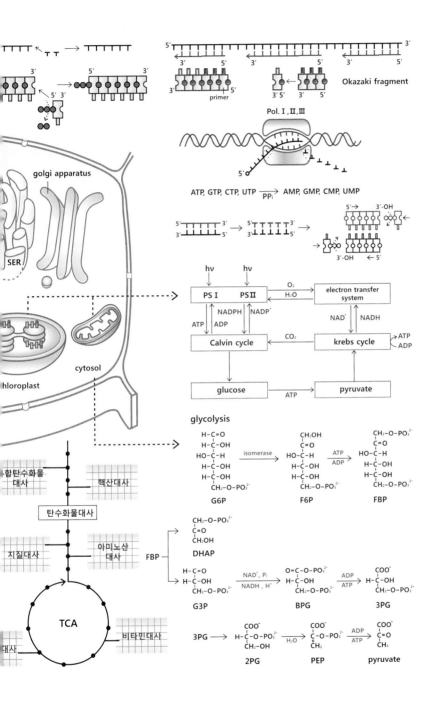

Okazaki fragment

primer

Pol. I , II, III

ATP, GTP, CTP, UTP $\xrightarrow[\text{PPi}]{}$ AMP, GMP, CMP, UMP

golgi apparatus

SER

hν   hν

PS I   PS II O_2 electron transfer system H_2O

NADPH   NADP⁺   NAD⁺   NADH

ATP   ADP

Calvin cycle   ← CO_2 krebs cycle   ATP   ADP

cytosol

chloroplast

glucose   ATP   pyruvate

glycolysis

G6P   isomerase   F6P $\xrightarrow[\text{ADP}]{\text{ATP}}$ FBP

합탄수화물 대사   핵산대사

탄수화물대사

지질대사   아미노산 대사   FBP   DHAP

G3P $\xrightarrow[\text{NADH , H⁺}]{\text{NAD⁺, Pi}}$ BPG $\xrightarrow[\text{ATP}]{\text{ADP}}$ 3PG

TCA   비타민대사

대사

3PG   2PG $\xrightarrow{H_2O}$ PEP $\xrightarrow[\text{ATP}]{\text{ADP}}$ pyruvate

그림 6-50 TCA 회로와 핵산 대사 과정 한 장에 모음

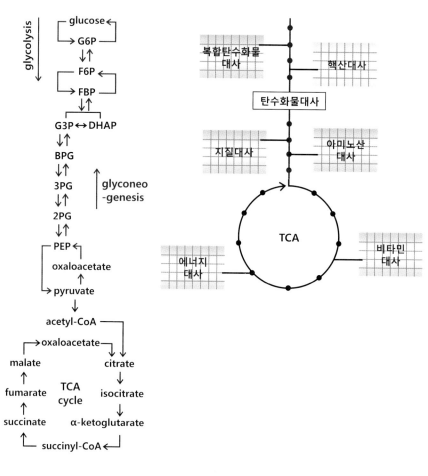

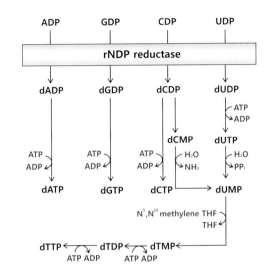

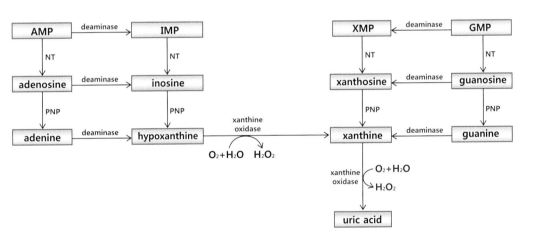

그림 6-51 TCA 회로와 탄수화물 대사 과정 한 장에 모음

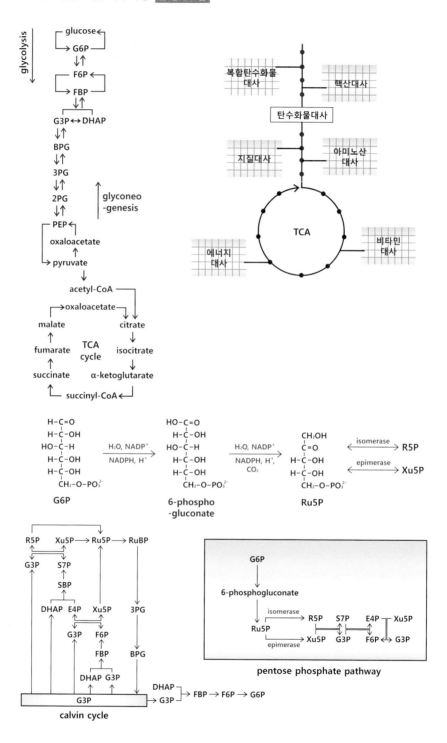

glycolysis

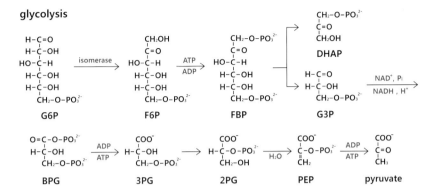

TCA cycle

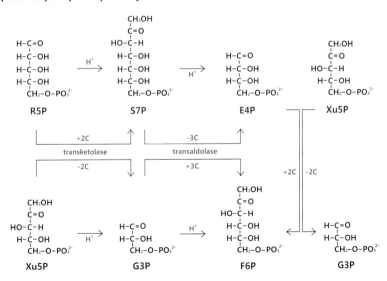

pentose phosphate pathway

그림 6-52 TCA 회로, 핵산 생합성, 지질 대사 과정 [한 장에 모음]

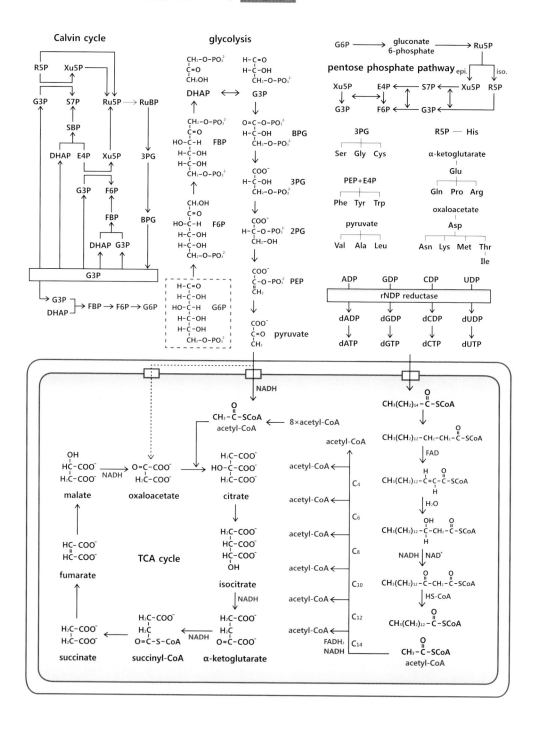

purine

Gly-->
N^{10}formyl--- THF
Gln-->
<--CO$_2$
<--
<--Asp

P-O-CH$_2$ H
OH OH
R5P

P-O-CH$_2$ H
O-$P$$P$
OH OH
PRPP

P-O-CH$_2$ $^+$NH$_3$
OH OH
PRA

H$_2$N-CH$_2$
C=O
HN
R5P

R5P → R5P → R5P → R5P → R5P

$\rightarrow$ AMP $\rightarrow$ ATP

$\rightarrow$ GMP $\rightarrow$ GTP

R5P   R5P   IMP

pyrimidine

Gln---
CO$_2$---
<--Asp

carbamoyl phosphate

Gln, HCO$_3^-$

NH$_2$
C=O
O-PO$_3^{2-}$

HO-C=O
CH$_2$
H$_2$N-C-COO$^-$
H
Asp

carbamoyl aspartate

dihydro orotate

orotate

$\rightarrow$ OMP $\rightarrow$ UMP $\rightarrow$ UTP $\rightarrow$ CTP $\rightarrow$ CDP $\rightarrow$ dCDP $\rightarrow$ dCMP $\rightarrow$ dUDP $\rightarrow$ dTMP $\rightarrow$ dTDP $\rightarrow$ dTTP

CH$_3$-C-CoA + CH$_2$-C-S-ACP
acetyl-CoA   malonyl-ACP

$-\!>$ CH$_3$-(CH$_2$)$_{14}$-C-S-ACP

IPP → DMAPP

CH$_3$-C-CH$_2$-C-S-ACP
| NADPH

CH$_3$-(CH$_2$)$_{14}$-C-O$^-$

GPP

CH$_3$-C-CH$_2$-C-S-ACP
H
| NADPH

H$_2$C-O-C-(CH$_2$)$_{14}$CH$_3$
HC-O-C-(CH$_2$)$_{14}$CH$_3$
H$_2$C-O-C-(CH$_2$)$_{14}$CH$_3$

FPP

CH$_3$-C=C-C-S-ACP
H

CH$_3$-CH$_2$-CH$_2$-C-S-ACP

CH$_3$-(CH$_2$)$_{14}$-C-O$^-$

squalene
↓
cholesterol → progesterone → testosterone → estradiol
→ cortisol
→ aldosterone

CH$_3$-C-CH$_2$-CH$_2$-CH$_2$-C-S-ACP
↓
[C$_8$] → [C$_{10}$] → [C$_{12}$] → [C$_{14}$] → [C$_{16}$] - - -

그림 6-53 신경전달물질 생성 과정 한 장에 모음

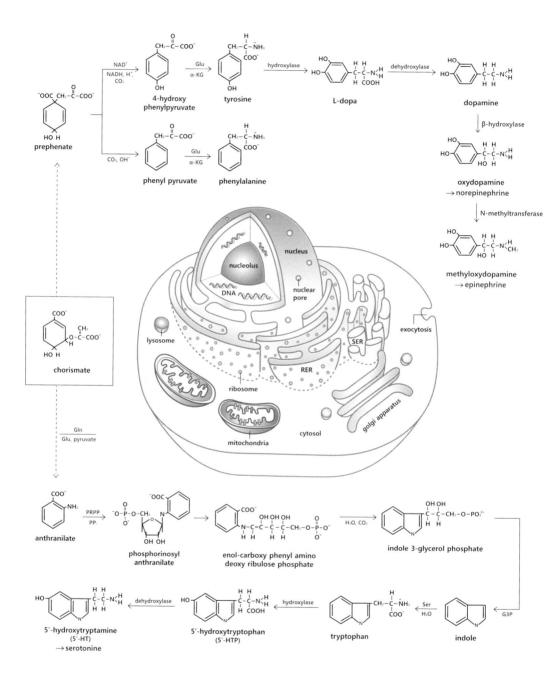

그림 6-54 지질대사 아미노산의 합성 한 장에 모음

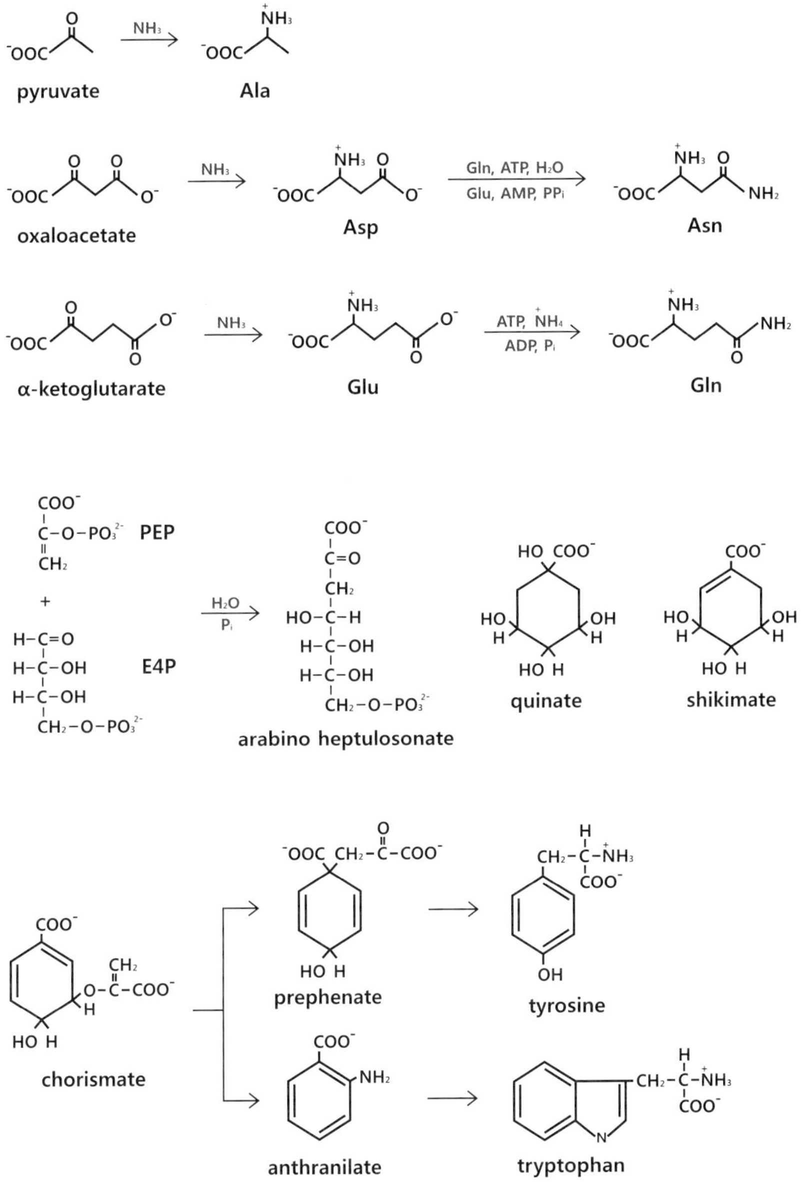

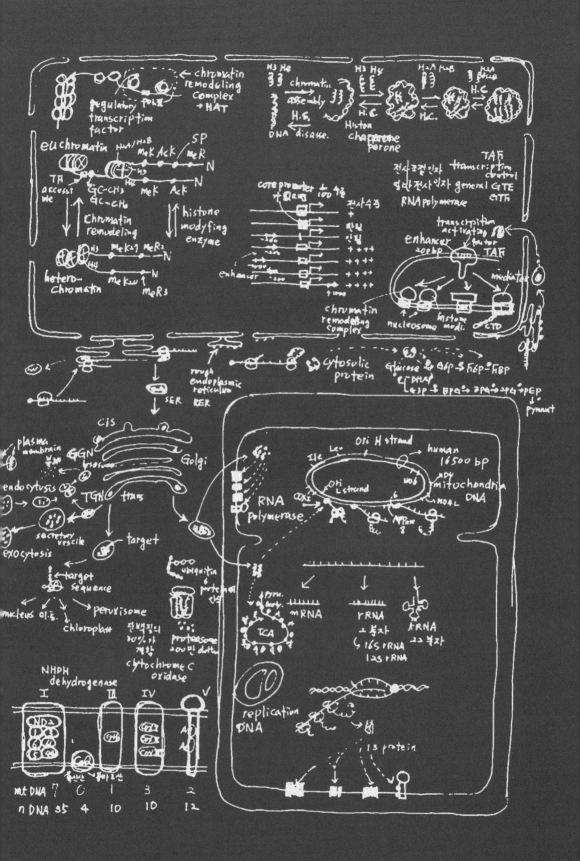

7 후성유전학

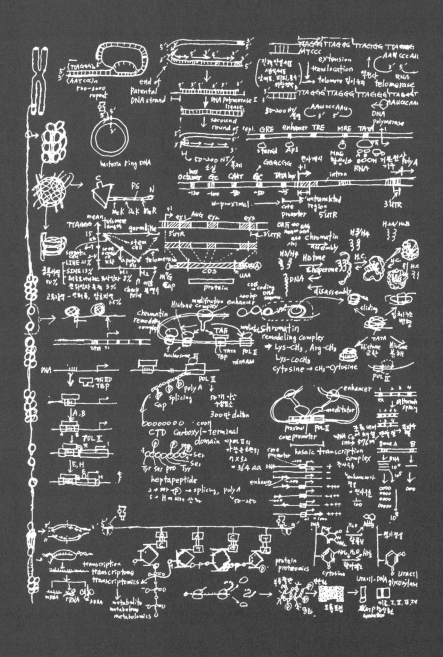

DNA 복제와 RNA 전사는 5'→3' 방향으로 진행된다

　　DNA는 세포에서 가장 긴 분자이다. 인간 세포 핵에 존재하는 23쌍의 염색체에는 모두 32억 개의 염기쌍이 존재한다. 인간 게놈의 32억 개 염기쌍은 64억 개 뉴클레오타이드의 결합이며, 각각의 뉴클레오타이드는 dAMP, dGMP, dCMP, dTMP이다. DNA는 자신을 복제할 때 또 하나의 DNA이중나선을 만들며 전체 DNA를 복제한다. DNA 복제에 사용되는 뉴클레오타이드는 인산이 3개 결합된 dATP, dGTP, dCTP, dTTP가 복제 과정에 입력되지만, 인산기 2개인 파이로인산(PP$_i$)이 제거되어 인산기 분자 1개가 결합된 dAMP, dGMP, dCMP, dTMP가 주형 DNA 단일가닥에 결합한다. 두 가닥의 DNA가 결합하는 힘은 수소결합이며, 이중 수소결합 A=T, 삼중 수소결합 G≡C의 상호 인력으로 이중나선 사슬이 풀리지 않고 유지된다. 이중나선 각각의 단일가닥은 동일한 유전 정보이므로 한 가닥만 복제하면 된다.

　　DNA 복제 과정에서 DNA에서 DNA로 정보가 전달되는데, 이때 dTMP 분자가 결합한다. ATP→AMP+PP$_i$로 분해되는 과정은 다음과 같다. 뉴클레오사이드 1인산$_{nucleoside\ monophosphate}$ 분자인 dAMP, dGMP, dCMP, dTMP 분자의 3번 탄소에 결합된 수산기에서 양성자가 분리되어 결합손이 형성되고, 복제 과정에서 삽입되는 dATP, dGTP, dCTP, dTTP의 인산 3개에서 인산 2개가 분리되고 남은 인산 1개와 공유결합을 한다. DNA 복제 과정에서 새로 생성되는 DNA 가닥은 인산이 3개 결합된 dATP, dGTP, dCTP, dTTP가 가능하지만, 그 이후에 결합된 모든 뉴클레오타이드는 PP$_i$→H$_4$P$_2$O$_7$이 분리되어 생성된 dAMP, dGMP, dCMP, dTMP가 공유결합으로 연결되면서 DNA 단일가닥으로 변한다. 그래서 복제되는 방향은 맨 처음 뉴클레오타이드의 인산이 결합된 5번 탄소에 마지막 뉴클레오타이드의 3번 탄소 쪽으로 결정된다. 이러한 복제 방향을 5'→3'이라고 표현한다. 복제 방향이 5'→3'으로 되어야 인산 결합이 전달되면서 나오는 에너지를 사용하여 복제 과정의 실수를 수정할 수 있다. RNA 전사 과정의 방향도 5'→3'으로 유전학에서 5'→3' 방향은 생명의 방향이다.

그림 7-1 DNA 이중나선, 뉴클레오솜, 크로마틴 구조

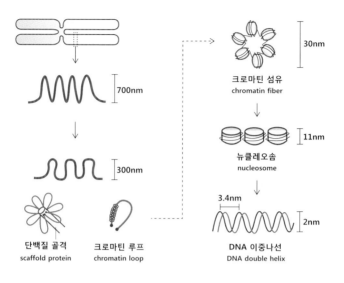

뉴클레오솜

DNA 이중나선은 히스톤 단백질에 감겨 있다. 히스톤 단백질은 동전 2개가 포개진 구조로, 8개 조각인 히스톤8량체histone octomer로 구성된다. 히스톤8 량체는 H2A, H2B, H3, H4 단백질 유닛이 각각 2개씩 원판 모양으로 결합되어 있고, 하나의 단백질(H1)이 수직으로 2개의 히스톤 디스크를 결합해준다. DNA 이중나선은 폭이 2nm, 뉴클레오타이드 사이의 거리가 0.34nm, 이중나선 한 주 기에 뉴클레오타이드가 10개 연결되어 3.4nm의 길이가 된다. 히스톤 단백질을 감고 있는 뉴클레오타이드는 146개이며, 히스톤8량체를 1.6번 감는다. 뉴클레 오솜과 뉴클레오솜 사이의 이중나선은 200개가량의 뉴클레오타이드로 되어 있 으며, '줄에 부착된 구슬bead on a string' 모양이 된다. 히스톤8량체에 DNA 이중나 선이 감긴 상태를 뉴클레오솜nucleosome이라 한다.

인간 게놈에는 뉴클레오솜이 3,000만 개나 되고 뉴클레오솜 사이의 DNA 이중가닥에 DNA 중합효소, RNA 중합효소, 전사조절인자가 결합한다. DNA 이중나선의 정보가 복제나 전사되지 않을 때는 뉴클레오솜들이 모여서 크로마틴 섬유chromatin fiber를 형성한다. 크로마틴 섬유는 직경이 30nm이며, 뉴클레오솜 6개가 결합하여 원형 구조를 만든다. 단백질 골격scaffold protein에 크로마틴 섬유가 6개의 루프 형태로 결합하여 직경이 700nm의 크로마틴루프chromatinloop 꽃잎 배열을 만든다.

히스톤8량체를 구성하는 단백질의 N말단 꼬리를 구성하는 아미노산에는 메틸기(CH₃), 아세틸기(COCH₃), 인산기(PO₄³⁻)가 부착될 수 있다. 단백질은 아미노산의 연결이며, 단백질을 구성하는 아미노산 사슬의 양 끝은 N말단과 C말단으로 구별한다. N말단은 아미노산의 아민기(NH₂), C말단은 카르복실기(COOH)를 의미한다. 히스톤 단백질 N말단의 아미노산 아르기닌과 라이신에 메틸기가 첨가되고, 라이신에 아세틸기가 첨가된다. 라이신에 아세틸기가 첨가되면 DNA 이중나선을 누르고 있던 N말단 꼬리가 곧게 뻗게 되어 이중나선이 풀려 나온다. 실패에 감긴 실이 풀려 나오듯이 뉴클레오솜에서 풀려 나온 DNA 이중나선에 단백질 효소가 결합하여 단일나선을 드러내 DNA의 염기 정보를 복제하거나 전사할 수 있다. 크로마틴 섬유가 모여서 염색질을 구성하고, 염색질이 세포분열시 모여 염색체 23쌍을 구성한다.

염색질 구조 변화에 의한 유전자 조절 과정에서는 히스톤 단백질의 변형, 염

그림 7-2 히스톤 단백질은 8조각의 양체를 구성하고 각각의 히스톤 단백질의 N말단을 구성하는 아미노산에 인산기, 아세틸기가 첨부되어 히스톤 아미노산이 편집된다.

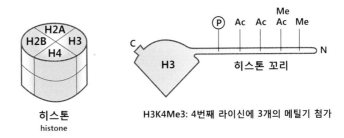

그림 7-3 DNA 복제 방향과 DNA와 히스톤의 메틸화와 아세틸화 한 장에 모음

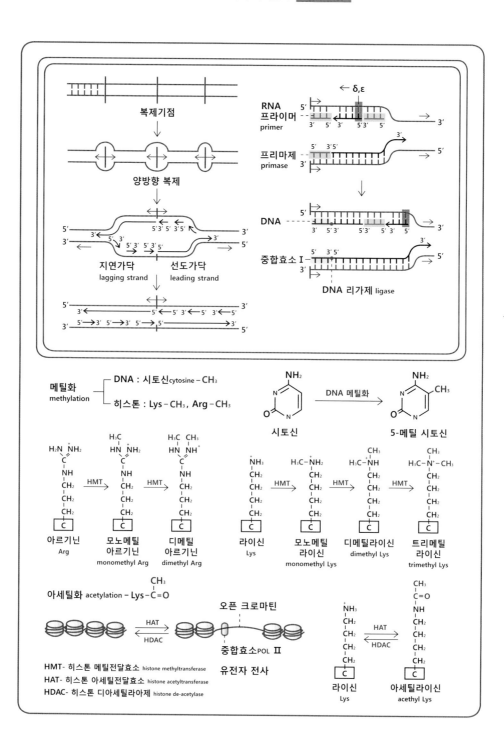

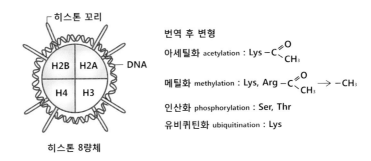

색질 리모델링, DNA의 메틸화가 핵심이다. 히스톤 단백질은 히스톤 N말단 꼬리를 구성하는 아미노산의 메틸화, 아세틸화, 인산화로 DNA 정보 인출 과정에서 다양한 변화가 생긴다. 히스톤의 아미노산이 다양하게 편집되어 유전 정보의 인출에 변화를 주는 현상을 히스톤코드histone code라 한다. 히스톤코드는 환경의 변화가 유전자 발현에 영향을 주는 것을 말한다. 유전자 발현 조절은 전사조절인자에 의해 DNA에 존재하는 유전자 영역이 전사되는 확률이 변하는 현상이다.

메틸화와 아세틸화는 후성유전학의 핵심 내용이다

후성유전학의 핵심은 메틸화와 아세틸화이다. DNA는 메틸화가 되고 히스톤 단백질은 메틸화와 아세틸화 모두 될 수 있다. DNA를 구성하는 아데닌,

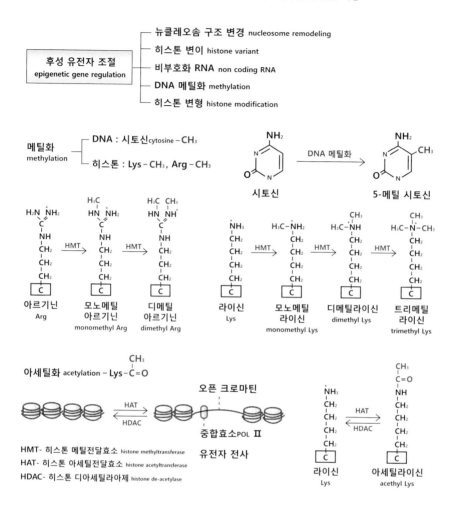

그림 7-5 히스톤 N말단 아르기닌, 라이신의 메틸화와 아세틸화의 분자 변환 과정

구아닌, 시토신, 티민의 염기에서 시토신 분자에 메틸기(CH₃)가 결합하는 현상이 DNA의 메틸화이며, 히스톤 단백질의 N말단에 메틸기와 아세틸기(COCH₃)가 첨가되는 작용이 히스톤의 메틸화와 아세틸화이다. 메틸기가 부착된 DNA 영역에는 전사조절인자들이 결합하기 어렵기 때문에 유전자가 전사되지 않는다. DNA에서 단백질을 지정하는 부분이 유전자인데, 유전자는 DNA의 1.5% 정도이다. DNA의 대부분은 유전자를 직접 지정하지 않은 영역이다. DNA 메틸화 작용으

376

로 세포마다 발현되는 유전자가 달라져서 신경세포, 근육세포, 간세포처럼 세포마다 기능에 차이가 있다. 포유동물은 생존 환경 변화에 따라 전사조절인자에 메틸기가 부착되는 정도가 바뀌고, 난자와 정자의 DNA 메틸화는 수정란에서 제거되지만 일부는 제거되지 않고 자식 세대에 전달된다. DNA 자체는 바뀌지 않지만 메틸화는 환경에 따라 바뀌고, 일부 메틸화는 유전될 수 있다는 이론이 바로 후성유전학epigenetics이다.

히스톤 단백질을 구성하는 아미노산 라이신과 아르기닌에 메틸기가 첨가되고, 라이신에 아세틸기가 첨가되는 현상이 히스톤의 메틸화와 아세틸화이다. 히스톤 단백질 아르기닌에 아세틸기가 첨가되면, 히스톤의 크로마틴 섬유가 풀어져 이질염색질인 헤테로크로마틴heterochromatin 구조에서 진정염색질euchromatin 구조가 된다. 진정염색질 구조에서는 뉴클레오솜과 뉴클레오솜 사이에 200염기쌍 길이의 링크linker DNA가 드러나 전사조절인자와 중합효소가 DNA 이중나선에 결합할 수 있다. DNA를 구성하는 시토신에 메틸기가 첨가되는 것을 보자면, DNA 메틸기 전달효소DNA methyltransferase(DNMT)의 작용으로 시토신의 5번 탄소에 CH_3 분자가 결합되어 5-메틸시토신5-methylcytosine(5-mC)이 된다. 히스톤 메틸전달효소histone methyltransferase(HMT)의 작용으로 히스톤 라이신 분자의 곁사슬 아민(NH_2)에 메틸기가 결합한다.

라이신 분자는 아미노산 일반식 $H_3{}^+N-(R-C-H)-COO^-$에서 곁사슬 작용기 R이 $(CH_2)_4-N^+H_3$이다. 곁사슬 말단의 암모니아에 히스톤 메틸기 전달효소의 작용으로 메틸기(CH_3)가 하나 첨가되면 곁사슬 말단이 $N^+H_2-CH_3$가 되며, 2개의 메틸기가 첨가되면 $CH_3-N^+H-CH_3$, 3개의 메틸기가 첨가되면 $CH_3-(CH_3-N^+)-CH_3$가 되어 모노메틸라이신, 디메틸라이신, 트리메틸라이신 분자가 된다. 히스톤의 아르기닌에 히스톤메틸기 전달효소의 작용으로 아르기닌 분자의 곁사슬 말단의 아민기에 메틸기가 결합한다. 아미노산 아르기닌은 $H_3{}^+N-(R-C-H)-COO^-$에서 곁사슬 R이 $(CH_2)_3-NH-(NH_2-C=N^+H_2)$이다. 아르기닌에 메틸기가 하나 첨가되면 곁사슬 말단이 $NH_2-C=N^+H_2$에서 $CH_3-NH-C=N^+H_2$로 바뀌고, 메틸기가 2개 첨가되면 곁사슬 말단이 $CH_3-NH-C=(CH_3-N^+H)$가 된다. 히스톤의 아미노산 라이신 곁사슬 말단에 히스톤아세틸트랜스퍼라아제 histone acetyltransferase(HAT) 효소의 작용으로 아세틸기가 부착된다. 라이신의 곁사슬 $(CH_2)_4-N^+H_3$에 아세틸기 $COCH_3$가 결합하면 곁사슬이 $(CH_2)_4-NH-(O=C-CH_3)$가 된다. 라이신에 히스톤디아세틸라아제 histone deacetylase(HDAC)가 작용하면 아세틸기가 제거된다. DNA의 구성 염기 시토신의 메틸화와 히스톤 단백질 라이신의 메틸화와 아세틸화 그리고 아르기닌의 메틸화는 후성유전학의 핵심 내용이다. 히스톤의 메틸화와 아세틸화도 아미노산 곁사슬의 분자 변환이다.

그림 7-6 박테리아와 진핵세포의 리보솜을 구성하는 rRNA와 단백질의 rRNA가 리보솜에서 촉매 역할을 한다. 그리고 박테리아 리보솜 작은 유닛 30s를 구성하는 16S rRNA의 연구를 통해 생물은 고세균, 진정세균, 진핵생물로 구분된다.

박테리아 70s ┌ 30s → 16s + 21 단백질
            └ 50s → 5s + 23s + 31 단백질

진핵세포 80s ┌ 40s → 18s + 33 단백질
            └ 60s → 5s + 5.8s + 28s + 49 단백질

박테리아 리보솜 작은 모듈의 16s rRNA를 분석하여 박테리아, 고세균, 진핵생물의 분류가 생겼다

리보솜 RNA는 여러 가지 RNA에서 수가 가장 많은 RNA이다. RNA의 종류는 mRNA, tRNA, rRNA, miRNA, snoRNA가 있다. 이 중에서 리보솜을 구성하는 rRNA가 가장 많다. 대장균의 경우 2만 개의 리보솜에 존재하는 rRNA가 세포 속 RNA의 80%, tRNA가 15%, mRNA가 5%이다. 리보솜은 rRNA와 단백질로 구성되며, mRNA의 염기 정보를 아미노산 서열로 전환하는 세포내 거대 분자이다. 핵 속에서 리보솜의 구성 요소들이 만들어지는데, 2개의 부분이 결합된 리보솜은 핵막을 통과하지 못한다. 만약 리보솜이 핵 속에 존재하면 핵 속에

서 완성되지 않는 pre-mRNA에 결합하여 단백질을 만들 수 있다.

성숙한 mRNA는 7-메틸 구아닌의 캡cap 구조와 인트론intron을 제거하는 스플라이싱splicing, 여러 개의 아데노신1인산(AMP)의 꼬리가 형성된다. 완성되지 않은 pre-mRNA에 리보솜이 결합되면 결함이 있는 단백질을 만들게 되고, 생명 현상은 유지될 수 없다. 대략 20억 년 전 핵막이 없는 원핵세포에서 핵막이 출현하여 진핵세포가 진화한다. 진핵세포의 핵 속에서 성숙한 mRNA의 생성을 위한 편집 과정이, 세포질에서 리보솜에 의한 단백질 합성이 이루어진 것은 진화의 큰 도약이다. 리보솜은 크기가 다른 2개의 모듈로 구성되는데, 박테리아 원핵세포와 진핵세포 리보솜의 구성 요소는 다르다. 원핵세포 리보솜의 작은 모듈은 전체 질량이 30s이며, 16s rRNA와 21개의 단백질로 구성된다. '16s'에서 's'는 원심분리기에서 분리되는 물질들의 질량 단위로, 숫자가 크면 질량이 크다. 원핵세포 리보솜의 큰 모듈은 전체 질량이 50s이며, 5s와 23s 2개의 rRNA와 31개의 단백질로 구성된다. 진핵세포 리보솜의 작은 모듈은 전체 질량이 40s이며, 18s rRNA와 33개의 단백질로 구성된다. 진핵세포 리보솜의 큰 모듈은 전체 질량이 60s이며, 5s, 5.8s, 28s 3개의 rRNA와 49개의 단백질로 구성된다. 포유류 리보솜을 구성하는 rRNA는 염기의 약 2%에 메틸기가 부착되어 있어 박테리아보다 3배 정도 많이 메틸화되어 있다. 박테리아 30s 초기 rRNA 전사체는 16s, tRNA, 23s, 5s 순서로 배열되며 메틸화와 요소별 분리 과정을 거쳐 메틸화된 16s, 23s, 5s의 rRNA와 tRNA가 동시에 만들어진다.

진핵세포의 초기 rRNA 전사체는 18s, 5.8s, 28s 순서로 배열되며, rRNA 영역에만 메틸화가 되고 rRNA 사이에 존재하는 염기에는 메틸화되지 않는다. 박테리아 리보솜 작은 모듈의 16s rRNA를 다양한 박테리아에서 추출하여 분석한 결과 생명 진화에 대한 계보도가 1990년대에 새롭게 만들어졌고, 그 결과 지구상의 생명체는 고세균, 진정세균, 진핵생물의 3가지로 크게 분류되었다. 리보솜 RNA에 관해서는 원핵세포와 진핵세포를 구분하여 큰 모듈과 작은 모듈을 구성하는 rRNA를 모두 기억해야 한다.

그림 7-7 시토신 C→5-mC→5-hmC→5-fC→5-caC→C 분자 변환

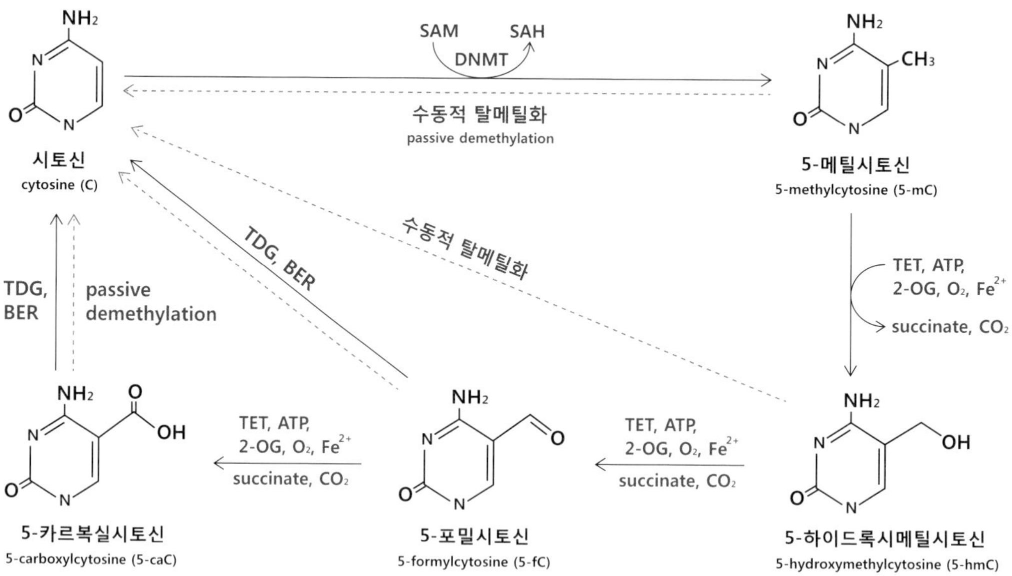

그림 7-8 SAM 분자에 의한 메틸기 전달

출처: M. Ravichandran, R. Z. Jurkowska, T. P. Jurkowski, "Target specificity of mammalian DNA methylation and demethylation machinery", *Organic & Biomolecular Chemistry*, issue 9, 2018.

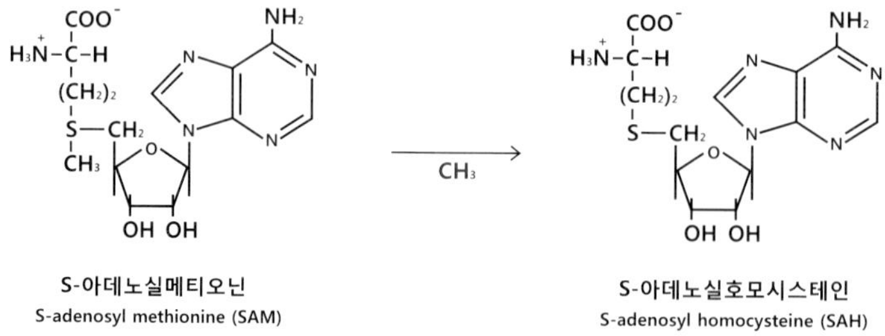

S-아데노실메티오닌
S-adenosyl methionine (SAM)

S-아데노실호모시스테인
S-adenosyl homocysteine (SAH)

DNA가 메틸화되면 복사와 전사를 할 수 없다

DNA 메틸화는 유전될 수 있다. DNA 구성 뉴클레오타이드 시토신의 5번 탄소에 CH_3 분자가 첨가되는 현상이 DNA 메틸화이다. 시토신 분자의 6각형 고리 아래쪽 질소 원자는 리보스 혹은 디옥시리보스와 결합하여 뉴클레오사이드nucleoside를 만든다. DNA 시토신의 디옥시리보스와 결합한 시토신의 질소 원자를 1번, 산소와 이중결합한 탄소 원자를 2번, 위쪽 질소 원자를 3번, 6각형 꼭대기 탄소 원자를 4번, 오른쪽 모서리를 구성하는 2개의 탄소를 5번과 6번으로, 시토신 6각형 고리의 위치는 숫자로 구분한다. 시토신 6각형 고리의 5번 탄소에 CH_3 분자가 부착되는 DNA의 메틸화는 유전자 발현gene expression 정도를 조절한다.

여성 성염색체 XX는 2개의 동일한 염색체 X로 구성되지만, 그중 하나는 과도한 DNA 메틸화로 일생 동안 그 염색체의 유전자가 발현되지 않는다. DNA를 구성하는 염기서열의 시토신에 메틸기가 부착되는데, 그 부분에는 전사조절인자 단백질이 부착될 수 없어서 DNA 이중나선의 유전 정보를 RNA로 전사할 수 없다. 시토신에 메틸기가 첨가되는 것과 관련되는 분자 구조의 변화는 다양하다. 먼저 DNA메틸기전달효소DNA methyltransferase(DNMT)의 작용으로 S-아데노실메티오닌s-adenosylmethionine(SAM) 분자에서 메틸기가 시토신 분자의 5번 탄소로 전달된다. SAM 분자는 CH_3를 시토신에 전달하고 S-아데노실호모시스테인s-adenosylhomocysteine(SAH) 분자로 바뀐다. 5번 탄소에 메틸기가 부착되면 5-메틸시토신5-methylcytosine(5-mC)이 되고, 5-mC 분자에 산소 분자와 알파케토글루타르산(α-KG) 분자가 작용하여 이산화탄소가 빠져나와 석신산으로 전환되는 작용으로 5-메틸시토신은 5-하이드록시메틸시토신5-hydroxymethylcytosine(5-hmC) 분자가 된다. 5-hmC 분자에 O_2, α-KG가 작용하여 CO_2와 석신산으로 전환되면, 5-hmC는 5-포밀시토신5-formylcytosine(5-fC) 분자가 된다. 포밀 분자는 O=C-H로 알데하이드기의 다른 이름이다. 5-hmC 분자는 시토신 5번 탄소에 CH_2-OH가 결합된 분자이고, 5-fC는 CH_2-OH가 CH_2=O로 바뀐 분자이다. CH_2=O는

H-(C=O)-H로 탄소 원자 4개와 공유결합손에 수소 원자 2개와 산소 원자가 이중결합으로 공유결합된 상태이다.

5-fC 분자에 O_2, α-KG가 작용하여 CO_2와 석신산으로 전환되면 5-fC는 5-카르복시시토신5-carboxycytosine(5-caC) 분자가 된다. 5-caC 분자는 5-fC의 H-(C=O)-H가 O=C-OH, 즉 COOH인 카르복시기carboxy group로 전환되어 시토신 5번 탄소에 결합된다. 5-caC 분자는 효소 작용으로 카르복시기가 탈락되어 원래의 시토신 분자로 전환된다. 시토신 5번 탄소에 메틸기가 부착되고 일련의 효소 작용으로 부착된 메틸기가 변화되는 과정을 요약해보자. 메틸기는 시토신 C에서 출발하여 C→5-mC→5-hmC→5-fC→5-caC→C로 전환된다. 시토신의 5번 탄소 대신에 3번 질소 원자에 메틸기가 부착되면 돌연변이가 생기므로 직접 수선해야 한다. 이 돌연변이 수선은 부착된 메틸기(CH_3)를 CH_2-OH로 바꾸고, CH_2-OH를 H_2C=O의 포름알데하이드와 양성자(H^+)로 분해해서 제거하여 원래의 시토신 분자로 만드는 과정을 거친다. 이처럼 메틸기가 시토신 분자에 부착되는 위치에 따라 분자 변환 과정이 다르다. 생명의 유전 현상에서도 핵심은 분자의 변환이다. 분자의 구조가 조금씩 바뀌면서 다시 원래 분자식으로 돌아오는 과정이 생화학 회로를 만든다. 생화학 회로의 분자 변환 과정이 유전이고 대사 작용이고 생명이다. 생화학 분자 변환의 동적 평형상태가 생명 현상의 본질이다.

전사조절인자는 유전자 발현을 조절한다

전사조절인자는 유전자 발현의 연주자이다. 다세포 동물은 세포의 기능이 조직마다 다르다. 각각 다른 기능의 세포들이 서로 약속이나 한 듯이 모여서 하나의 다세포 동물이 된다. 포유동물은 200여 종의 다른 세포들이 모여서 각각 고유한 기능을 수행하여 하나의 개체로서 생존한다. 1개의 수정란에서 200종류나 되는 다양한 세포들이 분화되는 발생 과정은 단백질 효소가 세포 집단마

그림 7-9 RNA 중합효소 II로 입력되는 ATP, GTP, CTP, UTP에서 파이로인산이 제거되어 AMP, GMP, CMP, UMP 상태로 RNA 사슬이 형성된다. 전사조절인자가 핵심 프로모터 영역에 결합하고, 인헨스 영역에 활성인자가 결합한 상태에서 RNA 중합효소가 작동한다. 한 장에 모음

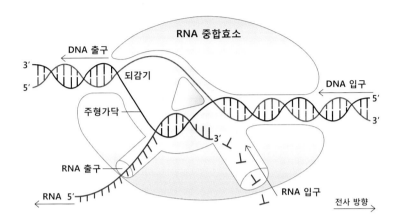

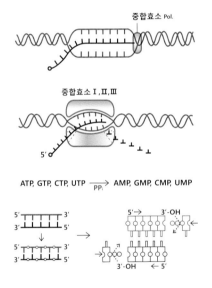

ATP, GTP, CTP, UTP $\xrightarrow{PP_i}$ AMP, GMP, CMP, UMP

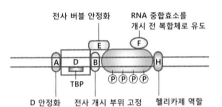

TBP - TATA 박스 결합 단백질 TATA box binding protein

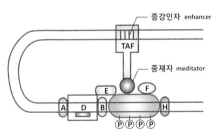

TAF - 전사 활성화 인자 transcription activation factor

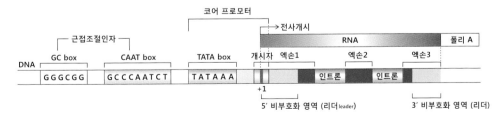

그림 7-10 동물 발생시 전사조절인자 작용에 의해 수정란이 다양한 세포로 분화되는데, 전사조절인자가 단백질의 종류와 생산 시기를 조절하여 세포의 역할이 장소와 시간에 따라 달라진다. 진핵세포의 전사조절인자는 유전자 발현을 조절한다.

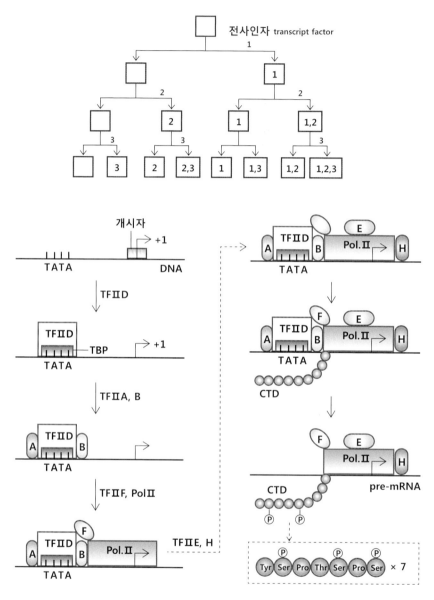

TF - 전사인자 transcription factor   Pol. - 중합효소 polymerase   CTD - C 말단 도메인 C terminal domain
TBP - TATA 박스 결합 단백질 TATA box binding protein

다 시간에 따라 달리 작용한 결과이다. 근육, 간, 심장, 뇌를 구성하는 세포들에는 모두 동일한 DNA가 존재하지만, 만들어지는 단백질은 세포마다 다르다. 동일한 베토벤의 교향곡 악보라도 연주하는 음악가의 해석에 따라 모두 다른 느낌을 주는데, 유전자와 전사조절인자의 관계도 그렇다고 할 수 있다.

전사조절인자transcript factor(TF)는 세포마다 유전자가 발현되는 확률을 바꾼다. 생명 현상은 다양한 세포 기능의 총화이며, 세포마다 기능이 다른 이유는 전사조절인자의 발현 정도가 다르기 때문이다. 진핵세포 전사조절인자가 유전자 발현조절gene expression control하는 과정은 DNA에 결합하는 단백질 복합체를 통해 이루어진다. DNA의 일부인 유전자가 전사되어 mRNA가 생성되는 과정에는 많은 준비 단계가 필요하다. 첫 번째 단계에서는 유전자 염기서열의 근처에 존재하는 전사조절인자 IIDtranscript factor IID(TFIID)가 특정한 염기서열 TATA에 결합한다. TFIID 단백질의 일부에는 TATA 염기서열에 부착되는 영역인 TATA 박스바인딩프로틴(TBP) 영역이 존재한다.

DNA 이중나선 유전자 영역 앞쪽에 위치하는 TATA 염기서열 영역을 핵심프로모터core promotor라 하며, 전사조절인자 TFIID가 핵심프로모터에 결합하면 두 번째 단계에서 전사조절인자 TFIIa와 TFIIB가 TFIID 양 옆으로 결합한다. TFIIa는 TFIID를 안정화시키며, TFIIB는 RNA 중합효소 II가 전사를 시작할 지점을 발견한다. 세 번째 단계에서는 전사조절인자 TFIIF와 RNA 중합효소가 결합한다. TFIIF는 중합효소와 전사조절 복합체를 결합시키는 역할을 한다. 네 번째 단계에서는 TFIIE와 TFIIH가 중합효소에 결합하며, TFIIE는 전사가 진행되는 동안 DNA 이중나선이 버블을 형성하고 전사버블을 유지하게 하는 역할을 한다. TFIIH는 전사 과정에 이중나선을 풀어주는 헬리카아제 역할과 중합효소 말단에 인산기를 결합시키는 작용을 한다.

RNA 중합효소 II의 말단에는 티로신-세린-프롤린-티로신-세린-프롤린-세린의 7개 아미노산이 12회 반복하는 꼬리가 존재하고, 이 꼬리의 두 번째 아미노산 세린에 인산기가 부착되면 인트론을 제거하는 스플라이싱 과정을 진행하는 단백질이 소집되어 모인다. 이때 다섯 번째, 세린에 인산기가 부착되어 생성

되는 RNA에 7-메틸구아노신의 모자 구조가 형성된다. 7-메틸구아노신 모자

구조는 5'→3' 방향이 아닌 5'→5' 방향으로 결합하기 때문에 RNA 분해효소의

분해 작용을 막고 RNA에 리소좀 결합을 촉진한다. 보편 전사조절인자와 RNA

그림 7-11 핵 속 RNA 중합효소 I, II, III의 작용과 세포질에서 단백질의 합성 과정 한 장에 모음

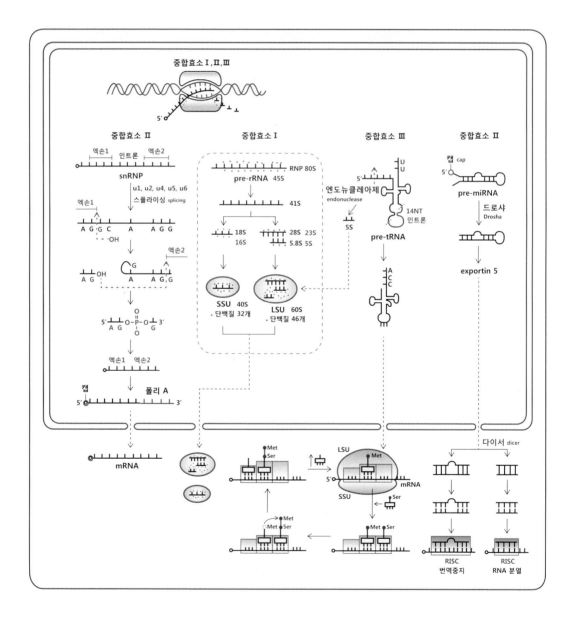

중합효소가 DNA에 결합하면 DNA가 전사되는 영역에서 상당히 분리된 DNA 부분인 인헨스 영역에 전사조절인자가 결합하여 유전자 발현 효율을 증가시킨다. 인헨스 영역에 부착된 단백질은 크로마틴 재구조화와 히스톤 변형을 촉발하여 유전자 발현 효율을 100배까지 높인다.

miRNA는 mRNA의 번역을 중단시키고 mRNA를 분해한다

RNA는 DNA보다 먼저 출현했다. DNA 복제 과정에는, 시작하는 RNA 뉴클레오타이드인 프라이머primer가 필요하지만 RNA 전사 과정에는 프라이머가 없어도 된다. 유전과 촉매 작용으로 생명 현상이 지속된다. 유전은 DNA 작용이며, 촉매는 단백질의 역할이다. 놀랍게도 RNA는 유전과 촉매 작용 2가지를 모두 할 수 있다. 그래서 DNA와 단백질 이전에 RNA가 먼저 출현했고, RNA가 최초의 생명 현상을 만들었다는 이론이 바로 RNA 세계 가설이다. 이 가설의 중요한 증거가 바로 촉매 작용을 하는 RNA인 리보자임ribozyme의 발견이다. 리보자임은 리보솜을 구성하는 rRNA가 촉매 역할을 하여, 리보솜이 mRNA 유전 정보를 아미노산 서열로 전환하게 한다. RNA는 단백질로 직접 전환되는 mRNA와 직접 단백질의 아미노산 서열을 지정하지 않는 비부호화non-coding RNA로 구분된다.

비부호화 RNA는 ncRNA로 표기하고 ncRNA에는 rRNA, tRNA, snRNA, snoRNA, miRNA가 있다. S는 '작은small'을 나타내고, sn은 '작은 핵small nucleous'이란 뜻으로 snRNA는 '핵 속의 작은 RNA'라는 의미이다. snoRNA는 작은인small nucleolar RNA다. 인nucleolus은 핵 속에서 리보솜의 큰 모듈과 작은 모듈이 합성되는 영역으로 핵 속의 한 구역이다. miRNA는 마이크로micro RNA로, 작은 간섭small interference RNA인 siRNA와 작은간격small temporal RNA인 stRNA로 나뉜다. miRNA는 RNA 중합효소 II의 작용으로 DNA에서 전사된다. 전사된 전단계 mi-RNA의 염기서열은 역상보성 반복 서열인데, 이 서열이 존재하는 pre-miRNA의 단일가닥을 휘어서 역반복서열을 마주하게 만들면 완전한 상보염기

서열이 형성되어 이중가닥 RNA가 만들어진다. 역반복서열에서 형성되는 염기서열 구조를 회문palindromic 구조라 한다.

역반복염기서열에서 형성되는 이중가닥 RNAdouble strand RNA(dsRNA)는 다이서dicer 효소 작용으로 약 20개의 뉴클레오타이드씩 절단된다. 그렇게 만들어지는 dsRNA를 마이크로 RNA(miRNA)라 한다. miRNA의 이중가닥은 분리되어 단일가닥 miRNA가 되어 핵 속으로 다시 입력된다. 핵 속으로 입력된 단일가닥 miRNA는 DNA 이중나선의 한 가닥에 결합하며, 이 과정에 메틸기 전달효소methyltransferase의 작용으로 메틸기(CH_3)가 DNA를 구성하는 시토신 염기의 5번 탄소에 결합한다. 이 과정에서 형성된 구조를 RNA인듀스트랜스크립트사일런싱콤플렉스RNA induced transcript silencing complex(RITC)라 하며 RITC 복합체의 작용으로 DNA가 메틸화되어 전사가 억제된다. miRNA의 다른 한 구조는 전사체가 머리핀 모양이 여러 개 연결된 형태이며, 각각의 머리핀 구조가 분리되어 핵에서 세포질로 빠져나온다. 세포질에서 머리핀 구조의 miRNA는 다이서 효소의 작용으로 상보염기로 완전 결합된 부분과 일부 결합된 구조로 절단되어 분리된다.

이중가닥 RNA가 단일가닥으로 분해되어 생성된 단일가닥 RNA는 세포질의 mRNA와 결합하여 리보솜의 번역 과정을 중단시킨다. 이 과정에서 단일가닥 RNA와 결합된 단백질이 RISC를 형성하여 mRNA 번역 과정을 중단시킨다. 반면에 염기쌍이 모두 결합된 이중가닥 RNA가 분해되어 형성된 단일가닥 RNA는 mRNA와 결합하여 mRNA를 AMP, GMP, CMP, UMP 단일 뉴클레오타이드로 분해한다. miRNA의 작용으로 mRNA의 번역 과정이 중단되거나 mRNA가 분해되는 현상을 RNA 간섭이라 한다. 비부호화 RNA는 종류가 많고, 새로운 종류의 ncRNA가 발견되고 있으며, 동물의 발생 과정과 식물 세포에서 ncRNA의 중요한 역할이 계속 밝혀지고 있다.

그림 7-12 후성유전학의 중요 내용은 RNA 간섭, 히스톤 변형, DNA 메틸화로 인한 유전자 발현의 조절이다. DNA 구조 속에 후성유전학의 내용을 표시했다. 결정적 지식

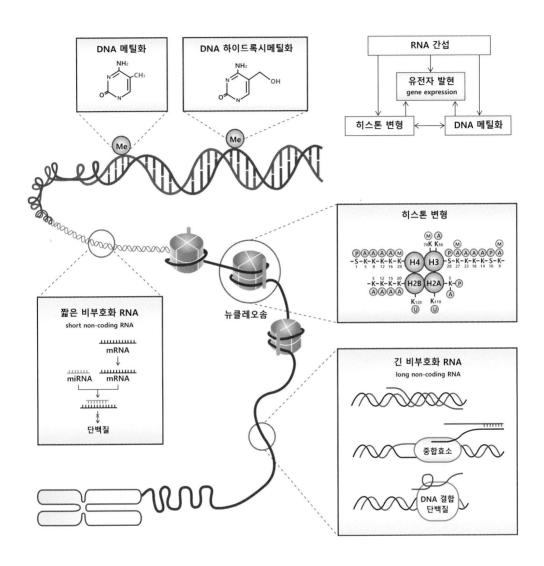

유전자 발현을 조절하여 환경 변화에 적응한다

후성유전학은 유전학의 확장이다. 후성유전학epigenetics에서 epi는 '나중에 만들어진다'는 의미이다. 접두어로는 '~위에'라는 의미도 있어 후성유전학은 유전학의 범위를 넘어선다. 후성유전학의 주요 내용은 DNA 메틸화, RNA 간섭, 히스톤 변형이다. DNA 메틸화는 DNA 이중나선 뉴클레오타이드의 시토신에 메틸기(CH_3)가 첨가되는 현상이며, RNA 간섭은 짧은 이중가닥 RNA에 의한 번역 과정의 중단과 mRNA의 분해이다. 히스톤 변형은 히스톤 단백질 N말단 꼬리의 아미노산에 메틸기(CH_3), 아세틸기($COCH_3$), 인산기(PO_3^{2-})가 결합하고 C말단 꼬리에 유비퀴틴이 결합하는 현상이다. 유비퀴틴ubiquitin은 아미노산 76개로 구성된 단백질이다. 히스톤 단백질 꼬리에 메틸기, 아세틸기, 인산기, 유비퀴틴이 결합되는 패턴이 바뀌는 현상을 히스톤 코드라 한다.

DNA에 존재하는 유전자 코드는 부모에서 자식으로 전달되는 유전 정보이며, 후천적으로 습득된 정보는 전달되지 않는다. 유전자 코드는 수정란의 돌연변이만 자식에게 유전되는 견고한 정보 전달이다. 세포 분열 시 히스톤8량체에서 H2A, H2B는 딸세포로 전달되지 않지만, H3와 H4는 자식에게 전달된다. 히스톤 단백질이 딸세포로 전달되므로 히스톤 단백질 꼬리에 분자들이 결합하는 히스톤 변형도 자식에게 유전된다. 부모 세대에 형성된 후천적인 히스톤 변형이 자식에게 전달되는 현상은 환경 변화에 적응하는 과정에서 생성된 히스톤 변형이 자식에게 전달될 수 있다는 의미이다. 정자와 난자의 수정 시 대부분의 메틸기들이 DNA 시토신에서 탈락되지만, 일부 영역의 메틸기들은 정자와 난자의 수정 과정에도 탈락되지 않고 딸세포로 전달된다. 이를 메틸화 현상이라 한다. 여성 성염색체 XX는 각각의 X염색체가 동일한 유전 정보를 갖고 있으나, 일생 동안 하나의 X염색체만 발현되고 다른 X염색체는 대규모 메틸기가 X염색체 DNA에 부착되어 유전자 발현이 억제된다. 이러한 현상을 유전자 각인imprinting이라 한다.

후성유전학의 핵심 과정인 RNA 간섭, DNA 메틸화, 히스톤 변형은 유전자 발현을 조절한다. 유전자 발현 조절은 부모에게서 전달된 유전자 자체는 변하지 않지만, DNA 유전자 부분이 mRNA로 전사되어 단백질이 생성되는 확률이 바뀌는 현상이다. 유전자 발현을 조절하는 중요한 단백질은 전사조절인자 transcription factor와 활성인자activator이다. RNA 중합효소 II가 결합하는 프로모터 영역의 전사조절인자 단백질과 인헨스 영역에 결합하는 단백질인 활성인자의 작용으로 유전자가 발현되는 정도가 조절된다. 인헨스는 유전자가 시작되는 염기 서열에서 수천 염기 격리된 DNA 영역으로, 활성인자 단백질이 결합하여 유전자 발현에 영향을 미친다. 인헨스에 활성인자가 존재하지 않으면 유전자가 발현될 확률이 100분의 1로 줄어든다. 그리고 인헨스 영역은 프로모터에서 약 1만 개 뉴클레오타이드 앞쪽에도 존재할 수 있으며, 인헨스 영역은 위치가 이동할 수 있다. 프로모터와 인헨스에 결합하는 전사조절 단백질의 집합에 따라 유전자가 발현되는 확률이 바뀌어 생산되는 단백질의 양을 조절하여 환경 변화에 적응한다. 유전자 발현을 조절하여 수정란에서 다양한 세포로 분화하는 현상이 동물 발생이며, 세포는 유전자 발현 정도를 조절하여 환경 변화에 적응한다. 후성유전학에서는 환경 변화에 적응하는 과정이 유전자 발현 조절을 통하여 이루어지며, 이러한 현상은 유전될 수 있다. 생활환경이 유전자 발현에 영향을 준다는

그림 7-13 DNA를 구성하는 시토신 염기에 메틸기가 첨가되면 전사조절인자가 DNA에 결합하는 데 방해가 되어 유전자 발현이 어려워진다.

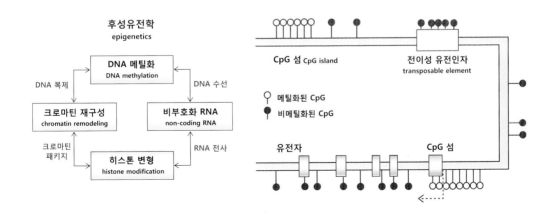

주장이 후성유전학의 핵심 내용이다.

CpG 섬이 메틸화되면 DNA 전사가 억제된다

CpG 섬은 주로 프로모터 부근에 존재한다. CpG는 시토신과 구아닌, 2개의 뉴클레오타이드가 인산으로 결합된 2개 연속 염기서열이다. CpG 뉴클레오타이드가 여러 개 모여 있어서 DNA 이중나선에 섬처럼 존재하므로, CpG 섬이라 한다. 대략 10만 뉴클레오타이드 간격으로 CpG 섬이 분포하며 각각의 CpG 섬에는 500~5,000개의 시토신과 구아닌 뉴클레오타이드가 존재한다. DNA를 구성하는 시토신 6각형 고리 5번 탄소에 메틸기(CH_3)가 결합하는 현상이 DNA의 메틸화이다. CpG 섬 시토신염기에 메틸기가 결합하면 메틸-CpG 결합단백질methyl-CpG binding protein2(MeCP2)이 시토신에 결합한다. MeCP2 단백질은 히스톤디아세틸라아제(HDAC)와 공동억제자co-repressor 단백질을 불러모은다. HDAC는 히스톤 N말단 꼬리의 아세틸화된 라이신에서 아세틸($COCH_3$) 분자를 분리하는 단백질이다. 라이신의 분자식은 $H_3^+N-(H-C-R)-COO^-$로, 곁사슬 R은 $(CH_2)_4-N^+H_3$이다. 아미노산 라이신의 곁사슬에 아세틸기가 결합하면 $(CH_2)_4NH-(O=C-CH_3)$이 되어 곁사슬의 + 전기가 중성으로 바뀐다. DNA 이중나선에 존재하는 - 전하가 히스톤 단백질 꼬리를 구성하는 아미노산 라이신 분자의 + 전하와 상호 인력 작용을 하여 히스톤 꼬리가 DNA 이중나선을 클리핑clipping한다. 히스톤 단백질의 꼬리에 존재하는 라이신에 아세틸기가 부착되어 라이신 곁사슬의 + 전하가 사라지면, DNA 이중나선을 움직이지 못하게 고정시키는 클리핑 작용이 중단되어 DNA 이중나선이 뉴클레오솜 구조에서 빠져나와 헐거운 상태가 된다. 뉴클레오솜에서 DNA 이중나선의 일부가 빠져나오면 전사조절인자와 RNA 중합효소가 결합할 수 있게 되어 DNA의 전사가 가능해진다.

CpG 섬은 프로모터 영역과 비프로모터 영역에 존재한다. 프로모터 영역에 존재하는 CpG 섬이 메틸화되면 전사조절인자가 프로모터 영역에 결합할 수 없게 되어 DNA 전사가 억제된다. 프로모터 영역의 CpG 섬이 탈메틸화되면 전사 조절 인자가 결합하여 DNA 전사를 통해 단백질 합성으로 이어진다. 비프로모터 영역의 DNA가 메틸화되면 기생 유전자의 발현이 억제된다. 동물 세포가 바이러스와 박테리아에 감염되면 바이러스와 박테리아 DNA의 일부가 동물 세포 DNA로 삽입되어 기생 유전자가 된다. 인간 게놈은 32억 개의 염기쌍으로 구성되며, 이 중에서 1.5% 정도의 염기쌍이 단백질 합성에 직접 관련된 유전자이다. 인간 DNA를 구성하는 염기쌍의 대부분은 오랜 진화 과정에서 다른 생명체 DNA 단편이 삽입된 기생 유전자들이다. 생명은 본질적으로 키메라이다. 인간

그림 7-14 RNA 세계 가설의 핵심은 RNA가 먼저 출현하여 단백질 효소의 유전 촉매 역할을 했고 나중에 출현한 DNA 가 유전 역할, 단백질이 촉매 역할을 전담했다는 것이다. DNA는 마스터 주형 역할을 전담하게 된다.

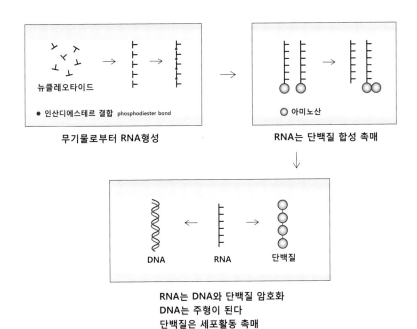

뉴클레오타이드

● 인산디에스테르 결합 phosphodiester bond

무기물로부터 RNA형성

○ 아미노산

RNA는 단백질 합성 촉매

DNA   RNA   단백질

RNA는 DNA와 단백질 암호화
DNA는 주형이 된다
단백질은 세포활동 촉매

게놈 속에는 생명 진화의 긴 역사가 새겨져 있다.

유전 정보는 RNA 분자로부터 보다 안정한 형태인 DNA 분자로 옮겨져 저장된다

DNA는 RNA의 후손이다. 지구 생명 역사 초기에는 RNA만 존재했다는 이론이 RNA 세계 가설이다. 이 가설에 따르면 생명 현상의 출현은 다섯 단계로 나뉜다. 첫째 단계에서는 지구 초기 환경에서 무기 분자의 상호작용에 의해 RNA가 생성된다. 둘째 단계에서는 RNA가 리보자임에 의해 자기 복제된다. 리보자임은 리보스와 엔자임의 합성어로 RNA가 촉매 역할을 한다는 의미이다. 스스로 촉매 역할을 하는 RNA 분자인 리보자임은 세포 내에서 여러 종류가 발견되었고, 리보솜과 RNase P가 바로 리보자임이다. 리보자임은 단백질과 rRNA 조각으로 구성되는데, 리보자임에서 중요한 촉매 역할은 단백질보다 rRNA가 수행한다. rRNA가 촉매 역할을 할 수 있는 이유는 rRNA를 구성하는 리보스의 2번 탄소에 존재하는 수산기(OH)의 산소가 다른 분자를 절단할 수 있기 때문이다. DNA 분자는 리보스의 2번 탄소에 OH 대신 수소 원자(H)만 존재하여 다른 분자와 상호작용이 약하다. 그래서 1억 개가 넘는 dAMP, dGMP, dCMP, dTMP 뉴클레오타이드 분자들이 결합하여 개별 염색체 속의 DNA 거대 분자가 된다.

셋째 단계에서는 RNA 분자가 아미노산을 연결하여 간단한 단백질을 형성한다. 아미노산과 결합하는 RNA 분자가 바로 tRNA이다. tRNA 5' 말단에 있는 ACC 서열의 A가 ATP 분자이며, ATP 분자 리보스의 2번 탄소에 결합된 OH에서 양성자(H⁺)가 빠져나가 형성된 산소 이온의 전자 2개가 공유결합손으로 작용하여 아미노산 분자를 결합한다. 리보솜에 입력된 아미노산이 결합된 2개의 tRNA에서 리보솜의 촉매 작용으로 아미노산끼리 결합이 형성된다. 바로 이 과정이 폴리펩타이드의 생성이며, 단백질은 폴리펩타이드가 편집되어 만들어진다. 수십에서 수백 개의 아미노산이 공유결합으로 연결된 폴리펩타이드의 일차

원적 구조에서 입체 구조의 단백질이 형성된다. 아미노산 분자의 곁사슬이 서로 가까이 접근하면 수소결합, 이온결합, 반데르발스결합의 비공유결합이 생긴다. 비공유결합은 공유결합보다 결합력이 약하며, 이러한 약한 결합과 함께 곁사슬을 구성하는 황과 황 사이의 공유결합이 추가되어 단백질의 입체 구조가 만들어진다. 아미노산 시스테인의 곁사슬에는 HS가 존재하여 양성자가 분리되면 황 원자가 드러나고, 또 하나의 시스테인을 만나면 황 원자와 황 원자 사이의 공유결합인 이황화결합disulfidebond이 형성된다.

RNA 세계 가설의 네 번째 단계는 지질 분자로 형성된 세포막의 출현이다. 이 과정과 RNA의 관계는 명확하지 않다. 생명 현상이 출현하려면 세포가 생성되어야 한다. 세포에는 세포막이 존재해야 한다. 그래야만 생명 작용의 분자들이 좁은 공간에서 다양하고 신속한 상호작용을 할 수 있다. RNA 세계 가설의 마지막 단계는 RNA 분자에서 DNA 분자가 만들어지는 것이다. RNA와 DNA 구성 염기의 차이는 우라실과 티민뿐이다. 피리미딘 분자의 생합성 과정에서 먼저 생성되는 분자는 RNA 구성 요소인 우라실이다. 우라실 분자는 여러 단계의 효소 작용을 거쳐 티민이 된다. 그래서 RNA 분자에서 DNA 분자가 진화된 현상은 분명하다. 결국 RNA 분자의 작용으로 단백질과 DNA 분자가 생겨났다. DNA는 RNA 분자의 저장소 역할을 한다. 진화 과정에서 다양한 RNA 분자가 출현했고, RNA 분자는 자체 분해 작용이 강해 오래 유지될 수 없어서 안정된 분자인 DNA 분자로 전환하여 정보를 저장하였다. 결국 유전 정보를 담당하는 DNA와 촉매 역할을 하는 단백질이 모두 RNA에서 생겨났다는 내용이 RNA 세계 가설의 핵심이다. RNA에서 출현한 DNA는 RNA 정보를 저장하여 보관하는 마스터 주형master template 역할을 하게 된다.

생명은 단백질 입체 구조가 만든 정교한 분자 기계의 작용이다

　　생명은 세포 속 분자들의 상호작용이다. 그리고 생명의 분자는 진화한다. 원자는 고정된 실체이고, 원자가 결합된 분자는 바뀐다. 분자는 공유결합으로 결합된 원자들의 집합이며, 단백질 효소는 분자를 구성하는 공유결합을 분해하고 결합할 수 있다. 우주 자체는 전자와 광자와 양성자의 상호작용이다. 아직 명확히 드러나지 않은 암흑에너지와 암흑물질을 제외하고, 별과 은하를 구성하는 물질은 대부분 수소 양성자와 헬륨 원자핵인 알파입자이다. 질량의 관점에서 우주의 질량은 대부분 양성자의 질량이다. 전자는 양성자 질량의 1,860분의 1이며, 광자의 정지질량은 0이다. 그리고 양성자보다 조금 더 질량이 큰 중성자는 베타붕괴하여 양성자로 바뀐다. 베타붕괴는 $n \rightarrow p+e+v$ 변환인데, n은 중성자, p는 양성자, v는 전자중성미자의 반물질이다. 양성자는 핵물리학에서 p로, 생화학에서는 H^+로 표현한다. 항성과 행성의 질량의 대부분은 양성자의 질량이다.

　실리콘과 철의 핵 속에는 14개와 26개의 중성자가 존재하지만, 이 두 원자의 질량은 양성자의 질량 단위로 28개와 52개의 양성자 질량이다. 세포에서 촉매 작용을 하는 단백질의 질량은 수소 원자핵, 즉 양성자의 질량으로 표시하며, 달톤Dalton이란 단위를 사용한다. 어떤 단백질의 질량이 10만 달톤이라면 간단히 말해 양성자가 10만 개 모인 질량이라는 뜻이다. 생명의 원자는 이산화탄소와 물이다. 광합성을 통해 물(H_2O)과 이산화탄소(CO_2)가 결합하여 글루코스($C_6H_{12}O_6$) 분자가 된다. 글루코스는 수소, 산소, 탄소 원자가 공유결합으로 결합된 분자이다. 글루코스 분자에서 세포 내 분자의 대부분이 만들어진다. 해당 작용으로 6탄당인 글루코스가 세포질에서 분해되어 3탄당 피루브산이 되고, 피루브산은 미토콘드리아 기질에서 아세틸-CoA 분자로 전환되어 TCA 회로가 돌아간다. TCA 회로 단계별로 생성되는 분자들에서 아미노산이 합성되고, 아미노산이 분해되어 여러 분자로 전환된다.

　글루코스 분자의 일부는 5탄당인산 회로를 통해서 리보스가 된다. 5탄당인 리보스에 인산과 염기가 결합하여 핵산인 뉴클레오타이드 분자가 되는데, 수천만 개 이상의 뉴클레오타이드 분자가 공유결합으로 연결된 거대 분자가 DNA 이다. 결국 글루코스 분자에서 시작된 TCA 회로와 5탄당인산 회로에서 뉴클레오타이드가 생성된다. 아미노산의 합성과 분해도 TCA 회로를 구성하는 분자와 관련되며, 아미노산의 공유결합체인 단백질이란 거대분자도 글루코스와 관련된다. 생명 현상의 두 주역인 뉴클레오타이드 분자와 아미노산 분자가 모두 글루코스에서 출발한다. 아미노산의 아민기는 대기 중의 질소 분자가 번개나 뿌리혹박테리아의 작용으로 질소 원자로 분해되고 그 질소 원자에 양성자가 결합하여 암모니아가 된다. 유독 물질인 암모니아(NH_3)는 세포 속에서 또 하나의 양성자와 결합하여 암모늄 양이온(N^+H_4)이 되고, 암모늄 이온이 글루코스의 해당 작용에서 생성되는 탄소골격에 결합하여 아미노기가 결합된 아미노산이 된다. 따라서 생명체를 구성하는 분자들의 골격 구조에 해당하는 공유결합으로 연결된 3탄당, 4탄당, 5탄당, 6탄당 분자들은 대부분 6탄당 글루코스의 탄소골격에서 만들어진다.

이처럼 생명 현상은 탄소골격에 아민기가 결합된 아미노산 분자가 모여서 단백질이 되고, 단백질이 유전자와 상호 연관되면서 진화가 가속된다. 핵산은 리보스, 인산, 염기 분자로 구성되며, 염기 분자에는 퓨린 염기와 피리미딘 염기 분자가 있다. 결국 분자를 보면 생명 현상이 보인다. 생명의 진화는 분자의 진화이다. 글루코스 분자를 분해하여 다양한 생명의 분자들이 출현했다. 생체의 거대 분자들은 수백에서 수십만 개의 수소 원자 질량에 해당하며, 단백질의 촉매 작용은 아미노산 집합체가 만드는 입체 구조의 작용이다. 결국 생명은 단백질 입체 구조가 만든 정교한 분자 기계의 작용이고, 이 분자 기계의 작용은 양성자와 전자의 상호작용일 뿐이다.

아데노신3인산
adenosine triphosphate(ATP)

사이클릭아데노신1인산
cyclic adenosine monophosphate(cAMP)

코엔자임 A
Coenzyme A (CoA)

플라빈아데닌디뉴클레오타이드
flavin adenine dinucleotide (FAD)

아데노신 분자가 등장하는 조효소에는 진화의 이력이 새겨져 있다

조효소coenzyme에 익숙해지면 생물학이 보인다. 조효소는 보조 효소라는 의미이지만, 실제로는 생화학 작용의 조연이 아니라 주인공이다. 그런데 조효소들은 대부분 아데노신을 포함한다는 공통점이 있다. 대부분의 조효소에 아데노신이 등장하는 현상의 바탕에는 우연이 아닌 진화 과정의 어떤 필연성이 있다. 생화학 작용에서 광범위하게 등장하는 조효소인 아세틸-CoA 분자식을 살펴보자. 아세틸-CoA는 조효소A에 아세틸기가 결합된 분자이다. 조효소A의 분자식은 복잡하여 아마 누구도 기억하려고 하지 않겠지만, 자세히 살펴보면 3가지 분자가 결합되어 있다. 아세틸-CoA의 분자식은 아데노신 분자의 리보스 5번 탄소인 CH₂의 탄소에 인산기가 2개가 연결되며, 3번 탄소에 결합된 수산기(OH)에서 양성자가 분리되고 인산기 하나가 결합한 3-포스포아데닌 2인산3-phosphoadenine diphosphate에 판토텐산 분자와 베타메르캅토에틸아민β-mercapto-ethylamin이 결합된다. 조효소A의 분자식에서 베타메르캅토에틸아민 분자와 판토 텐산이 결합한 분자식은 HS-(CH$_2$)$_2$-NH-(C=O)-(CH$_2$)$_2$-NH-(C=O)-(H-C-OH)-(CH$_3$-C-CH$_3$)이다.

조효소A는 리보스 3번 탄소에 인산기가 결합한 아데노신2인산 분자의 5번 탄소에 HS-(CH$_2$)$_2$-NH-(C=O)-(CH$_2$)$_2$-NH-(C=O)-(H-C-OH)-(CH$_3$-C-CH$_3$) 분자가 결합한 분자이다. 아데노신이 등장하는 조효소에는 플라빈아데닌 디뉴클레오타이드flavin adenine dinucleotide(FAD)와 니코틴아미드아데닌디뉴클레오 타이드nicotinamide adenine dinucleotide(NAD) 분자가 있다. FAD 분자는 6각형 고리 3개 가 결합된 분자의 가운데 6각형의 질소에 CH$_2$-(H-C-OH)$_3$-CH$_2$가 곁사슬 형 태로 존재하는데 이 곁사슬에 아데노신2인산(ADP)이 결합한 형태이다. NAD 분 자는 ADP 분자에 리보스가 결합하고, 리보스의 1번 탄소에 니코틴아미기(O=C-NH$_2$)가 결합된 6각형 고리가 있다. 아데노신이 등장하는 조효소의 다른 예는 SAM과 SAH 분자이다. SAM은 S-아데노실메티오닌S-adenosylmethionine, SAH는 S-아데노실호모시스테인S-adenosylhomocysteine의 약자이며, S는 황을 의미한다. SAM 분자는 아데노신 분자의 리보스 5번 탄소(CH$_2$)에 아미노산인 메티오닌이 결 합된 분자이다. 즉 메티오닌의 황이 리보스의 5번 탄소에 결합한 상태이다. 메 티오닌의 분자식은 아미노산 기본골격 H$_3^+$N-(H-C-R)-COO$^-$에 곁사슬 R인 (CH$_2$)$_2$-S-CH$_3$가 결합된 형태이다. SAH 분자는 SAM 분자에서 메틸기 전이효 소의 작용으로 R-CH$_3$가 탈락되면 호모시스테인 분자가 된다. 호모시스테인은 시스테인(HS-CH$_2$-H$_3^+$N-(H-C-R)-COO$^-$)에 CH$_2$가 하나 더 결합된 형태이다.

조효소는 아니지만 아데노신이 등장하는 가장 중요한 생화학 분자는 아데노 신3인산(ATP)과 사이클릭아데노신1인산(cAMP) 분자이다. ATP 분자는 아데노신 분자에 인산기가 3개 결합된 분자로, DNA와 RNA를 구성하는 정보 분자인 뉴 클레오타이드이면서 생명의 에너지 분자이다. cAMP 분자는 세포 속 2차 정보 전달자 분자로, 프로테인키나아제Aproteinkinase A(PKA)와 연계하여 세포 속 생화학

그림 7-16 RNA 분자 사슬은 자체 절단 분자 변환 과정을 거치기에 긴 사슬을 형성하기 어렵다. 자체 절단 현상이 없는 DNA는 1억 개의 뉴클레오타이드가 결합하여 매우 길고 안정적인 분자가 된다. 그래서 RNA의 짧은 사슬은 활성이 높아 단백질과 함께 촉매 역할을 할 수 있고, 안정된 DNA 분자는 유전 정보를 보관하는 마스터 주형 역할을 한다.

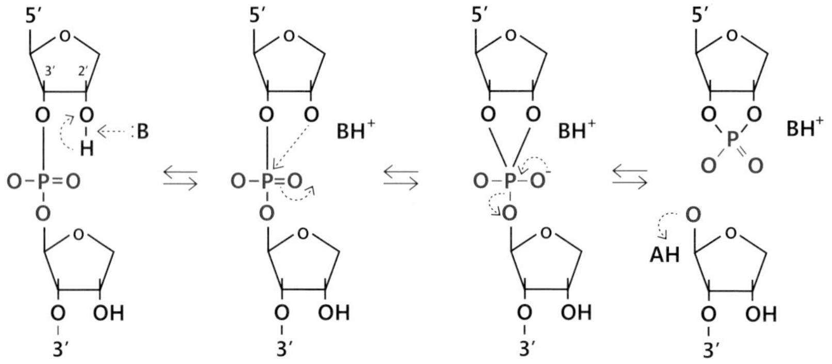

RNA 자기분열

작용을 촉발한다. CoA, FAD, NAD, SAM, SAH 분자와 ATP, cAMP 분자에는 모두 아데노신 분자가 등장한다. 핵심적인 생화학 조효소 분자들이 아데노신을 포함하는 현상의 바탕에는 진화의 이력이 새겨져 있다. 생화학에 등장하는 다양한 분자에서 공통점을 찾는 공부 방식은 생명 현상에서 공통 패턴을 발견하는 효과적인 학습법이다.

DNA 이중나선은 마스터 주형으로 유전 정보를 보관한다

DNA는 세포에서 가장 안정된 분자이다. 인간 게놈에는 32억 개의 뉴클레오타이드가 인산에 의한 공유결합으로 연결되어 있다. 개별 염색체에는 1억 개 이상의 뉴클레오타이드 단일가닥이 수소결합으로 쌍을 이루어 DNA 이중나선 구조를 형성한다. RNA는 DNA 이중나선 두 가닥 중에서 한 가닥의 뉴클레오타이드의 일부가 전사된다. RNA 염기는 아데닌, 구아닌, 시토신, 우라실이며, 염기가 5탄당 리보스의 1번 탄소에 결합하면 아데노신, 구아노신, 시티딘, 우리딘이 되고, 리보스 5번 탄소에 인산기 1개가 결합하면 RNA 뉴클레오타이드 AMP, GMP, CMP, UMP가 된다. 아데닌, 구아닌, 시토신, 티민이 5탄당인 디옥시리보스에 결합하여 만드는 DNA 뉴클레오타이드는 dAMP, dGMP, dCMP, dTMP이다. RNA 중합효소가 RNA를 전사할 때 연결되는 뉴클레오타이드는 인산기가 3개 결합된 ATP, GTP, CTP, UTP가 입력되고 인산기 2개가 절단되어 AMP, GMP, CMP, UMP가 된 상태로 RNA 중합효소 II에 의해 5'→3' 방향의 공유결합으로 연결된다. DNA 복제도 마찬가지로 인산기 3개가 결합된 dATP, dGTP, dCTP, dTTP에서 인산기 2개가 절단된 dAMP, dGMP, dCMP, dTMP 상태로 5'→3' 방향으로 복제하는 DNA 가닥에 결합하여 DNA 이중나선 2개를 만든다. 한 세포가 2개의 딸세포로 분열될 때 DNA는 모두 복제되어 2개의 DNA 이중나선이 된다. 반면에 DNA의 일부 정보를 복사하는 전사는 한 가닥의 RNA를 만든다. 한 가닥의 직선형 RNA는 수십에서 수천 개의 AMP, GMP, CMP, UMP가 인산에 의한 공유결합으로 연결된 선형사슬이다. 직선형 외가닥 RNA는 RNA 가닥이 굽은 형태로 편집되어 tRNA, rRNA, miRNA가 된다.

인간 DNA는 양 끝이 노출된 선형 이중가닥이며, 5'→3' 방향으로 복제할 때마다 양 끝의 일부가 잘려나가 길이가 줄어든다. DNA 말단을 텔로미어telomere라 하는데, 몸을 구성하는 체세포가 영원히 생존할 수 없는 이유가 DNA 복제를 반복하면 텔로미어가 짧아지기 때문이다. 단일가닥의 RNA는 사슬이 쉽게 절단되어 긴 구조를 유지할 수 없다. RNA를 구성하는 리보스 3번 탄소에 결합된 수산기(OH)에서 양성자가 분리되어 형성된 산소 음이온은 전자 2개를 이용하여 다른 분자와 결합하거나 다른 분자를 절단한다. RNA 사슬에서 2개의 뉴클레오타이드 AMP와 GMP가 연결된 상태를 살펴보자. AMP를 구성하는 리보스의 3번 탄소에 결합된 OH에서 양성자가 빠져나가고 남겨둔 공유결합손 O-가 인산의 인 원자와 결합하여 O-P가 되고, 인 원자의 나머지 4개 공유결합손에서 3개는 O=P-O 결합을 만든다. 나머지 1개의 결합손은 GMP 분자 5번 탄소(CH₂)에 결합하여 AMP와 GMP 분자와 연결된다. 이 2개의 뉴클레오타이드에 AMP의 리보스 2번 탄소에 결합된 OH에서 양성자와 분리되어 노출된 공유결합손

그림 7-17 게놈, 전사체, 리보핵산, 단백질체의 상호 관계

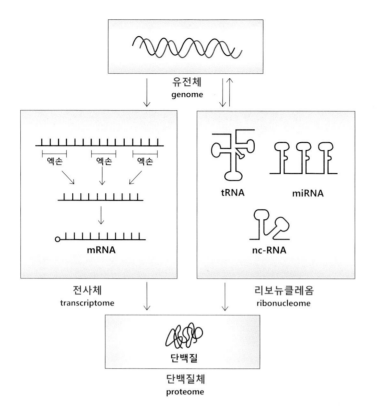

O-가 아데노신과 구아노신을 결합하는 인산기의 인산에 결합하면, 아데노신과 구아노신의 연결이 분리되어 AMP와 GMP가 분리된다. 이러한 분리의 결과 AMP의 인산은 리보스의 3번과 2번 탄소와 공유결합하게 된다.

리보스의 2번 탄소에 산소 원자가 RNA 사슬을 구성하는 인산과 공유결합하면 RNA 사슬이 절단되므로, RNA는 긴 사슬 구조를 유지하기 어렵다. DNA는 1억 개 이상의 뉴클레오타이드가 결합하여 안정적인 이중나선 구조를 오랫동안 유지할 수 있지만, RNA는 리보스의 2번 탄소에 결합된 산소의 분해 작용으로 긴 사슬을 유지하기 어렵다. 이 과정을 RNA 자체 절단self scission이라 한다. 이러한 특성으로 DNA 긴 사슬 이중나선은 마스터 주형으로 작용하여 생명체의 정

그림 7-18 게놈, 전사체, 단백질체, 대사체의 상호 관계와 RNA의 분류

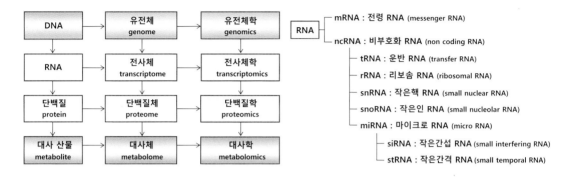

보를 세포에서 세포로 30억 년 동안 전달할 수 있게 된다. 30억 년 생명 진화의 역사는 DNA에 기록되어 있다. 반면에 짧은 단일가닥 RNA는 강한 활성으로 단백질 합성과 효소 작용의 주역이 된다.

전사조절인자는 DNA 이중나선을 풀고 RNA 중합효소 II의 작용으로 RNA 가닥을 생성하는 전사 과정을 촉발하는 단백질이다. 전사조절인자 단백질은 4~6개의 염기로 구성된 특이적인 DNA 서열에 달라붙는다. DNA는 아데닌, 구아닌, 시토신, 티민의 4개 염기로 구성되어 있으므로, 4개 염기의 최대 경우의 수는 $4 \times 4 \times 4 \times 4 = 256$이므로 완전한 무작위 배열이라도 256개의 염기에 1회 반복하게 된다. 6개의 염기는 $4 \times 4 \times 4 \times 4 \times 4 \times 4 = 4,096$ 염기에 한 번의 확률로 전사조절 단백질이 DNA에 달라붙을 수 있으며, 30억 개의 염기로 구성된 인간 게놈에서는 30억/4,096≒73만 개나 되는 전사조절인자가 부착되는 DNA의 영역이 존재하게 된다. 따라서 전사조절인자는 DNA의 많은 장소에 달라붙는다. 이러한 전사조절인자 단백질의 집단을 통계적으로 연구하는 분야가 바로 전사체학transcriptomics이다. 전사체학, 유전체학, 대사체학은 생체정보공학의 핵심 분야이다.

그림 7-19 뉴클레오솜 리모델링과 전사조절인자, 히스톤 단백질과 뉴클레오솜 리모델링 단백질 구성 요소
한 장에 모음

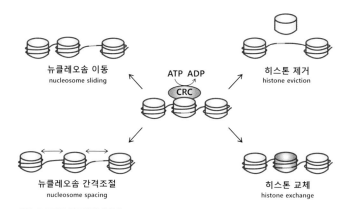

뉴클레오솜 이동
nucleosome sliding

ATP ADP
CRC

히스톤 제거
histone eviction

뉴클레오솜 간격조절
nucleosome spacing

히스톤 교체
histone exchange

CRC: 크로마틴 구조변경 복합체 chromatin remodeling complex

N말단 꼬리   히스톤 폴드

H2A
H2B
H3
H4

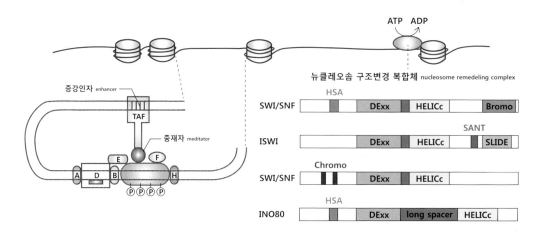

뉴클레오솜 구조변경 복합체 nucleosome remodeling complex

증강인자 enhancer

TAF

중재자 meditator

404

그림 7-20 히스톤8량체 조립 단계

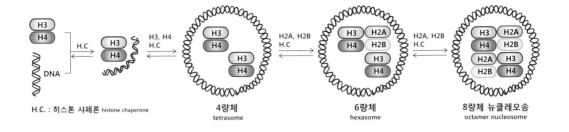

H.C. : 히스톤 샤페론 histone chaperone

4량체
tetrasome

6량체
hexasome

8량체 뉴클레오솜
octamer nucleosome

유전학은 새로운 ncRNA를 발견하고
기능을 찾아내는 데 주력하고 있다

ncRNA가 후성유전학의 주역으로 등장하고 있다. 후성유전학은 유전학을 포함하는 더 크고 새로운 영역으로 발전하고 있다. 후성유전학의 중요한 연구 분야는 DNA 메틸화, 히스톤 변형, 크로마틴 재구성chromatin remodeling, 비부호화 RNA(ncRNA)이다. ncRNA는 뉴클레오타이드가 200개 이상이면 긴 비부호화 RNA(lncRNA), 200개 이하이면 ncRNA로 구분한다. ncRNA에는 tRNA, snoRNA, miRNA, siRNA, eRNA, piRNA가 있으며, t는 운반transfer, sno는 작은 인small nucleolar, mi는 마이크로micro, si는 작은간섭small interfering, e는 인핸스enhance, pi는 피위piwi의 약자이다. lncRNA에는 rRNA와 circRNA 외 여러 종류가 있다. ncRNA는 DNA, RNA, 단백질 모두에 작용하며 크로마틴을 굽혀서 원형으로 만드는 크로마틴 루핑chromatin looping, 단백질의 지지대scaffold 역할, 전사조절인자 빼내기transcription factor decoy, miRNA를 흡착하는 스폰지sponage 역할과 mRNA 번역 과정을 중단시키거나 mRNA를 분해하는 작용을 한다. ncRNA는 대부분 RNA 중합효소 II의 전사 과정을 통해 DNA에서 전사되지만, 단백질을 지정하지 않기 때문에 부호화되지 않는다.

DNA에서 단백질을 부호화coding하지 않는 영역을 정크junk유전자라 불렀지만,

이는 단순히 쓸모 없는 DNA 영역이 아니라 발생, 암, 세포 분화에 관여한다는 사실이 점차 밝혀지고 있다. 현대 유전학은 새로운 ncRNA를 발견하고 그 기능을 찾아내는 데 주력하고 있다. ncRNA는 DNA 이중나선에서 전사되며, ncRNA로 전사되는 DNA 영역은 네 곳으로 분류되는데 유전자 영역, 유전자가 존재하는 DNA 가닥의 상보가닥antisense 영역, 유전자와 관련 없는 영역, 유전자 내부의 인트론 영역이다. 이처럼 다양한 DNA 영역에서 전사된 ncRNA는 DNA에 작용하여 크로마틴 구조를 변형하고, mRNA에 작용하여 단백질로 번역되는 과정을 정지하거나 mRNA를 분해한다. ncRNA가 관여하는 크로마틴 구조 변경chromatin remodeling에는 뉴클레오솜에서 DNA 이중나선이 미끄러져 빠져나오는 슬리핑slipping, 변형된 히스톤 단백질로 교체하는 익스체인징exchanging, 히스톤 단백질 전부가 빠져나와 DNA 사슬이 풀리는 에빅션eviction, 뉴클레오솜 사이 간격을 조절하는 스페이싱spacing이 있다. ncRNA는 DNA의 메틸화 과정에도 참여하여 DNA의 손상을 수선하고 히스톤 변형에도 관여하여 전사 과정을 조절한다.

정크유전자로 무시되었던 ncRNA는 DNA, RNA, 단백질에 작용하여 rRNA와 tRNA를 통하여 DNA가 전사되는 과정과 mRNA가 번역되는 과정에 참여하고 단백질을 불러모아 스플라이솜을 만들어 인트론을 절단하여 분리한다. 리보솜과 스플라이솜은 단백질과 ncRNA로 만들어지는 리보뉴클레오프로틴입자(RNP)이다. RNP는 유전자 발현 과정을 조절하는 주역이다. 후성유전학의 발전으로 미지의 영역이었던 정크유전자는 ncRNA로 전사되어 유전자 발현을 조절하는, 동물과 식물의 발생, 암, 유전병, 세포 분화의 주역으로 등장하고 있다.

그림 7-21 생물의 복잡도에 비례해서 정크유전자가 게놈에서 차지하는 비율이 증가한다. 정크유전자는 생물 진화를 가속시킨 핵심 요인이다. 생명이 원핵세포→진핵세포→다세포 생물로 진화하면서 정크유전자가 크게 증가했다.

출처: R. J. Taft, M. Pheasant, J. S. Mattick, "The relationship between non-protein-coding DNA and eukaryotic complexity", *BioEssays*, vol.29, issue 3, 2007.

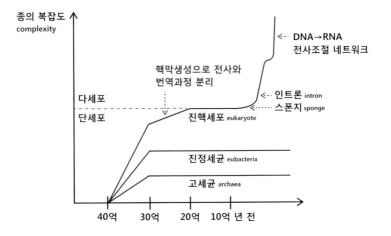

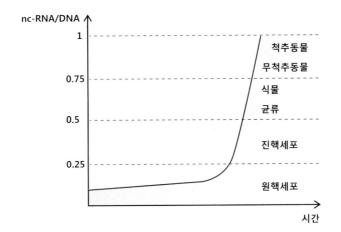

그림 7-22 DNA의 구성 요소와 유전자
출처: B. Alberts, 《필수세포생물학》(2판), 교보문고, 310.

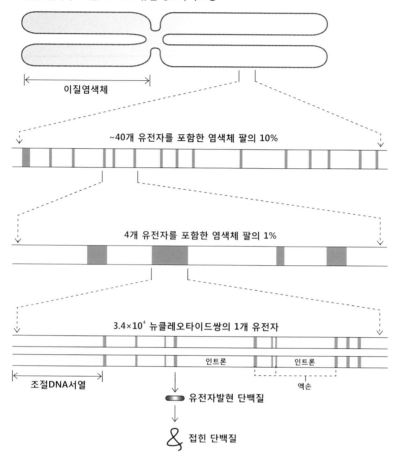

인간 염색체 22번, 48×10⁶ 뉴클레오타이드쌍

이질염색체

~40개 유전자를 포함한 염색체 팔의 10%

4개 유전자를 포함한 염색체 팔의 1%

3.4×10⁴ 뉴클레오타이드쌍의 1개 유전자

인트론   인트론

조절DNA서열

엑손

유전자발현 단백질

접힌 단백질

인간 게놈의 대부분은 반복적인 비암호화 뉴클레오타이드 서열로 구성된다.

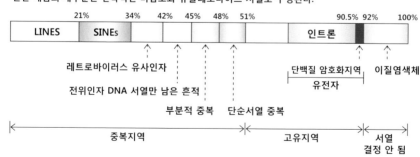

| | 21% | | 34% | 42% | 45% | 48% | 51% | | 90.5% | 92% | 100% |
| LINES | | SINEs | | | | | | 인트론 | | | |

레트로바이러스 유사인자

전위인자 DNA 서열만 남은 흔적

부분적 중복   단순서열 중복

단백질 암호화지역
유전자

이질염색체

중복지역   고유지역   서열 결정 안 됨

진화가 나아가는 방향은 nc-DNA인
정크유전자의 비율이 커지는 방향이다

게놈의 크기는 생물의 복잡성과 관계가 거의 없다. 생물의 복잡성은 진화의 정도를 나타낸다. 인간의 게놈보다 더 큰 게놈을 갖는 식물은 여러 종류가 있으며, 마우스의 유전자가 인간의 유전자보다 많다. 게놈의 크기와 유전자의 개수는 생물 진화와 상관없다. 그러면 핵 속 유전물질에서 무엇이 생명체가 복잡해지는 경향과 관계가 있는가? 〈네이처〉에 실린 어느 논문에 의하면 생명 진화는 유전자의 개수가 아니라 단백질로 번역되지 않는 정크 DNA의 양에 비례한다. 지구에 존재하는 생명체는 고세균archaea, 진정세균eubackteria, 진핵세포eukaryote로 분류된다. 고세균과 진정세균은 대략 40억 년 전부터 출현했으며, 진핵세포는 시작을 밝혀내기는 어렵지만 대략 20억 년 전에 등장했다고 본다.

세포의 복잡도는 고세균, 진정세균, 진핵세포 순서이며, 진핵세포는 고세균과 박테리아보다 1만 배 정도나 복잡도가 크다. 진핵세포는 세포가 세포핵과 세포질로 구분되며, 핵이 존재하지 않는 고세균과 진정세균보다 진화의 속도가 빠르다. 진핵세포는 세포내 소기관이 있는 세포로, 미토콘드리아가 세포내 공생을 하며 핵막으로 세포질과 핵이 구분되는 공간으로 나뉘었다. 핵이 없는 고세균과 진정세균은 유전자의 전사와 번역이 모두 세포질에서 이루어진다. 반면에 진핵세포에서는 DNA에서 RNA가 생성되는 전사 과정과 mRNA에서 단백질이 만들어지는 번역 과정이 핵막으로 분리된다. 핵 속의 전사 과정에서 인트론을 잘라내는 스플라이싱splicing과 엑손exon을 다양한 순서로 연결하는 교번 스플라이싱alternative splicing으로 단일 유전자에서 다양한 단백질이 생성된다. 예를 들어 조류의 속귀에 존재하는 칼슘이온 채널 유전자는 교번 스플라이싱으로 1개의 유전자에서 576개의 다른 mRNA가 전사되어 각각 다른 단백질이 만들어져 다양한 파장의 소리를 감지한다. 이처럼 교번 스플라이싱으로 1개의 유전자에서 다수의 단백질이 생성될 수 있어 생물의 환경 적응력이 높아졌다.

40억 년 동안 고세균, 진정세균, 진핵세포가 모두 단세포 상태로 현재까지 지속되고 있지만, 진핵세포가 서로 결합하여 다세포 생명체가 대략 10억 년 전에 출현하면서 생명 진화는 가속되었다. 진핵세포로 구성된 다세포 생명체는 해면동물에서 척추동물까지 그 크기와 다양성이 폭발적으로 변화한다. 유전자 자체보다는 유전의 발현 과정에서 전사후편집post-transcriptional editing과 번역후편집post-translational editing 과정이 발전하면서 환경 변화에 적응하는 방식이 정교하고 다양해진다. 해면동물에서 시작하는 다세포 동물의 DNA는 점차 인트론이 증가하면서 유전자 발현 과정에 RNA와 단백질이 결합한 RNP의 작용이 활발해진다. 그리고 다세포 생명 현상의 주역이 DNA에서 다양한 RNA 분자와 단백질로 바뀐다. 특히 ncRNA의 종류가 다양해지면서 전사조절에 관여하는 단백질과 ncRNA가 수십 개 이상 연결된 네트워크를 형성하여 전사와 번역 과정에서 후처리 편집이 정교해져 개체의 발생과 분화 과정을 세밀하게 조절하게 된다.

RNA와 단백질의 연결망이 유전자의 전사와 번역을 조절하면서 다세포 생명체의 복잡성이 가속된다. 생명체 진화는 세포 속 생화학 과정의 복잡성에 비례하며, 세포의 복잡성에 비례하는 유일한 변수는 DNA 총량에 대한 nc-DNA의 비율이란 사실이 밝혀졌다. 고세균과 진정세균이 속하는 원핵세포는 DNA 총량에 대해 nc-DNA의 비율이 4분의 1이며, 진핵세포는 2분의 1, 균류와 식물은 4분의 3, 척추동물인 인간은 DNA 총량에서 유전자 이외의 영역인 nc-DNA가 98%나 된다. 결국 진화가 나아가는 방향은 nc-DNA인 정크유전자의 비율이 커지는 방향이다. 생명은 모두가 참여하여 만들어가는 모자이크이며 키메라이다. 정크유전자, 즉 쓰레기 더미에서 꽃이 핀다. 정크유전자인 nc-DNA는 생명체가 변화하는 환경에 적응하게 해준다. 즉 생명의 진화는 nc-DNA의 진화이다.

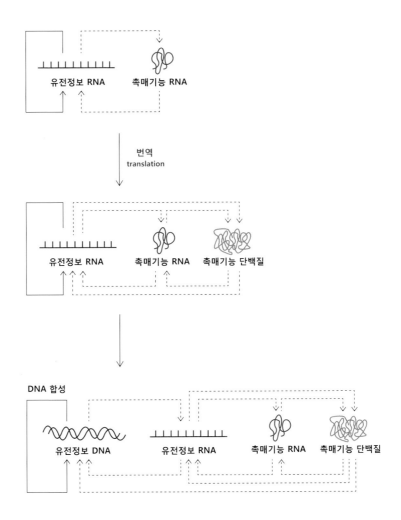

그림 7-24 후성유전학의 메틸화, 아세틸화, 히스톤 변형 한 장에 모음

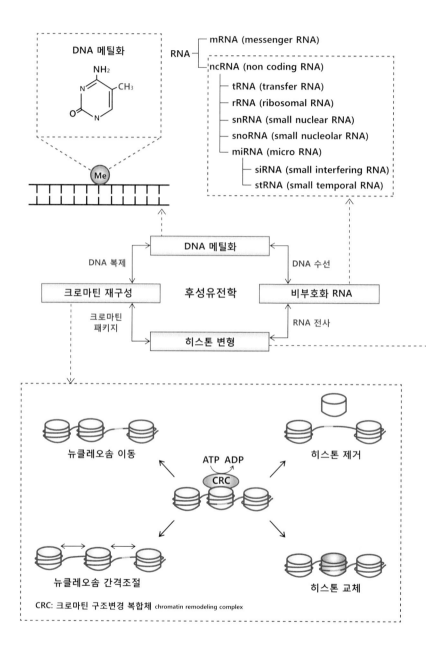

CRC: 크로마틴 구조변경 복합체 chromatin remodeling complex

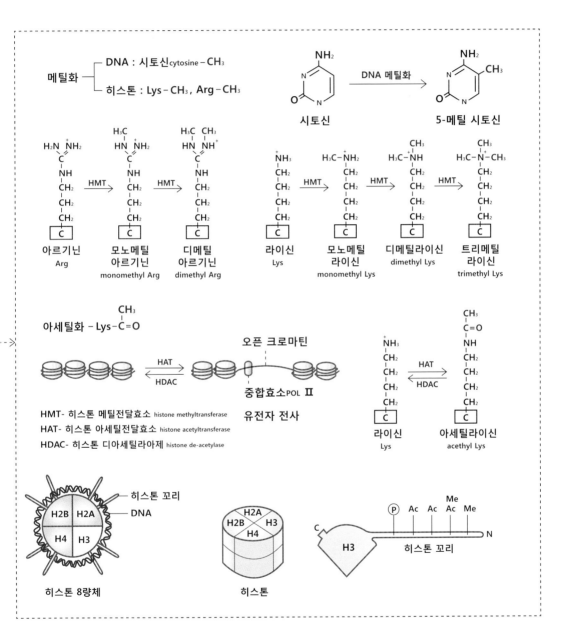

그림 7-25 후성유전학의 DNA 메틸화, 전사조절인자. 뉴클레오솜, 히스톤 변형 한 장에 모음

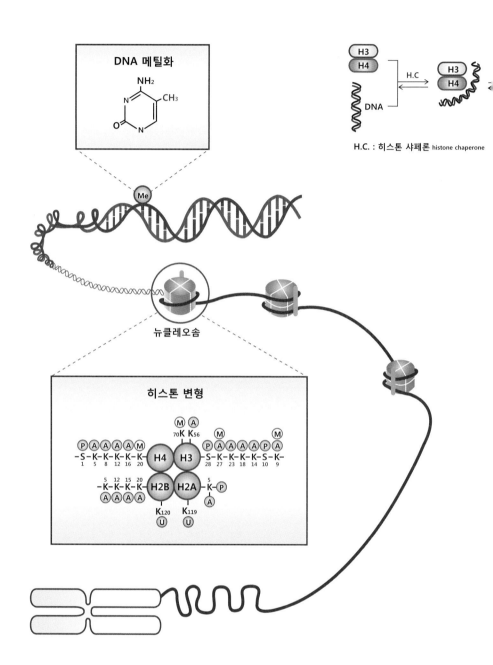

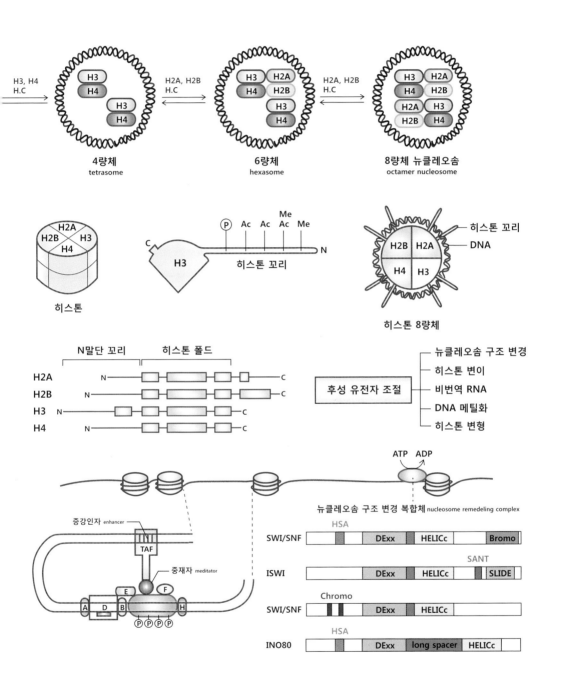

4량체
tetrasome

6량체
hexasome

8량체 뉴클레오솜
octamer nucleosome

히스톤

히스톤 꼬리

히스톤 8량체

N말단 꼬리   히스톤 폴드

후성 유전자 조절

뉴클레오솜 구조 변경
히스톤 변이
비번역 RNA
DNA 메틸화
히스톤 변형

증강인자 enhancer

중재자 meditator

뉴클레오솜 구조 변경 복합체 nucleosome remodeling complex

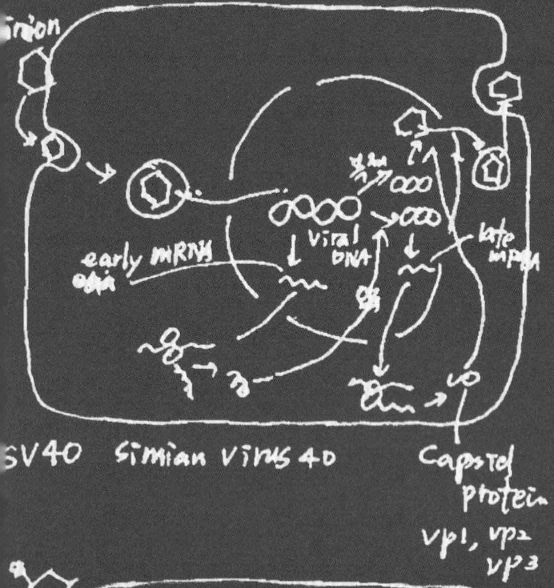
virion
복제
viral DNA
late mRNA
early mRNA
SV40 simian virus 40
Capsid protein
vp1, vp2 vp3

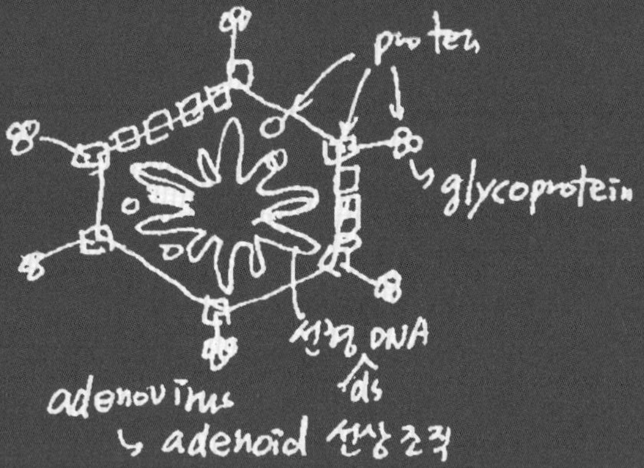
protein
glycoprotein
선형 DNA
ds
adenovirus
adenoid 선상조직

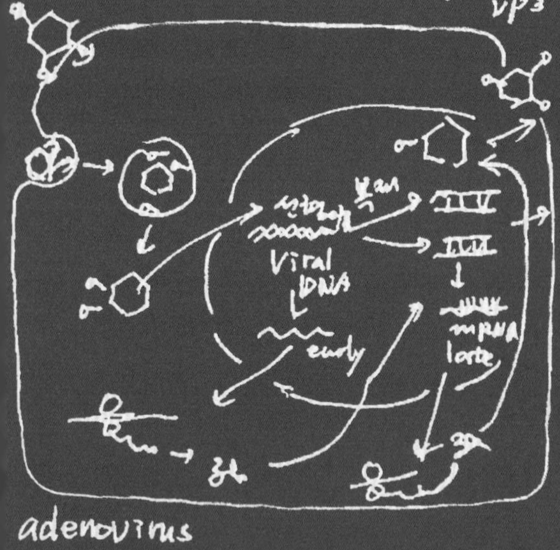
복제
Viral DNA
early
mRNA late
adenovirus

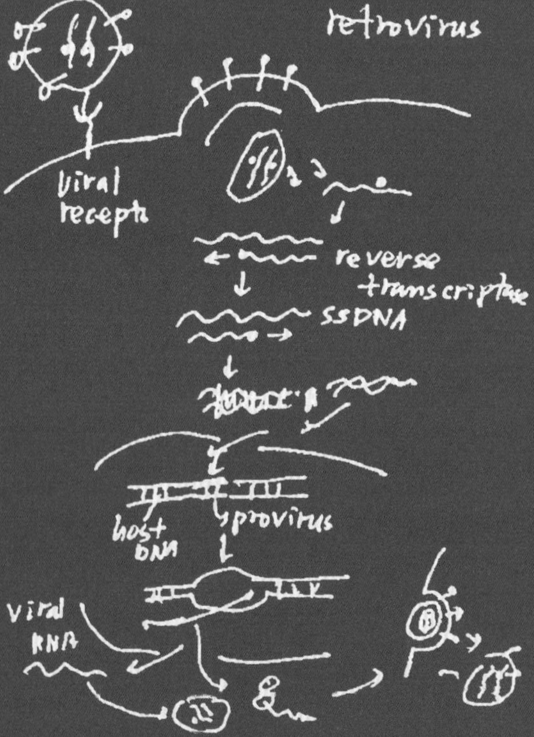
retrovirus
viral recepto
reverse transcriptase
ssDNA
host DNA
provirus
viral RNA

8 바이러스와 박테리아

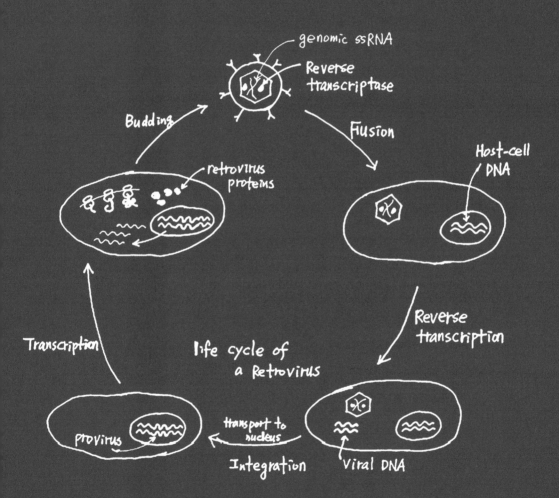

바이러스는 박테리아의 단백질을 이용하여 자신을 번식시킨다

바이러스는 생물과 무생물의 경계에 있다. 생물은 대사와 유전을 한다. 대사 작용에는 해당 작용, 5탄당인산 회로, TCA 회로, 아미노산 합성과 분해, 지방산의 합성과 분해, 핵산의 합성과 분해가 있다. 대사 작용은 단백질의 작용으로, 세포에는 수만 개가 넘는 단백질에 의한 생화학 작용이 항상 진행된다. 대사는 분자의 결합과 분해 과정이다. 단백질의 촉매 작용이 생체 분자들의 결합과 분해 속도를 극단적으로 높여준다. 바이러스에는 외피와 꼬리를 구성하는 몇

그림 8-1 T4 박테리오파지는 박테리아에 자신의 DNA를 주입하여 유전자와 단백질을 합성한다.

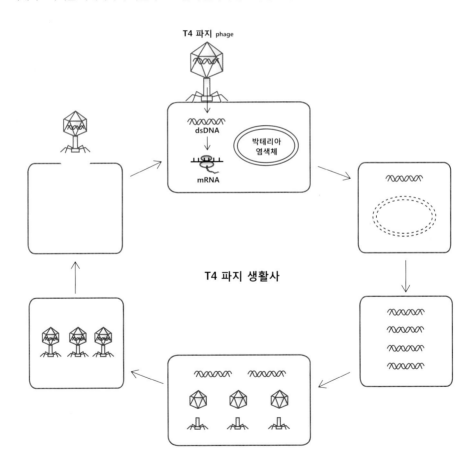

개의 단백질과 유전 물질인 핵산만 존재한다. 그래서 많은 종류의 단백질에 의한 대사 작용을 할 수 없어서 생명체로 보기 어렵다. 바이러스는 생체 분자를 만드는 대사 작용은 할 수 없지만 유전 물질인 핵산이 있고, 자신과 동일한 바이러스를 만드는 능력이 있다.

바이러스는 박테리아에 자신의 유전 물질을 삽입하여 그 단백질을 이용해 자신을 번식시킨다. 바이러스의 한 종류인 박테리오파지bacteriophage는 박테리아 세포 표면에 바이러스의 섬유꼬리를 결합한다. 박테리오파지는 박테리아 세포막에 결합하여 자신의 20면체 머리 속에 가득한 유전물질 DNA를 박테리아 세포 내부로 주입한다. 박테리오파지는 박테리아 세포에 존재하는 RNA 중합효소를 이용하여 주입된 박테리오파지의 DNA에서 mRNA를 전사하고, 동시에 리보솜을 이용하여 단백질을 만든다. 박테리오파지의 DNA는 박테리아 RNA 중합효소와 리보솜을 이용하여 2분 만에 핵산을 분해하는 뉴클레아제nuclease를 만들어 낸다. 박테리아 리보솜이 만드는 뉴클레아제는 박테리아 자신의 DNA를 분해해 버린다. 박테리오파지가 유전자를 삽입한 뒤 6분 안에 숙주세포인 박테리아의 DNA가 분해된다.

박테리오파지는 박테리아 세포의 효소를 이용하여 자신의 머리와 꼬리에 해당하는 단백질을 계속 만들게 한다. 그리고 자신의 DNA도 여러 개 복제하여 머리 형태의 단백질 속으로 집어넣고 꼬리 형태의 단백질과 결합하여 자신과 동일한 박테리오파지를 조립한다. 박테리오파지가 박테리아에 자신의 DNA를 삽입한 후 25분이 지나면 자신과 동일한 박테리오파지를 최대 300개까지 만들며, 결국 박테리아 세포막을 녹여서 빠져나온다. 이 과정이 바이러스의 박테리아 감염 과정이다. 다른 종류의 바이러스인 람다파지lamda phage가 박테리아를 감염하여 증식하는 방식에는 용해식lytic pathway과 용원식lysogenic pathway 두 가지가 있다. 람다파지의 용해식 감염은 박테리오파지처럼 증식된 바이러스가 숙주 박테리아를 분해해서 탈출하는 방식이고, 용원식은 람다파지가 자신의 DNA를 박테리아 DNA에 삽입하여 증식하는 방식이다. 용원식 증식 방법은 숙주세포를 파괴하지 않고 자신의 유전자를 숙주세포의 유전자에 삽입하여 숙주세포의 증식을 통해 자신의 유전자를 전파하는 방식이다.

바이러스가 박테리아의 효소를 이용하여 유전 물질을 재생산하는 방식을 살펴보면 유전 현상의 기원과 진화에 대한 공부의 폭이 확대된다. 박테리아는 바이러스의 감염에 일방적으로 당하지 않고 다양한 방어 전략을 진화시켜왔다. 침입하는 바이러스 유전자를 절단하거나 자신의 DNA에 삽입된 바이러스 유전자가 생산하는 mRNA를 이용하여 유전자 가위를 만드는 식이다. 박테리아가 만드는 유전자 가위는 침입하는 바이러스의 유전자를 식별하여 절단한다. 유전자 가위는 박테리아가 만든 바이러스에 대한 면역체계이다.

그림 8-2 T4 박테리오파지는 정20면체 머리, 꼬리섬유, 바닥판의 구조이다.

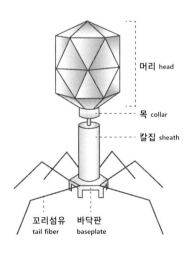

T4 박테리오파지
T4 bacteriophage

그림 8-3 바이러스는 게놈에 따라 DNA 바이러스, RNA 바이러스로 구분되며 RNA 바이러스는 양성단일가닥 RNA 바이러스와 음성단일가닥 RNA 바이러스로 분류된다.

바이러스 유전체 virus genome

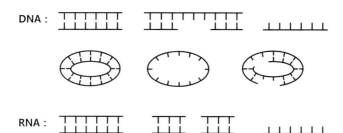

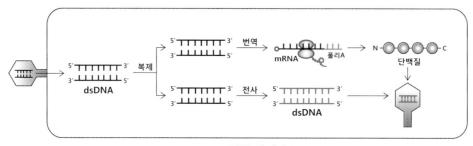

DNA 바이러스

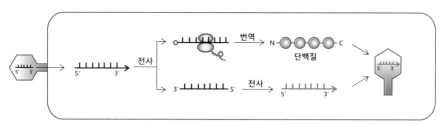

양성단일가닥 RNA 바이러스 positive single strand RNA virus

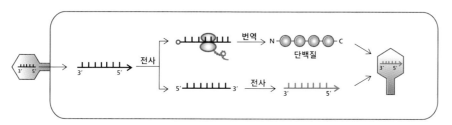

음성단일가닥 RNA 바이러스 negative single strand RNA virus

바이러스 분류의 양성과 음성은
뉴클레오타이드가 5'→3'으로만 결합되는 방향 선택성에서 나온다

사물의 범주는 공통점으로 구분된다. 사물은 유사한 범주로 분류된다. 공통 특성의 범위가 드러나면 개체들 간의 유사성 정도를 비교할 수 있다. 생물을 비슷한 정도를 바탕으로 생명체의 진화계통도를 그려서 분류할 수 있다. 바이러스는 정20면체 머리에 들어 있는 유전체에 따라 DNA 바이러스와 RNA 바이러스로 구별된다. 바이러스는 형태로도 구별되는데, 담배모자이크병을 일으키는 T4 박테리오파지 바이러스의 구조는 상세하게 밝혀져 있다. T4 박테리오파지는 머리, 원통 구조, 바닥판, 다리로 구성된다. 대부분의 바이러스의 머리 구조는 정20면체이며 위와 아래쪽에 정삼각형 5개가 대칭으로 배치되고, 그 사이에 정삼각형 10개가 벽면을 형성한다. 정20면체 바이러스 머리를 구성하는 20개의 정삼각형 판은 3조각의 단백질로 만들어져 바이러스의 머리에는 60개의 단백질이 결합되어 있다. 머리와 바닥판 사이를 원통 구조의 기둥이 연결하고 원통 기둥을 칼집sheath 구조가 감싸고 있다. 목collar에 해당하는 칼집 구조 아래에 기판이 바닥판을 형성하고, 바닥판에 6개의 꼬리가 거미 다리처럼 부착되어 있다. 바닥판의 꼬리가 박테리아 세포벽에 결합하면, 가운데 원통 구조의 길이가 스프링처럼 줄어들고 머리 속의 유전체가 박테리아 세포 내부로 주입된다.

T4 박테리오파지 바이러스를 구성하는 머리, 원통, 칼집, 바닥판, 꼬리는 각각 숙주세포인 박테리아 세포 내에서 박테리아의 효소를 이용하여 만들어진다. 바이러스의 머리 속에는 몇 개의 효소 단백질과 유전체가 존재하는데, 유전체에 따라 DNA 바이러스와 RNA 바이러스로 구별된다. RNA 바이러스는 양성과 음성으로 다시 구별되고, RNA 바이러스는 자신의 RNA를 복제하는 효소를 가지고 있다. 바이러스는 유전체에 따라 DNA 바이러스, 양성 RNA 바이러스, 음성 RNA 바이러스로 분류된다. DNA 바이러스는 유전체의 종류에 따라 이중가닥 DNA(dsDNA), 단일가닥 DNA, 단일가닥원형 DNA, 이중가닥원형 DNA, 끊긴이중가닥원형 DNA가 있다. RNA 바이러스의 유전체는 모두 직선형이며 단일가

닥 RNA, 이중가닥 RNA가 있다. DNA 바이러스의 유전체는 3,000~37만 개의 뉴클레오타이드로 구성되고, RNA 바이러스의 유전체는 3,000~3만 개의 뉴클레오타이드로 구성되어 DNA 바이러스 유전체 크기의 약 10%이다. DNA 바이러스의 dsDNA가 박테리아로 주입되면 여러 개의 동일한 dsDNA가 복제되고, 복제된 dsDNA에서 여러 개의 mRNA가 전사되어 단백질을 만든다.

박테리아 중합효소가 만들어낸 단백질로 바이러스의 머리, 원통 구조, 바닥판, 꼬리가 각각 만들어져 조립되고, 머리 속으로 박테리아가 만든 바이러스의 dsDNA가 들어가서 완성된 DNA 바이러스가 된다. 용해성 과정에서는 숙주 박테리아 세포벽이 용해되어 완성된 DNA 바이러스가 다른 박테리아로 이동하여 감염되는 과정이 반복된다. 양성 RNA 바이러스는 숙주세포인 박테리아로 자신의 유전체인 양성 RNA를 주입한다. 양성 RNA는 mRNA처럼 곧장 단백질 합성 주형으로 작용한다. 음성 RNA는 단백질 번역의 주형으로 사용될 수 없고 상보염기로 구성되는 양성 RNA로 전환된 후에 단백질을 합성하게 된다. 박테리아에 주입된 양성 RNA 바이러스의 mRNA는 복제되어 여러 개의 mRNA가 생성된다. 복제된 mRNA는 바이러스 mRNA를 주형으로 삼아 생성되므로 방향이 반대가 된다. 그래서 복제된 mRNA를 다시 복제하여 음성 역유전체를 만들어서 바이러스 mRNA와 방향이 같은 RNA인 양성 RNA를 다시 만든다.

복제의 복제인 양성 RNA에서 생성된 단백질로 바이러스의 구성 부품을 만들고, 양성 RNA를 머리에 집어넣어 바이러스가 완성된다. 음성 RNA 바이러스는 박테리아로 주입된 음성 RNA로는 직접 단백질을 만들지 못하므로 양성 역유전자antigenome를 복제하여 단백질을 만들고, 역유전자를 다시 복제하여 음성 RNA를 만들고, 음성 RNA와 단백질로 바이러스 부품을 결합하여 완성된 음성 RNA 바이러스를 만든다. 바이러스 유전체가 복제되는 과정의 핵심은 뉴클레오타이드의 방향이다. DNA와 RNA 중합효소가 뉴클레오타이드 분자를 결합할 수 있는 방향은 5'→3'이며, 반대 방향인 3'→5'로는 소요되는 에너지를 공급할 수 없어 불가능하다. 바이러스의 분류에 양성과 음성이 존재하는 이유는 복제와 전사의 방향이 항상 5'→3'이기 때문이다. 분자세포생물학과 유전학에서 결정적 지

그림 8-4 레트로바이러스는 자신의 RNA로 DNA를 만드는 역전사 작용으로 숙주세포에서 자신의 유전자와 단백질을 합성하여 바이러스를 만든다.

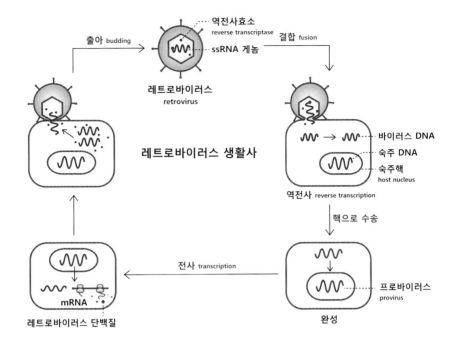

식은 뉴클레오타이드가 3'→5' 방향으로는 공유결합이 생성되지 않고 5'→3' 방향으로만 결합된다는 것이다. 결정적 지식을 확실히 이해하지 않으면, 그 분야에 관한 지식 전체가 애매해질 수 있다. 결정적 지식의 중요성을 확신할 수 있으면 결정적 지식으로 그 분야를 재구성할 수 있다.

레트로바이러스retrovirus는 단일가닥 RNA 분자가 게놈을 형성한다. 레트로바이러스는 DNA 대신 RNA가 개별 생명체의 생명 활동에 필요한 모든 정보인 게놈이 된다. 레트로바이러스는 숙주인 진핵세포에 융합하여 세포 안으로 들어간다. 이 융합 과정의 결과 레트로바이러스 표면의 당단백질이 숙주세포의 막단백질과 결합하여 세포막이 융합된다. 숙주세포 내에서 레트로바이러스는 역전사효소가 작동하여 자신의 RNA를 DNA로 역전사하여 숙주세포로 방출한다. 레트로바이러스 DNA는 숙주세포 핵 속으로 이동하여 숙주세포 DNA에 삽입된다. 숙주세포 DNA가 전사되어 레트로바이러스 DNA가 포함된 mRNA와 게놈 역할을 하는 RNA를 만든다. 그리고 숙주세포 세포질에서 리보솜에 의해 mRNA가 단백질로 번역되어 레트로바이러스의 당단백질을 만든다. 레트로바이러스의 게놈 RNA는 당단백질과 함께 숙주세포의 막으로 둘러싸이고 분리되어 독립된 새로운 레트로바이러스가 된다.

그림 8-5 광견병 바이러스는 음성단일가닥 RNA 바이러스로 숙주세포에서 증식하여 출아 방식으로 숙주세포에서 방출된다.

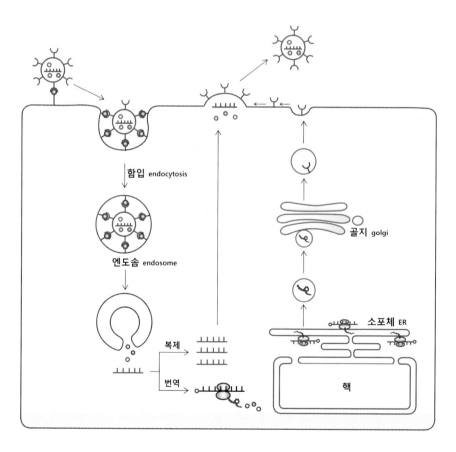

레트로바이러스는 RNA 세계 가설을 실증해
생명을 보는 관점을 확장해준다

레트로바이러스는 생물학의 개념을 확장한다. 생물학의 중심 도그마central dogma는 DNA→mRNA→단백질이다. 모든 생명체는 DNA를 전사하여 RNA가 만들어진다. 여기서 모든 생명체는 박테리아와 진핵생물이다. 생물은 원핵세포와 진핵세포로 구별되며, 원핵세포는 고세균과 진정세균으로 구분된다. 생물은 고세균, 진정세균, 진핵생물의 3가지로 분류된다. 원핵세포는 단세포 생물이며 진핵생물은 단세포와 다세포 생물이 모두 존재한다. 진핵세포는 원생생물, 균류, 조류, 식물, 동물이 된다. 생명 현상은 대사와 유전으로 유지되며, 바이러스는 대사metabolism가 없고 유전만 존재하므로 생물로 분류하기 어렵다. 레트로바이러스retrovirus의 유전은 생물학 중심 도그마를 위반한다. 레트로바이러스는 유전체가 DNA가 아닌 RNA이다. 그래서 레트로바이러스는 역전사효소를 이용하여 RNA에서 DNA를 만든다. 레트로바이러스는 박테리아 세포 함입을 통해 단일가닥 RNA와 역전사효소를 박테리아 세포로 주입한다. 세포함입endocytosis은 단세포 생물이 먹이를 섭취하는 방식으로 외래 물질이 세포 원형질막에 삽입된 단백질과 결합하여 세포 내부로 유입되는 방식이다.

숙주세포 속에서 바이러스의 역전사효소는 바이러스 단일가닥 RNA를 주형으로 DNA를 만든다. 레트로바이러스가 만든 DNA는 숙주세포의 DNA에 삽입되며 이를 프로바이러스provirus라 한다. 숙주세포 DNA에 삽입된 프로바이러스는 DNA 전사와 번역을 통해 바이러스의 단백질인 역전사효소와 자신의 단일가닥 RNA를 만든다. 레트로바이러스가 숙주세포의 뉴클레오타이드를 사용하여 DNA와 RNA를 합성하고, 숙주세포의 아미노산을 이용하여 단백질을 만들기 때문에 대사 작용은 전적으로 숙주세포의 자원을 이용한다. 레트로바이로스는 숙주세포에 삽입된 바이러스의 유전 정보로 RNA와 단백질을 합성한 다음 숙주세포막을 통하여 출아budding 과정으로 숙주세포에서 벗어난다.

레트로바이러스는 에이즈로 알려진 후천성면역결핍증을 유발한다. 에이즈 치료 방법으로는 역전사효소가 숙주세포 내의 뉴클레오타이드 dATP, dGTP, dCTP, dTTP를 이용하여 역전사효소 작용으로 DNA를 만들 때 가짜 뉴클레오타이드를 사용하게 하는 것이 있다. 레트로바이러스 역전사효소는 뉴클레오타이드와 유사한 가짜 뉴클레오타이드를 잘 구별하지 못해 가짜 뉴클레오타이드가 끼어든 DNA를 합성하게 되고, 이렇게 생성된 DNA는 단백질을 합성할 수 없게 된다. 레트로바이러스는 RNA에서 DNA와 단백질 합성 과정이 진화했다는 RNA 세계 가설을 실증하는 사례가 될 수 있다. 생명의 기원은 무생물에서 출발해야 하며, 무생물로 볼 수 있는 레트로바이스러스의 RNA에서 DNA가 생겨났다. 이처럼 레트로바이러스는 RNA 세계 가설의 실증으로, 생명을 보는 관점을 확장해준다.

바이러스는 유전 정보만 존재하고
대사 과정은 숙주 세포에 의지하는 반쪽 생명 현상이다

바이러스는 RNA가 유전체가 될 수 있다. 박테리아나 진핵세포는 두 가닥 DNA가 유전체이지만, 바이러스의 유전체는 DNA 혹은 RNA가 가능하다. 단일가닥 RNA 바이러스는 그 mRNA가 유전체로 작용할 수 있다. 단일가닥 RNA 바이러스는 양성단일가닥positive single strand RNA(+SSRNA)와 음성단일가닥 negative single strand RNA(−SSRNA)로 구별된다. 음성단일가닥 RNA 바이러스는 유전체는 mRNA의 상보염기로 구성되며, mRNA처럼 단백질 합성 주형으로 작용할 수 없어 바이러스 RNA 중합효소를 이용하여 자신의 복사본을 만든다. 음성단일가닥 RNA에서 역전사효소로 DNA를 합성하려면 뉴클레오타이드의 결합 방향이 3'→5'가 되어 공유결합이 만들어지지 않는다. 음성단일가닥 RNA를 복사하면 양성단일가닥 RNA가 만들어져야 단백질 합성을 할 수 있다. 음성단일가닥 RNA 바이러스의 예로는 개에 물려서 전염되는 광견병rabies이 있다. 광견병 바이러스가 동물 세포를 감염하여 증식하는 과정은 바이러스 외피에 존재하는 수용체결합당단백질receptor binding glycoprotein이 동물 세포막에 있는 수용체와 결합하면서 시작된다.

　동물 세포의 원형질막에 결합된 광견병 바이러스는 인지질 이중막의 함입 작용으로 세포질 속으로 들어온다. 세포 함입 과정에 바이러스를 에워싼 동물 세포의 인지질 이중막이 바이러스의 외피처럼 작용하고, 세포질에서 외피가 열려 광견병 바이러스의 음성단일가닥 RNA와 RNA 중합효소가 세포질로 나온다. RNA 중합효소를 주형으로 양성단일가닥 RNA가 복제되어 단백질을 합성한다. 합성된 단백질에는 바이러스 RNA 중합효소와 다른 단백질이 포함된다. 복제된 양성단일가닥 RNA를 주형으로 자신의 음성단일가닥 RNA를 대량으로 복제하여 바이러스의 유전체가 만들어진다. 복제된 양성단일가닥 RNA는 mRNA로 작용하여 동물 세포의 리보솜과 결합하여 단백질을 생성하고, 생성된 단백질을 소포체endoplasmic reticulum 막 속으로 보낸다. 소포체 속 단백질은 소포체에서 골지체로 이동하고 가공되어 바이러스의 수용체 결합 당단백질이 된다.

　골지체 막에 삽입된 당단백질은 골지체에서 분리되는 골지체 소포에 실려서 원형질막으로 이동한다. 골지체 소포가 동물 세포 원형질막과 융합되어 당단백질은 원형질막에 삽입되고, 세포질에서 합성된 바이러스의 RNA와 단백질도 원형질막 부근으로 이동한다. 원형질막에 모여든 바이러스의 RNA와 단백질은 원형질막의 발아budding 과정으로 독립된 바이러스가 되어 동물 세포에서 빠져나간다. 이 분리 과정에 수용체결합당단백질도 바이러스 외막에 삽입되어 분리된다. 광견병 바이러스를 구성하는 외막과 수용체결합당단백질도 동물 세포가 만들었고, 수백 개 이상 복제된 RNA와 단백질도 모두 숙주세포인 동물 세포의 핵산과 아미노산에서 만들어진다. 바이러스는 숙주세포의 핵산과 아미노산을 이용하여 자신의 유전 물질과 단백질을 만든다. 바이러스의 숙주세포 감염 과정은 RNA 유전 정보를 이용하여 자신을 복제하는 과정이다. 바이러스는 유전 정보만 존재하고 대사 과정은 숙주세포에 의지하는 반쪽 생명 현상이다. 바이러스는 유전자가 복제되고 단백질이 만들어지는 과정을 명확하게 보여준다. 그래서 바이러스 공부에 익숙해지면 진핵세포의 복잡한 유전 현상의 핵심이 드러난다.

그림 8-6 크리스퍼 가위는 박테리아가 바이러스에 감염되어 형성된 박테리아의 면역 시스템이다.

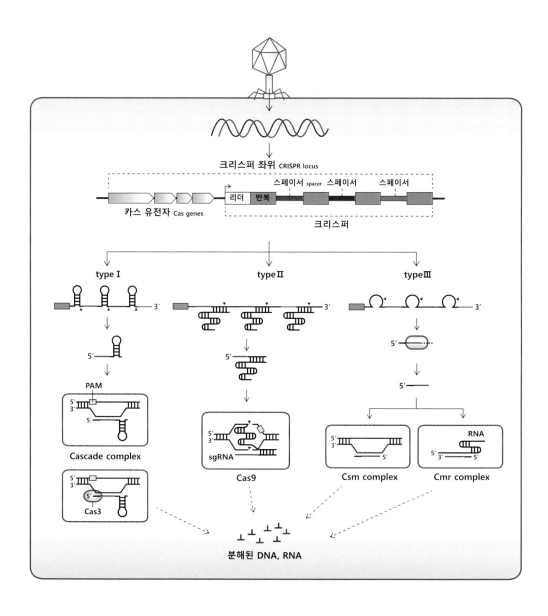

크리스퍼 가위는
바이러스 감염에 대항하는 박테리아의 면역 시스템이다

크리스퍼 가위는 전쟁의 산물이다. 바이러스 감염에 대항하는 박테리아의 면역 시스템이 크리스퍼CRISPR 가위이다. 바이러스가 자신의 DNA를 박테리아 세포 속으로 주입하여 박테리아 DNA 속으로 삽입한다. 침입한 바이러스의 DNA는 박테리아 DNA 여러 곳에 존재하게 되는데, 이러한 영역을 스페이서spacer라 하고, 스페이서 뉴클레오타이드 사이에 존재하는 박테리아 DNA 영역을 리피터repeater라 한다. 크리스퍼CRISPR는 '주기적으로 반복하는 짧은 회문 구조 염기 서열clustered regularly interspaced short palindromic repeaters'의 약자이며, 크리스퍼 가위 유전자는 스페이서와 리피터 영역으로 구성된다. 여기서 팔린드로믹palindromic은 역반복서열을 의미하고, '토마토'처럼 거꾸로 보아도 동일하게 뉴클레오타이드가 배열된다는 뜻이다. 크리스퍼 유전자 앞에는 Cas 9 유전자가 위치하는데, Cas 9는 크리스퍼 연합단백질CRISPR associated protein 9의 약자이다. Cas 9 유전자는 전사와 번역 과정을 거쳐 Cas 9 단백질이 된다. Cas 9 단백질은 N 터미널도메인terminal domain(NTD) 영역에서부터 RuvC-I, 아르기닌, 알파 헬릭스, RuvC-II, HNH, RuvC-III, topo, C 터미널도메인(CTD) 영역이 배열된 구조로, 1,368개의 아미노산으로 이루어진 단백질이다. 여러 개의 스페이서를 포함하는 CRISPR 유전자도 전사되고 절단되어 1개의 스페이서만 갖는 크리스퍼 RNA(crRNA)로 분리된다.

crRNA의 한쪽 끝에는 바이러스 DNA와 결합하는 상보 뉴클레오타이드가 20개나 존재하여 바이러스 DNA와 결합한다. Cas 9 단백질과 크리스퍼 crRNA가 결합하여 단백질과 리보뉴클레오타이드가 결합한 RNP인 Cas9-crRNA가 형성된다. crRNA의 20개 뉴클레오타이드가 바이러스의 DNA와 상보염기로 수소결합을 형성하면, Cas 9 단백질의 분해효소nuclease 영역이 바이러스 DNA 이중가닥을 두 곳에서 절단한다. Cas 9 단백질에서 DNA를 분해하는 영역은 RuvC와 HNH 영역이다. 크리스퍼 가위는 바이러스 DNA를 인식하는 crRNA

와 DNA를 절단하는 단백질 Cas 9가 결합한 분자가위이다. Cas 9-crRNA 유전자 가위는 3세대 가위이며, 1세대 가위는 인식 뉴클레오타이드가 4개인 징크핑거zinc finger이고 2세대 가위는 인식 뉴클레오타이드가 10개인 탈렌TALEN이다.

유전자 가위는 바이러스의 감염에 대한 방어책으로 진화해온 박테리아의 면역체계이다. 유전공학은 박테리아가 만드는 유전자 가위를 인간 유전병과 암 치료에 활용하는 방법을 연구하고 있다. DNA에서 돌연변이 영역을 제거하거나 미리 설계한 뉴클레오타이드를 삽입하여 유전자 치료를 시도한다. 유전자 가위를 인간 게놈에 적용할 때 정상적인 DNA를 절단할 수 있어서 1세대와 2세대 유전자 가위의 사용은 제한적이었다. 3세대 유전자 가위인 크리스퍼 가위는 인식할 수 있는 뉴클레오타이드가 20개나 되어 원하지 않는 정상적인 DNA를 절단할 확률이 크게 줄어든다. crRNA 인식 뉴클레오타이드 서열에 인접하여 PAM 뉴클레오타이드 서열이 존재한다. 크리스퍼 가위는 PAM 서열과 20개의 완전한 인식 서열이 존재하여 DNA 영역과 강한 결합을 형성한다. PAM 서열이 없으면 거의 결합하지 않고, PAM 서열만 존재하거나 완전하지 않은 인식 서열이 존재하면 DNA와 크리스퍼 가위의 결합력은 약해진다. 3세대 유전자 가위인 크리스퍼 가위는 유전학의 새로운 영역을 개척하여 유전병과 암 치료 발전에 기여한다.

바이러스는 식물성 플랑크톤에 감염한다

감기는 바이러스에 감염되어 걸린다. 감기에는 코감기와 목감기 그리고 독감이 있다. 코감기는 라이노바이러스rhinovirus, 목감기는 아데노바이러스adenovirus와 코로나바이러스coronavirus가 원인 바이러스이다. 독감을 일으키는 바이러스의 이름은 인플루엔자influenza이며, 생명을 위협하기도 한다. 1918년 유행한 스페인 독감은 4,000만 명이나 죽인 무서운 재앙이었고, 1957년 아시아 독감과 1968년 홍콩 독감으로도 수백만 명이 죽었다. 독감 바이러스인 인플루엔자는 RNA 바이러스이며, 게놈을 담고 있는 캡사이드capside를 외피envelope로 둘러싸고 있다. 인플루엔자 바이러스 외피에는 단백질이 삽입되어 있으며, 헤마글루티닌hemagglutinin과 뉴라미니다아스neuraminidase라는 두 단백질이 인플루엔자 분류에 중요하다.

스페인 독감바이러스는 H1N1, 아시아 독감은 H2N2, 홍콩 조류독감은 H5N1으로 분류하는데, H는 헤마글루티닌, N은 뉴라미니다아스 단백질을 의미한다. 독감바이러스 인플루엔자를 분류하는 H는 1번에서 15번까지 있으며, H1, H2, H3 인플루엔자는 사람과 사람끼리 감염될 수 있어 급속한 대유행을 일으킨다. H1과 H3 단백질을 이용하여 독감을 예방하는 백신을 개발할 수 있다. H3번에서 H15번 인플루엔자는 조류의 창자 속에서 증식하다가 배설물을 통해 가축인 돼지로 전염된다. 홍콩 조류독감은 새에서 사람으로 전염되는 독감으로, 철새의 내장에는 바이러스가 가득하다.

목감기를 일으키는 코로나바이러스는 사스SARS로 알려진 중증급성호흡기증후군severe acute respiratory syndrome(SARS)의 원인 바이러스이다. 후천성면역결핍증(AIDS)의 원인 바이러스는 레트로바이러스인 인간면역결핍human immunodeficiency(HIV) 바이러스이다. 에이즈 바이러스는 면역세포인 T세포의 CD4 항원과 케모리셉터chemoreceptor와 결합한다. 자궁경부암의 원인 바이러스는 파필로마바이러스papillomavirus이며, A, B, C형의 간염도 바이러스가 유발한다. 식물에 감염하는 바이러스는 담배모자이크병을 유발하는 T4 바이러스와 튤립모자이크 바이러스가 있다. 19세기 네덜란드의 유명한 튤립 투기 열풍은 튤립에 바이러스가 감염되어 생긴 변종 튤립에서 시작되었다. 바이러스는 식물성 플랑크톤에도 감염한다. 바닷물 1리터당 100억 마리 이상의 바이러스가 존재하고, 바이러스에 감염된 플랑크톤은 파열되어 세포 내용물이 대기 중으로 확산된다. 식물성 플랑크톤은 광합성을 위해 바다의 표층수에 번성하는데, 바이러스에 감염되어 죽어가는 플랑크톤 세포의 내용물에는 디메틸설파이드dimethylsulfade(DMH)라는 분자가 존재한다. 대기 속으로 확산된 DMH 분자는 대기 중 물 분자를 응집시키는 핵으로 작용하여 대규모의 구름을 형성할 수 있다. 해양 바이러스가 플랑크톤을 감염시켜 생성된 DMH에 의해 생성된 구름은 햇빛을 차단하여 지구 기온을 낮춘다.

이처럼 바이러스는 감기, 에이즈, 홍역, 간염의 원인을 넘어서 지구 전체 기후 변화에도 일부 관여할 수 있다. 대기 중 산소의 상당한 양이 해양 식물성 플랑크톤의 광합성에서 생겨난다. 바다 플랑크톤은 바이러스에 감염되며, 해양 바이러스에 대한 연구는 최근 주목을 받고 있다. 바이러스는 감기, 에이즈, 간염과 해양 생태계까지 영향을 준다. 행성 지구 표층은 바이러스의 세계이며, 지구는 바이러스 행성일 수 있다.

9 식물과 셀룰로오스

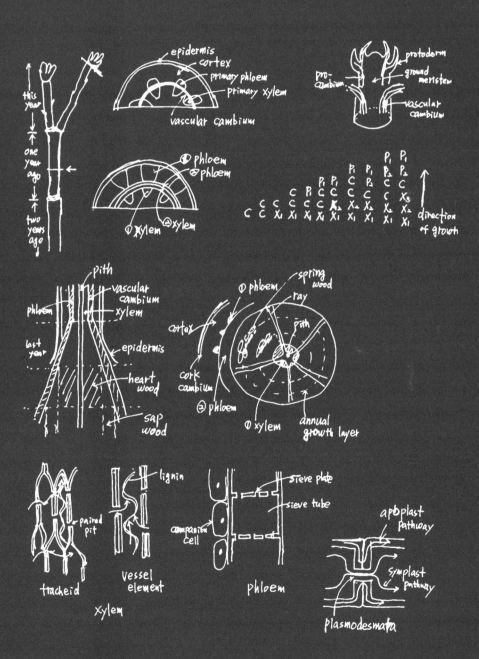

당은 포괄적 개념이다. 당 분자는 탄소를 중심으로 수산기(OH)와 수소(H)가 결합한 형태이고, 탄소 개수에 따라 7탄당, 6탄당, 5탄당, 4탄당, 3탄당이 있다. 또 분자 구조식에 따라 알도스와 케토스로도 분류된다. 6탄당에는 포도당인 글루코스, 과당인 프럭토스, 갈락토스, 만노스, 아라비노스, 자이로스, 퓨코스, 람노스가 있고, 5탄당에는 리불로스, 리보스, 디옥시리보스, 4탄당에는 에

그림 9-1 녹말은 알파글루코스인 포도당이 탈수중합반응으로 결합한 다당류이고, 셀룰로오스는 베타글루코스가 탈수중합반응으로 결합한 다당류이다. 글리코겐은 포도당이 결합한 동물의 저장 다당류이다. 맥아당, 유당, 설탕, 셀로비오스는 이당류이다.

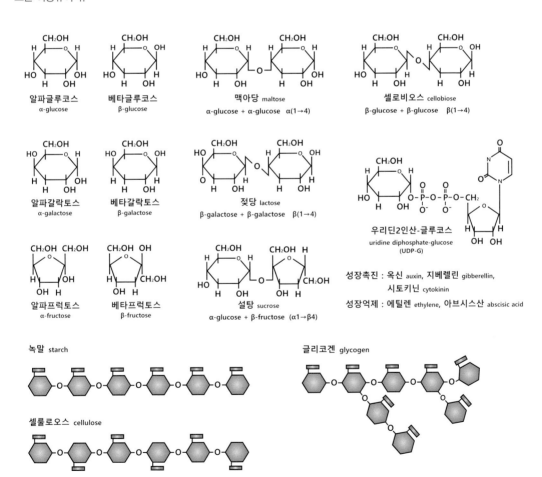

리트로스가 있다. 3탄당에는 G3P, DHAP, BPG, 3PG, 2PG, PEP, 피루브산이 있다. 결합된 당분자 개수로 당을 구분하면, 단당류, 이당류, 다당류로 구분된다. 단당류에서 중요한 분자는 글루코스와 프럭토스이며, 이당류에는 맥아당, 유당, 설탕, 셀로비오스가 있다. 맥아당maltose은 알파글루코스 두 분자의 결합으로 알파글루코스의 1번 탄소의 수산기(OH)와 또 하나의 알파글루코스의 4번 탄소의 OH에서 물 분자(HOH) 1개가 빠져나가면서 알파(1→4) 결합이 생성된다. 유당은 우유 속에 존재하는 이당류이며, 베타갈락토스와 베타글루코스의 베타(1→4) 결합으로 만들어진다. 6탄당을 분류할 때, 1번 탄소에 결합된 OH가 탄소에 아래쪽으로 결합한 당은 알파글루코스, 알파프럭토스, 알파갈락토스가 되며, OH가 탄소에 위쪽으로 결합하면 베타당이 된다.

설탕sucrose은 식물 잎에서 식물 조직으로 체관을 통해서 글루코스를 전달하는 중요한 이당류이다. 설탕 분자는 알파글루코스와 베타프럭토스가 알파1→베타2 결합으로 생성되며, 광합성에서 생성된 글루코스를 저장 조직으로 전달한다. 셀로비오스cellobiose는 베타글루코스 두 분자가 베타(1→4) 결합한 이당류이다. 이당류에서 유당은 포유동물 진화에 중요한 분자로, 젖을 먹는 포유동물 새끼들만 유당을 분해할 수 있다. 인간도 유아만 유당을 분해하고, 나이가 들면 유당을 분해하는 효소가 사라져서 어른들은 우유를 먹으면 설사를 한다. 포유동물이 유당을 일생 동안 분해할 수 있다면 다 자란 동물들이 우유를 두고 어린 새끼들과 경쟁을 하게 되어 새끼들의 생존이 위태로워진다. 그래서 포유동물은 젖을 떼고 나서는 유당 분해 효소가 줄어든다. 그런데 목축을 하는 유목민족은 성인이 된 후에도 유당을 분해하는 능력을 유지하게 되었다. 그 덕에 우유와 유제품을 통한 강한 신체로 세계사를 지배하게 되었다.

당의 분류로 동물의 먹이 섭취 과정을 분석해볼 수도 있다. 다당류는 저장당과 구조당으로 구분된다. 식물의 저장당은 녹말이며, 녹말은 아밀로스amylose와 아밀로펙틴amylopectin으로 구성된다. 아밀로스는 알파글루코스가 알파(1→4) 결합으로 수백 개 이상 연결된 다당류이며, 아밀로펙틴은 아밀로스에서 곁사슬 알파(1→6) 결합이 생겨난 짧은 가지가 존재하는 다당류이다. 찹쌀은 아밀로펙틴으로 분지된 곁사슬이 많아서 점성이 높다. 식물에서 저장당은 녹말이고, 구조당은 셀룰로오스cellulose다. 셀룰로오스는 베타글루코스 수천 개 분자가 베타(1→4) 방향으로 공유결합한 다당류이다. 포도당, 아미노산, 뉴클레오타이드의 단량체가 수백 개 이상 결합하여 탄수화물, 단백질, 핵산의 다량체인 폴리머가 된다. 그래서 포도당, 아미노산, 뉴클레오타이드의 분자식만 알면 3대 영양소를 알게 되고, 생물의 본질이 명확해진다. 더 좋은 소식은 포도당, 아미노산, 뉴클레오타이드 모두가 글루코스 분자에서 시작한다는 사실이다. 글루코스에는 알파글루코스와 베타글루코스가 존재하고, 베타글루코스가 연결된 셀룰로오스를 공부하면 식물생리학이 보인다. 그래서 글루코스는 생물학 전체의 결정적 지식이다.

그림 9-2 글리코겐 합성은 UDP–글루코스 분자가 운반한 글루코스를 글리코겐과 결합하는 것으로, 글리코겐 사슬이 길어진다. 글리코겐이 분해되는 과정에 글루코스1인산 분자가 분리된다.

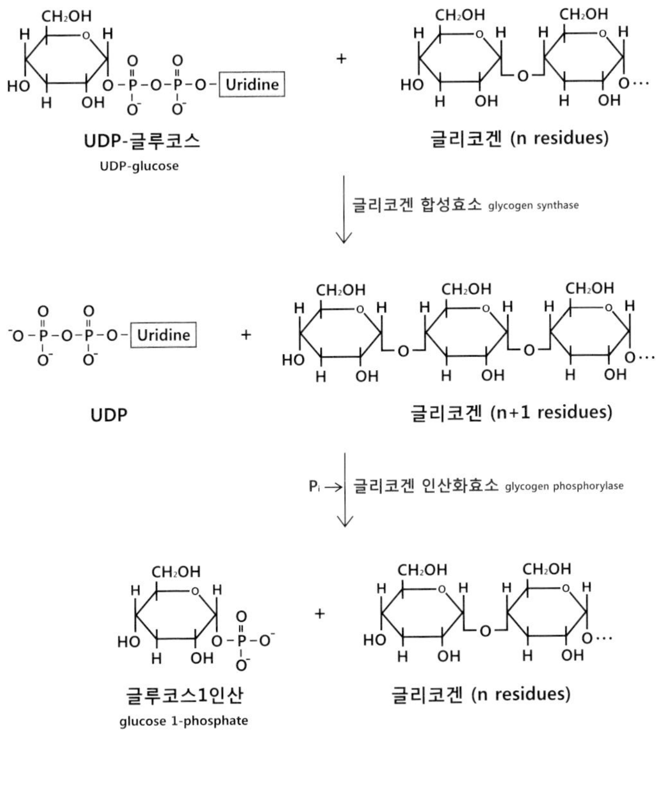

식물에서 저장당은 녹말이며, 동물에서 저장당은 글리코겐이다

글리코겐은 동물의 에너지 저장 분자이다. 동물과 식물은 글루코스 분자를 연결하여 긴 사슬 형태의 거대한 분자인 글리코겐과 셀룰로오스를 만든다. 글리코겐은 동물의 간 세포에서 만들어지며, 근육 세포에 주로 저장되는 저장당이다. 셀룰로오스는 식물 세포벽을 구성하는 구조당이며, 동물은 셀룰로오스를 글루코스로 직접 분해할 수 없다. 식물에서 저장당은 녹말이며, 동물에서 저장당은 글리코겐이다. 구조당인 셀룰로오스는 식물 세포에서만 합성된다. 구조당과 저장당을 구성하는 글루코스는 약간의 차이가 있다. 저장당을 구성하는 글루코스는 알파글루코스이며, 구조당은 베타글루코스가 구성 단위이다. 글루코스의 1번 탄소에 결합된 수산기(OH)가 탄소 아래에 존재하면 알파글루코스이며, OH가 탄소 위에 위치하면 베타글루코스가 된다. 알파글루코스가 여러

그림 9-3 탈수중합 반응으로 단당류인 포도당이 결합하여 녹말을 형성하며, 녹말은 아밀로스, 아밀로펙틴으로 구성된다. 동물 세포에서 저장당인 글리코겐은 글루코스가 결합하여 합성된다.

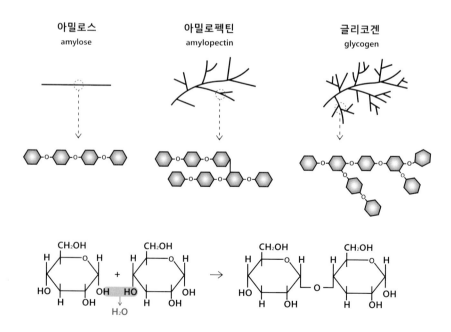

개 결합하여 식물은 녹말을 만들고 동물은 글리코겐을 만든다. 베타글루코스가 여러 개 결합하면 식물의 세포벽을 구성하는 셀룰로오스가 된다. 알파글루코스를 여러 개 결합하려면 글루코스를 운반하는 분자가 존재해야 한다. 알파글루코스를 운반하는 분자는 우리딘2인산(UDP)이며, 글리코겐 합성효소의 작용으로 UDP 분자에 알파글루코스가 결합되어 UDP-글루코스가 된다. 핵산인 UDP 분자에 글루코스가 결합하여 다당류 글리코겐을 합성하는데, 이 과정에서 인산 분자가 빠져나온다. 식물 세포의 저장당인 녹말은 아밀로스와 아밀로펙틴으로 구성되며, 식물 저장다당류인 아밀로스는 알파글루코스 선형연결 고분자이고, 아밀로펙틴은 아밀로스 분자에 곁가지가 생긴 구조이다.

그림 9-4 동물 세포의 글리코겐은 식물 세포의 녹말보다 가지가 더 많은 다당류이다. 잔가지가 많은 다당류인 글리코겐은 포도당으로 분해되는 속도가 빨라 운동하는 근육에 신속히 에너지를 공급할 수 있다.

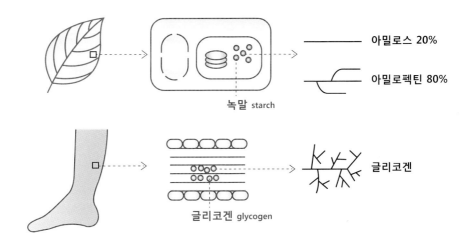

녹말 starch

아밀로스 20%

아밀로펙틴 80%

글리코겐 glycogen

글리코겐

그림 9-5 식물 잎에 저장된 녹말이 글루코스로 분해되고, 인산이 결합하여 G6P가 되고, 캘빈 회로의 DHAP와 함께 세포질에서 해당 과정을 통하여 미토콘드리아 TCA 회로에 입력된다. 세포질의 지질 합성도 G6P와 관련된다.

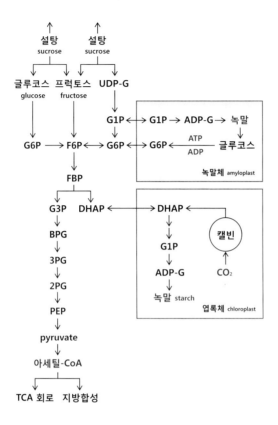

설탕은 잎에서 식물 저장 조직으로 이동한다

설탕은 식물의 혈액 역할을 한다. 혈액은 동물의 온몸을 순환하고, 설탕은 잎에서 식물 저장 조직으로 이동한다. 혈액의 적혈구는 산소를 운반하고, 혈장은 글루코스와 단백질을 세포로 운반한다. 글루코스는 분자식이 $C_6H_{12}O_6$이며 분자량은 180g/mol이고, 알파와 베타의 2가지 이성질체가 존재한다. 글루코스 분자량은 글루코스 분자를 아보가드로수인 6.02×10^{23}만큼 모으면 그 질량이 180그램이 되는데, 아보가드로수만큼 모인 분자를 1몰mol이라 한다. 알파글루코스를 포도당이라 한다. 알파글루코스는 다당류인 녹말이 되어 에너지 저장당이 되고, 베타글루코스는 식물의 셀룰로오스인 구조당이 된다. 설탕은 알파글루코스와 베타프럭토스가 결합한 이당류인데, 저장 조직인 설탕에서 베타프럭토스가 분리되고, 알파글루코스끼리만 결합하여 아밀로스와 아밀로펙틴이 되어 녹말을 만든다.

콩에 단백질이 존재하고 올리브 열매에서 기름이 나오는 이유는 모두 설탕 형태로 이동한 알파글루코스 덕분이다. 낮 동안 광합성의 결과로 생성된 글루코스는 식물 잎 세포의 엽록체 스트로마stroma 공간에 녹말 형태로 저장된다. 식물이 발아하고 성장하는 동안 새로운 조직을 만들 때 필요한 구성 물질의 대부분은 글루코스가 분해되는 과정에서 생성되는 5탄당과 3탄당 분자에서 만들어진다. 꽃가루에는 단백질이 존재하고, 덩이뿌리에는 녹말이 저장되고, 과일에는 6탄당인 과당이 많다. 콩과 식물에는 단백질과 식물성 기름이 풍부하다. 단백질, 지질, 녹말은 아미노산, 지방산, 글루코스로 분해된다. 아미노산, 지방산, 글루코스는 해당 과정과 TCA 회로를 통해서 합성되고 분해된다. 광합성 탄소고정반응에서 생성된 글루코스는 과당과 결합하여 설탕 분자가 되고, 설탕이 혈액처럼 식물 조직으로 이동하여 다시 글루코스와 과당으로 분해된다.

설탕은 식물 조직에서 글루코스와 프럭토스로 분해되거나 글루코스와 핵산과 결합한 글루코스 UDP-G로 나뉜다. UDP-G는 UDP 분자에 글루코스가 결합한 분자로, UDP는 식물 세포에서 글루코스 분자를 이동하는 운반 수단이다. 설탕에서 분리된 알파글루코스는 인산과 결합하여 G6P 분자가 되며, G6P는 글루코스의 6번 탄소에 인산 분자가 탈수중합 작용으로 결합한 형태이다. 알토스 구조인 G6P 분자는 아이소머라아제의 작용으로 케토스 구조의 프럭토스6인산(F6P) 분자로 전환된다. 설탕에서 분리된 과당은 인산과 결합하여 F6P 분자가 되고, F6P 분자에 인산 한 분자가 더 결합하여 프럭토스2인산(FBP) 분자가 된다. 설탕에서 분리된 글루코스는 핵산인 UDP 분자와 결합한 UDP-G 분자가 되었다가, UDP-G에서 분리된 글루코스는 1번 탄소에 인산이 결합한 G1P 분자가 된다.

그림 9-6 식물의 조직은 1기 분열 조직과 2기 분열 조직으로 구분된다.

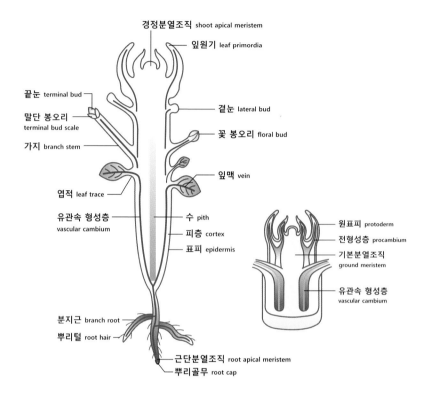

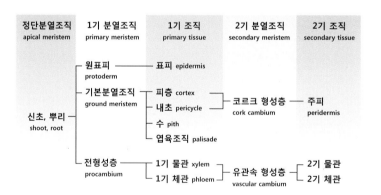

정단분열조직 apical meristem	1기 분열조직 primary meristem	1기 조직 primary tissue	2기 분열조직 secondary meristem	2기 조직 secondary tissue
신초, 뿌리 shoot, root	원표피 protoderm	표피 epidermis		
	기본분열조직 ground meristem	피층 cortex 내초 pericycle 수 pith 엽육조직 palisade	코르크 형성층 cork cambium	주피 peridermis
	전형성층 procambium	1기 물관 xylem 1기 체관 phloem	유관속 형성층 vascular cambium	2기 물관 2기 체관

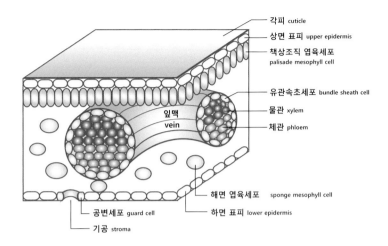

G1P는 인산의 위치가 6번 탄소로 바뀌어 G6P 분자로 전환된다. 글루코스에 인산이 결합된 G1P와 G6P 분자는 식물의 저장 조직으로 입력된다. 식물 저장 조직에서 G1P 분자는 핵산인 ADP 분자와 결합하여 ADP-G 분자가 되며, ADP-G 분자는 다당류인 아밀로스와 아밀로펙틴 사슬에 글루코스를 전달해준다. 그 결과 글루코스 분자가 계속 결합하여 녹말이 된다. 설탕의 분해로 생성된 프럭토스 분자에서 생겨난 6탄당인 FBP 분자는 3탄당인 G3P와 DHAP 분자로 분해된다.

식물 조직은 세포 분열하는 살아 있는 분열조직에서 만들어진다

식물은 매년 새롭게 태어난다. 식물의 생명은 녹색에 존재한다. 행성 지구의 표면은 엽록체의 녹색 옷을 입었다. 엽록체 속의 녹색 색소인 엽록소 분자는 태양의 680nm 붉은색 빛은 흡수하고 초록색은 반사하거나 투과하여, 식물의 잎이 초록색으로 보인다. 식물의 근본은 뿌리가 아니고 잎이다. 식물

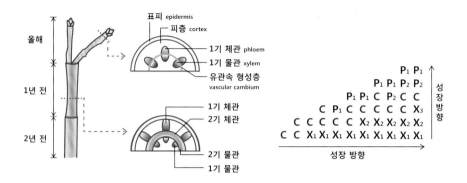

그림 9-8 식물의 관다발 형성층 C에서 물관 X와 체관 P가 교대로 생성되면서 나무가 굵어진다. 식물 줄기의 마디는 1년 간 자라면서 생성되고, 마디에서 관다발 흔적을 볼 수 있다.

에서 살아 있는 조직은 잎, 꽃, 싹, 어린줄기이고, 나머지 대부분은 죽은 조직이다. 식물 조직은 세포 분열하는 살아 있는 조직과 분열하지 않는 죽은 조직으로 나뉜다. 식물 세포의 분열조직은 정단분열조직apical meristem, 1기 분열조직primary meristem, 2기 분열조직secondary meristem으로 구분된다. 정단분열조직은 식물 어린 싹의 위쪽 끝부분에서 빠르게 분열하여 식물을 위로 자라게 한다. 뿌리에도 정단분열조직이 존재하여 뿌리를 뻗어나가게 한다.

정단분열조직에서 1기 분열조직이 생성되며 1기 분열조직은 원표피protoderm, 기본분열조직ground meristem, 전형성층procambium으로 구분된다. 1기 분열조직이 생성하는 세포들이 1기 조직을 만든다. 1기 분열조직은 활발히 세포 분열하여 원표피조직은 표피를 형성하고 기본분열조직은 뿌리에서 내초pericycle, 줄기에서 피층cortex, 잎에서 엽육조직palisade, 식물 전체로 수pith를 만든다. 전형성층 procambium은 세포 분열하여 1기 물관primary xylem과 1기 체관primary phloem을 형성한다. 1기 조직인 피층과 내초에서 2기 분열조직인 코르크 형성층cork cambium이 생성되고, 1기 분열조직인 전형성층은 유관속 형성층vascular cambium으로 바뀐다. 코르크 형성층에서 식물 표면을 구성하는 2기 조직인 주피periderm가 생성되고, 유관속형성층에서 2기 물관과 2기 체관이 형성된다. 이처럼 식물 조직은 1기 조직

446

그림 9-9 식물의 물관은 헛물관과 물관요소로 구분되는데, 헛물관은 나자식물의 물관이고, 피자식물의 물관은 헛물관과 물관요소로 구성된다. 체관은 설탕이 이동하는 통로이며 동반세포가 함께 존재한다.

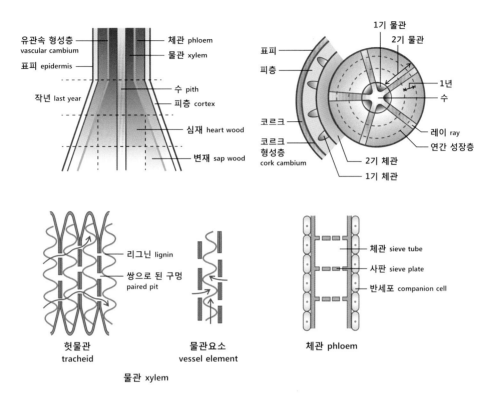

과 2기 조직으로 구분되는데, 모든 식물은 1기 조직이 존재하며, 2기 조직을 갖는 식물을 나무라 한다.

한해살이 꽃식물이 풀이며, 풀은 1기 조직만 있다. 식물의 1기 조직은 수직으로만 생장하므로 풀은 위로 잎을 내고 아래로 뿌리가 자라지만 측면으로는 생장하지 않는다. 반면에 2기 분열조직인 유관속 형성층은 2기 물관과 2기 체관을 생성하여 옆으로 자라게 되어 나무가 굵어진다. 나무 몸통의 대부분은 2기 물관으로 구성되며, 2기 체관은 코르크 형성층에 포함된다. 식물이 계속 성장하는 이유는 1기 분열조직이 계속하여 새로운 세포를 만들기 때문이다. 1기 분열조직에서 생겨나는 잎은 겨울이 되면 세포가 동결하므로 겨울이 되기 전에 잎

그림 9-10 식물 세포의 세포벽은 셀룰로오스, 헤미셀룰로오스, 리그닌으로 구성되며, 셀룰로오스 합성은 셀룰로오스 합성효소에 의해 36개 가닥의 셀룰로오스가 생성되어 식물 세포벽을 만든다.

출처: https://www.ccrc.uga.edu/~mao/intro/ouline.htm, Complex Carbohydrate Research Center, The University of Georgia.

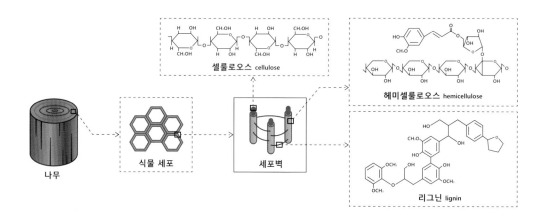

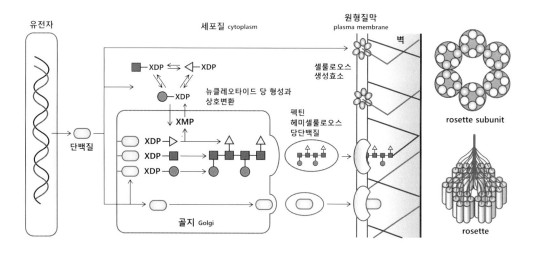

그림 9-11 식물 세포벽에는 1차 세포벽과 2차 세포벽이 있으며, 다른 세포와 중간층으로 결합된다.

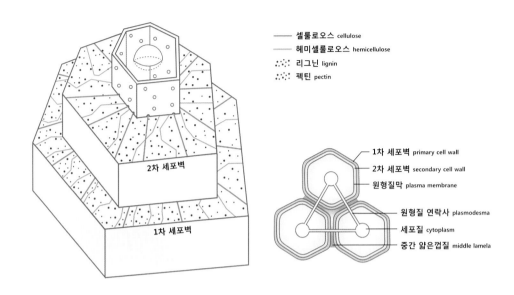

이 탈락하고 매년 봄에 새로운 잎이 생겨난다. 식물의 2기 조직은 주로 물관으로 구성되며, 그해에 생성된 물관으로 물을 수송한다. 오래된 물관은 죽은 세포이며, 나무의 대부분을 구성한다. 나자식물(겉씨식물)의 목재는 침엽수의 헛물관tracheid으로 이루어져 있다.

물관세포벽에 셀룰로오스가 침착되어
세포벽이 두꺼워져 강한 물관이 된다

식물은 서 있는 물기둥이다. 상승하는 물 분자의 가느다랗고 긴 행렬이 대기 속에 극소량(400ppm) 존재하는 기체 이산화탄소를 만나 낳은 자식이 글루코스이다. 이산화탄소 400ppm은 공기를 구성하는 100만 개 분자 중 400개가 이산화탄소라는 의미이다. 공기의 조성은 질소 분자 78%, 산소 분자 21%, 아르곤 1% 정도이다. 이산화탄소는 0.04%로 1만 개의 공기 구성 분자에서 4개만 차지한다. 이처럼 극소수인 이산화탄소가 생명 현상의 주역이다. 물과 이산화탄소가 광합성을 통해 행성 지구의 표면을 푸른색으로 바꾸었다. 그래서 생명은 지구의 푸른 불꽃이다. 물 분자가 손에 손을 잡고 뿌리에서 아득히 멀리 떨어진 잎까지 기나긴 행진을 하는 통로가 관다발 속의 물관이다. 물관과 체관이 다발을 이룬 관다발vascular bundle은 식물의 존재 그 자체이다. 물관xylem은 뿌리에서 잎으로 물을 이동하는 관이며, 체관phloem은 잎에서 만든 글루코스를 이당류인 설탕 분자로 전달하는 관이다. 쌍떡잎식물은 관다발이 원형으로 분포하고, 외떡잎식물은 관다발이 식물 줄기 단면에 고르게 분포한다.

물관은 세포벽이 두꺼운 죽은 세포이고, 체관은 동반세포campanion cell에 붙어 있는 살아 있는 세포이다. 물관세포 벽에 셀룰로오스가 침착되어 세포벽이 두꺼워지고 견고해져서 강한 수압을 견딜 수 있다. 물관에는 헛물관tracheid과 물관요소vessel element의 두 종류가 있다. 헛물관은 아래위가 막히고 둘레에 벽공이 있다. 여러 개의 헛물관이 벽공을 통하여 서로 물이 통과하는 구조이다. 헛물관은 약 4억 2,000만 년 전에 출현했으며, 피자식물을 제외한 양치식물과 구과식물에 존재하는 물관 형태이다. 아래와 위가 천공으로 열린 구조인 물관요소는 지름이 큰 물관으로, 꽃식물에 존재한다. 물관을 통하여 뿌리에서 잎으로 물이 올라가는 과정은 물 분자의 물관 벽 부착력과 물 분자 사이의 수소결합으로 물 분자가 긴 사슬을 이루며 이동하는 방식이다. 지름이 큰 물관요소만 존재하면 물의 이동 속도가 높아져서 물 분자 사슬이 끊어지는 현상이 생긴다. 그래서 꽃식물은 물관요소에 헛물관을 함께 배열하여 물 분자의 사슬이 절단되지 않게 한다.

물관세포는 원형질막에 삽입된 셀룰로오스합성효소복합체cellulose synthase complex(CSC)의 작용으로 원형질막 외부로 자라는 베타글루코스의 사슬을 만든다. 셀룰로오스 합성효소는 6개의 서브모듈로 구성되는데, 각각의 서브모듈에는 포도당을 연결하는 구멍이 6개 있으며, 전체 36개의 구멍에서 베타글루코스 분자가 결합하여 셀룰로오스 사슬을 만든다. CSC는 수크로스 합성효소와 셀룰로오스 합성효소가 결합된 복합 효소이며, 수크로스 합성효소에서 수크로스와 프럭토스를 분리하고 베타글루코스를 UDP 분자에 결합하여 UDP-G 분자를 만든다. CSC에 의해 UDP-G 분자에서 글루코스가 분리되어 형성 중인 베타글루코스 사슬에 결합하면 셀룰로오스 다량체 가닥이 길어진다. 원형질막에 삽입된 CSC에서 생성되는 36가닥의 셀룰로오스는 가닥 사이의 수소결합으로 셀룰로오스 미세섬유cellulose microfibril의 형태가 된다. 셀룰로오스 미세섬유는 다당류인 헤미셀룰로오스hemicellulose와 리그닌에 의해 결합이 강화되어 세포벽을 만든다.

관다발 형성층에서 물관으로 분화하는 세포는 성숙하여 세포벽이 두꺼워지면서 죽게 되고, 세포벽에 벽공이란 구멍이 생긴다. 인접하는 물관세포의 아래와 위는 천공으로 서로 연결된다. 물관세포들이 서로 접촉하는 세포막에 물질 교환이 가능한 벽공이 있고, 그 벽공을 통해 물이 물관세포들 사이로 통과한다. 상호 연결된 물관세포는 위아래로 세포막이 사라져서 물관요소와 결합하여 긴 물관이 된다. 물관세포는 죽은 세포이다. 죽은 물관세포가 만든 관을 통해 물 분자가 식물 잎 세포까지 수소결합으로 연결된 긴사슬 형태로 전송되어 광합성이 일어난다. 죽은 물관세포가 살아 있는 꽃을 만드는 것이다.

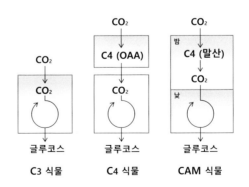

그림 9-12 식물은 이산화탄소 흡수 과정에 따라 C3 식물, C4 식물, CAM 식물로 나뉜다.

그림 9-13 C4 식물은 이산화탄소가 처음 고정되는 분자가 탄소 4개인 옥살로아세트산이어서 C4 식물이라 한다. 잎의 엽육세포에서 광합성이 일어나는 C3 식물과 달리 C4 식물은 식물잎 관다발을 에워싸는 유관속초세포에서 광합성 캘빈 회로 작용이 일어난다. 루비스코 효소는 이산화탄소가 낮은 환경에서 산소와 결합하고 이산화탄소를 방출하는데, 동물의 호흡과 비슷한 이 과정을 빛이 촉발한 호흡인 광호흡이라 한다.

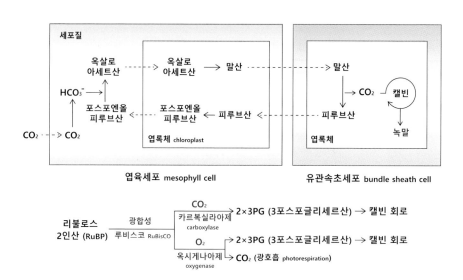

신생대의 낮은 이산화탄소 농도에 대한 적응으로
C4 식물과 CAM 식물이 출현하였다

식물은 이산화탄소가 고정되는 방식에 따라 C3, C4, CAM의 세 종류로 구분된다. 이산화탄소는 광합성의 탄소고정반응 캘빈 회로에서 루비스코 단백질에 의해 리불로스2인산(RuBP) 분자에 결합한다. 엽록체의 스트로마에서 5탄당인 RuBP 분자가 물과 이산화탄소와 결합하여 두 분자의 3PG 분자로 전환된다. 캘빈 회로는 Ru5P→RuBP→3PG→BPG→G3P 과정을 통하여 글리세르알데하이드3인산(G3P) 분자 6개를 생성한다. 6개 분자의 G3P에서 5개 분자는 캘빈 회로를 통하여 다시 Ru5P가 되고, 한 분자의 G3P가 DHAP 분자와 결합하여 G3P+DHAP→FBP→F6P→G6P 과정을 통하여 글루코스6인산(G6P) 분

그림 9-14 해당 과정, 식물 분류, 이당류형성 분자 구조 한 장에 모음

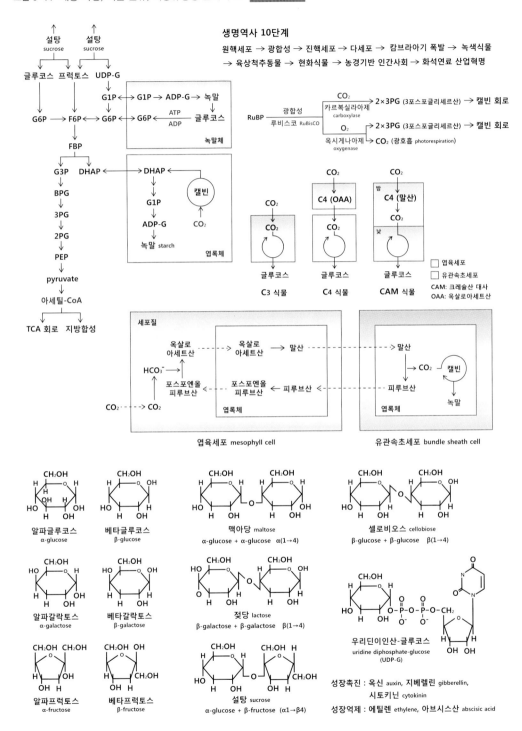

자가 생긴다. 식물 엽록체 스트로마에 존재하는 광합성 캘빈 회로 작용으로 생성된 G6P 분자는 낮 동안 알파글루코스 분자가 다중으로 결합하여 아밀로스amylose와 아밀로펙틴amylopectin이 된다. 아밀로스와 아밀로펙틴이 모여서 녹말이 된다. 밤에는 알파글루코스와 베타과당이 결합하여 수크로스인 설탕 분자가 되어 체관을 통해 식물의 생장 조직으로 전달된다.

캘빈 회로에서 루비스코Rubisco 효소에 의해 이산화탄소 한 분자가 RuBP에 결합하여 두 분자의 3PG가 생성된다. 이산화탄소가 결합하는 최초의 분자는 3PG 분자이며, 탄소가 3개여서 이런 식물을 C3 식물이라 한다. 식물의 85%는 C3 식물이며, 15%는 C4 식물이다. 선인장과 다육식물은 C4 식물에서 특별히 CAM 식물이라 한다. C4 식물은 이산화탄소 농도가 낮은 환경인 신생대에 진화한 식물로, 옥수수와 사탕수수가 여기 속한다. C4 식물은 이산화탄소가 처음 고정되는 분자가 탄소 4개인 옥살로아세트산이어서 C4 식물이라 한다. 엽육세포palisade mesophyll cell에서 광합성이 일어나는 C3 식물과 달리 C4 식물은 식물잎 관다발을 에워싸는 관다발초bundle sheath 세포에서 광합성 캘빈 회로 작용이 일어나며, 관다발초세포는 유관속초세포이다. 잎의 기공에서 엽육세포로 확산되어 유입되는 이산화탄소가 엽육세포 세포질의 수분에 용해되어 $CO_2 + H_2O \rightarrow H^+ + HCO_3^-$가 되며, HCO_3^- 분자가 포스포엔올피루브산(PEP) 분자와 결합하여 옥살로아세트산 분자가 된다.

옥살로아세트산은 엽육세포의 엽록체 스트로마로 들어가서 말산으로 전환되는데, 이 과정에서 $NADPH^+ + H^+ + 2e^- \rightarrow NADP^+$ 산화반응이 일어난다. 말산은 엽육세포에서 관다발초 세포로 전달된다. 관다발을 둘러싸는 관다발초 세포의 엽록체에서 말산은 이산화탄소를 방출하고 캘빈 회로의 RuBP 분자와 결합하여 캘빈 회로를 작동시킨다. 이산화탄소를 방출한 말산은 피루브산이 되고, 피루브산은 다시 엽육세포의 엽록체로 입력되어 포스포엔올피루브산(PEP)이 된다. 포스포엔올피루브산은 엽육세포의 세포질로 이동하여 다시 HCO_3^- 분자와 결합해 탄소 고정 회로가 계속된다. C3 식물은 탄소를 고정하는 캘빈 회로가 엽육세포에만 한정되지만, C4 식물은 탄소 고정 과정이 엽육세포와 관다발초세포에 분산되어 있다.

　낮은 농도의 이산화탄소에 적응하는 C4 식물의 다른 형태가 크래슐산동화 crassulacean acid metabolism(CAM) 식물이다. CAM 식물은 사막의 고온건조한 환경에 적응한 식물로, 낮 동안은 수분 증발을 막기 위해 기공을 닫아둔다. 그래서 낮 동안 수분 증산과 기공을 통한 이산화탄소의 흡수가 중단된다. 낮이 아닌 밤에 기공을 열어 엽육세포에서 이산화탄소를 말산으로 흡수하여 액포에 저장해두면 낮 동안에 액포 말산에서 방출된 이산화탄소로 엽육세포에서 캘빈 회로 작용이 일어난다. C4 식물은 이산화탄소 고정 광합성을 엽육세포와 관다발초세포에 나누는 공간 분할 방식이고, CAM 식물은 광합성 과정을 밤과 낮으로 나누는 시간 분할 방식이다. 이렇게 광합성 방식이 진화된 이유는 이산화탄소를 고정하는 효소인 루비스코가 이산화탄소 농도가 낮으면 이산화탄소 대신 산소 분자와 결합하고, 이 과정에서 일부는 캘빈 회로가 작동하지만 일부는 산소를 호흡하며 이산화탄소를 고정하지 않고 다시 방출하는 이산화탄소 손실 회로로 작동하기 때문이다.

　루비스코 효소는 광호흡을 일으킨다. 식물의 광호흡은 루비스코 효소의 이름 속에 포함되어 있는데, 루비스코는 이산화탄소와 결합할 때는 카르복실라아제로 작용하고 이산화탄소 대신 산소와 결합하면 옥시게나아제로 작용한다. 지구 초기 대기에는 고농도의 이산화탄소가 존재했으며, 산소 분자는 거의 없었다. 그래서 산소가 거의 없는 지구 초기에 진화한 루비스코 효소는 산소 농도가 증가한 지난 10억 년 간의 지구 대기에 대한 대비책이 당연히 없었다. 신생대에서 극도로 낮아진 이산화탄소 환경에서 농도가 높은 산소 기체와 반응하게 되어 광호흡이라는 비효율적 과정이 파생되었다. 이런 광호흡에서 손실되는 이산화탄소를 잘 흡수하기 위한 진화로 C4 식물과 CAM 식물이 이산화탄소 농도가 낮은 신생대에 출현하게 되었다. 루비스코 효소 단백질의 작용 속에는 초기 지구 대기의 흔적이 남아 있다. 생물이 환경에 적응한다는 표현은 단백질이 진화한다는 의미이다. 생명은 환경에 따라 변화하는 분자 시스템으로 정의할 수 있다.

그림 9-15 식물의 호르몬 분자 구조

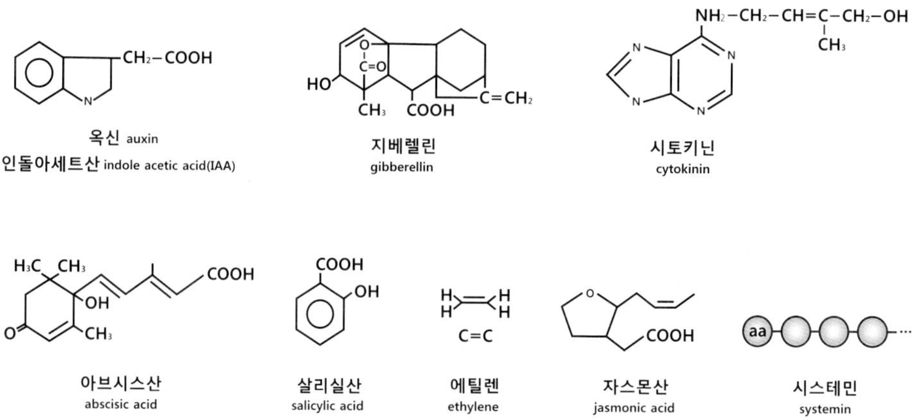

옥신 auxin
인돌아세트산 indole acetic acid(IAA)

지베렐린
gibberellin

시토키닌
cytokinin

아브시스산
abscisic acid

살리실산
salicylic acid

에틸렌
ethylene

자스몬산
jasmonic acid

시스테민
systemin

식물의 생리적 반응은 주로 호르몬 분자들이 담당한다

식물도 정보를 교환한다. 식물에도 감정이 있고 식물도 움직인다는 이야기는 전형적인 의인화다. 의인화의 뇌 작용은 약 1만 년 전 동물을 가축화하고 식물을 재배하는 농업 혁명을 촉발했다. 야생의 동물과 식물을 인간이 길들이고 재배하려면 동물과 식물의 생리를 이해해야 한다. 동물과 식물을 이해하려면 동물과 식물도 인간과 비슷한 감정이 있다고 여기면 된다. 동물과 식물의 의인화는 동물과 식물도 인간과 소통할 수 있다고 무의식적으로 느끼는 인간의 적응된 뇌 회로 작용이다. 식물도 병균이나 곰팡이 감염에 반응하는 화학 물질을 분비한다. 식충식물은 벌레를 잡아먹기 위해 잎을 움직인다. 이러한 식물의 반응은 신경시스템에 의한 감각과 운동이 아닌 생리적 반응이다.

식물의 생리적 반응은 주로 호르몬 분자들이 담당한다. 식물의 호르몬은 성장촉진호르몬과 성장억제호르몬으로 구분되는데, 성장촉진호르몬에는 옥신auxin, 지베렐린gibberellin, 시토키닌cytokinin이 있고, 성장억제호르몬에는 에틸렌ethylene과

아브시스산abscisic이 있다. 그리고 병원균에 대항하는 살리실산salicylic acid과 곰팡이에 저항하는 자스몬산jasmonic acid 분자가 있으며, 상처난 부위를 알려주는 시스테민systemin 단백질도 생성한다. 옥신 분자는 6각형과 5각형 고리 구조인 인돌indole 형태에 CH_2COOH가 사슬 구조로 결합된 분자로, 인돌아세트산indoleacetic acid이라 한다. 나무의 맨 꼭대기 분열조직shoot apical 세포에서 옥신 농도가 가장 높으며, 옥신 농도가 높으면 잎이 발생할 확률이 낮아진다. 식물이 수직으로 자랄 때 옥신 농도는 아래로 갈수록 낮아지고, 옥신 농도가 낮아지면 잎이 많이 생겨난다. 그래서 나무의 위쪽으로 갈수록 잎이 줄어들고, 아래쪽에는 잎이 무성해 나무의 전체적인 모양이 원추형이 되는 것이다.

식물의 맨 위의 정단분열조직을 잘라내면 옥신 생산이 줄어들어 아래쪽 가지에서 잎이 많이 생긴다. 그리고 옥신 분자의 작용으로 식물이 태양을 향해 줄기를 뻗어가는 향일성 작용이 일어난다. 지베렐린은 6각형 고리 사이에 5각형 고리가 있는 분자이며, 세포분열을 촉진하여 식물을 생장시킨다. 지베렐린 분자식에서 특이한 점은 6각형 고리에서 튀어나온 형태로 $O-C=O$와 $C-C=CH_2$ 결합이 존재하여 분자식에서 입체 연결 구조를 보여준다는 것이다. 시토키닌 분자는 5각형과 6각형 고리가 결합된 핵산의 퓨린염기 분자 구조에 $NH-CH_2-CH=(CH_2-C-CH_2OH)$가 사슬 형태로 결합된 분자이며, 세포분열과 관다발 생성을 촉진하는 식물 호르몬 분자이다. 아브시스산은 6각형 고리에 탄소수소 곁사슬이 달린 분자로, 잎에서 종자로 양분의 수송을 촉진한다. 병원균 감염에 대응하는 식물 분자는 살리실산salicylic acid으로, 6각형 고리에 카르복실기와 수산기가 결합한 분자이며, 버드나무 껍질에서 추출한 가루 형태로, 해열 작용이 있다. 살리실산의 수산기와 카르복실기를 에스테르화 반응으로 처리하여 만든 약품이 바로 아스피린인데, 아스피린은 최초의 합성 약품이다. 자스몬산은 5각형고리에 2개의 곁사슬이 부착된 분자이며, 곰팡이 감염에 반응하여 생성된 식물 호르몬이다. 식물에서 상처 난 곳을 알려주는 시스테민이라는 단백질도 생성된다. 이처럼 식물은 병균과 곰팡이 감염에 대응하여 호르몬 분자를 만들고, 생장을 조절하는 분자를 생성하여 꽃을 피우고 열매를 맺고 종자를 만드는 시기를 조절한다. 이러한 생명 현상의 조절 작용은 생체 분자를 만들고 전달하여 이루어진다. 모두가 분자, 분자, 분자의 작용이다.

그림 9-16 식물 호르몬 옥신은 굴광성과 굴중성을 유발한다.

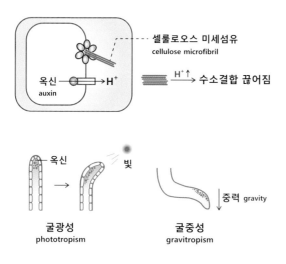

식물 호르몬 옥신의 작용으로 식물의 굴광성 작용이 일어난다

식물은 빛을 따라간다. 광합성은 빛에너지로 유기 분자를 만든다. 엽록체에 틸라코이드 구조가 있고, 틸라코이드막에 단백질이 삽입된 단백질복합체 속에 680nm 파장의 빛을 흡수하는 색소 분자인 엽록소가 있다. 빛을 받아야 광합성 명반응 과정이 일어나므로 식물 잎은 빛이 있는 방향으로 줄기를 뻗어간다. 식물이 빛을 향하여 줄기를 굽히는 능력을 굴광성phototropism이라 하는데, 이는 식물 호르몬 옥신auxin의 작용이다. 식물 원형질막에 존재하는 셀룰로오스합성효소복합체는 36개 가닥의 셀룰로오스 분자사슬을 거미줄처럼 뽑아낸다. 식물 세포가 만드는 셀룰로오스 가닥은 2,000개 이상의 베타글루코스 분자가 연결되어 길이가 수 μm 정도 되는 단일 가닥이다.

36개의 셀룰로오스 가닥은 수소결합으로 가닥끼리 결합하여 미세섬유소 microfibril가 된다. 셀룰로오스 미세섬유는 헤미셀룰로오스, 펙틴, 리그닌 분자로 구성되며, 단단히 엮어서 세포벽을 구성한다. 식물 세포벽은 원형질막에서부터 3개의 2차벽 S1, S2, S3과 일차세포벽, 중간층이 존재한다. 중간층은 식물 세포끼리 만나는 경계면의 층으로, 식물 세포들을 결합한다. 식물 줄기가 빛을 향해 굽어지는 과정은 세포벽을 구성하는 셀룰로오스 미세섬유를 결합하는 수소결합의 절단으로 촉발된다. 셀룰로오스 가닥 사이의 수소결합 절단은 옥신 호르몬 분자와 관련된다. 식물 세포에서 옥신 농도가 높아지면 세포질에서 세포막으로 양성자를 퍼내는 펌프 역할을 하는 단백질이 작동하여 세포막에 양성자 농도가 높아진다.

세포막으로 퍼내어진 양성자는 셀룰로오스 가닥 사이 수소결합을 절단하는데, 이로 인해 셀룰로오스 다발이 풀어져서 각각의 셀룰로오스 미세섬유가 단일 가닥으로 분리되며 셀룰로오스 가닥 사이로 물이 들어가서 세포막이 팽창하게 된다. 빛을 받는 반대쪽에 옥신의 농도가 높아지고, 빛을 받는 줄기 면에는 옥신 농도가 상대적으로 낮아진다. 옥신 농도가 높아진 식물 세포는 물의 흡수로 세포벽이 팽창하여 세포가 늘어나게 된다. 그러면 줄기가 빛 방향으로 굽어진다. 뿌리가 땅속으로 뻗어가는 이유도 옥신의 작용 때문이다. 뿌리 세포들은 중력에 반응하기 때문에 중력 방향을 향하는 뿌리면보다 반대쪽 세포에서 옥신 농도가 높아져 세포가 팽창한다. 이렇게 뿌리가 아래로 향하는 성질을 식물의 굴중성 gravitropism이라 한다.

식물이 만드는 호르몬 분자는 식물 세포끼리 정보를 주고받아 집단적 세포 작용에 영향을 미친다. 사과 상자에서 한 개의 사과가 썩으면 에틸렌 분자가 퍼져 옆에 있는 사과들도 썩는다. 소나무가 상처를 입으면 송진이 분비되어 상처를 보호하고, 곰팡이와 세균에 감염되면 자스몬산과 살리실산을 분비하여 집단으로 방어를 한다. 굵은 침엽수 나무는 목재를 생산한다. 목재는 2기 물관으로 만들어진다. 물관에는 헛물관과 물관요소가 있는데 침엽수의 목재는 헛물관으로만 구성되고, 꽃식물의 물관은 헛물관과 물관요소가 함께 존재한다. 물관요소는 열린 원통 형태여서 곰팡이가 물관요소 속에서 번식할 수 있다. 목재 안쪽 부분의 물관은 목전소suberin와 목질소lignin로 채워져 단단해진다. 나무의 가운데 영역은 짙은 색깔의 심재heartwood가 되고, 주변 영역은 변재sapwood가 된다.

식물은 관다발과 종자의 존재 여부에 따라 분류된다

식물은 관다발과 종자의 존재 여부에 따라 분류된다. 관다발과 종자 모두 없는 식물이 이끼류이고, 이끼류는 무관속 무종자 식물이다. 관다발은 존재하고 종자가 없는 식물이 양치류이고, 양치식물은 유관속 무종자 식물이다. 관다발과 종자 모두 있는 식물은 종자가 드러나는 나자식물과 종자가 드러나지 않는 피자식물로 구분된다. 무관속 식물은 뿔이끼hornwort, 우산이끼liverwort, 이끼moss가 있으며, 이끼류를 합쳐서 선태류bryophyte라 한다. 유관속 무종자 식물은 잎맥의 형태에 따라 소엽microphylla과 대엽megaphylla 식물로 구별된다. 잎맥vein은 물관과 체관이 합쳐진 관다발이다. 소엽은 잎맥이 하나인 식물로, 석송목lycopodiales과 부처손목selaginellales이 있다. 양치식물은 최초의 대엽식물이다. 양치식물은 잎맥이 여러 갈래인 대엽이며, 씨가 아닌 포자로 번식하는 관속 무종자 식물이다. 양치식물에는 솔잎란, 나도고사리삼, 쇠뜨기, 마라티아고사리, 고비류, 처녀고사리, 발톱고사리, 실고사리, 물고사리, 나무고사리, 고란초가 있다. 나무고사리는 키가 10미터나 되며, 뉴질랜드에 숲을 이루고 있다.

화석으로만 존재하는 종자고사리는 최초의 종자식물로, 나자식물의 씨와 관련되며 포자에서 종자식물로 바뀐 고사리이다. 종자식물은 나자식물과 피자식물로 구분되는데, 피자식물은 외떡잎식물monocot과 쌍떡잎식물eudicot로 나뉜다. 나자식물은 침엽수로 은행, 소철, 구과식물, 마황류가 있다. 은행과 소철은 현존하는 화석식물로, 중생대에 번성했던 식물이다. 구과식물은 솔방울을 맺는 나자식물로 소나무, 잣나무, 측백나무 등이 있다. 피자식물의 다른 이름은 현화식물,

그림 9-17 식물은 관다발과 씨의 존재 유무에 따라 이끼식물, 양치식물, 종자식물로 구별된다.

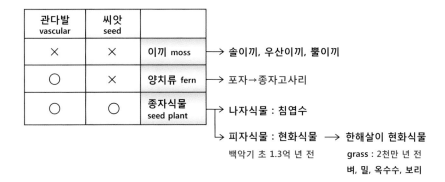

꽃식물이다. 중생대 백악기 초에 등장한 꽃식물은 신생대에 가장 번성한 식물로, 곤충과의 상호 공생 덕에 꽃식물과 곤충의 종류가 매우 많아졌다. 공룡은 침엽수를 일방적으로 착취하는데, 이러한 편리공생은 공룡 멸종의 일부 원인이 되었다. 포유동물이 곤충의 애벌레를 단백질 먹이로 잡아먹으면서 꽃식물과 곤충의 상호 공생이 위태로워졌지만 꽃식물이 열매를 진화시키고 포유동물 특히 영장류가 곤충보다 열매를 좋아하면서 꽃식물, 곤충, 영장류의 상호 먹이사슬이 협력적 공생 시스템으로 진화하였다. 이에 신생대는 현화식물, 곤충, 포유류의 시대가 되었다. 생물 세계는 먹이사슬로 얽힌 다양한 시스템의 상호작용이 생존 환경을 구성한다. 일방적 착취는 생존 환경을 파괴하며, 상호 공존은 중요한 생존 전략이 된다.

식물 진화는 수분의 진화 과정에 드러난다

식물 진화의 두 도약은 관다발과 종자의 출현이다. 관다발이 없는 이끼류는 물 공급이 어려워 높이 자랄 수 없고 물가를 벗어나기 어렵다. 관다발이 발달한 양치식물은 10미터 이상 자랄 수 있지만 포자들이 물을 매개로 수분하기 때문에 습한 지역에서만 번성한다. 중생대에 번성한 침엽수는 정자에 해당하는 가루를 바람에 흩뿌려서 수분을 하였기에 건조한 대륙 내부로 진출할 수 있었다. 꽃식물은 종자를 씨방으로 보호하여 환경 변화에 더 강한 종자인 씨를 만들었다. 기원상 씨는 잎에서 시작하며 합생심피carpel와 하위자방inferior ovary으로 간략히 표현된다. 씨는 씨방으로 둘러싸이고, 씨방은 암술의 밑부분이다. 씨의 기원은 포자이며, 포자는 동형포자에서 이형포자로 발전한다. 동형포자는 크기가 같은 포자이며, 이형포자는 크기가 다르며 대포자megaspore가 동물의 난자, 소포자microspore가 정자 역할을 한다. 고생대에 출현한 종자고사리는 대엽megaphyll의 가장자리에 대포자가 달려 있었고, 대엽이 말려들면서 대포자들이 콩깍지 속 콩처럼 배열되었다. 대엽이 말려들어 원기둥 형태가 되어 암술이 되고, 대포자에서 한 개만 남은 대포자가 나자식물의 씨로 진화한다.

잎에 달린 포자에서 암술과 씨방 그리고 씨가 생겨났다고 처음으로 주장한 사람이 바로 괴테이다. 잎에 부착된 정자에 해당하는 포자가 잎에 말려들면서 수술이 되고, 포자는 꽃가루로 진화했다. 이처럼 식물의 잎이 합쳐져 암술이 만들어졌다는 이론을 합생심피라 한다. 암술pistil은 암술머리stigma, 암술대style, 씨방ovary으로 구성되며 씨방이 꽃받침 위에 존재하면 상위자방, 아래에 위치하면 하위자방이라 한다. 꽃식물의 종자에는 어린 싹으로 발아하는 배와 싹이 자라는 데 필요한 영양 물질을 공급하는 배젖이 있다. 씨방의 바깥층인 종피는 수분 증발을 막고 씨를 보호한다. 그래서 종자는 수천 년 동안 발아를 억제하고 휴면 상태로 지낼 수 있다. 나자식물은 바람에 의해 수분하므로 물가를 벗어나서 공간적으로 확산해서 대륙 내부로 진출했고, 꽃식물은 씨 속에 영양 물질을 축적하고 단단한 껍질을 진화시켜 종자 발아에 대한 시간적 제약에서 벗어났다.

씨의 출현으로 식물은 지구를 푸른 행성으로 바꾸었다. 한해살이 꽃식물은 수분하는 시기를 다른 꽃식물과 차별하여 10일 정도의 짧은 시기에만 같은 종끼리 수분하는 시간 분할 방식을 진화시켰다. 꽃식물이 개화기를 조절하여 수분하는 시간 분할 방식은 같은 공간에서 다양한 꽃식물이 번성하는 계기가 되었다. 개화기 조절과 곤충에 의한 수분 덕에 꽃식물이 식물에서 가장 많은 종이 되었고, 변화하는 환경에도 잘 적응하게 되었다.

　식물의 수분 방식은 물→바람→곤충으로 발전하였는데, 바람에 의해 수분하는 침엽수 숲에서는 다양한 식물이 자라기 어렵다. 왜냐하면 바람에 의해 수분되므로 정확한 배달 주소가 없어서 동일한 나무들이 숲을 구성해야 수분될 확률이 높아지기 때문이다. 꽃식물은 곤충에 의해 수분되므로 꽃가루가 정확히 전달된다. 배달부가 주소에 따라 편지를 정확히 전달하듯이 곤충의 신경 시스템에 의해 정확히 꽃가루가 전달된 것이다. 꽃식물이라도 동일한 식물이 밀집한 환경에서는 곤충에 의한 수분보다 바람에 의한 수분이 더 효과적이다. 그래서 인간이 재배하는 벼, 보리와 같은 작물은 바람에 의한 수분을 한다. 식물 진화는 수분의 진화 과정에 잘 드러나며, 식물이 환경에 적응하는 과정은 공간과 시간의 제약에서 벗어나는 과정이다. 적당한 환경을 만날 때까지 발아를 지연하여 시간적 제약에서 자유롭게 된 꽃식물의 씨는 진화의 놀라운 산물이다.

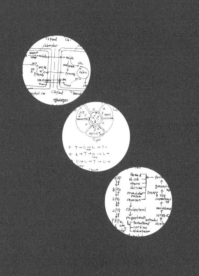

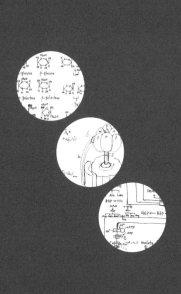